机械原理与设计

（第 2 版）

主　编　邢冠梅　陈艳丽
主　审　谢黎明

同濟大學 出版社
TONGJI UNIVERSITY PRESS
·上海·

内 容 提 要

本书根据教育部制定的"机械原理、机械设计课程教学基本要求"，并结合高等院校应用型、创新型人才培养目标的需求而编写。在编写过程中，对传统的教学内容进行整体优化与整合，注重内容的科学性、系统性和应用性。

本书共十六章，主要内容包括：绪论，平面机构的运动简图及其自由度计算，机械中的摩擦、效率和自锁，平面连杆机构，凸轮机构及其他常用机构，螺纹连接，带传动和链传动，齿轮传动，蜗杆传动，轮系，滑动轴承，滚动轴承，轴，联轴器和离合器，弹簧，机械的平衡与调速。同时还编写了《机械原理与设计习题及指导》，可与本教材配套使用。

本书可作为高等工科院校机械类专业本科的机械原理和机械设计两门课程的教材、机械类相关专业本科的机械设计基础课程的教材，也可供高职高专院校相关专业的师生及其他相关技术人员参考阅读。

图书在版编目(CIP)数据

机械原理与设计/邢冠梅，陈艳丽主编. —2版. —上海：同济大学出版社，2018.8(2024.1重印)

ISBN 978-7-5608-8079-2

Ⅰ.①机… Ⅱ.①邢… ②陈… Ⅲ.①机械原理—高等学校—教材②机械设计—高等学校—教材 Ⅳ.①TH111②TH122

中国版本图书馆CIP数据核字(2018)第184870号

机械原理与设计(第2版)

主　编　邢冠梅　陈艳丽

责任编辑　张崇豪　　**责任校对**　徐春莲　　**封面设计**　陈益平

出版发行　同济大学出版社　www.tongjipress.com.cn

(地址：上海市四平路1239号　邮编：200092　电话：021-65985622)

经　　销　全国各地新华书店

印　　刷　江苏凤凰数码印务有限公司

开　　本　787mm×1092mm　1/16

印　　张　20.5

字　　数　512 000

版　　次　2018年8月第2版

印　　次　2024年1月第5次印刷

书　　号　ISBN 978-7-5608-8079-2

定　　价　58.00元

前　　言

本教材按照教育部颁发的关于“机械原理、机械设计的教学基本要求”，并结合高等工科院校创新型、应用型的人才培养目标要求编写而成。

本教材在编写的过程中，本着拓宽专业基础知识、加强素质教育和应用能力培养的改革精神，以及近年来在教学改革中形成的教学思想和改革成果，对传统的教学内容进行整体优化与整合，注重加强基础、适度降低教材重心、淡化公式推导。在每一章节内容的组织和安排上，编者力求做到叙述简明、联系实际、便于学习。另外，为了增强学生创新意识的培养，本书还列举了很多与工程实际相关的实例，以激发学生对本课程的学习兴趣及创造性思维，并能够灵活运用所学理论知识解决工程实际问题。

本版是在第一版的基础上进行修订而成，主要从以下几项着手：

1. 更新了部分章节的内容。随着科学技术的发展，新技术、新理论、新标准不断更新出现，为了适应新的发展及时代的步伐，对原教材中部分章节的内容进行了更新。

2. 第一版教材在编写的过程中出现了部分内容重复、部分图片不够清晰、部分文字书写错误以及计算公式中部分参数代入错误，在新一版的教材中对上述错误进行修改及更正，使读者在阅读的过程中更加清晰。

本教材与《机械原理与设计习题及指导》配套使用。

参加本教材修订的有邢冠梅、陈艳丽。本书由谢黎明教授担任主审。

在本书的编写过程中，参阅了其他相关教材、文献资料，在此对编著者表示诚挚的谢意！

由于编者的水平有限，教材中难免有错误及欠妥之处，恳切希望各位读者批评指正。

编　者

2018 年 5 月

Contents

目　录

第一章 绪 论

1.1 课程研究的对象及内容

人类由于生产、生活以及其他方面的需要，发明创造了各种各样的机械。在现代社会中，人们的工作质量和生活质量是与机械密切相关的。机械的设计、制造和使用水平，在一定程度上可以反映出一个国家的现代化发展水平。

我国是最早使用机械的国家之一。早在公元前 5 世纪，春秋时代的子贡就提出，机械是“用力寡而成功多的器械”。在现代，机械这个词是机器与机构的总称。机器是能执行机械运动并被用来变换或传递能量、物料与信息的装置。凡将其他形式的能量变换为机械能的机器称为原动机。例如：内燃机把热能变换为机械能；电动机将电能变换为机械能。凡利用机械能去变换或传递能量、物料、信息的机器称为工作机。如：发电机把机械能变换为电能；起重机传递物料；金属切削机床变换物料外形；计算机变换和传递信息。

机器的发展经历了一个由简单到复杂的过程。18 世纪蒸汽机的出现使机器在功能上开始具有完整的形态。如图 1－1 所示，一部完整的机器由动力部分、传动部分和执行部分三个基本部分所组成。

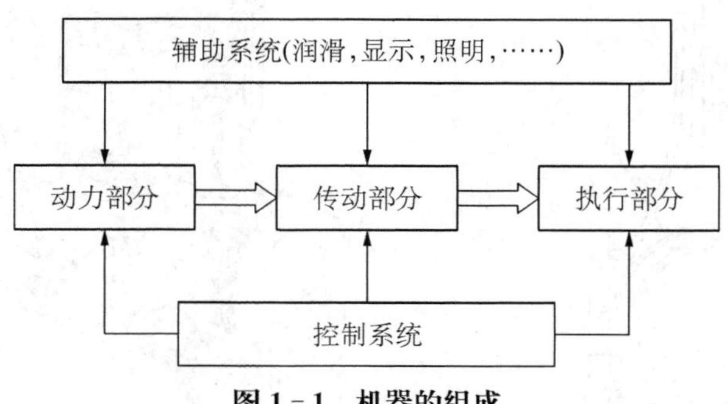

图 1－1 机器的组成

动力部分为机器工作提供动力源。从历史发展来说，人力和畜力是机器最早的动力源，后来人们使用水力和风力作为机器的动力源。工业革命后，蒸汽机（包括汽轮机）成为驱动机器工作的动力部分。现代的机器一般使用各种各样的电动机或内燃机作为其动力部分。

执行部分是机器完成预定工作任务的部分。一部机器可能有一个执行部分或多个执行部分。例如压路机只有压辊一个执行部分，而桥式起重机有三个执行部分：卷筒和吊钩部分执行上下吊放重物的任务，小车行走部分执行横向移动重物的任务，大车行走部分执行纵向移动重物的任务。

传动部分把机器动力部分所提供的运动形式、运动参数和动力参数，转变为执行部分所需要的运动形式、运动参数和动力参数。例如把旋转运动变为直线运动，把连续运动变为间歇运动，把高转速变为低转速，把小转矩变为大转矩等。

除了上述三个基本部分之外，一些复杂的机器还会不同程度地增加控制系统和辅助系统等其他部分。以汽车为例，发动机是它的动力部分；车轮、悬架系统、底盘及车身是它的执行部分；离合器、变速器、传动轴和差速器是它的传动部分。除此之外，转向盘及其转向装置、变速杆、制动和节气门构成它的控制系统；油量表、速度表、里程表等仪表构成它的显示系统；前后灯、仪表盘灯构成它的照明系统；转向信号灯和车尾红灯构成它的信号系统。此外还有后视镜、刮水器、车门锁等其他辅助装置部分。

从制造的角度来看，任何机器都是由若干机械零件（如螺钉、弹簧、齿轮、轴等）装配而成的。机械零件（简称零件）是机器最基本的组成要素，它是制造的最小单元。

从运动的角度来看，机器是由若干可以相对运动的构件组装而成的。构件是机器中最小的运动单元：构件可以是单个零件。但是由于结构和工艺上的需要，常常将几个零件刚性地连接在一起，组成一个构件。如图 1－2 所示的内燃机连杆就是内燃机的一个构件，它由连杆体 1、螺栓 2、螺母 3、连杆盖 4、轴瓦 5 和 5′、轴套 6 等零件装配而成。这些零件之间没有相对运动，构成机器中的一个运动单元。

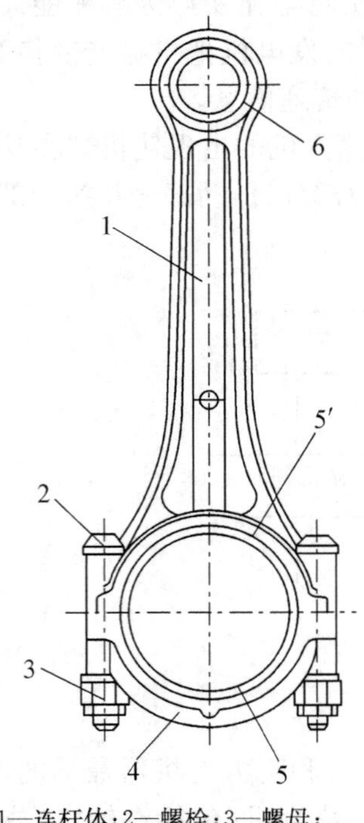

1—连杆体；2—螺栓；3—螺母；
4—连杆盖；5，5′—轴瓦；6—轴套

图 1－2　内燃机连杆

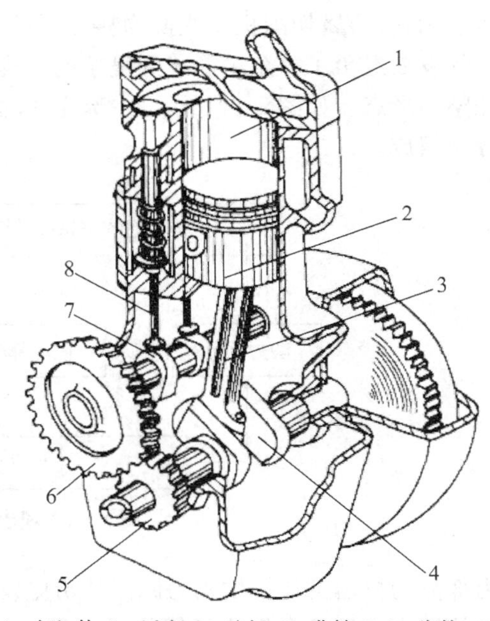

1—气缸体；2—活塞；3—连杆；4—曲轴；5，6—齿轮；
7—凸轮；8—顶杆

图 1－3　内燃机

从结构的角度来看，机器是由机构组成的，而机构则是由一些能相对独立运动的构件组成的。例如图 1－3 所示的单缸内燃机，它由气缸体 1、活塞 2、连杆 3、曲轴 4、齿轮 5 和 6、凸轮 7、顶杆 8 等构件组成。其中可以运动的活塞、连杆、曲轴和固定不动的气缸体构成曲柄滑块机构，该机构将活塞的往复运动变为曲柄的连续转动。凸轮、顶杆和气缸体构成凸轮机构，它将凸轮轴的连续转动变为顶杆有规律的间歇移动。齿轮 5 和 6 以及气缸体构成齿轮机构，它使曲轴的转速和凸轮轴的转速保持一定的比值。所谓机构，是能变换或传递运动与动力的、用可动连接组合而成，且有一个构件被固定的构件系统。

由于机器的主体是由机构组成，在研究构件的运动和受力情况时，机器与机构之间并无区别，因此，人们把机器与机构都称为机械。其实机构并不等于机器，因为机构只是一个构件系统，而机器可能有好几个构件系统，而且还可能包含电气、液压、气压、光学等其他系统；机构只能变换或传递运动和力，而机器除能变换或传递运动和力之外，还具有变换或传递能量、物料和信息的功能。

1.2 机械设计的基本要求和一般步骤

1.2.1 机械设计的基本要求

机械产品的功能、成本等很大程度上取决于设计工作的优劣，因此，不论是设计新产品还是对现有设备进行技术改造，设计人员都必须对设计过程的每个细节作周密、细致和深入的考虑。设计机械应满足的基本要求是：

1. 使用要求

为了使所设计的机械具有预期的使用功能，首先必须选择适当的机构和适当的传动方案，以保证机械能够变换所需要的运动，并传递所需要的动力。

2. 可靠性要求

为了使机械在预定的工作期间能够始终正常地工作，必须选择适当的零件材料并设计适当的结构尺寸，以保证零件具有足够的强度、刚度、抗磨性、耐热性和振动稳定性，避免零件过早破坏。

3. 经济性要求

为了使机械具有较高的性能价格比，在保证工作可靠的前提下，应当尽量选择市场供应充分的材料并设计合理的零件结构，以降低机械的制造成本。还应当在设计方案中注意降低机械的能源消耗，使机械维护方便，提高机械的自动化程度，以降低机械的运行成本。

4. 操作方便、安全性和环境保护方面的要求

在设计机械时，应当从使用者的角度出发，努力使机械的操作方便省力，不易疲劳，并针对其安全隐患，采取严格的防护措施。还应当避免或降低机械使用过程中带来的环境污染，如噪声污染、废弃物污染等。

除了以上要求之外，一些专用机械还有自己特殊的设计要求。例如：金属切削机床应能长期保持加工精度；钻探机械应便于搬运、安装和拆卸；食品、医药、印刷和纺织机械应能保持清洁，不得污染产品等。

在实际设计时，上述要求可能会发生矛盾，这时应分清主次，充分满足其主要要求，兼顾其次要要求。例如，机床的设计以性能好为其主要要求；起重机械、冶金机械和矿山机械的设计以保证安全为其主要要求；一般无特别要求的机械以经济性好为其主要要求。

1.2.2 机械设计的一般步骤

一般来说，一个机械产品的设计过程大致可以分为五个阶段：

1. 计划阶段

根据社会需求进行调查，在对相关产品进行可行性分析并对有关技术资料进行研究的基础上，确定设计对象的主要性能指标和主要设计参数，编制设计任务书。

2. 方案设计阶段

根据设计对象所要达到的性能指标和主要设计参数，确定它的工作原理，拟定总体设计方案，并绘制该方案的原理图或机构运动简图。

3. 总体技术设计阶段

根据设计对象的工作原理和机构运动简图，进行构件的运动学分析和动力学分析，计算其运动参数和动力参数，绘制总体结构草图和控制系统、润滑系统、液压系统等其他辅助系统的系统图。

4. 零件技术设计阶段

根据构件的运动参数和动力参数，对零件进行必要的强度、刚度、抗磨性、耐热性、振动稳定性计算，确定零件的材料、形状和尺寸，最后，绘制出总装配图、部件装配图以及零件工作图，编制出设计计算说明书、工艺说明书等各种技术文件。

5. 改进设计阶段

根据设计图样和各种技术文件，试制产品的样机。通过实验，对产品样机进行综合评价并反复修改，使设计渐趋完善。最后整理完成各种设计技术文件。

在实际设计过程中，这五个阶段并不是截然分开的，各阶段的工作常常会交叉进行。其中总体技术设计阶段和零件技术设计阶段的联系更为紧密，可以把它们统称为技术设计阶段。设计人员在机械的设计中需要积极听取用户和工艺人员的意见，善于把设计信息以图形、文字和语言等各种形式与上级和同事进行沟通，及时发现和解决设计过程中出现的各种问题。

1.3 机械零件的主要失效形式、设计准则和一般过程

若机械中的某个零件不能正常工作，则称该零件失效。为了保证所设计的零件在预定的工作期间内能够正常工作，设计者需要事先了解零件在给定的工作条件下可能出现的失效形式。

1.3.1 机械零件的主要失效形式

1. 整体断裂

零件在载荷的作用下，危险截面上的应力大于材料的极限应力而引起的断裂称为整体

断裂。如螺栓折断、齿轮断齿、轴断裂等。整体断裂分为静强度断裂和疲劳强度断裂。静强度断裂是由于静应力过大产生的,疲劳断裂是由于变应力的反复作用产生的。机械零件整体断裂中80%属于疲劳断裂。

2. 过大的变形

机械零件受载时将产生弹性变形。当弹性变形量超过许用范围时将使零件或机械不能正常工作。弹性变形量过大,将破坏零件之间的相互位置及配合关系,有时还会引起附加动载荷及振动。

塑性材料制作的零件,在过大载荷作用下会产生塑性变形,这不仅使零件尺寸和形状发生改变,而且使零件丧失工作能力。

3. 表面破坏

表面破坏是发生在机械零件工作表面上的一种失效形式。运动的工作表面一旦出现某种表面失效,都将破坏表面的精度,改变表面尺寸和形貌,使运动性能降低、摩擦加大、能耗增加,严重时导致零件完全不能工作。

表面破坏根据失效机理的不同,可分为点蚀、胶合、磨料磨损和腐蚀磨损四种情况。

4. 破坏正常工作条件引起的失效

有些零件只能在一定的工作条件下才能正常工作,若破坏了这些必备条件则将发生不同类型的失效。例如,受横向工作载荷的普通螺栓连接的松动失效等。

1.3.2 机械零件的设计准则

机械零件抵抗失效的能力,称为零件的工作能力。衡量零件工作能力的指标有强度、刚度、抗磨性、耐热性、振动稳定性等。设计人员在设计机械零件时,通常使用一些计算公式来确定零件的结构尺寸。这些公式能够判断零件是否具有足够的工作能力,因此把它们称为机械零件的工作能力计算准则。

1. 强度计算准则

强度是指零件抵抗断裂、塑性变形以及表面损坏的能力。为了使零件具有足够的强度,设计时必须进行零件的强度计算,保证零件的强度计算准则得到满足,即保证

$$\sigma \leqslant [\sigma] = \frac{\sigma_{\lim}}{S} \quad 或 \quad \tau \leqslant [\tau] = \frac{\tau_{\lim}}{S}$$

式中,σ 和 τ 分别为零件的工作正应力和切应力;$[\sigma]$和$[\tau]$分别为零件的许用正应力和许用切应力。

虽然增大零件截面尺寸和改用优质材料可以提高零件的强度,但是不能任意加大零件尺寸和滥用优质材料,以免造成浪费。

2. 刚度计算准则

刚度是指零件抵抗弹性变形的能力。某些零件,例如机床主轴和电动机轴,当它们具有足够的刚度时才能正常工作。零件的刚度计算准则为

$$y \leqslant [y], \quad \theta \leqslant [\theta] \quad 或 \quad \varphi \leqslant [\varphi]$$

式中,y 为零件的挠度;θ 为零件的偏转角;φ 为零件的扭转角;$[y]$,$[\theta]$和$[\varphi]$分别为零件的许用挠度、许用偏转角和许用扭转角。

提高零件刚度的措施有：改变零件的截面形状，增大零件的截面尺寸，缩小支承点之间的距离，采用有加强肋的结构设计等。

3. 抗磨性计算准则

抗磨性是指具有相对运动的两个零件表面的抗磨损能力。磨损是因摩擦导致零件表面材料逐渐丧失或迁移而形成的。磨损使零件的形状和尺寸逐渐发生变化，最终造成零件失效。为了使零件在预定工作期间内不因过度磨损而失效，需要对有些零件（例如滑动轴承）进行抗磨性计算。

影响零件磨损的因素很多。摩擦面之间压力的大小和性质、相对速度的大小、摩擦面的材质和加工质量、润滑剂的物理化学性质，这些因素都对零件表面的磨损速度有影响。但是还没有一个公认的计算公式能把这些影响定量地表述出来。目前实用的抗磨性计算准则是限制两个零件表面之间的压力 p，即

$$p \leqslant [p]$$

式中，$[p]$是根据实验或同类机械的使用经验所确定的许用压力。

当相对运动速度较高时，为了防止温升过高造成表面膜的破坏，还要对单位时间和单位接触面积内的摩擦发热量进行限制，即

$$pv \leqslant [pv]$$

式中，v 是零件表面的相对滑动速度；$[pv]$是由实验或同类机械使用经验所确定的许用值。

由于可以假定设计对象与实验对象的摩擦系数 f 相同，所以上式中不含参数 f。

提高零件抗磨性的措施有：选用耐磨性好的材料，提高表面硬度，减小表面粗糙度值，采用更好的润滑剂或更有效的润滑方法等。

4. 寿命计算准则

腐蚀、磨损及疲劳是零件表面失效的主要形式，直接影响零件的寿命。由于腐蚀、磨损及疲劳的发生影响因素复杂，机理尚不清楚。因此，目前尚无法提出供工程应用的腐蚀和磨损寿命计算方法。至于疲劳寿命的计算，通常是以求出使用寿命时的疲劳极限或额定载荷作为疲劳寿命计算的依据。详细内容将在有关章节中阐述。

5. 振动稳定性计算准则

振动稳定性是指零件在周期性外力作用下不发生剧烈振动的能力。振动会在零件中产生额外的变应力，影响机械的工作质量，增大机械的噪声。发生共振的零件将丧失振动稳定性，并在短时间内损坏。因此，对于高速机械或高速运动的零件，应当进行振动分析与计算，使受激振零件的固有频率 f 远离其激振源的频率 f_n。一般须保证

$$f_n < 0.85f \quad \text{或} \quad f_n > 1.15f$$

减轻振动的措施有：采用对称结构，减少悬臂长度，对转动零件进行平衡，设置弹簧、橡胶等缓冲零件，设置阻尼装置或吸振装置等。

在上述计算准则中，强度计算准则是最基本的计算准则。如果零件设计不满足强度计算准则，不仅零件不能正常工作，而且可能导致安全事故的发生。

1.3.3 机械零件设计的一般步骤

(1) 根据零件的使用要求，选择零件的类型及结构形式。

(2) 根据机器的运动学和动力学设计结果，计算作用在零件上的载荷。

(3) 根据零件的工作条件，选择合适的材料和热处理方法。

(4) 分析零件在工作时可能出现的失效形式，确定零件的设计计算准则，通过设计计算确定零件的基本尺寸。

(5) 进行零件的结构设计，设计零件结构时，一定要考虑结构工艺性及标准化等原则要求。

(6) 必要时应进行详细的校核计算，确保重要零件的设计可靠性。

(7) 绘制零件的工作图，在工作图上标注详细的零件尺寸、配合尺寸、形位公差、表面粗糙度及技术条件等。

(8) 编写设计计算说明书。

1.4 机械零件的强度

1.4.1 机械零件的载荷和应力

1. 机械零件的载荷

载荷可根据其性质分为静载荷和变载荷。载荷大小或方向不随时间变化或变化缓慢时，称为静载荷，如自重、匀速转动时的离心力等；载荷的大小或方向随时间有明显的变化时，称为变载荷，如汽车悬架弹簧和自行车链条在工作时所受载荷等。

机械零部件上所受载荷还可分为：工作载荷、名义载荷和计算载荷。工作载荷是指机器正常工作时所受的实际载荷。由于零件在实际工作中，还会受到各种附加载荷的作用，所以工作载荷难以确定。当缺乏工作载荷的载荷谱，或难以确定工作载荷时，常用原动机的额定功率，或根据机器在稳定和理想工作条件下的工作阻力求出作用在零件上的载荷，称为名义载荷，用 F 和 T 分别表示力和转矩。若原动机的额定功率为 P(kW)、额定转速为 n(r/min)，则零件上的名义转矩为

$$T = 9\,550\,\frac{P\eta i}{n}(\mathrm{N \cdot m})$$

式中，i 为原动机到所计算零件之间的总传动比；η 为原动机到所计算零件之间传动链的总效率。

为了安全起见，强度计算中的载荷值，应考虑零件在工作中受到的各种附加载荷，如由机械振动、工作阻力变动、载荷在零件上分布不均匀等因素引起的附加载荷。这些附加载荷可通过动力学分析或实测确定。如缺乏资料，可用一个载荷系数 K 对名义载荷进行修正，而得到近似的计算载荷，用 F_{ca} 或 T_{ca} 表示，即

$$F_{ca} = KF \quad 或 \quad T_{ca} = KT$$

机械零件设计时常按计算载荷进行计算。

2. 机械零件的应力

在使用强度计算准则设计机械零件时，需要计算出零件中的应力。应力是由作用在零

件上的载荷引起的。

载荷引起的应力可以分为静应力和变应力两类。大小和方向不随时间变化或者变化很小的应力称为静应力。静应力只能由静载荷产生，例如蒸汽压力在锅炉壳体中引起的应力就属于静应力。

大小和方向随时间变化的应力称为变应力。变载荷肯定产生变应力。静载荷也会产生变应力。例如作用在转动心轴上的载荷虽然是静载荷，但是产生的应力却属于变应力。

图 1－4 中，σ_{max}为最大应力，σ_{min}为最小应力，σ_m 为平均应力，σ_a 为应力幅，由图可知它们的关系为

平均应力 $$\sigma_m = \frac{\sigma_{max} + \sigma_{min}}{2}$$

应力幅 $$\sigma_a = \frac{\sigma_{max} - \sigma_{min}}{2}$$

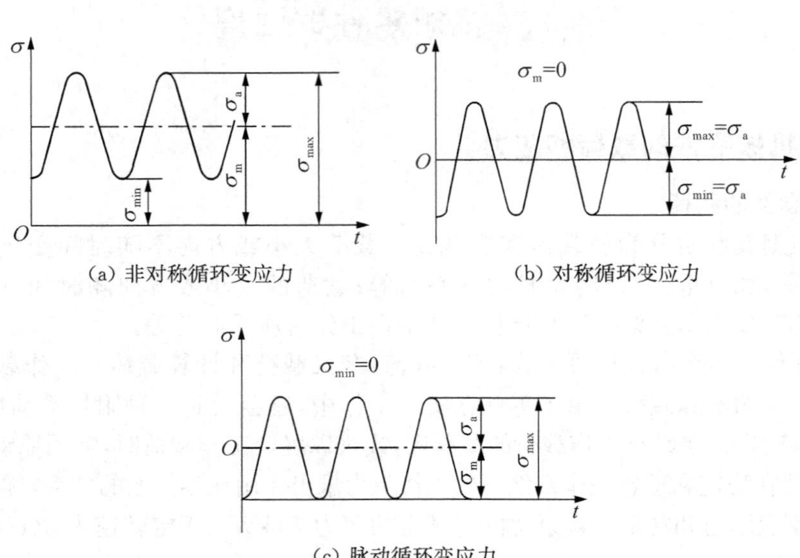

(a) 非对称循环变应力

(b) 对称循环变应力

(c) 脉动循环变应力

图 1－4　应力的种类

最小应力与最大应力之比，用来表示变应力变化的情况，称为变应力的循环特性，通常用 r 表示，即

$$r = \frac{\sigma_{min}}{\sigma_{max}}$$

对于对称循环变应力：$r = -1$，$\sigma_m = 0$，$\sigma_a = \sigma_{max} = |\sigma_{min}|$，如图 1－4(b) 所示。脉动循环变应力：$r = 0$，$\sigma_{min} = 0$，$\sigma_a = |\sigma_m| = \sigma_{max}/2$，如图 1－4(c) 所示。静应力：$r = 1$，$\sigma_{max} = \sigma_{min}$，$\sigma_a = 0$。

1.4.2　静应力下的许用应力

静应力下，零件材料有两种损坏形式：断裂和塑性变形。对于塑性材料，可按不发生塑性变形的条件进行计算。这时应取材料的屈服极限 σ_s 作为极限应力，故许用应力为

$$[\sigma]=\frac{\sigma_{\lim}}{S}=\sigma_s/S$$

对于用脆性材料制成的零件，应取强度极限 σ_b 作为极限应力，故许用应力为

$$[\sigma]=\frac{\sigma_{\lim}}{S}=\sigma_b/S$$

1.4.3 变应力下的许用应力

在变应力条件下，零件的损坏形式是疲劳断裂。疲劳断裂具有以下特征：①疲劳断裂的最大应力远比静应力下材料的强度极限低；②不管是脆性材料或塑性材料，其疲劳断口均表现为无明显塑性变形的脆性突然断裂；③疲劳断裂是损伤的积累，它的初期现象是在零件表面或表层形成微裂纹，这种微裂纹随着应力循环次数的增加而逐渐扩展，直至余下的未裂开的截面积不足以承受外载荷时，零件就突然断裂。在零件的断口上可以清晰地看到这种情况。如图 1－5 所示为轴的弯曲疲劳断裂的断口，微裂纹常起始于应力最大的断口周边上。在断口上明显地有两个区域：一个是在变应力重复作用下裂纹两边相互摩擦形成的表面光滑区；一个是最终发生脆性断裂的粗粒状区。

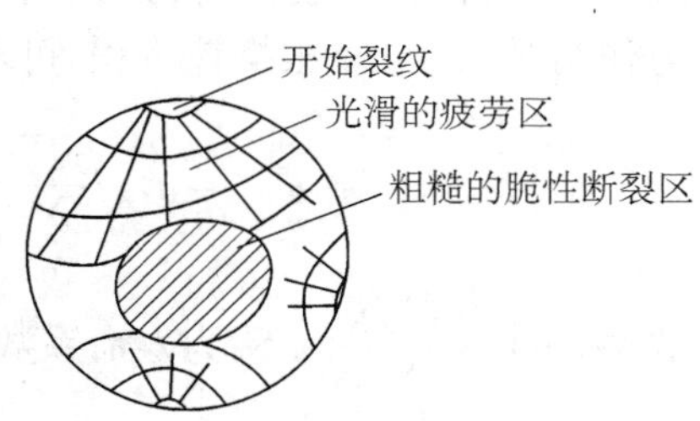

图 1－5　疲劳断裂的裂口

疲劳断裂不同于一般静力断裂，它是损伤到一定程度即裂纹扩展到一定程度后才发生的突然断裂。所以疲劳断裂与应力循环次数(即使用期限或寿命)密切相关。

1. 疲劳曲线

材料发生疲劳破坏时的应力水平称为材料的疲劳极限，材料的疲劳极限通过试件的疲劳试验来确定，由材料力学可知，表示应力 σ 与应力循环次数 N 之间的关系曲线称为疲劳曲线。

如图 1－6 所示表示试件在循环特性为 r 的变应力作用下的疲劳曲线，其中如图 1－6(a) 所示为塑性金属材料的疲劳曲线，曲线上任一点的横坐标为循环次数 N，纵坐标为与该循环次数相对应的疲劳极限 σ_{rN}。图中的纵轴为试件加载的应力水平 σ。从图中可以看出，应力水平越低，试件能经受的循环次数越多，对于一般的铁碳合金，当循环次数 N 超过某一数值 N_0 以后，疲劳曲线与横轴几乎平行。因此当应力水平等于或低于与 N_0 对应的疲劳极限 σ_{rN0} 时，试件即使经受“无限”次应力循环也不会发生疲劳破坏，即具有“无限寿命”。这里的 N_0 称为

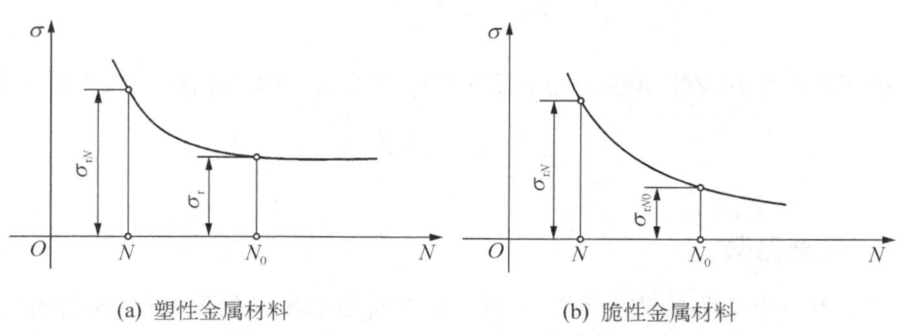

图 1－6　疲劳曲线

循环基数，对于钢材，$N_0=(1\sim10)\times10^6$；通常把 σ_{rN0} 简记为 σ_r 和 τ_r，并把它们称为持久疲劳极限。对于脆性金属材料，疲劳曲线没有水平段，如图 1-6(b) 所示，即不存在持久疲劳极限。但为计算方便，也人为规定一 N_0，称为脆性金属材料持久疲劳极限，通常取 $N_0=5\times10^7$；同时，定义 σ_{rN0} 为某循环特性下，对应于 N_0 的疲劳极限。

疲劳曲线在 $N<N_0$ 区间内的方程近似为

$$\sigma_{rN}^{m}N=\sigma_{r}^{m}N_0=C \quad 或 \quad \tau_{rN}^{m}N=\tau_{r}^{m}N_0=C$$

式中，m 为材料常数，m 和 σ_r 的值由试验来确定。对于钢材，体积应力作用时 $m=9$，接触应力作用时 $m=6$，根据该方程，可求得对应于任意循环次数 N 时的疲劳极限为

$$\sigma_{rN}=\sigma_r\sqrt[m]{\frac{N_0}{N}}=K_N\sigma_r \quad 或 \quad \tau_{rN}=\tau_r\sqrt[m]{\frac{N_0}{N}}=K_N\tau_r$$

式中，$K_N=\sqrt[m]{\dfrac{N_0}{N}}$，称为寿命系数。

当 $N>N_0$ 时，对于塑性金属材料，取 $N=N_0$ 即 $K_N=1$ 代入上式，对于脆性金属材料，仍以 N 的实际值代入上式。

碳钢、合金钢属塑性金属材料；铸铁、某些有色金属材料及某些高强度合金钢属脆性金属材料。

2. 许用应力

由于零件的疲劳破坏除了与材料的力学性能有关之外，还与零件表面产生初始裂纹的难易程度有关，因此计算零件许用应力的时候，除了考虑材料的疲劳极限外，还要考虑零件表面状况的影响。对于疲劳断裂，还需另外考虑零件因截面形状突变所产生的应力集中和尺寸大小的影响。

避免疲劳断裂的强度计算准则中的许用应力为

$$[\sigma_{rN}]=K_N\frac{\varepsilon_\sigma\beta_\sigma\sigma_r}{K_\sigma S} \quad 或 \quad [\tau_{rN}]=K_N\frac{\varepsilon_\tau\beta_\tau\tau_r}{K_\tau S}$$

式中，S 为安全系数；β_σ，β_τ 为零件的表面状况系数；K_σ，K_τ 为零件的应力集中系数；ε_σ，ε_τ 为零件的尺寸系数；K_N 为零件的寿命系数（$N\geqslant N_0$ 时 $K_N=1$）。

例如，具有“无限寿命”、在对称循环应力下工作的零件，其许用弯曲应力的计算式为

$$[\sigma_{-1}]=\frac{\varepsilon_\sigma\beta_\sigma\sigma_{-1}}{K_\sigma S}$$

预期应力循环次数为 N、在脉动循环应力下工作的零件，其许用弯曲应力的计算式为

$$[\sigma_{0N}]=K_N\frac{\varepsilon_\sigma\beta_\sigma\sigma_0}{K_\sigma S}$$

1.4.4 安全系数

在许用应力的计算式中，安全系数 S 被用来综合考虑零件的重要性、材料的均匀性、计算的准确性等因素的影响。安全系数定得适当与否对设计的结果影响很大。安全系数过

大,将使零件结构笨重;安全系数过小,零件的可靠性太低。安全系数 S 一般可通过查阅有关资料来获取。缺乏安全系数的资料时,可参考下面原则来选取。

(1) 对静应力下工作的零件,由于塑性材料可以缓和过大的局部应力,因此,使用塑性材料时取较小的安全系数,一般可取 S 为 1.2 ~ 1.5;使用塑性较差的塑性材料时,可取 S 为 1.5 ~2.5;使用脆性材料时,则取较大的安全系数,例如对于高强度钢和铸铁可取 S 为 3 ~ 4。

(2) 对变应力下工作的零件,由于疲劳点蚀发生后某些零件仍能工作,因此,进行接触疲劳强度计算时,可取 S 为 1.0 ~ 1.2。对于防止疲劳断裂的计算,一般可取 S 为 1.3 ~ 1.7;如果使用的材料不够均匀、计算不够精确时,可取 S 为 1.7 ~ 2.5。

1.5 机械零件的常用材料及选用原则

材料的选择是机械零件设计中非常重要的环节,随着工程实际对机械零件要求的提高,以及材料科学的不断发展,材料的合理选择愈来愈成为提高零件质量、降低成本的重要手段。

1.5.1 机械零件常用的材料

1. 金属材料

在各类工程材料中,以金属材料(尤其是钢铁)使用最广。据统计,在机械制造产品中,钢铁材料占 90%以上。钢铁之所以被大量采用,除了由于它们具有较好的力学性能(如强度、塑性、韧性等)外,还因价格相对便宜和容易获得,而且能满足多种性能和用途的要求。在各类钢铁材料中,由于合金钢的性能优良,因而常常用来制造重要的零件。

除钢铁以外的金属材料均称为有色金属。在有色金属中,铝、铜及其合金的应用最多。其中,有的具有质量小,有的具有导热和导电性能好等优点,通常还可用于有减摩及耐腐蚀要求的场合。

2. 高分子材料

高分子材料通常包含三大类型,即塑料、橡胶及合成纤维。高分子材料有许多优点,如原料丰富,可以从石油、天然气和煤中提取,获取时所需的能耗低;密度小,平均只有钢的 1/6;在适当的温度范围内有很好的弹性;耐腐蚀性好等。例如,有"塑料王"之称的聚四氟乙烯有很强的耐蚀性,其化学稳定性也极强,在极低的温度下不会变脆,在沸水中也不会变软。因此,聚四氟乙烯在化工设备和冷冻设备中有广泛应用。

但是,高分子材料也有明显的缺点,如容易老化,其中不少材料阻燃性差,总体上讲,耐热性不好。

3. 陶瓷材料

作为工程结构陶瓷材料,陶瓷材料的主要特点是:硬度极高、耐磨、耐腐蚀、熔点高、刚度大以及密度比钢铁低等。陶瓷材料常被形容为"像钢一样强,像金刚石一样硬,像铝一样轻"的材料。目前,陶瓷材料已应用于密封件、滚动轴承和切削刀具等结构中。

但是陶瓷材料的主要缺点是比较脆,断裂韧度低,价格昂贵,加工工艺性差等。

4. 复合材料

复合材料是由两种或两种以上具有明显不同的物理和力学性能的材料复合制成的,不

同的材料可分别作为材料的基体相和增强相。增强相起着提高基体相的强度和刚度的作用,相反基体相起着使增强相定型的作用,从而获得单一材料难以达到的优良性能。

复合材料的基体相通常以树脂为主,而按增强相的不同可分为纤维增强复合材料和颗粒增强复合材料。作为增强相的纤维织物的原料主要有玻璃纤维、碳纤维、碳化硅纤维、氧化铝纤维等。作为增强相的颗粒有碳化硼、碳化硅、氧化铝等颗粒。复合材料的制备是按一定的工艺将增强相和基体相组合在一起,利用特定的模具而成形的。

复合材料的主要优点是有较高的强度和弹性模量,而质量又特别小;但也有耐热性差、导热和导电性能较差的缺点。此外,复合材料的价格比较贵。所以,目前复合材料主要用于航空、航天等高科技领域,如在战斗机、直升机和人造卫星等中有不少的应用。在民用产品中,复合材料也有一些应用,如在体育娱乐业中的高尔夫球杆、网球拍、赛艇、划船桨等。

1.5.2 机械零件材料的选择原则

从各种各样的材料中选择出适用的材料,是一项受多方面因素制约的工作。在以后的各有关章节中,将分别介绍各种零件适用的材料和牌号。由于钢铁仍是在机械设计中应用最多和最广的材料,所以下面就金属材料(主要是钢铁)的一般选用原则做一简述。

1. 载荷、应力的大小和性质

这方面的因素主要是从强度观点来考虑的,应在充分了解材料的力学性能的前提下进行选择。脆性材料原则上只适用于制造在静载荷下工作的零件。在多少有些冲击的情况下,应以塑性材料作为主要使用材料。

金属材料的性能一般可通过热处理加以提高和改善,因此,要充分利用热处理的手段来发挥材料的潜力。对于最常用的调质钢,由于其回火温度的不同,可得到力学性能不同的毛坯。回火温度愈高,材料的硬度和强度将愈低,而塑性愈好。所以在选择材料的品种时,应同时规定其热处理规范,并在图纸上注明。

2. 零件的工作情况

零件的工作情况是指零件所处的环境特点、工作温度、摩擦磨损的程度等。

在湿热环境下工作的零件,其材料应有良好的防锈和耐腐蚀的能力,例如选用不锈钢、铜合金等。

工作温度对材料选择的影响,一方面要考虑互相配合的两零件的材料的线膨胀系数不能相差过大,以免在温度变化时产生过大的热应力,或者使配合松动;另一方面也要考虑材料的力学性能随温度而改变的情况。

零件在工作中有可能发生磨损之处,要提高其表面硬度,以增强耐磨性。因此,应选择适于进行表面处理的淬火钢、渗碳钢、氮化钢等品种。

3. 零件的尺寸及质量

零件尺寸及质量的大小与材料的品种及毛坯制取方法有关,用铸造材料制造毛坯时,一般可以不受尺寸及质量大小的限制;而用锻造材料制造毛坯时,则须注意锻压机械及设备的生产能力。此外,零件尺寸和质量的大小还和材料的强重比有关,应尽可能选用强重比大的材料,以便减小零件的尺寸和质量。

4. 零件结构的复杂程度及材料的加工可能性

结构复杂的零件宜选用铸造毛坯,或用板材冲压出元件后再经焊接而成。结构简单的

零件可用锻造法制取毛坯。

对材料工艺性的了解，在判断加工可能性方面起着重要的作用。铸造材料的工艺性是指材料的液态流动性、收缩率、偏析程度及产生缩孔的倾向性等。锻造材料的工艺性是指材料的延展性、热脆性及冷态和热态下塑性变形的能力等。焊接材料的工艺性是指材料的焊接性及焊缝产生裂纹的倾向性等。材料的热处理工艺性是指材料的可淬性、淬火变形倾向性及热处理介质对它的渗透能力等。冷加工工艺性是指材料的硬度、易切削性、冷作硬化程度及切削后可能达到的表面粗糙度等。在材料手册中，对上述各点均有简明的介绍。

5. 材料的经济性

材料的经济性主要表现在以下几方面：

(1) 材料本身的相对价格。当用价格低廉的材料能满足使用要求时，就不应选择价格高的材料。这对于大批量制造的零件尤为重要。

(2) 材料的加工费用。如制造某些箱体类零件，虽然铸铁比钢板价廉，但在批量小时，选用钢板焊接反较有利，因其可以省掉铸模的生产费用。

(3) 材料的利用率。如采用无切屑或少切屑毛坯(如精铸、模锻、冷拉毛坯等)，可以提高材料的利用率。此外，在结构设计时也应设法提高材料的利用率。

(4) 采用组合结构。如火车车轮是在一般材料的轮芯外部热套上一个硬度高而耐磨损的轮箍，这种选材的方法常叫做局部品质原则。

(5) 节约稀有材料。如用铝青铜代替锡青铜制轴瓦，用锰硼系合金钢代替铬镍系合金钢等。

6. 材料的供应状况

选材时还应考虑到当时当地材料的供应状况。为了简化供应和贮存的材料品种，对于小批制造的零件，应尽可能地减少同一部机器上使用的材料品种和规格。

1.6 机械零件的工艺性及标准化

一台机器的大部分零件是通过结构设计及标准化设计完成的，就是一些重要零件的基本尺寸也只是通过设计计算初步确定，再经结构设计及标准化设计作必要修改后才完成的，所以结构设计及标准化设计在设计工作中占有很重要的比重。

1.6.1 机械零件的结构设计工艺性

为使所设计的零件便于制造，在结构设计中，必须综合考虑制造、装配、维修等方面的工艺要求，把这些工艺性要求体现在结构设计中的问题，称为结构设计工艺性。

(1) 按生产类型，生产条件考虑工艺性的要求。单件小批生产零件时，通常采用通用设备和工艺装备，用一般工艺方法生产，零件的结构应与这些工艺装备和工艺方法相适应，如单件小批生产箱件零件时，采用焊接毛坯可以省去铸造模型费，则比较合理，这时零件结构应和焊接工艺要求相适应。在大批量生产时，零件结构应与采用高生产率的工艺装备和工艺方法相适应，如大批量生产箱体零件时，采用铸造毛坯比较合理，这时零件的结构应和铸造工艺性的要求相适应。

(2) 在满足工作性能要求的前提下,零件的结构造型尽量简单,尽量采用最简单的圆柱面、平面、共轭曲面构成零件的轮廓,各面之间最好互相平行或垂直;尽量采用标准件、通用件和外购件;增加相同形状和相同元素(如直径、配合、齿轮模数等)的数量。

(3) 设计零件结构时,应考虑加工的可能性、方便性、精确性和经济性。在确定零件加工精度时,应尽量符合经济性要求,在不影响零件使用要求的条件下,尽量降低加工精度和表面质量等技术要求;尽量减少零件的加工面数和加工面积。

(4) 零件需要热处理时,零件的结构应和热处理工艺性要求相适应。如避免热处理变形、裂纹,尽量减少应力集中源,几何形状应尽量简单对称等。

(5) 设计零件结构时,还应考虑装配、拆卸、维修的可能性和方便性。

1.6.2 机械设计中的标准化

所谓标准化是对重复性事物和概念所做的统一规定。它以科学、技术和实践经验的综合成果为基础。经有关方面的协商一致。由主管机构批准,以特定形式发布,作为共同遵守的准则和依据,标准化的基本特征是统一、简化。

产品的标准化包括三个方面的含义:产品品种规格的系列化、零部件的通用化及产品质量的标准化。

产品品种规格的系列化是通过对同类产品经过全面的技术经济比较,将产品的主要参数、型式、尺寸、基本结构等作出合理的优化组合,形成产品品种规格系列。用较少的品种规格满足用户的广泛需要。

零部件的通用化是指系列之内或跨系列的产品之间,尽量采用同一结构和尺寸的零部件,以减少企业内部的零部件种数。

产品质量的标准化是一切企业的"生命线",要保证产品质量合格和稳定就必须做好设计、加工工艺、装配检验,甚至包装储运等环节的标准化。

对产品实行标准化具有重大的意义:在制造上可以实行专业化大量生产,既可以提高产品的质量,又能够降低产品的成本;在设计方面可减少设计工作量;在管理维修方面,可减少库存量和便于更换损坏的零件。

按标准的类别(表示标准实施的范围)可分为四类标准,即国际标准、国家标准、行业(协会)标准、企业(公司)标准。

国际标准主要是指国际标准化组织(ISO)、国际电工委员会(IEC)和国际标准化组织公布的国际组织所制订的标准,目前我国已加入国际标准化组织。

国家标准是国家标准主管部门批准、发布在全国范围内统一实施的标准,标准代号为 GB。

行业标准是行业标准主管部门批准、发布在某行业范围内统一实施的标准。我国行业标准代号延用了原部颁标准代号(如 JB,YB 等)。

企业标准是由企(事)业单位或其主管部门批准发布的标准。

标准化是组织现代化大生产的重要手段,是实行科学管理的基础,贯彻标准化工作,对节省设计工作量,加速产品发展,提高产品质量,提高劳动生产率,便于使用和维修等工作都起着重要作用,标准化程度的高低也是评定设计、产品的指标之一。标准化是我国很重要的一项技术政策。机械设计者必须熟悉现行标准,并认真遵守、执行标准。

第二章 平面机构的运动简图及其自由度计算

机器是由机构组成的，机构则是一个构件系统，为了传递运动和动力，机构各构件之间应具有确定的相对运动，并不是任意拼凑的构件系统就一定能发生相对运动，即使能够相对运动，也不一定具有确定的相对运动。判断机构在什么样的条件下才具有确定的相对运动，对于研究现有机构或者设计新机构都是十分重要的。

实际机构的外形和结构往往比较复杂，为了便于分析和研究，在工程设计中，通常用一些简单的线条和符号绘制机构运动简图来表示实际机械。

所有构件都在同一平面内或者相互平行的平面内运动的机构称为平面机构，否则称为空间机构。本章主要讨论平面机构运动简图的绘制、机构具有确定运动的条件以及平面机构自由度的计算。

2.1 运动副及其分类

一个构件在未与其他构件连接之前，处于孤立或自由状态，可称为自由构件。一个作平面运动的自由构件有三个独立运动的可能性，如图 2－1 所示。在 xOy 坐标系中，自由构件 S 可随该构件上任一点 A 沿 x 轴方向移动、沿 y 轴方向移动和绕 A 点转动。构件的这种独立运动称为构件的自由度。所以，一个作平面运动的自由构件有三个自由度。

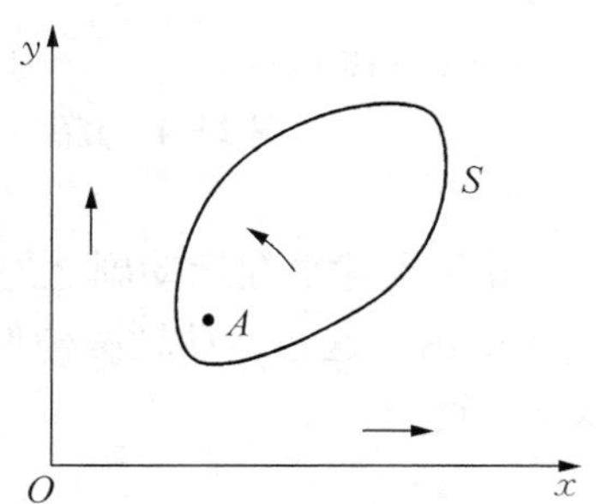

图 2－1　平面构件的自由度

机构是由许多构件组成的，机构的每个构件都以一定的方式与某些构件相互连接。这种连接不是固定连接，而是能产生一定相对运动的连接，两构件直接接触，又能产生一定相对运动的连接称为运动副，两构件组成运动副，其接触形式不外乎点、线、面。

平面运动副按两构件接触的特性可分为低副和高副两类。

2.1.1 低副

两个作平面运动构件通过面接触而构成的运动副称为低副。作平面运动的低副按两构

件相对运动特性又可分为转动副和移动副。

(1) 转动副　若两构件只能作相对转动，如图 2-2 所示，这种运动副称为转动副，也称铰链。若两构件中有一个为固定构件则称为固定铰链；若两构件均为活动构件则称为活动铰链。

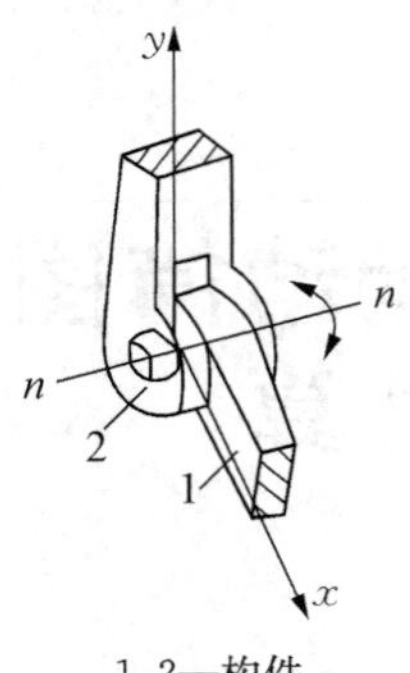

1,2—构件

图 2-2　转动副

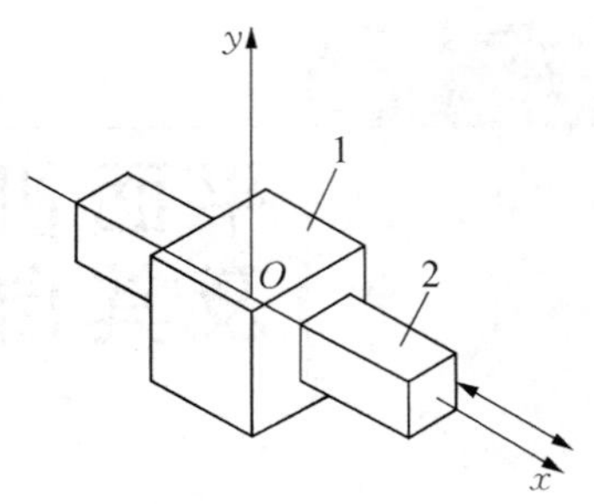

1,2—构件

图 2-3　移动副

(2) 移动副　若两构件只能作相对移动，如图 2-3 所示，这种运动副称为移动副。

转动副如图 2-2 所示约束了沿 x，y 轴方向的两个移动自由度，只保留一个相对转动的自由度。移动副如图 2-3 所示约束了沿 y 轴方向的移动和在 xoy 平面内的相对转动两个自由度，只保留沿 x 轴方向移动的自由度。因此，一个低副引入两个约束，使构件减少了两个自由度。

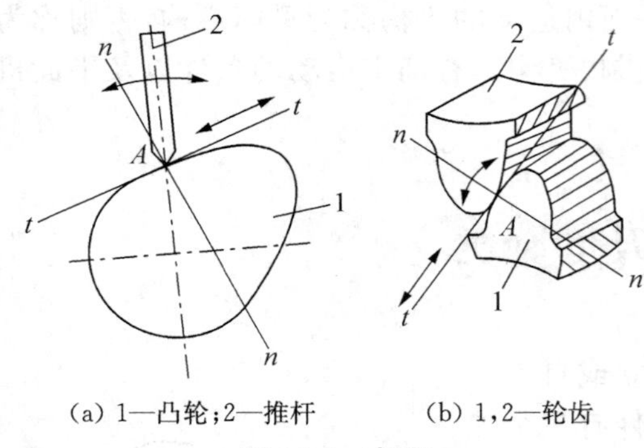

(a) 1—凸轮；2—推杆　　(b) 1,2—轮齿

图 2-4　高副

2.1.2　高副

两个作平面运动构件通过点或线接触而构成的运动副称为高副。如图 2-4(a)所示，凸轮 1 与推杆 2 为点接触；如图 2-4(b)所示，轮齿与轮齿的啮合为线接触，所以两者均属平面高副。

高副如图 2-4 所示约束了沿接触处公法线 $n-n$ 方向移动的自由度，保留绕接触处的转动和沿接触处公切线 $t-t$ 方向移动的两个自由度。因此，一个高副引入一个约束，使构件丧失一个自由度。

除了上述平面运动副之外，机械中还经常见到球面副、螺旋副等运动副，如图 2-5 和图 2-6 所示。这些运动副两构件间的相对运动是空间运动，属于空间运动副。空间运动副本章不予讨论。

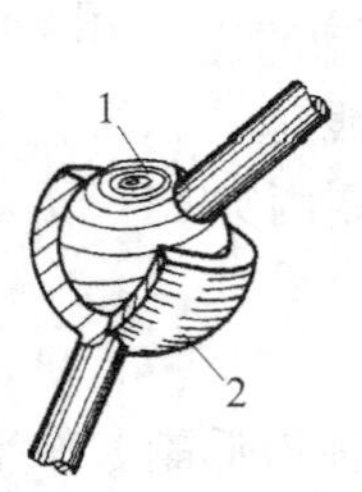

图 2-5　球面副

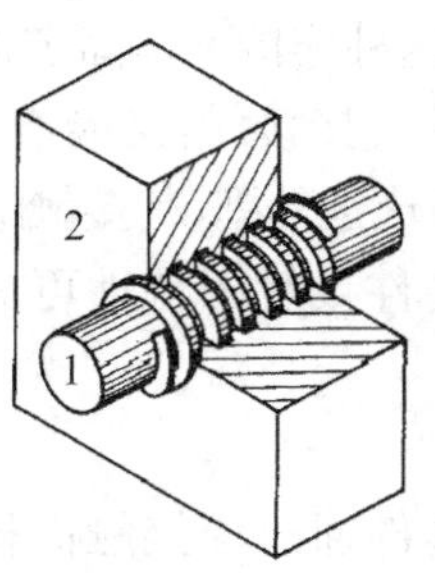

图 2-6　螺旋副

2.2 平面机构运动简图的绘制

在研究机构运动时，为了使问题简化，可以不考虑那些与运动无关的构件外形和运动副的具体构造，仅用简单线条和符号表示构件和运动副(表 2－1，表 2－2)，并按比例定出各运动副的位置。这种表明机构各构件间相对运动关系的简单图形称为机构运动简图。

机构中的构件可分为三类：

(1) 固定构件(又称机架)。是指用来支撑活动构件的构件。研究机构中活动构件的运动时，常以固定构件作为参考坐标系。

(2) 原动件(又称主动件)。是指运动规律已知的活动构件。它的运动是由外界输入的。

(3) 从动件。是指机构中除了原动件以外的、随着原动件的运动而运动的其余活动构件。

表 2－1　　常见运动副的符号

运动副名称		运动副符号	
		两运动构件构成的运动副	两构件之一为固定时的运动副
平面运动副	转动副		
	移动副		
	平面高副		
空间运动副	螺旋副		
	球面副及球销副		

表 2-2　　一般构件的表示符号

构件	表示符号
杆、轴类构件	
固定构件	
同一构件	
两副构件	
三副构件	

绘制机构运动简图的步骤如下：

(1) 分析机械的实际构造和运动情况，找出原动件、从动件和机架。

(2) 由原动件开始，沿着运动的传递，分析各构件之间相对运动的性质，确定运动副的类型和数目。

(3) 选择视图平面，在绘制机构运动简图时，一般选多数构件的运动平面为视图平面，若一个视图平面不能表达清楚运动的传递关系，可另加辅助视图。

(4) 选择适当的比例尺定出各运动副之间的相对位置，并用简单的线条、各种运动副的代表符号来绘制机构运动简图。

$$\mu_l = \frac{\text{构件的实际长度}}{\text{简图上所画的构件长度}} \tag{2-1}$$

式中，μ_l 为机构的尺寸比例尺。

下面举例说明机构运动简图的绘制方法。

[例 2-1]　绘制如图 2-7 所示颚式破碎机的机构运动简图。

如图 2-7(a)所示为一颚式破碎机，主体机构由机架 1、偏心轴 2、动颚 3、肘板 4，4 个构件以转动副连接而成。当偏心轴 2 在带轮 5 的带动下绕 A 轴心转动时，驱使动颚 3 作平面运动，从而将矿石轧碎。图中所示的排料口调整机构 6，在破碎机工作时静止不动，故在简图绘制时，视它与机架为同一固定构件。

(1) 找出原动件、从动件和机架。由图可知，机构运动由带轮 5 输入，而带轮和偏心轴 2 固连成一体(属同一构件)，绕 A 转动，所以偏心轴 2 为原动件。动颚 3 和肘板 4 为从动件，构件 1 为机架，共 4 个构件。

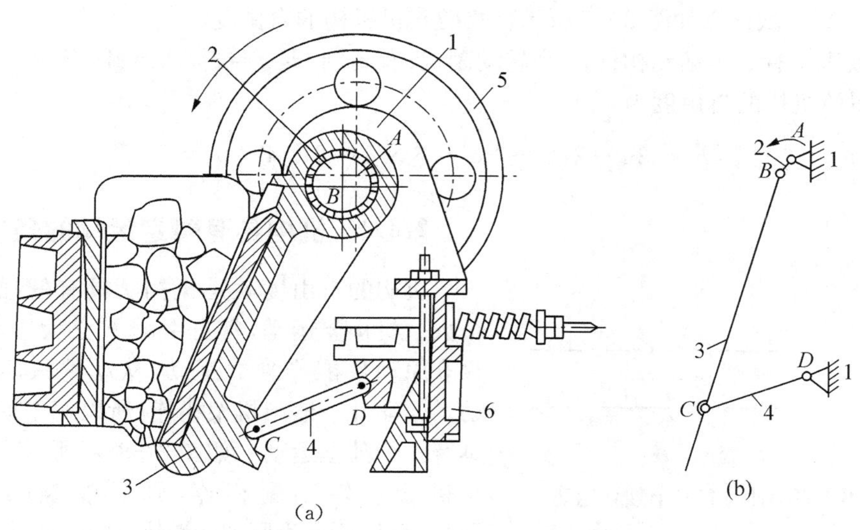

1—机架；2—偏心轴；3—动颚；4—肘板；5—带轮；6—排料口调整机构

图 2-7　颚式破碎机及其机构运动简图

(2) 由原动件开始，沿着运动的传递，分析各构件之间相对运动的性质，从而确定运动副数目及其类型。偏心轴 2 与机架 1、偏心轴 2 与动颚 3，动颚 3 与肘板 4，肘板 4 与机架 1 均组成转动副，共 4 个转动副。

(3) 选择适当的视图平面，如图 2-7(a)所示视图平面和机构运动的瞬时位置，较好地表达了机构运动的传递关系，可按此绘制运动简图。

(4) 选择适当的长度比例尺，绘制运动简图。按选定的比例尺，确定各运动副的相对位置，并按规定符号绘出运动副，如图 2-7(b)所示 A, B, C, D(转动副 B 虽然半径大于偏心距 AB，但运动简图只表示相对运动性质，不表示具体结构，所以转动副 B 与其他转动副用同样大小的圆圈表示)。然后用直线(或曲线)将同一构件上的运动副相连接来代表构件。连接 A, B 为偏心轴 2，连接 B, C 为动颚 3，连接 C, D 为肘板 4，并将图中机架画出斜线，在原动件 2 上标出指示运动方向的箭头。这样便绘出图 2-7(b)所示的破碎机主体机构运动简图。

2.3　平面机构的自由度计算

2.3.1　平面机构自由度计算

平面机构的自由度应与机构中的活动构件数目、各构件所组成的运动副类型和各类运动副的数目有关。如前所述，一个作平面运动的自由构件具有三个自由度，若平面机构中有 n 个活动构件，在未用运动副连接之前，则共有 $3n$ 个自由度。当用 P_L 个低副和 P_H 个高副连接组成机构后，每个低副引入两个约束，每个高副引入一个约束，共引入 $2P_L+P_H$ 个约束。因此，平面机构自由度 F 的计算公式为

$$F = 3n - 2P_L - P_H \tag{2-2}$$

［例 2-2］ 试计算如图 2-7 所示颚式破碎机机构的自由度。

解 该机构有 3 个活动构件，4 个转动副，没有高副，即 $n=3$，$P_L=4$，$P_H=0$。因此，由式(2-2)得该机构的自由度为

$$F=3n-2P_L-P_H=3\times3-2\times4-0=1$$

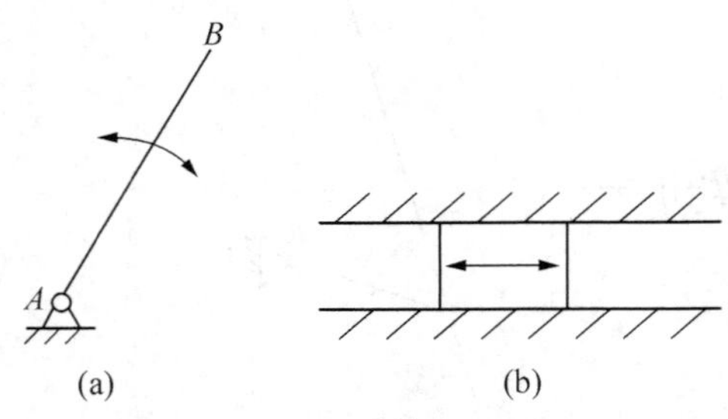

图 2-8 原动件具有一个独立运动

2.3.2 机构具有确定运动的条件

机构的自由度就是机构所具有的独立运动的个数。机构要运动，其自由度 F 必大于零，机构中只有原动件能作独立运动，从动件只能随之而运动。原动件一般与机架相连，所以每个原动件只能具有一个独立运动。如图 2-8(a)所示，原动件 AB 与机架以转动副相连，则只能绕 A 转动；如图 2-8(b)所示为原动件滑块与机架组成移动副，滑块则只能沿导路直线移动。因此，要使机构具有确定的运动，原动件数目应等于机构的自由度数。

机构原动件的独立运动是由外界给定的，如果给定的原动件数目不等于机构自由度数，将对机构产生什么影响？接下来我们就来具体讨论。

如图 2-9 所示为铰链四杆机构，该机构中有 3 个活动构件，$n=3$；低副数 $P_L=4$；没有高副，则 $P_H=0$。根据式(2-2)得机构的自由度为

$$F=3n-2P_L-P_H=3\times3-2\times4-0=1$$

设图中 φ_1 为原动件 1 的位置角，当给定一个 φ_1 值时，从动件 2，3 便随之有一个确定的对应位置，这说明此时机构具有确定的相对运动。若令机构中构件 1 和 3 同时为原动件，则因这两种独立运动不能同时满足，使机构内部的运动发生矛盾而导致机构中最薄弱的构件或运动副遭到破坏。因此，机构中原动件数不能多于自由度数。

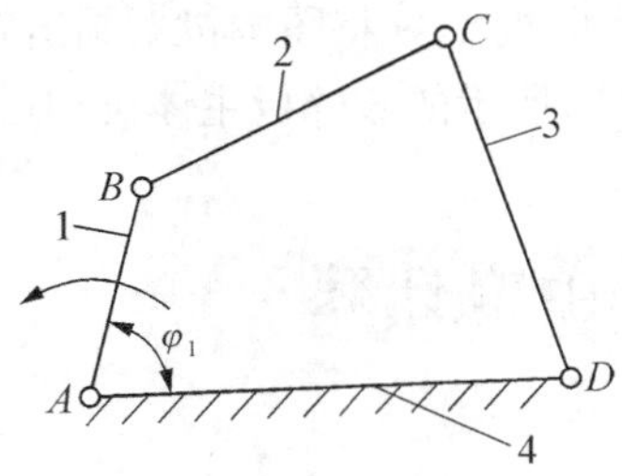

1，2，3—构件；4—机架

图 2-9 活动铰链四杆机构

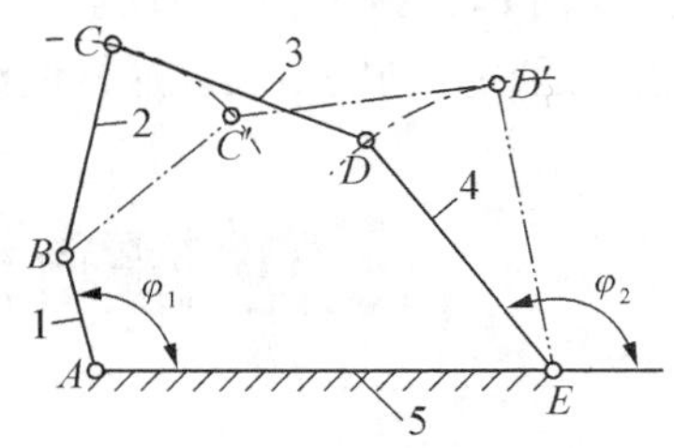

1，2，3，4—构件；5—机架

图 2-10 活动铰链五杆机构

如图 2-10 所示为铰链五杆机构，该机构中有 4 个活动构件，$n=4$，低副数 $P_L=5$，没有高副，则 $P_H=0$。根据式(2-2)得机构的自由度为

$$F=3n-2P_L-P_H=3\times4-2\times5-0=2$$

当给定位置角 φ_1 和 φ_2，即设构件 1 和 4 同时为原动件时，则其余构件的运动就随之确定，即机构具有确定的运动。如果只给定一个原动件并设构件 1 为原动件，则对任一位置 φ_1，其余

活动构件可以处于图中实线位置，也可以处于双点画线位置或其他位置，即从动件位置就不能确定。因此，当机构原动件数少于机构的自由度数时，会出现机构运动不确定的现象。

显然，机构要能够运动，其自由度必须大于零。如果机构的自由度数 $F \leqslant 0$，则这些构件组合为刚性结构而不能运动。如图 2-11(a)所示，三个构件用 3 个转动副相连，取一构件为机架，其自由度 $F = 3 \times 2 - 2 \times 3 - 0 = 0$，显然这是一个静定桁架。如图 2-11(b) 所示，4 个构件用 5 个转动副相连，取一构件为机架，其自由度 $F = 3 \times 3 - 2 \times 5 - 0 = -1$，这说明约束过多，则成为超静定桁架。

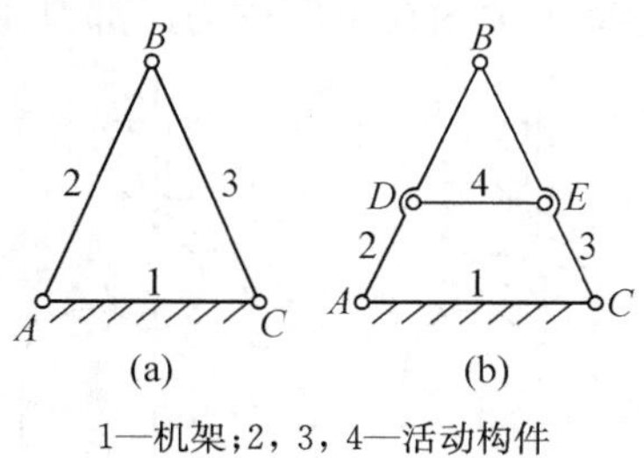

1—机架；2，3，4—活动构件

图 2-11 桁架

综上所述可知，机构具有确定运动的条件是：机构的自由度数必须大于零，且机构的原动件数目必须等于机构的自由度数。

2.3.3 计算平面机构自由度时应注意的问题

1. 复合铰链

转动副是由两个构件组成的。由两个以上构件同时在一处用转动副连接构成复合铰链，如图 2-12 所示。由 m 个构件所组成的复合铰链，应有$(m-1)$个转动副。计算机构自由度时，应注意识别复合铰链，以免把运动副数目搞错。

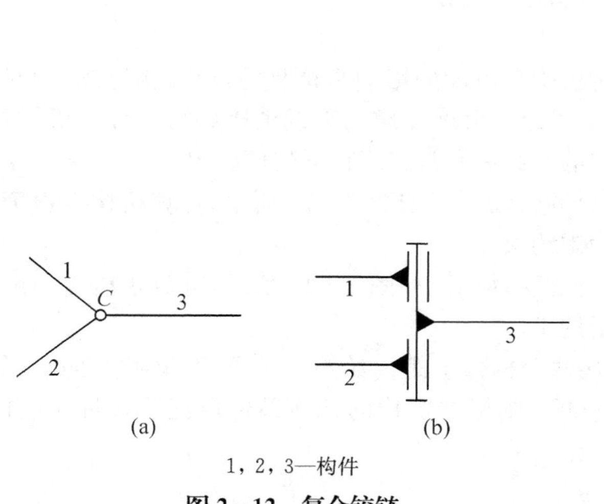

1，2，3—构件

图 2-12 复合铰链

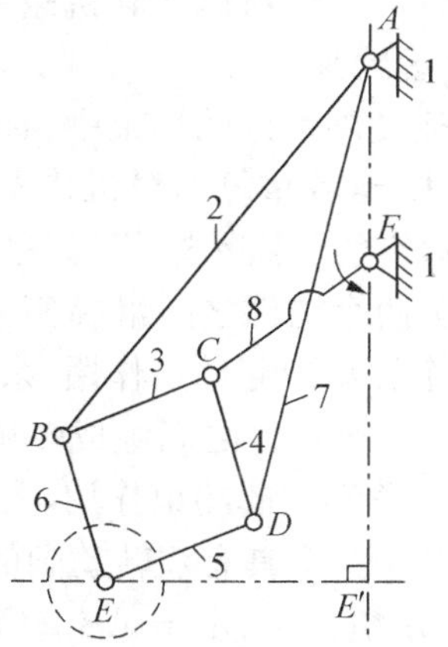

1—机架；2，3，4，5，6，7，8—活动构件

图 2-13 圆盘锯机构

［**例 2-3**］ 如图 2-13 所示为圆盘锯主体部分的机构，试计算该机构的自由度。

解 机构中活动构件数 $n = 7$，A，B，C，D 处都是由三个构件组成的复合铰链，故 $P_{\mathrm{L}} = 10$；没有高副，$P_{\mathrm{H}} = 0$。由式(2-2)得

$$F = 3n - 2P_{\mathrm{L}} - P_{\mathrm{H}} = 3 \times 7 - 2 \times 10 - 0 = 1$$

取构件 8 为原动件时，机构具有确定的运动。圆盘上 E 点的运动轨迹为垂直于 AF 的直线，所以该机构又称为直线运动机构。

2. 局部自由度

在有些机构中,某些构件所产生的局部运动并不影响其他构件的运动,这种与整个机构运动无关的自由度称为局部自由度,计算机构自由度时,应将局部自由度除去不计。

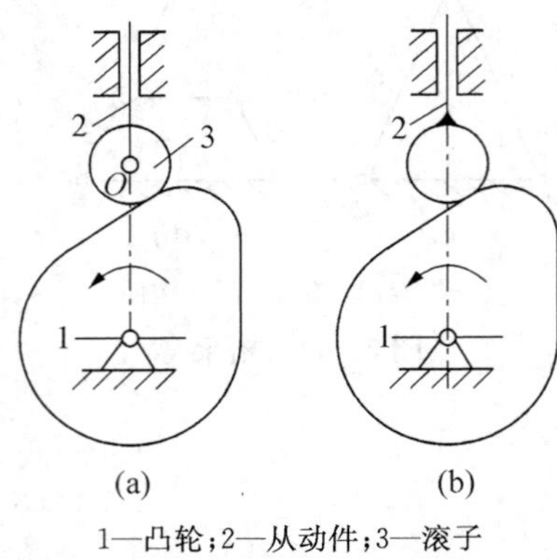

1—凸轮;2—从动件;3—滚子

图 2-14 局部自由度

如图 2-14(a)所示为一滚子从动件凸轮机构。主动凸轮 1 转动时,从动件 2 在导路中作往复直线运动,显然该机构的自由度为 1。但用式(2-2)计算时,由于 $n=3$, $P_L=3$, $P_H=1$,则机构的自由度为

$$F=3n-2P_L-P_H=3\times3-2\times3-1=2$$

所得计算结果与实际不符。这是由于滚子 3 绕 O 点如何转动以及是否转动,完全不影响从动件 2 的输出运动所致。可见,滚子转动是多余的局部自由度。在计算机构自由度时,可假想把滚子 3 与从动件 2 焊在一起,如图 2-14(b)所示,把滚子的局部自由度除去不计,这样该机构中 $n=2$, $P_L=2$, $P_H=1$,其机构自由度为

$$F=3n-2P_L-P_H=3\times2-2\times2-1=1$$

计算结果与实际相符。

局部自由度虽然不影响整个机构的运动,但滚子可使高副接触处的滑动摩擦变成滚动摩擦,减少磨损,所以实际机械中常有局部自由度出现。

3. 虚约束

在运动副引入的约束中,有些约束对机构自由度的影响是重复的,对机构运动不起任何限制作用,这种重复而对机构不起限制作用的约束称为虚约束或消极约束。计算机构自由度时,应将虚约束除去不计。平面机构中的虚约束通常出现在下列情况中:

(1) 两个构件之间组成多个轴线重合的转动副。如图 2-15 所示,计算机构自由度时,只有一个转动副起约束作用,余下一个为虚约束。

(2) 两个构件之间组成多个导路平行的移动副。如图 2-16 所示,计算机构自由度时,只有一个移动副起约束作用,另一个为虚约束。

(3) 用一个具有双转动副的构件连接两个构件上距离始终保持不变的两个动点。如图 2-17所示机构中,由于 $AB \mathrel{\underline{\underline{/\!/}}} CD$, $AE \mathrel{\underline{\underline{/\!/}}} DF$,则根据机构的几何条件可证明构件 1 上的动

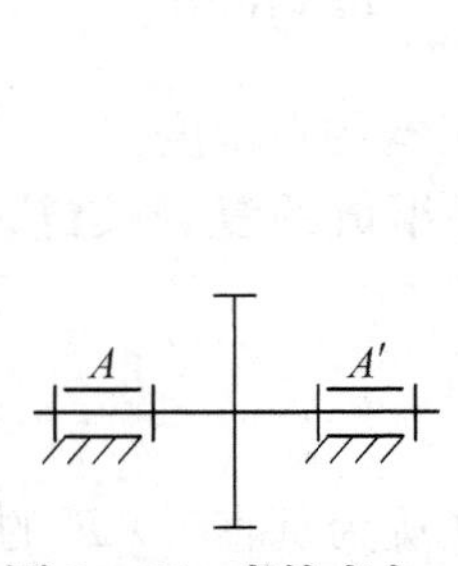

图 2-15 虚约束之一

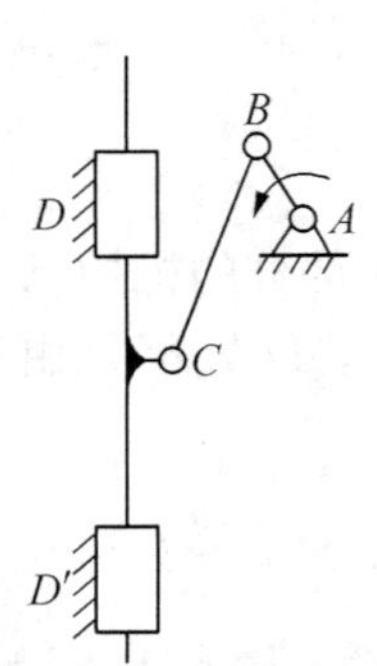

图 2-16 虚约束之二

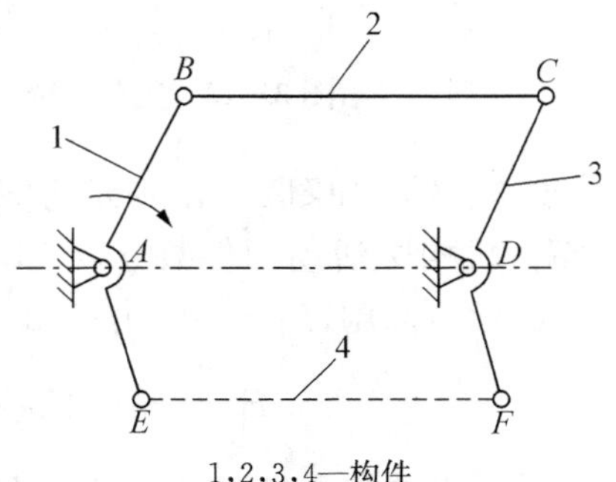

1,2,3,4—构件

图 2-17 虚约束之三

点 E 与构件 3 上的动点 F 的距离始终保持不变，故如用带有两个转动副的构件 4 连接 E，F 点时，则该约束为虚约束。

(4) 在机构中，用转动副连接的两个构件上运动轨迹重合的点。如图 2－18 所示机车驱动轮联动机构中，$AB \mathrel{\underline{\parallel}} EF \mathrel{\underline{\parallel}} CD$ 如将构件 2 和车轮 5 的铰接点 E 拆开，两构件上的连接点 E 的轨迹仍重合，都是以 F 为圆心、以 EF 为半径的圆弧，故车轮 5 与转动副 E 和 F 引入虚约束。

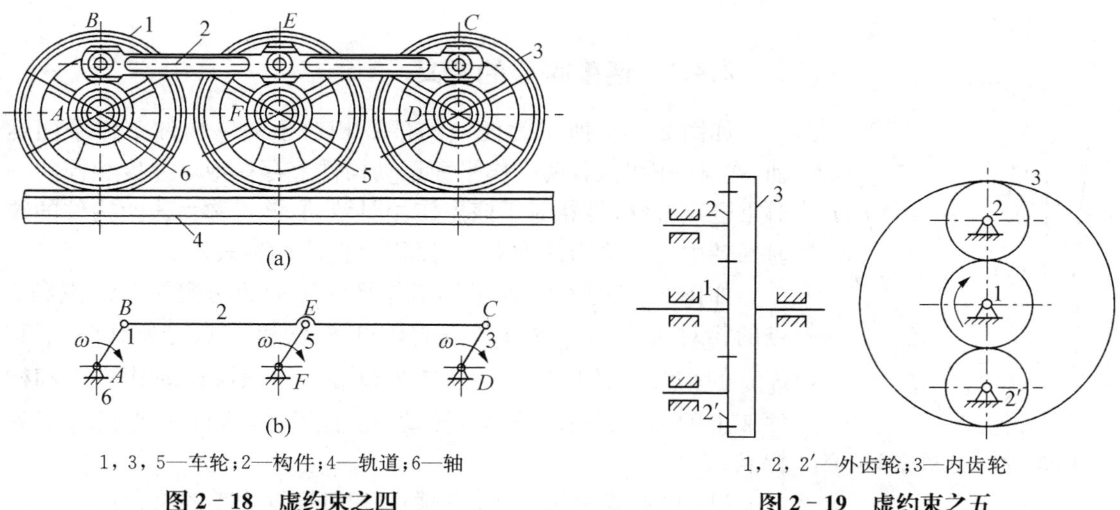

1，3，5—车轮；2—构件；4—轨道；6—轴

图 2－18　虚约束之四

1，2，2′—外齿轮；3—内齿轮

图 2－19　虚约束之五

(5) 对机构运动不起作用的对称部分。如图 2－19 所示齿轮机构，齿轮 1 经过齿轮 2 和 2′驱动内齿轮 3。齿轮 2 和 2′中有一个齿轮是对运动不起独立作用的对称部分，引入一个虚约束。

虚约束虽然不能影响机构的运动，但可提高构件的刚性、改善受力状况以及使机构具有稳定的运动，因此在结构设计中被广泛使用。但必须注意：虚约束的存在对制造和安装精度要求较高，当不能满足几何条件时，则引入的虚约束就是“真约束”，机构将不能运动。因此，在设计时应慎重。

[**例 2－4**]　试计算如图 2－20 所示筛料机机构的自由度，并判断其运动是否确定。

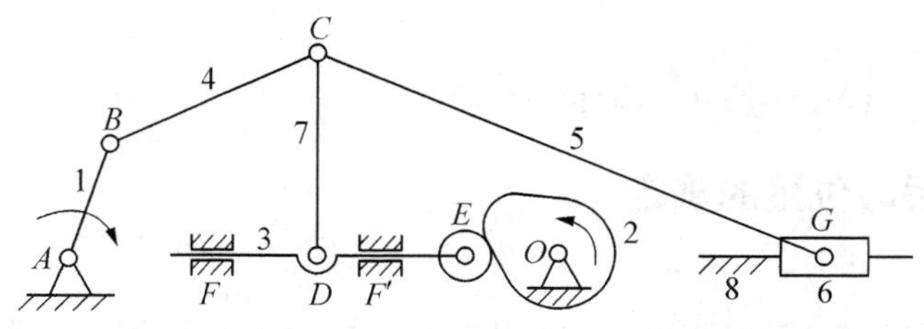

1，2—原动件；3，4，5，6，7—从动件；8—机架

图 2－20　筛料机运动简图

解　(1) 图中 C 处是复合铰链，滚子 E 处是局部自由度，移动副 F，F'之一为虚约束，所以该机构中，$n=7$，$P_L=9$，$P_H=1$，其机构自由度为

$$F=3n-2P_L-P_H=3\times7-2\times9-1=2$$

(2) 由机构运动简图可知,该机构有 2 个原动件(1 和 2),5 个从动件(3, 4, 5, 6, 7)及 1 个机架 8。因原动件数与机构自由度数相等,故该机构运动是确定的。

2.4 速度瞬心法在机构速度分析中的应用

2.4.1 速度瞬心的定义

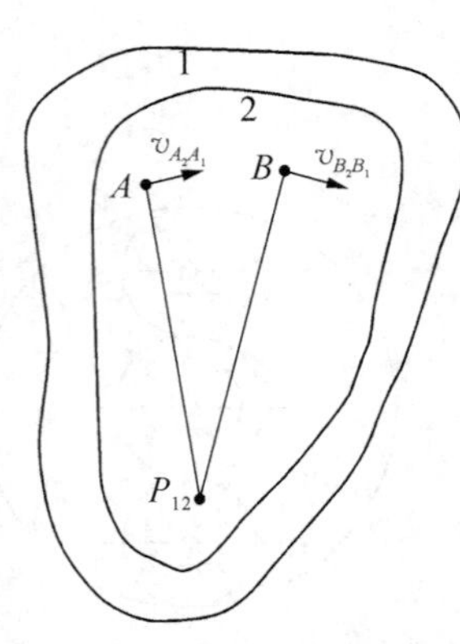

图 2-21 相对速度瞬心

如图 2-21 所示为任一构件 2 相对于另一构件 1 作平面运动,在某一瞬时,若两个作平面运动构件上存在绝对速度相同的一对重合点,两构件相对于该点作相对转动,该点称为该两构件的瞬时回转中心或称为速度瞬心,简称瞬心,用 P_{12}表示。

如图 2-21 所示,如果知道作平面运动的两构件上 A 点和 B 点的相对速度 $v_{A_2A_1}$ 和 $v_{B_2B_1}$,那么过 A 点和 B 点分别作 $v_{A_2A_1}$ 和 $v_{B_2B_1}$ 的垂线,它们的交点 P_{12}即为瞬心。这表明此时构件 1 和构件 2 上的 A, B 同时绕 P_{12}转动,由上所述,速度瞬心具有下列特点:

(1) 瞬心是两构件在任一瞬时相对速度为零的重合点。

(2) 瞬心是两构件在任一瞬时绝对速度相同的点。

(3) 如果两构件都是运动的,其瞬心称为相对瞬心。

(4) 如果两构件中有一个是静止的,其瞬心称为绝对瞬心。

2.4.2 瞬心的数目

用速度瞬心法研究机构的速度时,首先要确定机构中应有的瞬心数目。发生相对运动的任意两构件间都有一个瞬心,如果机构由 N 个构件组成,根据排列组合的知识可求出机构瞬心的数目为

$$K=\frac{N(N-1)}{2} \tag{2-3}$$

式中,K 为瞬心的数目;N 为机构中构件的总数。

2.4.3 机构瞬心位置的确定

1. 直接观察法

直接观察法适用于求通过运动副直接相连的两构件瞬心位置。如图 2-22(a)所示,当两构件以转动副相连时,转动中心即为两构件的瞬心;如图 2-22(b)所示,当两构件通过移动副相连时,两构件的瞬心位于导路垂线的无穷远处;如图 2-22(c)所示,当两构件以纯滚动的高副相连时,接触点相对速度为零,所以接触点就是其瞬心;如图 2-22(d)所示,当两构件以滑动兼滚动的高副相连时,由于接触点的相对速度沿切线方向,因此其瞬心位于接触点的公法线上,具体位置还要根据其他条件才能确定。

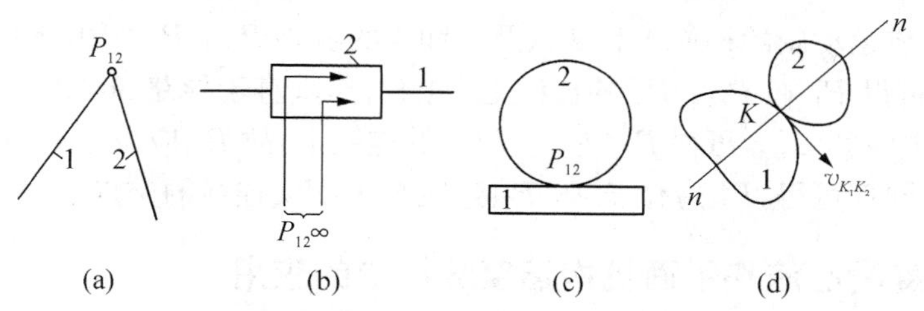

图 2-22 瞬心位置的确定

2. 三心定理

当求机构中任意两个不直接组成运动副的构件之间的瞬心时，可利用三心定理。该定理是：彼此作平面运动的三个构件共有三个瞬心，这三个瞬心位于同一直线上。现证明如下：

如图 2-23 所示，构件 1，2 和 3 彼此作平面相对运动，共有三个瞬心，为了证明三个瞬心位于同一直线上，设它们的瞬心为 P_{12}，P_{13} 和 P_{23}。为讨论方便，设构件 1 为固定构件，构件 2，3 与构件 1 组成转动副。

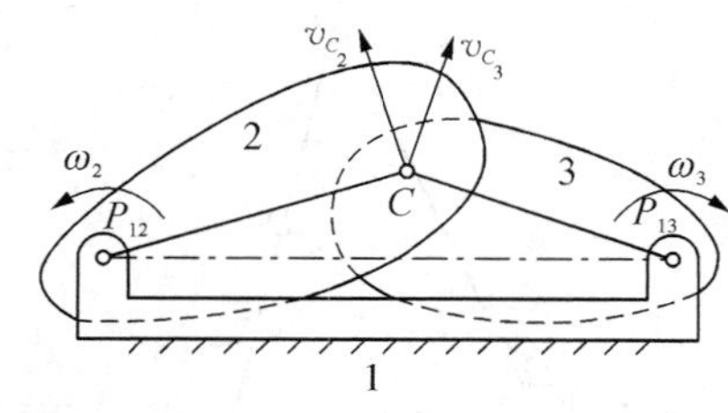

图 2-23 三心定理

由前述可知，P_{12} 和 P_{13} 各为构件 1，2 和构件 1，3 之间的绝对瞬心，下面证明相对瞬心 P_{23} 应位于 P_{12} 和 P_{13} 的连线上。如图所示，假定 P_{23} 不在直线 $P_{12}P_{13}$ 上，而在其他任意一点 C，重合点 C_2 和 C_3 的绝对速度 v_{C_2} 和 v_{C_3} 各垂直于 CP_{12} 和 CP_{13}，显然，这时 v_{C_2} 和 v_{C_3} 的方向不一致。瞬心应是绝对速度相同(方向相同，大小相等)的重合点，故 C 点不可能是瞬心。只有位于 $P_{12}P_{13}$ 直线上的重合点速度方向才可能一致，所以瞬心 P_{23} 必位于 P_{12} 和 P_{13} 的连线上。

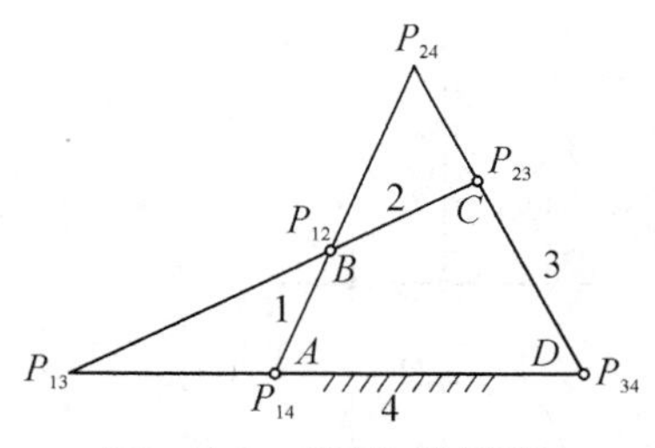

图 2-24 铰链四杆机构

[例 2-5] 求如图 2-24 所示铰链四杆机构的瞬心。

该机构由 4 个构件组成，故共有 6 个瞬心，由直接观察法可知 A，B，C，D 分别为 P_{14}，P_{12}，P_{23}，P_{34}，而不直接构成运动副的构件 1 和 3 以及 2 和 4 的瞬心 P_{13}，P_{24} 则由三心定理确定。由 3 个构件 1，4，3 可得 P_{13} 在 P_{14}，P_{34} 的连线上，由 3 个构件 1，2，3 可得 P_{13} 在 P_{12}，P_{23} 的连线上，故 P_{13} 应位于 $P_{14}P_{34}$ 连线与 $P_{12}P_{23}$ 连线的交点上。同理可得，P_{24} 应位于 $P_{12}P_{14}$ 连线与 $P_{23}P_{34}$ 连线的交点上。在这 6 个瞬心中，P_{14}，P_{24}，P_{34} 为绝对瞬心，而 P_{12}，P_{23}，P_{13} 为相对瞬心。

[例 2-6] 如图 2-25 所示为曲柄滑块机构，试求出该机构的所有瞬心。

根据式(2-3)得

$$K=\frac{N(N-1)}{2}=\frac{4(4-1)}{2}=6$$

该机构共有 6 个瞬心，由直接观察法可知 A，B，C 分别为 P_{14}，P_{12}，P_{23}，构件 3，4 组成移动副，故 P_{34} 位于垂直于导路 AC 的无穷远处。

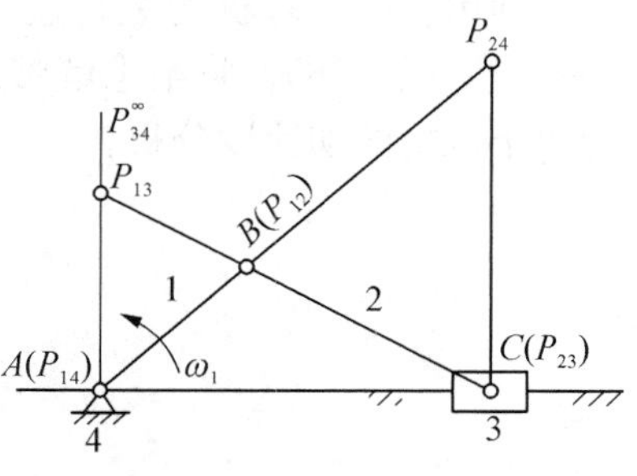

图 2-25 曲柄滑块机构

而不直接构成运动副的构件 1 和 3 以及 2 和 4 的瞬心 P_{13}，P_{24}则由三心定理确定。由 3 个构件 1，4，3 可得 P_{13}在 P_{14}，P_{34}的连线上，过 P_{14}作垂直于导路 AC 的直线就是 P_{14}，P_{34}的连线，由 3 个构件 1，2，3 可得 P_{13}在 P_{12}，P_{23}的连线上，故 P_{13}应位于 $P_{14}P_{34}$连线与 $P_{12}P_{23}$连线的交点上。同理可得，P_{24}应位于 $P_{12}P_{14}$连线与 $P_{23}P_{34}$连线的交点上。

2.4.4 速度瞬心法在平面机构速度分析中的应用

由于在瞬心位置两构件的相对速度为零，绝对速度相同，因此，两构件在该瞬时的相对运动可以视为绕该瞬心的相对转动。利用瞬心的这一特征来分析机构速度的方法称为速度瞬心法。当对一些简单的平面机构进行速度分析时，采用瞬心法分析很方便，下面举例说明：

图 2-26 铰链四杆机构

设已知如图 2-26 所示铰链四杆机构各构件的尺寸，原动件 2 的角速度 ω_2，试求在图示位置时从动件 4 的角速度 ω_4。

机构中各瞬心的位置如图 2-26 所示，因为已确定的瞬心 P_{24}为构件 2，4 的等速重合点，故有

$$\omega_2\ \overline{P_{12}P_{24}}\ \mu_l = \omega_4\ \overline{P_{14}P_{24}}\ \mu_l$$

式中，μ_l 为机构的尺寸比例尺，它是构件的实际长度与图示长度之比。

由上式可得

$$\omega_4 = \omega_2\ \overline{P_{12}P_{24}} / \overline{P_{14}P_{24}}$$

或

$$\omega_2/\omega_4 = \overline{P_{14}P_{24}} / \overline{P_{12}P_{24}}$$

式中，ω_2/ω_4 为机构中原动件 2 与从动件 4 的瞬时角速度之比，称为机构的传动比。由上式可见，该传动比等于该两构件的绝对瞬心至相对瞬心距离的反比。

又如图 2-27 所示的凸轮机构，设已知各构件的尺寸及凸轮的角速度 ω_2，求从动件 3 的移动速度 v。

如图所示，过高副元素的接触点 K 作其公法线 nn，由前述可知，其与瞬心连线 $P_{12}P_{13}$ 的交点即为瞬心 P_{23}，又因其为 2,3 两构件的等速重合点，故可得

$$v = v_{P_{23}} = \omega_2\ \overline{P_{12}P_{23}}\ \mu_l(\text{方向垂直向上})$$

利用瞬心法对机构进行速度分析虽较简便，但当某些瞬心位于图纸之外时. 将给求解带来困难。同时，速度瞬心法不能用于机构的加速度分析。

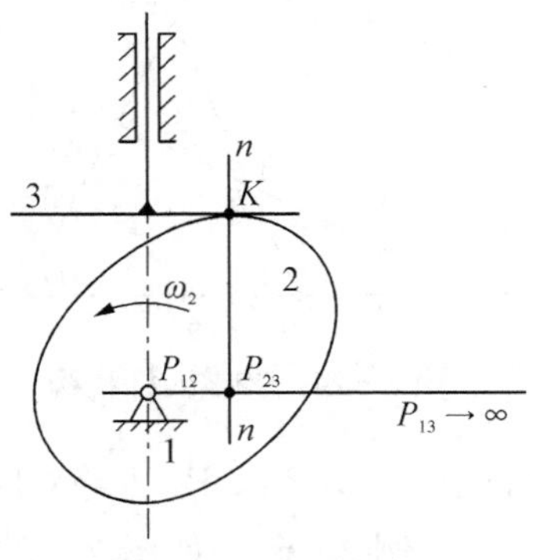

图 2-27 凸轮机构

第三章 机械中的摩擦、效率和自锁

机械在运转时，运动副中将产生阻止机械运动的摩擦力，通常运动副中的摩擦力是一种主要的有害阻力，它不仅使机器在运转时造成动力的浪费，降低机械的效率，使运动副元素受到磨损，由于摩擦，还会使机械发热膨胀，导致运动副咬紧和卡死，使机器运转不灵活。然而，任何事物都是一分为二的，在不少机器中正是利用摩擦力来传递运动和动力的，如带传动、摩擦离合器等。因此，我们有必要对运动副中的摩擦进行分析，掌握其摩擦的特点和规律，使其充分发挥有用的功能，尽可能减少其不利的影响。

3.1 机械中的摩擦

机械在运转的过程中，运动副两元素间将产生摩擦力，属于低副的转动副和移动副，由于元素间的相对运动通常是滑动，因此只产生滑动摩擦，而对于平面高副来说，相对运动既有滑动摩擦又有滚动摩擦，由于滚动摩擦比滑动摩擦小很多，因此，对机械进行力分析时，只考虑滑动摩擦。

下面分别就移动副、转动副和螺旋副中的摩擦进行分析。

3.1.1 移动副中的摩擦

1. 平面摩擦

如图 3－1 所示，为滑块 1 和水平面 2 组成移动副。设 F 为作用在滑块 1 上的驱动力，G 为铅垂载荷，在驱动力 F 的作用下，滑块沿水平面等速向右移动，作用在滑块 1 上的摩擦力为

$$F_{f21} = fF_{N21} = fG$$

其方向与滑块 1 相对于平面 2 的相对速度的方向相反。式中，f 为摩擦系数。

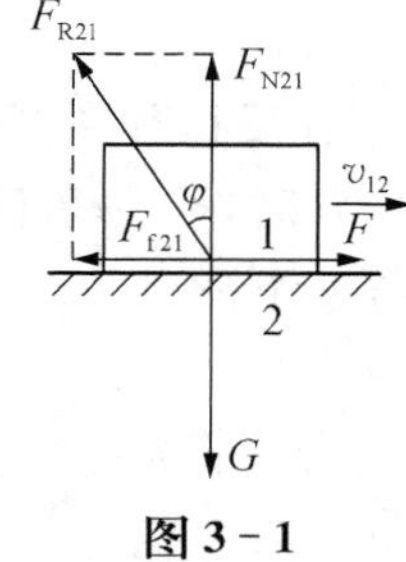

图 3－1

由于 F_{N21} 及 F_{f21} 都是水平面 2 作用于滑块 1 上的反力，因此，可将它们合成一个总反力，用 F_{R21} 表示，总反力 F_{R21} 与法向反力 F_{N21} 之间的夹角 φ 称为摩擦角。由图 3－1 可得

$$\varphi = \arctan f$$

总反力的方向可根据以下来确定：

(1) 总反力与法向反力偏斜一摩擦角 φ。

(2) 总反力与法向反力偏斜的方向与构件 1 相对于构件 2 的相对速度 v_{12} 的方向相反。

在总反力方向确定后，可以很方便地对机构进行力分析了。

2. 斜面摩擦

如图 3－2(a)所示，滑块 1 沿斜面 2 移动，已知斜面 2 的升角为 α，斜面 2 与滑块 1 之间的摩擦系数为 f，作用在滑块 1 上的铅垂载荷为 G，下面分析滑块 1 沿斜面 2 等速上升与下滑所需要的水平力 F。

(1) 滑块等速上升(正行程)

如图 3－2(a)所示，当滑块 1 在驱动力 F 的作用下沿斜面等速上升，此时的行程称为正行程。

在求解时，应先根据上述方法作出总反力 F_{R21} 的方向，再根据力平衡条件确定力 F 为

$$F = G\tan(\alpha + \varphi)$$

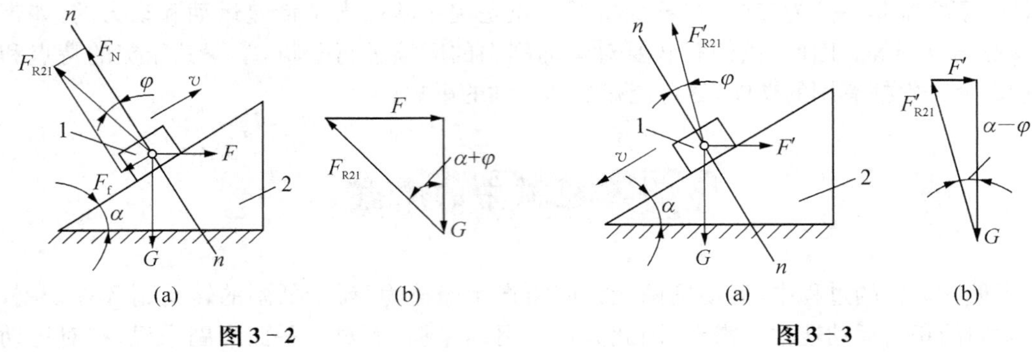

图 3－2　　　　图 3－3

(2) 滑块等速下滑(反行程)

如图 3－3(a)所示，当滑块 1 在驱动力 F' 的作用下沿斜面等速下滑，此时的行程称为反行程。

作出总反力 F'_{R21} 的方向，再按照上述步骤，根据力平衡条件确定力 F' 为

$$F' = G\tan(\alpha - \varphi)$$

在反行程中，G 为驱动力，当 $\alpha > \varphi$ 时，F' 为正值，是阻止滑块 1 加速下滑的阻抗力；当 $\alpha < \varphi$ 时，F' 为负值，方向与图示的方向相反，此时 F' 变为驱动力，作用是促使滑块 1 沿斜面 2 等速下滑。

3. 楔形面摩擦

如图 3－4 所示为楔形滑块 1 与楔形槽面 2 组成移动副，在力 F 的作用下滑块沿槽面等速滑动，G 为作用在滑块上的铅垂载荷，滑块的楔形角为 2θ，滑块与槽面之间的摩擦系数为 f，槽面对滑块的法向反力为 F_{N21}。根据楔形滑块 1 在铅垂载荷方向受力平衡条件得

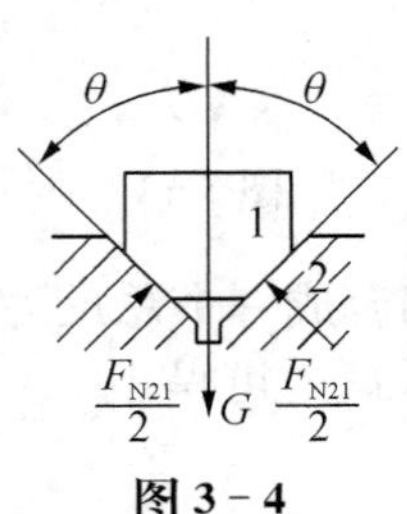

图 3－4

$$F_{N21} = \frac{G}{\sin\theta}$$

滑块所受的摩擦力为

$$F_{f21} = fF_{N21} = \frac{fG}{\sin\theta}$$

令 $f_v = \frac{f}{\sin\theta}$，则 $F_{f21} = f_v G$。f_v 称为当量摩擦系数，它是考虑摩擦表面的形状对摩擦的影响引入的。

由于 $f_v \geqslant f$，故在其他条件相同的情况下，运动副两元素沿楔形面接触时所产生的摩擦力较平面接触时所产生的摩擦力大。因此，在机械传动中常采用 V 带、三角形螺纹连接等增大摩擦力。

4. 半圆柱面摩擦

如图 3－5 所示两构件沿一半圆柱面接触，因其接触面各点处的法向反力均沿径向，故法向反力的数量总和可表示为 kG，则

$$F_{f21} = fkG$$

k 为与接触面的接触情况有关的系数。当两接触面为点、线接触时，$k \approx 1$；当两接触面沿整个半圆周均匀接触时，$k = \frac{\pi}{2}$；其余情况介于上述二者之间。

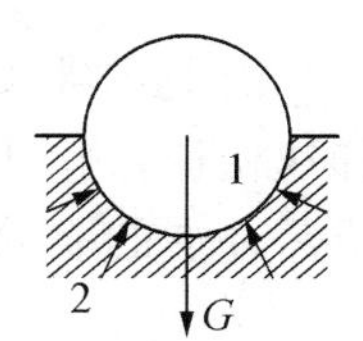

图 3－5

3.1.2 螺旋副中的摩擦

螺杆与螺母组成螺旋副。螺旋副是一种空间运动副，其接触面是螺旋面。当螺杆和螺母之间受轴向载荷作用时，拧动螺杆或螺母，两螺纹之间有相对滑动，则产生摩擦力。下面分别就矩形螺纹和三角形螺纹螺旋副中的摩擦进行讨论。

1. 矩形螺纹螺旋副中的摩擦

如图 3－6(a)所示，螺母 1 与矩形螺纹的螺杆 2 组成一升角为 α 的螺旋副。在研究其摩擦时，通常假定：螺杆与螺母间的作用力集中作用在中径 d_2 的圆柱面上。因螺杆的螺纹可视为由一斜面卷绕在圆柱面上形成的，因此螺母与螺杆的螺纹间的相互作用关系可简化为滑块 1 沿斜面 2 滑动的关系，如图 3－6(b)所示，螺母 1 受一轴向载荷 G，要使螺母逆着 G 等速上升，就必须给螺母 1 施加一拧紧力矩 M(对螺纹连接来说，相当于拧紧螺母)，力矩 M 是由作用在螺纹中径处的圆周力产生的，即

$$M = F\frac{d_2}{2}$$

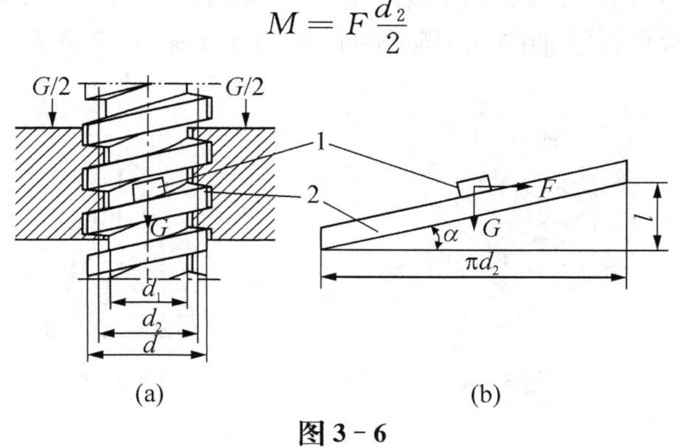

图 3－6

力 F 相当于推动滑块 1 沿斜面 2 等速上升的水平驱动力，故可知

$$F = G\tan(\alpha + \varphi)$$

而拧紧螺母时所需的力矩为

$$M = G\frac{d_2}{2}\tan(\alpha + \varphi)$$

当螺母顺着力 G 等速下降时(对螺纹连接来说，相当于放松螺母)，相当于滑块沿斜面等速下滑，类似地，可求得等速放松螺母时所需的力矩为

$$M' = G\frac{d_2}{2}\tan(\alpha - \varphi)$$

由上式可知：当 $\alpha > \varphi$ 时，M' 为正值，其方向与螺母运动方向相反，它的作用是阻止螺母加速松退，为一阻抗力矩；当 $\alpha < \varphi$ 时，M' 为负值，其方向与螺母运动方向相同，它是放松螺母所需外加的驱动力矩。

2. 三角形螺纹螺旋副中的摩擦

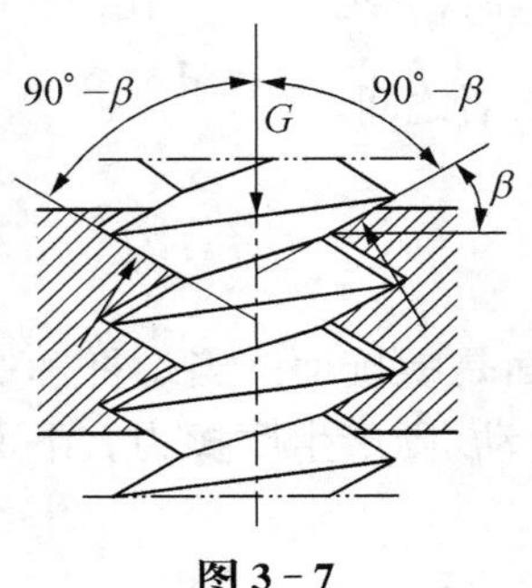

图 3-7

如图 3-7 所示，从运动的关系来说，三角形螺纹螺旋副的运动与矩形螺纹螺旋副的运动相同，但从摩擦关系来说，前者相当于楔形面摩擦，后者相当于平面摩擦。若引入当量摩擦系数 $f_v = f/\sin(90° - \beta) = f/\cos\beta$($\beta$为螺纹工作面的牙形斜角)和当量摩擦角 $\varphi_v = \arctan f_v$，可将三角形螺纹螺旋副中的摩擦当作矩形螺纹螺旋副中的摩擦来处理，可得拧紧螺母和放松螺母所需的力矩为

$$M = G\frac{d_2}{2}\tan(\alpha + \varphi_v)$$

$$M' = G\frac{d_2}{2}\tan(\alpha - \varphi_v)$$

3.1.3 转动副中的摩擦

转动副在各种机械中应用很广泛，常见转动副的结构形式有很多，如轴与轴承、连杆机构中连接各杆件的铰链等。现以轴与轴承构成的转动副为代表分析其摩擦的规律。转动副按载荷作用情况的不同可分为两类：当载荷垂直于轴的几何轴线时，称为径向轴颈与轴承，如图 3-8 所示；当载荷平行于轴的几何轴线时，称为止推轴颈与轴承，如图 3-9 所示。

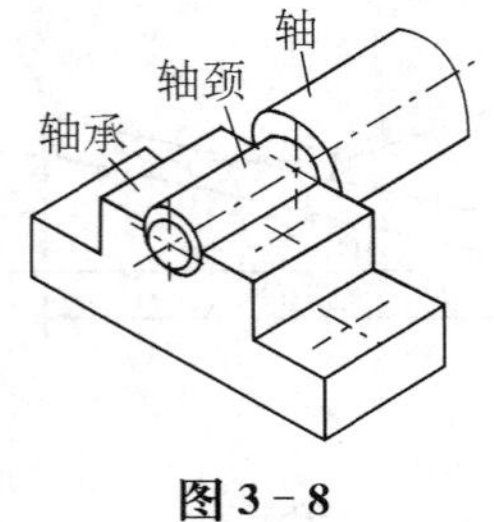

图 3-8

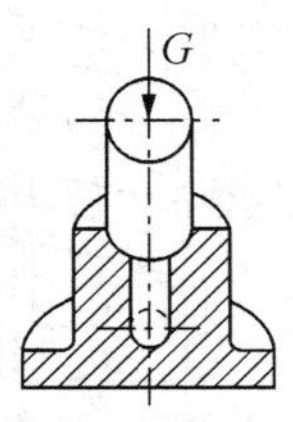

图 3-9

1. 径向轴颈的摩擦

机械中所有转动轴都要用轴承来支承。轴安装在轴承中的部分称为轴颈。如图 3－8 所示，当轴颈在轴承中转动时，由于两接触面间受到径向载荷的作用，轴承将产生阻止轴颈转动的摩擦力矩。下面就来讨论这个摩擦力矩的大小以及在考虑摩擦力时转动副中总反力的确定方法。

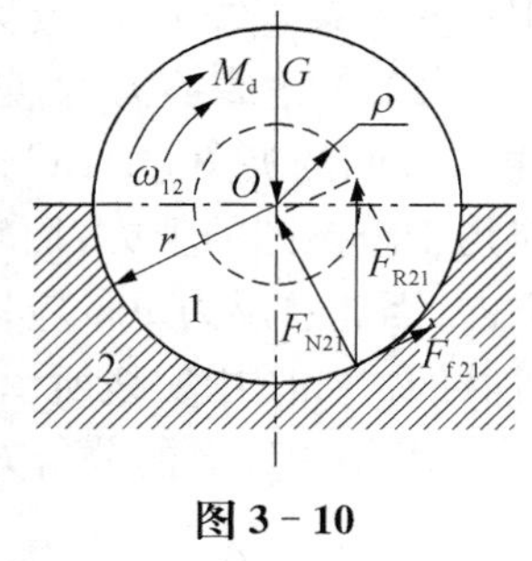

图 3－10

如图 3－10 所示，设轴颈承受径向载荷 G，在驱动力偶矩 M_d 的作用下，轴颈 1 相对于轴承 2 以等角速度 ω_{12} 等速转动，此时，转动副两元素间将产生摩擦力阻止轴颈相对于轴承的滑动。轴承 2 对轴颈 1 的摩擦力 $F_{f21}=f_vG$，式中 $f_v=(1\sim\pi/2)f$，对于配合紧密且未经磨合的转动副，f_v 取较大值；对于有较大间隙的转动副，f_v 取较小值。摩擦力 F_{f21} 对轴颈的摩擦力矩为

$$M_f=F_{f21}r=f_vGr$$

若将作用在轴颈上的法向反力 F_{N21} 与摩擦力 F_{f21} 合成一个总反力 F_{R21}，根据力的平衡条件可得

$$F_{R21}=-G$$
$$M_d=-F_{R21}\rho=f_vGr=M_f$$

式中，$\rho=f_vr$。

对于一个具体的轴颈，ρ 为定值，是以轴颈中心 O 为圆心，以 ρ 为半径作圆，此圆称为摩擦圆，ρ 为摩擦圆半径。由图可知，只要轴颈在轴承中转动，轴承对轴颈的总反力将始终切于摩擦圆。

在对机构进行受力分析时，需要作出转动副中的总反力，总反力的方向可根据以下三点来确定：

(1) 在不考虑摩擦力的情况下，根据力平衡条件，确定总反力的方向。

(2) 考虑摩擦力时总反力应与摩擦圆相切。

(3) 轴承 2 对轴颈 1 的总反力 $F_{R_{21}}$ 对轴颈中心之矩的方向应与相对角速度 ω_{12} 的方向相反。

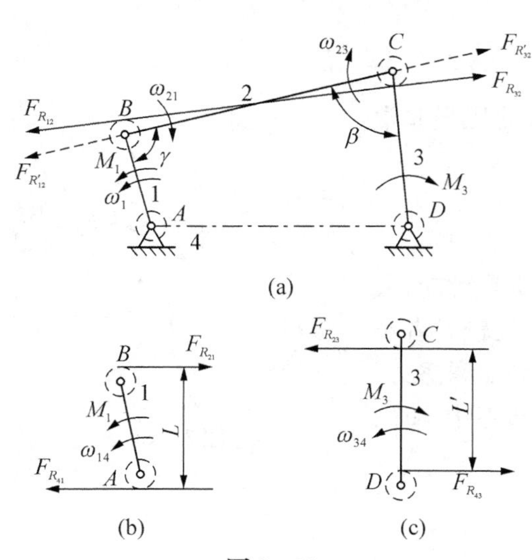

图 3－11

［例 3－1］ 如图 3－11 所示铰链四杆机构，已知构件 1 为主动件，在驱动力矩 M_1 的作用下沿 ω_1 方向转动，构件 3 上作用有阻力矩 M_3。试确定各转动副中总反力的作用线位置和方向。图中虚线小圆为摩擦圆，不考虑构件的重力和惯性力。

解 解决这类问题首先应从连杆 2 入手，按照上述三步进行分析。

(1) 在不考虑摩擦力时，各转动副中的总反力的作用线应通过转动副的中心。连杆 2 为

二力拉杆，在总反力 F'_{R12} 和 F'_{R32} 的作用下处于平衡，故 F'_{R12} 和 F'_{R32} 的大小相等，方向相反且作用在同一条直线上，总反力 F'_{R12} 和 F'_{R32} 沿 BC 线向外，如图中虚线所示。

(2) 考虑摩擦力时，各转动副中的总反力的作用线与摩擦圆相切。在转动副 B 处，因构件 1，2 间的夹角$\angle ABC$ 逐渐减小，故 ω_{21} 为顺时针方向，又因构件 2 受拉力，因此总反力 F_{R12} 应切于摩擦圆的上方；而转动副 C 处，构件 2，3 间的夹角$\angle BCD$ 逐渐增大，故 ω_{23} 为顺时针方向，因此总反力 F_{R32} 应切于摩擦圆的下方。此时构件 2 在总反力 F_{R12} 和 F_{R32} 的作用下平衡且共线。如图中实线所示。

对构件 1，3 的分析方法同上，如图 3-11(b)，(c)所示。

2. 止推轴颈的摩擦

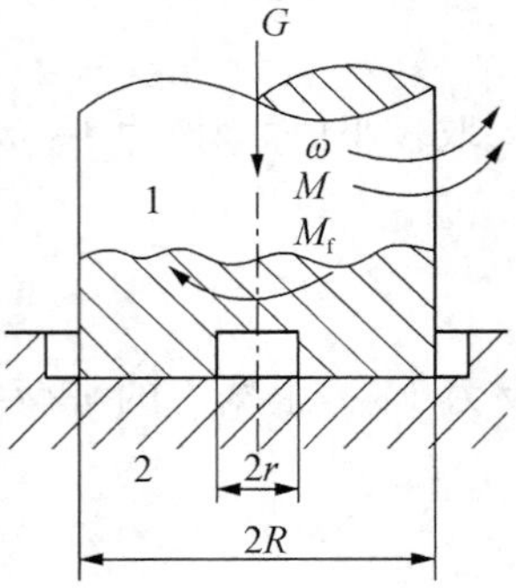

轴用以承受轴向载荷的部分称为轴端(或止推轴颈)。如图 3-12 所示，轴 1 的轴端和承受轴向载荷的止推轴承 2 构成一转动副，设与止推轴承 2 支承面相接触的轴端 1 的内径为 $2r$，外径为 $2R$。当轴端 1 在驱动力矩 M 的作用下相对推力轴承 2 旋转时，由于两者的接触面在轴向载荷 G 的作用下压紧，所以在接触面间将产生摩擦力矩 M_f，为

$$M_f = 2\pi f\int_r^R P\rho^2 \mathrm{d}\rho$$

图 3-12

分为两种情况来讨论。

(1) 新轴端。对于新制成的轴端和轴承，或很少相对运动的轴端和轴承，可假定 P=常数，则

$$M_f = \frac{2}{3}fG(R^3 - r^3)/(R^2 - r^2)$$

(2) 磨合轴端。轴端经过一段时间的工作后，称为磨合轴端。由于磨损的关系，这时轴端与轴承接触面各处的压强不能假定处处相等，而较符合实际的假设是轴端和轴承接触面间处处等磨损，即近似符合 $P\rho$=常数的规律，则

$$M_f = fG(R + r)/2$$

根据 $P\rho$=常数的关系，可知在轴端中心部分的压强非常大，极易压溃，故对于载荷较大的轴端常做成空心的。

3.1.4 平面高副中摩擦力的确定

平面高副两元素之间的相对运动通常是滚动兼滑动，故有滚动摩擦力和滑动摩擦力。不过，由于前者一般较后者小很多，所以在对机构进行力分析时，一般只考虑滑动摩擦力。如图3-13所示，其总反力 F_{R21} 的方向确定方法与移动副相同。

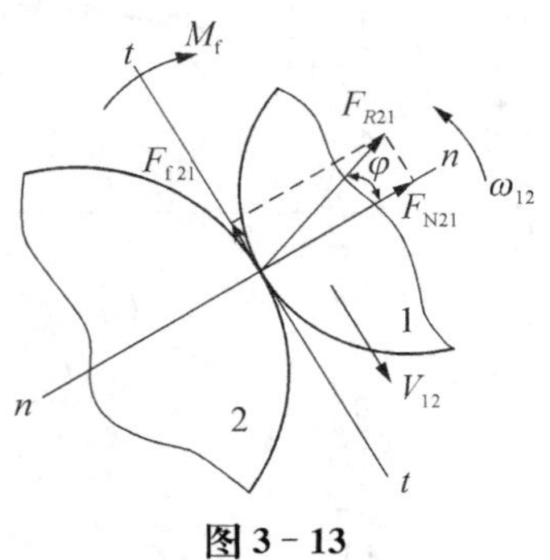

图 3-13

3.2 机械的效率和自锁

3.2.1 机械的效率

作用在机械上的力有驱动力、工作阻力和有害阻力三种。机械运转时，作用在机械上的驱动力所作的功 W_d 为驱动功（又称输入功）；克服工作阻力所作的功 W_r 为有效功（又称输出功）；而克服有害阻力所作的功 W_f 为损耗功。

当机械处于稳定运转状态时，驱动功等于有效功与损耗功之和，即

$$W_d = W_r + W_f$$

工程中将输出功与输入功的比值称为机械效率，它反映了输入功在机械中有效利用的程度，用 η 表示，即

$$\eta = \frac{W_r}{W_d} = 1 - \frac{W_f}{W_d}$$

以功率的形式表达的机械效率为

$$\eta = \frac{P_r}{P_d} = 1 - \frac{P_f}{P_d}$$

式中，P_r，P_d，P_f 分别为输出功率、输入功率和损耗功率。

由于 W_f（或 P_f）不可能为零，所以机械效率 η 总是小于 1 的，并且 W_f（或 P_f）越大，机械效率就越低。因此，在设计机械时，应尽量减小机械中的损耗功，而机械中的损耗主要来自摩擦损耗。

机械效率还可以用力或力矩的比值来表示。如图 3－14所示为一机械传动装置示意图，设 F 为驱动力，G 为工作阻力，v_F 和 v_G 分别为 F 和 G 的作用点沿该力作用线方向的速度，则

$$\eta = \frac{P_r}{P_d} = \frac{Gv_G}{Fv_F}$$

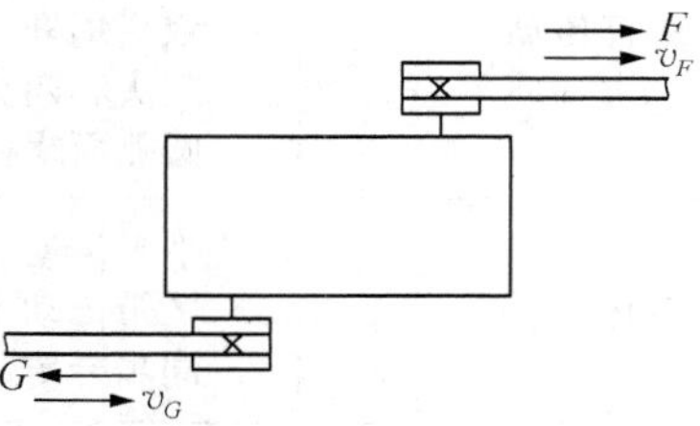

图 3－14 机械传动装置

假设在该机械中不存在摩擦，即该机械为一理想机械，因其损耗功率为 0，故机械效率 η_0 等于 1，理想机械为了克服同样的工作阻力 G 所需要的驱动力 F_0 为理想驱动力，显然小于实际有摩擦时的驱动力 F，这样，由理想机械的定义可得

$$\eta_0 = \frac{Gv_G}{F_0 v_F} = 1$$

即：$Gv_G = F_0 v_F$

则：$\eta = Gv_G / Fv_F = F_0 v_F / Fv_F = F_0 / F$

同理，机械效率也可以用力矩之比的形式来表示，即

$$\eta = \frac{M_0}{M}$$

式中，M_0 和 M 分别表示为了克服同样工作阻力所需的理想驱动力矩和实际驱动力矩，综合可得：

$$\eta=\frac{理想驱动力}{实际驱动力}=\frac{理想驱动力矩}{实际驱动力矩}$$

上式说明，机械效率可以用不计摩擦时克服工作阻力所需的理想驱动力（或理想驱动力矩）与克服同样工作阻力（或计摩擦时）的实际驱动力（或实际驱动力矩）的比值来表达。

机械效率不仅可用上面所介绍的计算方法来确定，也可以用实验方法来测定。对于已有的机器，可用实验方法直接测得机械效率；对于正在设计和制造的机器，虽然不能采用实验方法测定，但由于机器都是由一些基本机构组合而成的，所以，只要知道了这些基本机构的效率（表 3-1 所列就是由实验获得的简单传动机构和运动副的效率），就可以通过计算确定整个机器的机械效率。同理，对于由许多机器组成的机组而言，只要知道了各台机器的机械效率，也可计算出整个机组的总效率，下面分三种常见情况来进行讨论。

表 3-1　简单传动机构和运动副的效率

名称	传动型式	效率值	备注
圆柱齿轮传动	6～7 级精度齿轮传动 8 级精度齿轮传动 9 级精度齿轮传动 切制齿、开式齿轮传动 铸造齿、开式齿轮传动	0.98～0.99 0.97 0.96 0.94～0.96 0.90～0.93	良好跑合、稀油润滑 稀油润滑 稀油润滑 干油润滑
锥齿轮传动	6～7 级精度齿轮传动 8 级精度齿轮传动 切制齿、开式齿轮传动 铸造齿、开式齿轮传动	0.97～0.98 0.94～0.97 0.92～0.95 0.88～0.92	良好跑合、稀油润滑 稀油润滑 干油润滑
蜗杆传动	自锁蜗杆 单头蜗杆 双头蜗杆 三头和四头蜗杆 圆弧面蜗杆	0.40～0.45 0.70～0.75 0.75～0.82 0.80～0.92 0.85～0.95	润滑良好
带传动	平带传动 V 带传动 同步带传动	0.90～0.98 0.94～0.96 0.98～0.99	
链传动	套筒滚子链 无声链	0.96 0.97	润滑良好
摩擦轮传动	平摩擦轮传动 槽摩擦轮传动	0.85～0.92 0.88～0.90	
滑动轴承		0.94 0.97 0.99	润滑不良 润滑正常 液体润滑
滚动轴承	球轴承 滚子轴承	0.99 0.98	稀油润滑 稀油润滑
螺旋传动	滑动螺旋 滚动螺旋	0.30～0.80 0.85～0.95	

1. 串联机组

如图 3－15 所示为有 k 个机械依次按 1，2，3，…，k 的顺序联接成的串联机组。设各机械的效率分别为 η_1，η_2，η_3，…，η_k，机组的输入功率为 P_d，输出功率为 P_k。这种串联机组的特点是前一机械的输出功率即为后一机械的输入功率。故串联机组的机械效率为

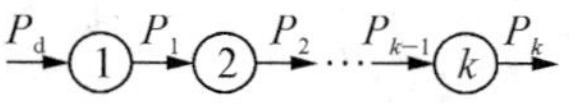

图 3－15　串联机组

$$\eta=\frac{P_r}{P_d}=\frac{P_1}{P_d}\frac{P_2}{P_1}\cdots\frac{P_k}{P_{k-1}}=\eta_1\eta_2\cdots\eta_k$$

上式表明：串联机组的总效率等于组成机组的各个机械效率的连乘积。

由于组成串联机组中的任一机械的效率都小于 1，所以串联机组的总效率必小于任一机械的局部效率，并且串联的机械越多，效率越低。

2. 并联机组

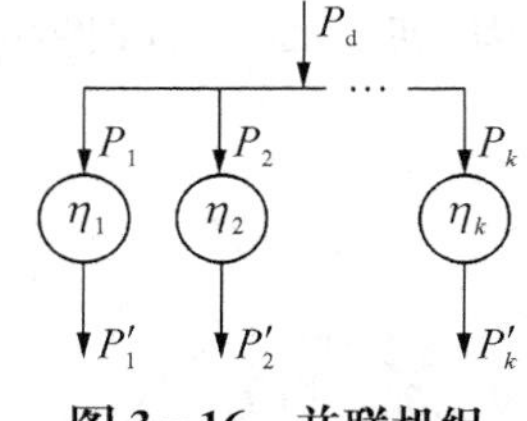

图 3－16　并联机组

如图 3－16 所示为有 k 个机械并联的机组。设各机械的效率为 η_1，η_2，η_3，…，η_k，输入功率分别为 P_d，P_1，P_2，P_3，…，P_k，则各机械的输出的功率分别为 $P_1\eta_1$，$P_2\eta_2$，$P_3\eta_3$，…，$P_k\eta_k$，这种并联机组的特点是机组的输入功率为各个机械的输入功率之和，其输出功率为各个机械的输出功率之和，则并联机组的机械效率为

$$\eta=\frac{P_r}{P_d}=\frac{P_1\eta_1+P_2\eta_2+\cdots+P_k\eta_k}{P_1+P_2+\cdots+P_k}$$

上式表明：并联机组的效率不仅与各机械的效率有关，而且还与各机械所传递的功率有关。若 η_{max} 和 η_{min} 分别为机械中效率的最大值和最小值，则 $\eta_{max}>\eta>\eta_{min}$。

3. 混联机组

如图 3－17 所示，混联机组是由上述两种机组组合而成的，在计算混联机组的效率时，应先把系统划分为串联和并联部分，分别计算其效率，然后把系统简化为各部分的串联或并联，计算系统的总效率为

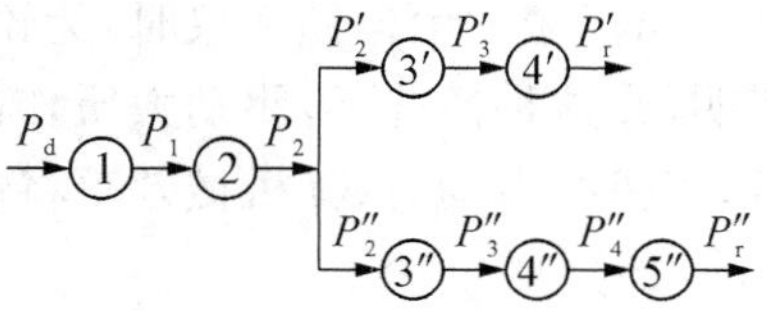

$$\eta=\frac{\sum P_r}{\sum P_d}$$

图 3－17　混联机组

3.2.2　机械的自锁

若作用在机械上的驱动力增加到无穷大（假设机械未发生破坏），都无法使机械沿着驱动力作用的方向（或与其成锐角的方向）运动的现象称为自锁。

自锁现象在机械工程中有着十分重要的意义。一方面，在设计机械时，为使机械能够实现预期的运动，应当避免机械在其所需要的运动方向上发生自锁；另一方面，像螺旋千斤顶这类机械，又需要利用自锁进行工作，则应保证其处于可靠的自锁状态。下面进一步讨论机械的自锁现象及发生自锁的条件。

如图 3－18 所示，滑块 1 与平台 2 组成移动副。设 F 为作用于滑块 1 上的驱动力，它与

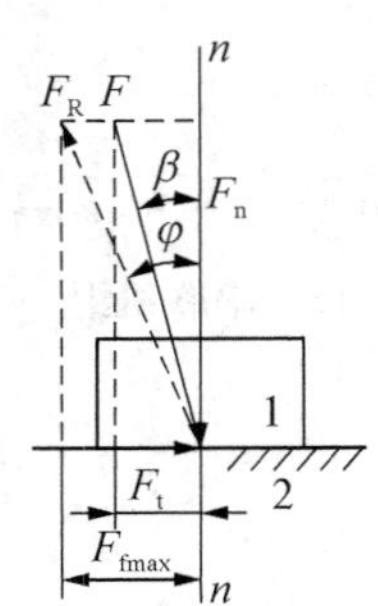

图 3-18　移动副的自锁

接触面的法线 nn 间的夹角为 β（称为传动角），而摩擦角为 φ。将力 F 分解为沿接触面切向和法向的两个分力 F_t，F_n，其值为

$$F_t = F\sin\beta = F_n\tan\beta$$

F_t 是推动滑块 1 运动的有效分力，而 F_n 只能使滑块 1 压向平台 2，其所能引起的最大摩擦力为

$$F_{fmax} = F_n\tan\varphi$$

因此，当 $\beta \leqslant \varphi$ 时，有

$$F_t \leqslant F_{fmax}$$

即在 $\beta \leqslant \varphi$ 的情况下，不管驱动力 F 如何增大（方向维持不变），驱动力的有效分力 F_t 总小于驱动力 F 本身所可能引起的最大摩擦力，因而总不能推动滑块运动，这就是自锁现象。

因此，在移动副中，如果作用于滑块上的驱动力作用在其摩擦角之内（即 $\beta \leqslant \varphi$），则发生自锁，这就是移动副发生自锁的条件。

又如图 3-19 所示的转动副，设轴颈 1 上作用的外载荷为一单力 Q，则当力 Q 的作用线在摩擦圆之内时（即 $a < \rho$），因它对轴颈中心的力矩 $M = Qa$ 始终小于它本身所能引起的最大摩擦力矩 $M_f = F_R\rho = Q\rho$，所以力 Q 任意增大（力臂 a 保持不变），也不能驱使轴颈转动，亦即出现了自锁现象。因此，转动副发生自锁的条件为：作用在轴颈上的驱动力为一单力 Q，且作用于摩擦圆之内，即 $a \leqslant \rho$。

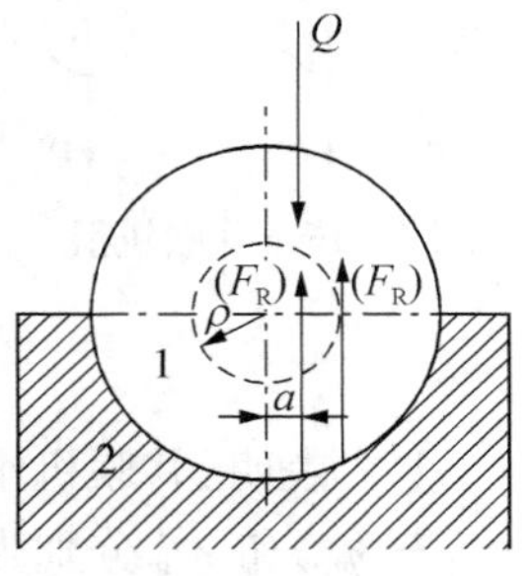

图 3-19　转动副的自锁

上面讨论了单个移动副和转动副发生自锁的条件。对于一个机械来说，可通过分析其所含运动副的自锁情况来判断该机械是否自锁，也可通过机械效率分析确定其自锁条件。

当机械发生自锁现象时，无论驱动力数值如何变化，都不能使机械产生运动，这实际上表明，在这种情况下，驱动力所作的功总是小于（或等于）最大摩擦力所作的损耗功，由此可见，当机械自锁时，其机械效率将恒小于或等于零，即

$$\eta \leqslant 0$$

设计机械时，通常用上式来判断其是否自锁及出现自锁的条件，此时的 η 已没有一般效率的意义了，只表明机械自锁的程度，η 越小，机械的自锁越可靠，当 $\eta = 0$ 时，机械处于临界自锁状态。

［**例 3-2**］　在如图 3-20(a)所示的斜面压榨机中，如在倾角为 α 的楔块 2 上施加一水平力 F，即可产生一夹紧力将物体 4 压紧，物体 4 对滑块 3 的反作用力为 Q。显然，当力 F 撤去后，该机构在力 Q 的作用下，应具有自锁性，设各接触面之间的摩擦系数均为 f，试求机构的效率及当力 F 撤出后机构自锁的条件。

解　驱动力 F 推动楔块 2 向左移动，驱使滑块 3 向上移动挤压物体 4，这个行程称为工作行程或正行程。此时，楔块 2 和滑块 3 的受力如图 3-20(a)所示；然后分别取楔块 2 和滑块 3 为分离体，列出力平衡方程式 $F + F_{R12} + F_{R32} = 0$ 及 $Q + F_{R13} + F_{R23} = 0$，并作出力多边形，如图 3-20(b)所示。利用正弦定理可得

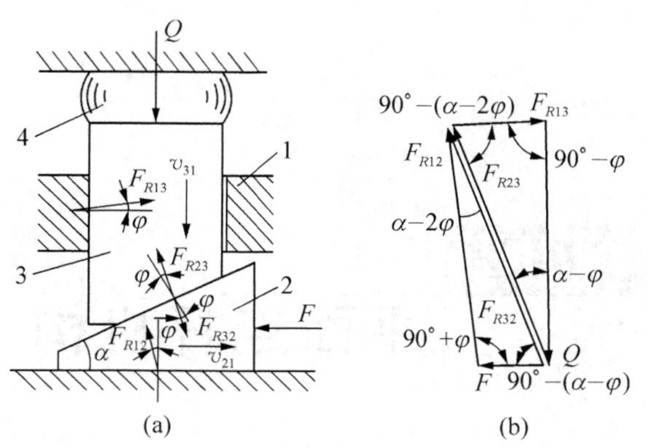

图 3-20 斜面压榨机

$$\frac{F}{\sin(\alpha+2\varphi)}=\frac{F_{R32}}{\sin(90°-\varphi)};\quad \frac{Q}{\sin[90°-(\alpha+2\varphi)]}=\frac{F_{R23}}{\sin(90°+\varphi)}$$

因为 $F_{R32}=-F_{R23}$，故有 $F=Q\tan(\alpha+2\varphi)$

令 $\varphi=0$，则有 $F_0=Q\tan\alpha$。所以工作行程时的机械效率

$$\eta=\frac{F_0}{F}=\frac{\tan\alpha}{\tan(\alpha+2\varphi)}$$

由于压榨机在工作行程中不应自锁，所以由 $\eta>0$，可得设计时应使 $0<\alpha<90°-2\varphi$。

在挤压力 Q 的作用下，楔块 2 向右移动，这个行程称为反行程，此时 F 变为 F'，成为阻力。由于运动方向的改变，使摩擦力(或摩擦角)的方向发生变化。用上述同样的分析方法，可得 $Q=F'/\tan(\alpha-2\varphi)$，令 $\varphi=0$，则有 $Q_0=F'/\tan\alpha$。

所以反行程时的机械效率为

$$\eta'=\frac{Q_0}{Q}=\frac{\tan(\alpha-2\varphi)}{\tan\alpha}$$

由于要求压榨机在反行程应自锁，所以由 $\eta'\leqslant 0$ 可得其自锁条件为

$$\alpha\leqslant 2\varphi$$

第四章 平面连杆机构

平面连杆机构是指由若干个刚性构件用低副(转动副或移动副)连接组成的平面机构,又称低副机构。这类机构广泛应用于各种动力机械、重型机械、机床、仪表和军事工业中。

平面连杆机构中的构件的运动形式多样,可以实现给定运动规律或运动轨迹;构件间为面接触,承载能力高,耐磨损,制造简便,容易获得较高的制造精度。但其机构设计较复杂,低副中的间隙会增加机构运动累积误差,从而很难精确地实现预定的运动规律和轨迹要求,机构中的惯性力难以平衡,高速时会引起较大的振动和动载荷,因此,在应用中受到了一定的限制。

平面连杆机构的类型很多,构件的形状多数呈杆状,其中最简单最常用的是由四个构件组成的平面四杆机构。本章着重讨论平面四杆机构的基本形式、特性及常用的设计方法。

4.1 铰链四杆机构的基本形式及其演化

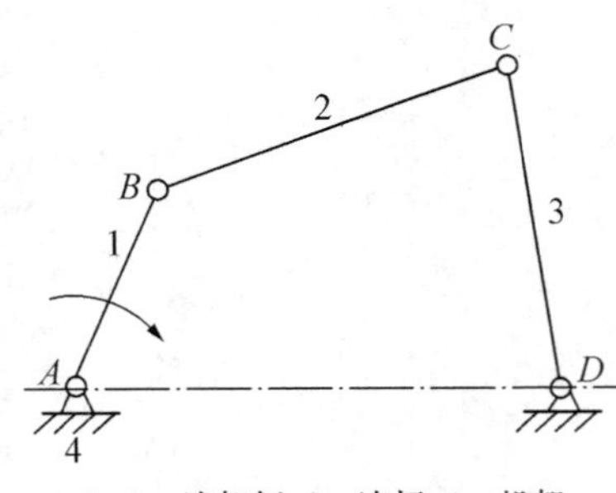

1, 3—连架杆;2—连杆;4—机架

图 4-1 铰链四杆机构

全部用转动副相连的平面四杆机构称为平面铰链四杆机构,简称为铰链四杆机构。如图 4-1 所示,在铰链四杆机构中,固定不动的构件 4,称为机架;与机架相连的构件 1 和 3,称为连架杆;其中能相对机架作整周转动的连架杆称为曲柄,只能在一定范围内作往复摆动的连架杆称为摇杆;连接两连架杆,且不与机架直接相连的构件 2 称为连杆。它通常作平面复合运动。

在铰链四杆机构中,各运动副都是转动副。如组成转动副的两构件能相对整周转动,则称其为周转副,如图 4-1 所示 A, B 转动副;而不能作相对整周转动的,则称为摆转副,如图 4-1 所示 C, D 转动副。

4.1.1 铰链四杆机构的基本形式

铰链四杆机构按两连架杆是曲柄或是摇杆可分为三种基本形式:曲柄摇杆机构、双曲柄

机构和双摇杆机构。其他形式的四杆机构可以认为是基本形式的演化形式。

1. 曲柄摇杆机构

在铰链四杆机构的两个连架杆中，若其一为曲柄，另一为摇杆，则称其为曲柄摇杆机构。在曲柄摇杆机构中，若以曲柄为原动件时，可将曲柄的连续运转转变为摇杆的往复摆动；若以摇杆为原动件，可将摇杆的摆动转变为曲柄的整周转动。

如图 4-2 所示雷达天线俯仰机构，如图 4-3 所示缝纫机踏板机构及图 4-4 所示压道车均属于曲柄摇杆机构。

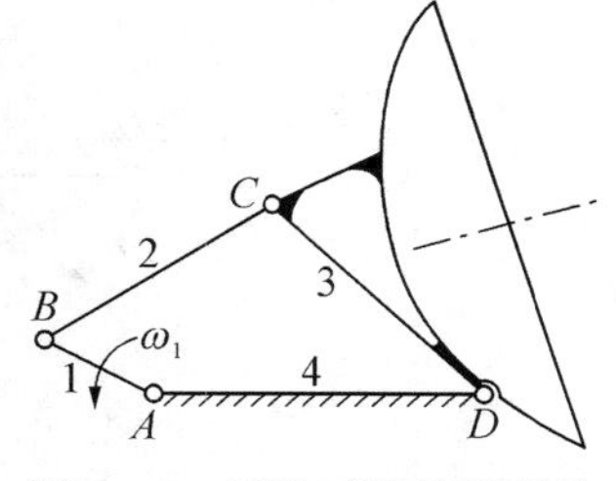

图 4-2 雷达天线俯仰机构

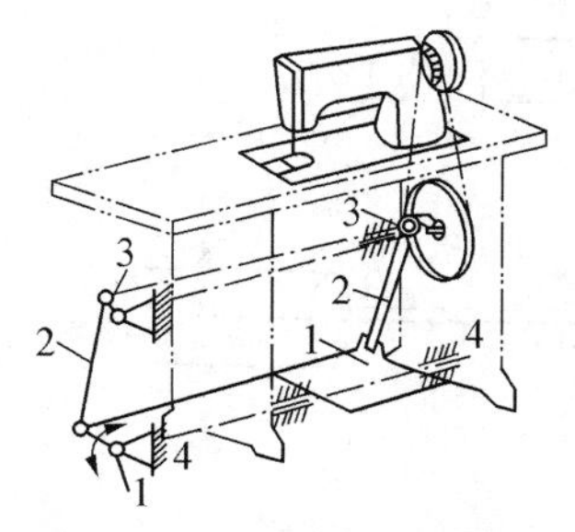

图 4-3 缝纫机踏板机构

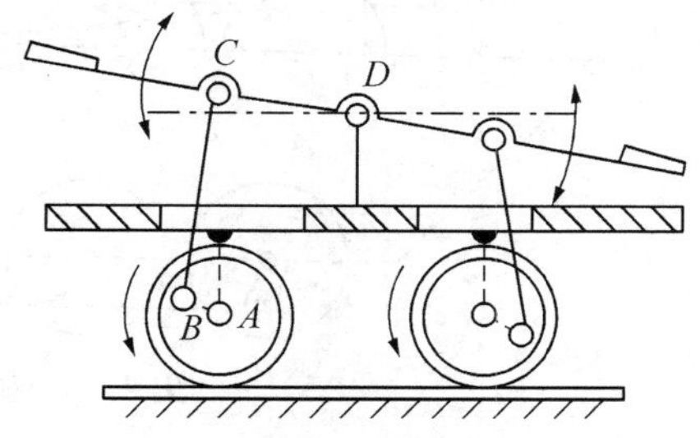

图 4-4 压道车

2. 双曲柄机构

在铰链四杆机构的两个连架杆均为曲柄，则称其为双曲柄机构。在此机构中，当主动曲柄 AB 做匀速转动时，从动曲柄 CD 则作变速运动。如图 4-5 所示惯性筛机构中，惯性筛的往复运动是用双曲柄机构添加一连杆和滑块后实现的，原动件曲柄 AB 匀速转动，从动曲柄 CD 则作周期性变速回转运动，通过连杆 4 使筛子 5 在往复运动中具有所需的加速度，从而达到筛分物料的目的。

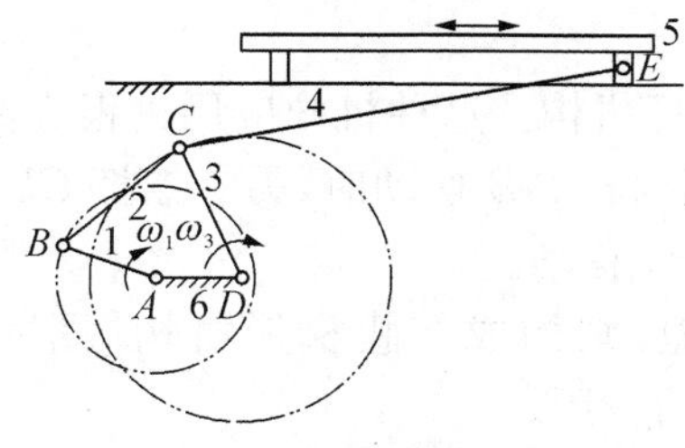

图 4-5 惯性筛机构

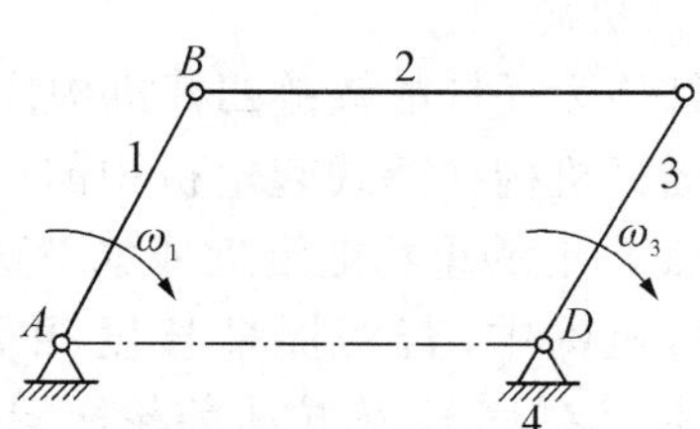

图 4-6 平行四边形机构

在双曲柄机构中，若相对两杆平行且长度相等，如图 4-6 所示，则该机构称为平行四边形机构。平行四边形机构的运动特点是：两个曲柄以相同的速度同向转动，连杆作平动。若两相对杆的长度分别相等，但不平行时，如图 4-7 所示，则称其为逆平行(或反平行)四边形机构。当以其长边为机架时，如图 4-7(a)所示，两曲柄沿相反的方向转动，转速也不相等；当以其短边为机架时，如图 4-7(b)所示，两曲柄沿相同的方向转动，其性能和一般双曲柄机构相似。平行四边形机构的特性在机械工程上的应用很多。例如，机车车轮的联动机构，如图 4-8 所示；可调臂长台灯，如图 4-9 所示；车门开闭机构，如图 4-10 所示，等等。

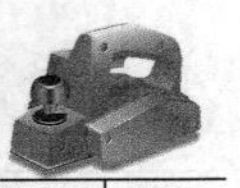

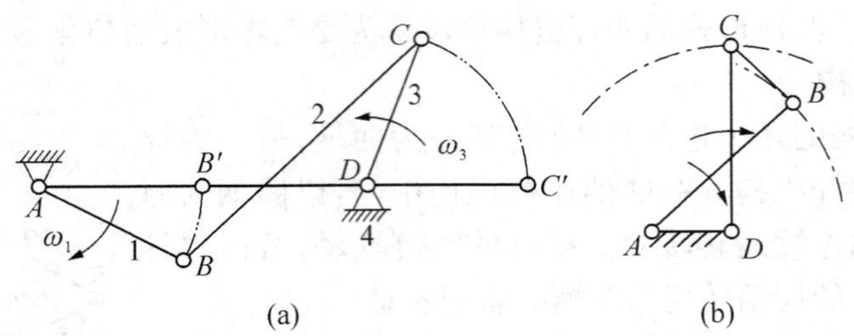

图 4-7 逆平行四边形机构

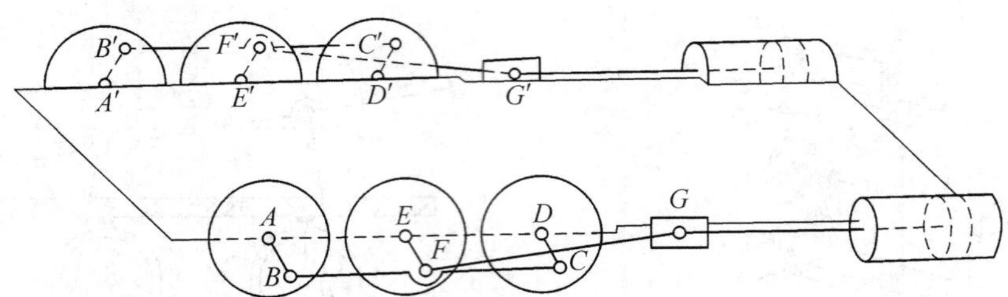

图 4-8 机车车轮联动机构

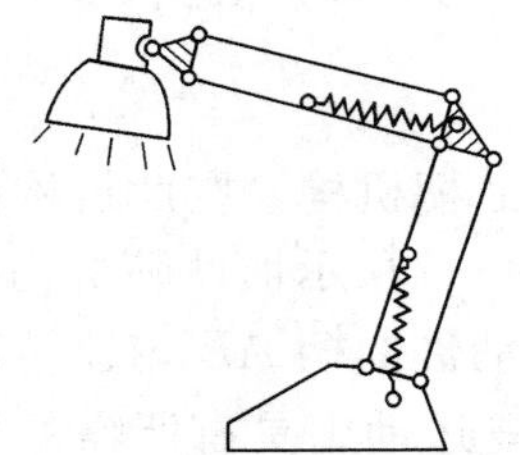

图 4-9 可调臂长台灯

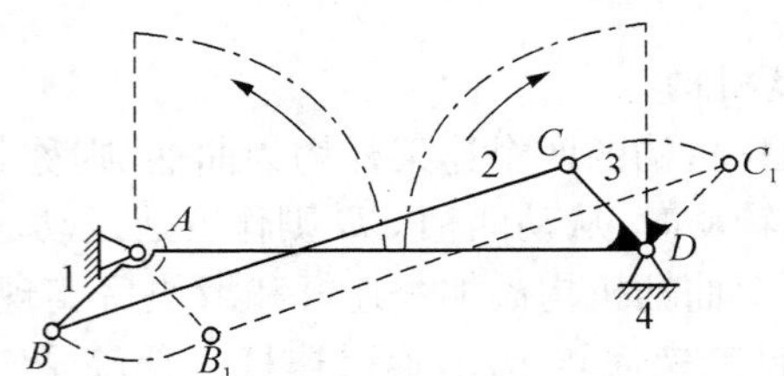

图 4-10 车门开闭机构

3. 双摇杆机构

两连架杆均为摇杆的铰链四杆机构称为双摇杆机构。这种机构应用也很广泛，图 4-11 所示即为双摇杆机构在鹤式起重机中的应用。当摇杆 AB 摆动时，另一摇杆 CD 随着摆动，使得悬挂在点 E 上的重物能沿近似水平直线的方向移动。

在双摇杆机构中，若两摇杆长度相等并最短，则构成等腰梯形机构[图 4-12(a)]，图 4-12(b)是其在汽车、拖拉机前轮转向机构中的应用。

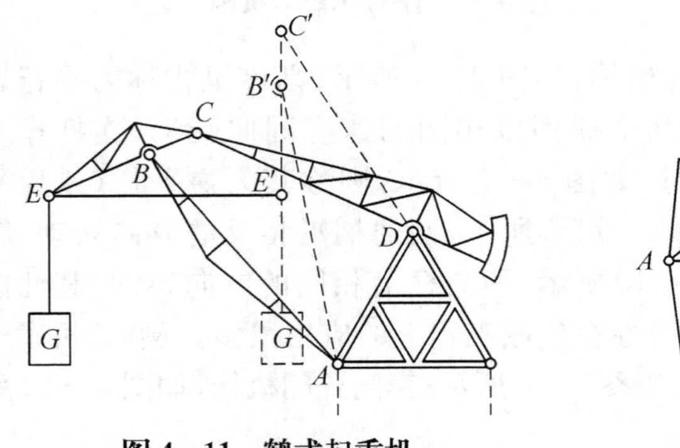

图 4-11 鹤式起重机

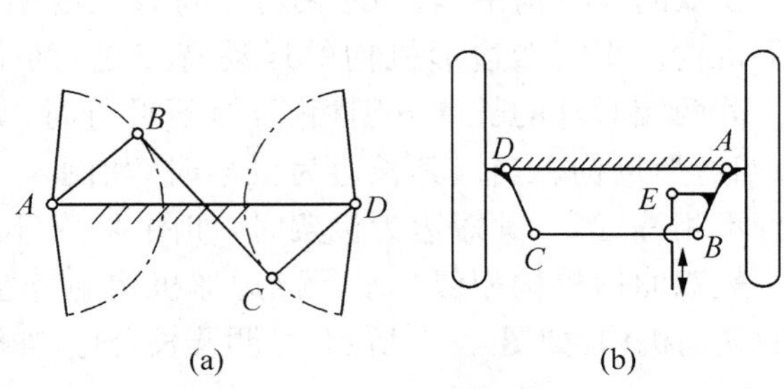

图 4-12 等腰梯形机构

4.1.2 四杆机构的演化

在实际应用中还广泛采用着其他型式的四杆机构。这些机构虽然型式繁多，具体结构也有很大差异，但大都可以看作是由基本型式演化而来的，机构的演化不仅是为了满足运动方面的要求，还往往是为了改善受力状况以及满足结构设计上的需要。各种演化机构的外形虽然各不相同，但它们的性质以及分析和设计方法却常常是相同的或类似的。这就为连杆机构的研究提供了方便。下面举例对各种演化方法及其应用加以介绍。

1. 改变构件的形状和运动尺寸

如图 4－13(a)所示曲柄摇杆机构运动时，铰链 C 将沿圆弧 $\beta\beta$ 往复运动。如图 4－13(b)所示，将摇杆 3 做成滑块形式，使其沿圆弧导轨 $\beta\beta$ 往复滑动，显然其运动性质不发生改变，但此时铰链四杆机构已演化为具有曲线导轨的曲柄滑块机构。

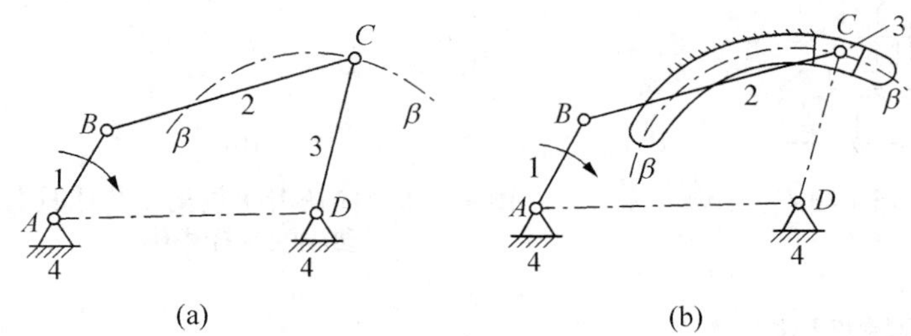

图 4－13 曲柄滑块机构的演化

如图 4－13(a)所示，将摇杆 3 的长度增至无穷大，则图 4－13(b)中的曲线导轨将变成直线导轨，于是机构就演化成为曲柄滑块机构，如图 4－14 所示。如图 4－14(a)所示为无偏距的对心曲柄滑块机构，如图 4－13(b)所示则为有偏距 e 的偏置曲柄滑块机构。曲柄滑块机构广泛地应用于往复式机械中，如内燃机、压缩机、冲床等。如图 4－15 所示为曲柄滑块机构在冲床中的应用实例。

如图 4－16(a)所示对心曲柄滑块机构中，连杆 2 上的 B 点相对于转动副 C 的运动轨迹为圆弧 $n-n$，连杆 BC 为杆状构件。当连杆 2 的长度变为无限长时，则铰链 B 点的运动轨迹 $n-n$ 变为直线，如图 4－16(b)所示。此时，连杆 2 变为作直线运动的滑块，而滑块 3 则变为一个呈直角状的构件，构件 2，3 组成移动副，原来的曲柄滑块机构演化成具有两个移动副的四杆机构。

如图 4－16(b)所示机构中，由于从动件的位移 s 与曲柄的转角 φ 的正弦成正比，因此通常称其为正弦机构，这种机构大多用于一些仪表和解算装置中。

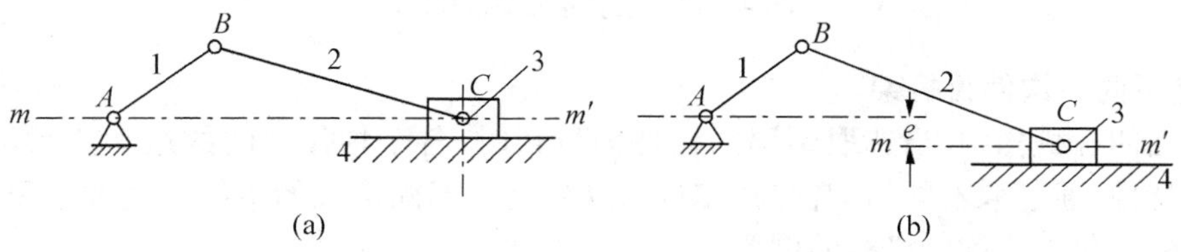

图 4－14 曲柄滑块机构

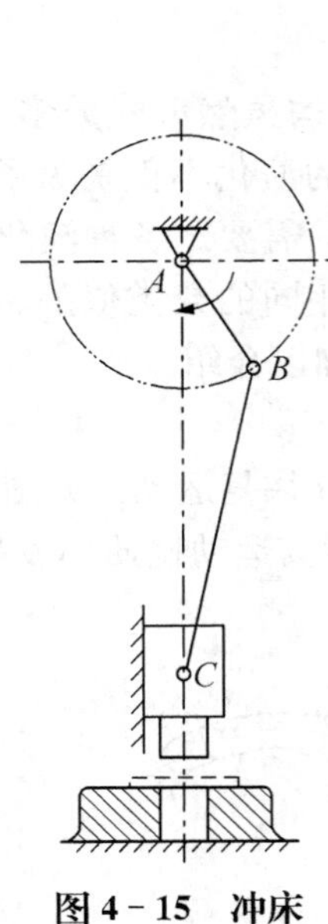

图 4-15　冲床

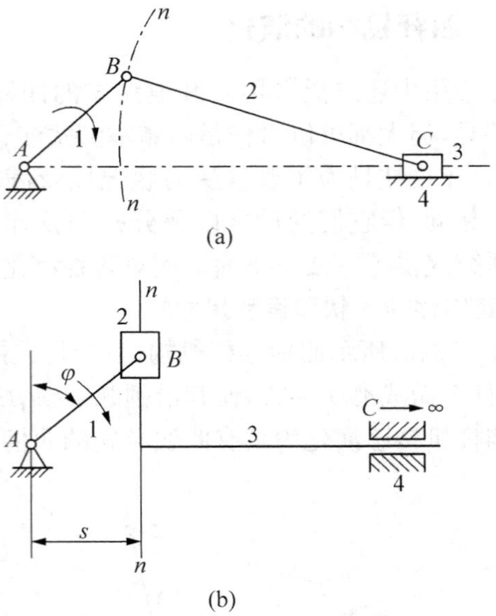

图 4-16　曲柄滑块机构演化成具有两个移动副的四杆机构

2. 改变运动副的尺寸

如图 4-17(a)所示曲柄摇杆机构中，当曲柄 AB 的尺寸较小时，由于结构的需要，常将曲柄改为如图 4-17(b)所示偏心盘，其回转中心至几何中心的偏心距等于曲柄的长度，这种机构称为偏心轮机构，其运动特性与曲柄摇杆机构完全相同。偏心轮机构可认为是将曲柄摇杆机构中的转动副 B 的半径扩大，使之超过曲柄长度演化而成的。偏心轮机构适用于曲柄短、受力大的场合，如冲力大的剪床、冲床、锻压设备和柱塞泵等机械中。

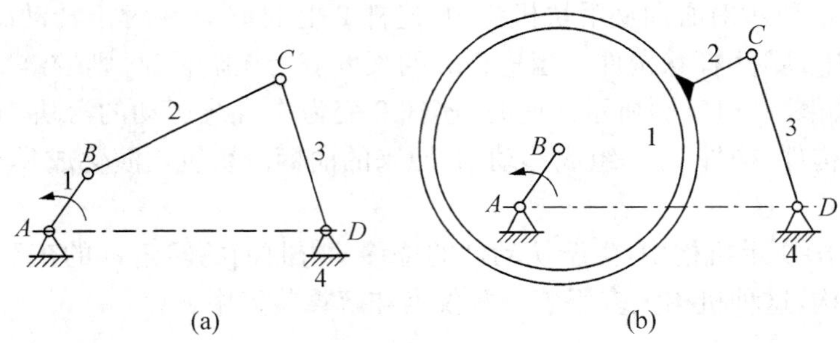

图 4-17　改变运动副的尺寸

3. 选不同的构件为机架

在平面四杆机构中，当选取不同的构件为机架时，各个构件之间的运动关系不会改变。利用这个特性，通过取不同的构件为机架，可以演化出不同形式的机构。这种采用不同构件作为机架的演化方式称为机构的倒置。

如图 4-18(a)所示曲柄摇杆机构，选用不同的构件作为机架，分别得到双曲柄机构、曲柄摇杆机构、双摇杆机构。

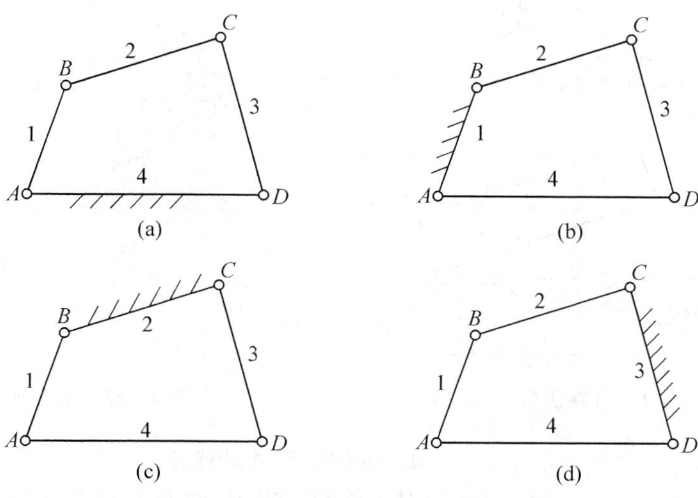

图 4－18　曲柄摇杆机构的演化

对于曲柄滑块机构，当取不同构件为机架时，也可得到不同的机构。

如图 4－19(a)所示曲柄滑块机构，若取杆 1 为机架，即得到如图 4－19(b)所示导杆机构，杆 4 为导杆。通常取杆 2 为原动件，当 $l_1 < l_2$ 时，如图 4－19(b)所示，杆 2 和杆 4 均可作整周转动，故称为转动导杆机构；当 $l_1 > l_2$ 时，如图 4－20 所示杆 4 只能往复摆动，故称之为摆动导杆机构。导杆机构具有很好的传力性能，常用于牛头刨床、插床和回转式液压泵中。

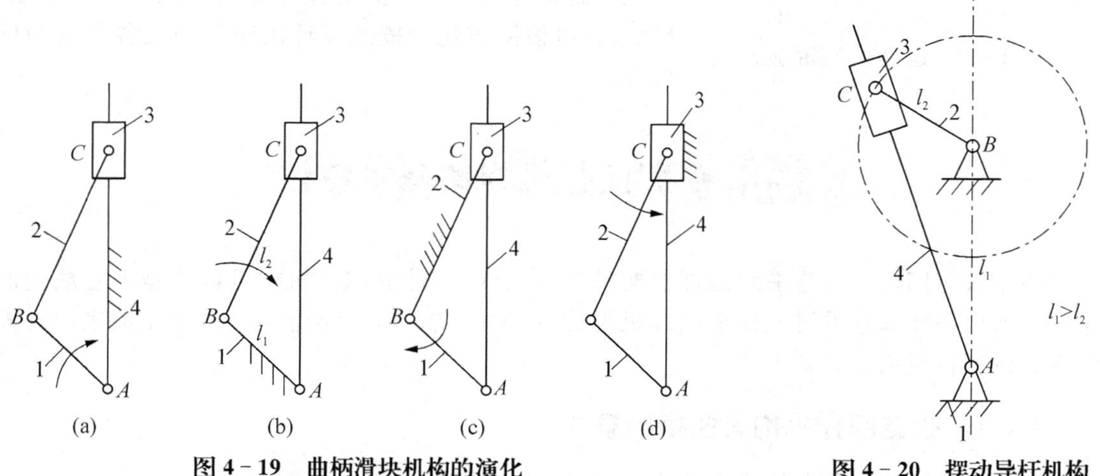

图 4－19　曲柄滑块机构的演化　　**图 4－20　摆动导杆机构**

如图 4－19(a)所示曲柄滑块机构中，若取杆 2 为机架即可得到如图 4－19(c)所示曲柄摇块机构。这种机构广泛应用于摆缸式内燃机和液压驱动装置中。例如在如图 4－21 所示卡车车厢自动翻转卸料机构中，当液压缸 3 中的压力油推动活塞杆 4 运动时，车厢便绕转动中心 B 倾转，当达到一定角度时，物料就自动卸下。

如图 4－19(a)所示曲柄滑块机构中，若取滑块 3 为机架即可得到如图 4－19(d)所示固定滑块机构，简称定块机构，这种机构常用于抽水唧筒(图 4－22)和抽油泵中。

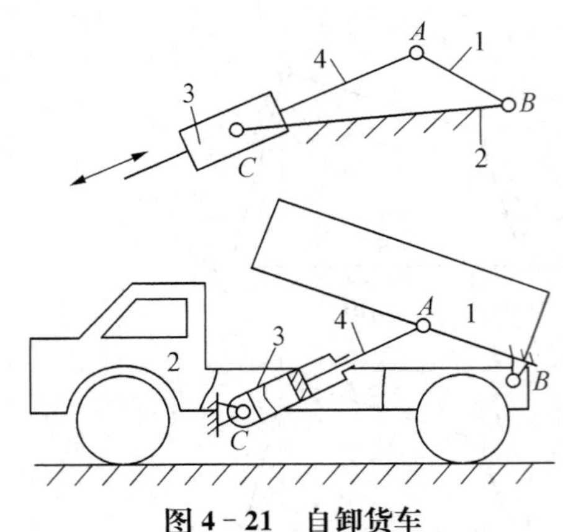

图 4-21　自卸货车

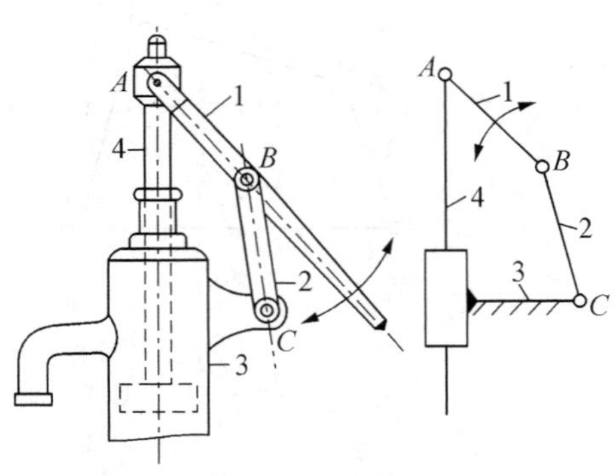

图 4-22　抽水唧筒

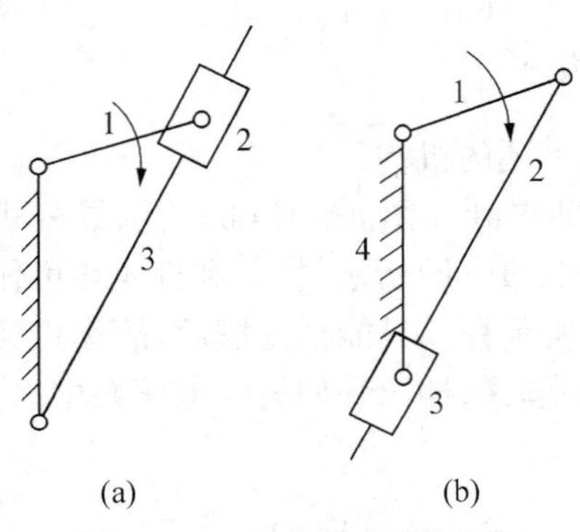

图 4-23　运动副元素的逆换

4. 运动副元素的逆换

对于移动副来说,将移动副两元素的包容关系进行逆换,并不影响两构件之间的相对运动,但却能演化成不同的机构。例如,在如图 4-23(a)所示摆动导杆机构中,当将构成移动副的构件 2, 3 的包容关系进行逆换后,即演化为如图 4-23(b)所示曲柄摇块机构。由此可见,这两种机构的运动特性是相同的。

由上述可见,四杆机构的型式虽然多种多样,但根据演化的概念可为我们归类研究这些四杆机构提供方便,反之,也可根据演化的概念设计出结构型式各异的四杆机构。

4.2　平面四杆机构的基本特性

由于铰链四杆机构是平面四杆机构的基本型式,其他的四杆机构可认为是由它演化而来的。所以在此只着重研究铰链四杆机构的一些基本特性,其结论可以很方便地应用到其他形式的四杆机构上。

4.2.1　铰链四杆机构有曲柄的条件

平面四杆机构有曲柄的前提是其运动副中必有周转副的存在,故下面先来确定转动副为周转副的条件。

如图 4-24 所示四杆机构 $ABCD$ 中,设各杆的长度分别为 a, b, c, d,并设 AD 为机架,为了保证曲柄 AB 杆整周转动,则曲柄必须能顺利通过与机架 AD 共线的两个位置 AB' 和 AB'',当曲柄处于 AB' 位置时,形成 $\triangle B'C'D$,当曲柄处于 AB'' 位置时,形成 $\triangle B''C''D$。由三角形的边长关系可得

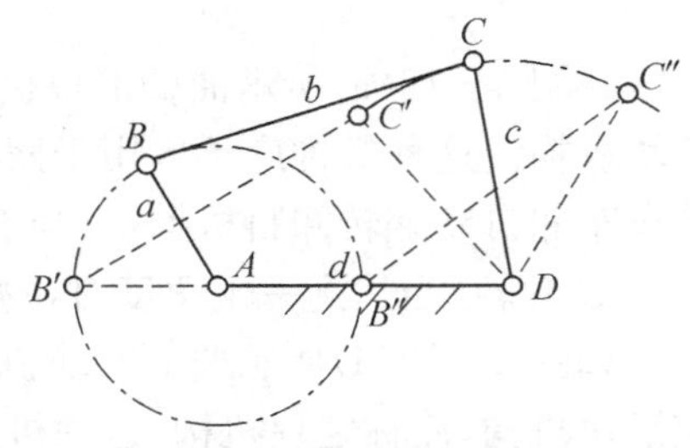

图 4-24　铰链四杆机构有曲柄的条件

$$a+d \leqslant b+c \tag{4-1}$$

$$b \leqslant (d-a)+c\text{，即 } a+b \leqslant c+d \tag{4-2}$$

$$c \leqslant (d-a)+b\text{，即 } a+c \leqslant b+d \tag{4-3}$$

将上述三式分别两两相加，得

$$a \leqslant b,\quad a \leqslant c,\quad a \leqslant d \tag{4-4}$$

它表明杆 a 为最短杆，在杆 b、杆 c、杆 d 中有一杆为最长杆。

分析上述各式，可得出转动副 A 为周转副的条件为：

(1) 最短杆与最长杆之和小于或等于其余两杆长度之和，这个条件又称为杆长条件；

(2) 组成该周转副的两杆中必有一杆为最短杆。

上述条件表明：当四杆机构各杆的长度满足杆长条件时，有最短杆参与构成的转动副都是周转副，而其余的转动副则是摆转副。由此可得铰链四杆机构曲柄存在的条件为：

(1) 各杆的长度应满足杆长条件；

(2) 连架杆和机架中必有一杆为最短杆。

当铰链四杆机构满足杆长条件时，取最短杆为连架杆时，得到曲柄摇杆机构；取最短杆为连杆时，得到双摇杆机构；取最短杆为机架时，得到双曲柄机构。

如果铰链四杆机构不满足杆长条件时，无论取哪个构件为机架，均不存在曲柄，因而机构只能是双摇杆机构。

4.2.2 急回运动特性和行程速比系数

如图 4－25 所示曲柄摇杆机构，设曲柄 AB 为原动件且作等速回转，摇杆 CD 为从动件作往复摆动。曲柄 AB 在回转一周的过程中两次与连杆 BC 共线，这时摇杆 CD 分别位于两极限位置 C_1D 和 C_2D。$\angle C_1DC_2=\psi$ 称为摇杆的摆角。机构在两个极位时，原动件 AB 所在两个位置之间的夹角 θ 称为极位夹角。如图 4－25 所示 $\angle C_1AC_2=\theta$。由图可知，当曲柄由位置 AB_1 顺时针转到位置 AB_2 时，曲柄转角为 $\varphi_1=180°+\theta$，这时摇杆由 C_1D 摆到 C_2D，摇杆的摆角为 ψ；曲柄顺时针再转过角度 $\varphi_2=180°-\theta$ 时，摇杆由 C_2D 返回 C_1D，摆角仍为 ψ。当曲柄匀速转动时，对应的时间 $t_1>t_2$，从而反映摇杆往复摆动的快慢不同，C 点往返的平均速度不等，$v_1<v_2$，这一特性称为急回特性。颚式破碎机、往复式运输机等机械就是利用急回特性来缩短非生产时间以提高生产率的。

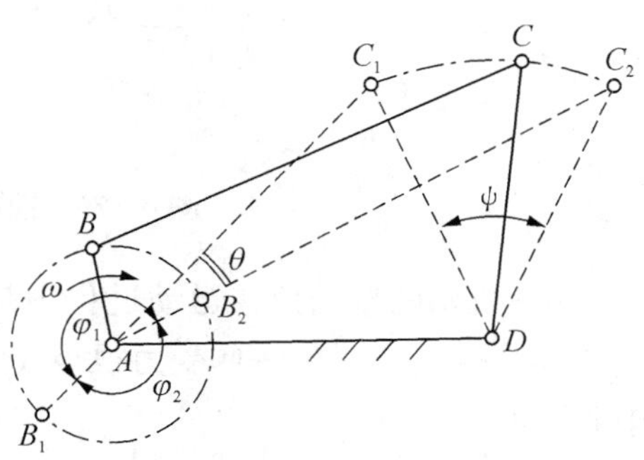

图 4－25 铰链四杆机构的急回特性

急回运动特性可用行程速度变化系数 K 来表示，即

$$K=\frac{v_2}{v_1}=\frac{\widehat{C_1C_2}/t_2}{\widehat{C_1C_2}/t_1}=\frac{t_1}{t_2}=\frac{\varphi_1}{\varphi_2}=\frac{180°+\theta}{180°-\theta} \tag{4-5}$$

上式表明，当机构存在极位夹角 θ 时，机构便具有急回运动特性，θ 角愈大，K 值愈大，机构的

急回运动性质也愈显著。

将式(4－5)整理后，可得极位夹角的计算公式为

$$\theta = 180^\circ \frac{K-1}{K+1} \tag{4-6}$$

对于有急回运动要求的机械，在设计时，应先确定行程速度变化系数 K，然后由式(4－6)算出极位夹角 θ，再设计各构件的尺寸。

4.2.3 铰链四杆机构的压力角和传动角

在生产中，不仅要求铰链四杆机构能实现预定的运动规律，而且希望运转轻便，效率较高。如图 4－26 所示曲柄摇杆机构，如不计各杆质量和运动副中的摩擦，则连杆 BC 为二力杆，它作用于从动摇杆 CD 上的力 F 是沿 BC 方向的。F 与该力在摇杆上的作用点绝对速度 v_c 之间所夹的锐角 α 称为压力角。由图可见，α 越小，力 F 在 v_c 方向的有效分力 $F_t = F\cos\alpha$ 越大，机构运转越轻便，效率越高。压力角的余角 $\gamma = 90^\circ - \alpha$，称为传动角。传动角越大越好，当$\gamma = 90^\circ$ 时，传力特性最好。所以，在连杆机构中常用传动角的大小和变化情况来衡量机构传力性能的好坏。

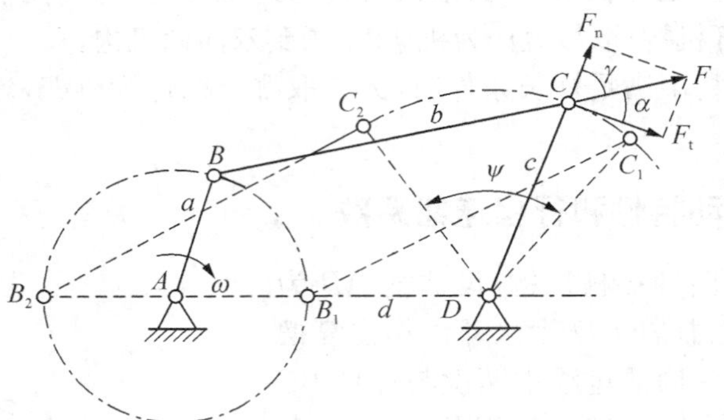

图 4－26 铰链四杆机构的压力角和传动角

四杆机构的传动角在运动过程中是变化的。为了使机构传动情况良好，设计时通常取 $\gamma_{min} \geqslant 40^\circ \sim 50^\circ$，对于一些受力很小或不常使用的操纵机构，可允许传动角小些，只要不发生自锁即可。

对于曲柄摇杆机构，γ_{min}出现在主动曲柄与机架共线的两位置之一处，这时有

$$\gamma_1 = \angle B_1C_1D = \arccos \frac{b^2 + c^2 - (d-a)^2}{2bc} \tag{4-7}$$

或

$$\gamma_2 = \angle B_2C_2D = \arccos \frac{b^2 + c^2 - (d+a)^2}{2bc} (\angle B_2C_2D < 90^\circ) \tag{4-8}$$

$$\gamma_2 = 180^\circ - \arccos \frac{b^2 + c^2 - (d+a)^2}{2bc} (\angle B_2C_2D > 90^\circ) \tag{4-9}$$

γ_1 和 γ_2 中的小者即为 γ_{min}。

4.2.4 死点位置

如图 4－27 所示曲柄摇杆机构中，设摇杆 CD 为原动件，则当机构处于图示两个极限位置时，连杆与曲柄共线，传动角 $\gamma=0$，连杆 BC 作用于曲柄 AB 上的力恰好通过转动中心 A，因此无论作用力多大，也不能推动曲柄转动，机构的这种位置称为死点位置。

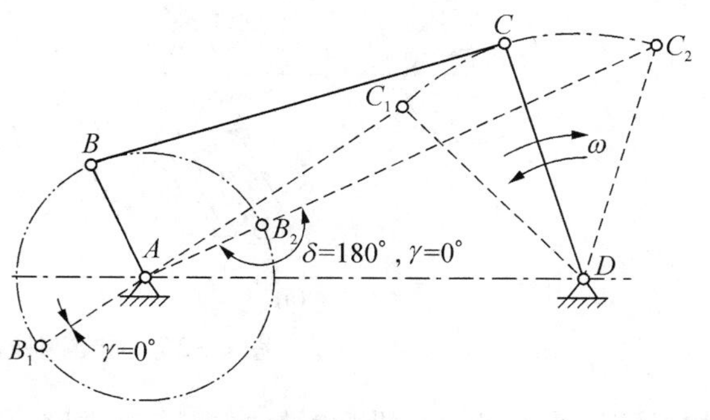

图 4－27 死点位置

为使机构能顺利通过死点而正常运转，必须采取适当的措施，如可采用安装飞轮加大惯性的方法，借助惯性作用闯过死点，如缝纫机机构；还可以采用将两组以上的相同机构组合使用，使各组机构的死点相互错开排列的方法，如机车车轮的联动机构。

在工程实际中，也常常利用机构的死点来实现一定的工作要求。例如，如图 4－28 所示的工件夹紧机构就是利用机构死点位置夹紧工件的例子。即在工件夹紧状态时，使 BCD 成一直线，因而，即使反力很大也不会松脱，从而保证工件处于夹紧状态而不发生变动。又如图 4－29 所示飞机起落架机构，在机轮放下时，杆 BC 与 CD 成一直线，即机构处于死点位置，从而使起落架能承受飞机着地时产生的巨大冲击力，保证从动件 CD 不会转动，保持支撑着飞机的状态。

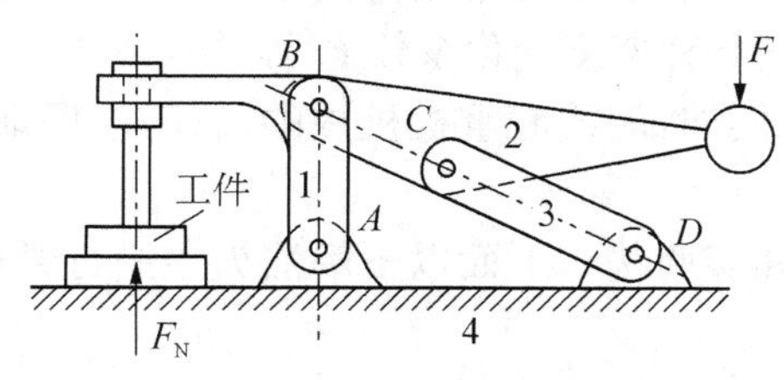

图 4－28 工件夹紧机构

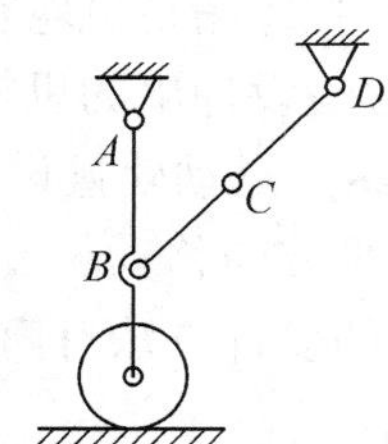

图 4－29 飞机起落架机构

4.2.5 铰链四杆机构的运动连续性

连杆机构运动的连续性，是指该机构在运动中能够连续实现给定的各个位置。例如，在如图 4－30(a)所示的曲柄摇杆机构 $ABCD$ 中，当曲柄连续转动时，摇杆 CD 可在 ψ_1 角度范围内连续运动(往复摆动)，并占据其间任何位置，此角度范围称为可行域。若将机构 $ABCD$ 的运动副拆开，按 $AB'C'D$ 安装，则摇杆只能在 ψ_2 的角度范围内运动，得到另一可行域。显然，若给定的摇杆的各个位置不在同一可行域内，且此二可行域又不连通时，机构不可能实现连续运动。例如，若要求其从动件从位置 CD 连续运动到位置 $C'D$，显然是不可能的。一般称这种运动不连续为错位不连续，如图 4－30(a)所示。

在连杆机构中.还会遇到另一种运动不连续问题——错序不连续。如图 4－30(b)所示，设要求连杆依次占据 B_1C_1，B_2C_2，B_3C_3，则只有当曲柄 AB 逆时针转动时，才是可能的；而

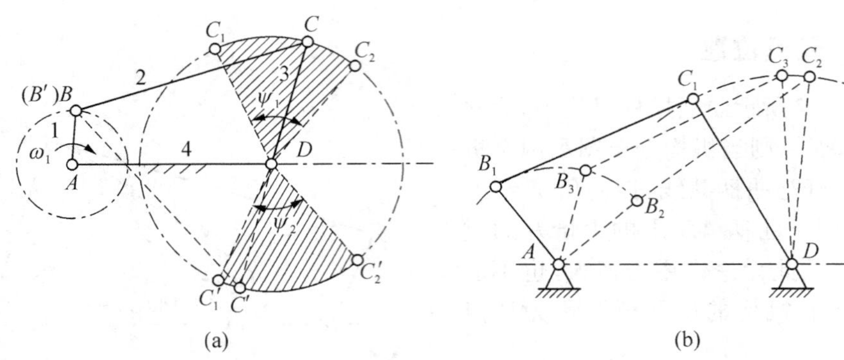

图 4-30 铰链四杆机构的运动连续性

如果该机构曲柄 AB 沿顺时针方向转动，则不能满足预期的次序要求。一般称这种不连续问题为错序不连续。

4.3 平面四杆机构的设计

平面连杆机构的设计，主要是根据给定的运动条件，确定机构运动简图的尺寸参数。有时为了使机构设计得可靠、合理，还应考虑几何条件和动力条件(如最小传动角 γ_{min})等。

生产实践中的要求是多种多样的，给定的条件也各不相同，归纳起来主要有下面两类问题：

(1) 按照给定从动件的运动规律(位置、速度和加速度)设计四杆机构。例如，在飞机起落架机构设计中，应满足机轮在放下和收起时连杆 BC 应占据的两个预期位置；在牛头刨床机构设计中，应使设计出的机构能保证给定的行程速度变化系数 K 等。

(2) 按照给定运动轨迹设计四杆机构。例如：鹤式起重机机构的设计，应保证吊钩能够实现沿近似水平方向移动。

连杆机构的设计方法有解析法、图解法和实验法。下面以图解法为主进行讲述，并简要介绍实验法。

4.3.1 用图解法设计四杆机构

1. 按连杆预定的位置设计四杆机构

如图 4-31 所示，给定连杆的长度 $l_2=BC$ 及其三个预定位置 B_1C_1，B_2C_2，B_3C_3。由于连杆上的铰链中心 B 和 C 分别沿某一圆弧运动，因而可作 B_1B_2 和 B_2B_3 的垂线平分线以及 C_1C_2，C_2C_3 的垂直平分线，它们的交点 A 和 D 显然就是所求铰链四杆机构的固定铰链中心，而 AB_1C_1D 即为所求的铰链四杆机构在某一瞬时的位置。

由题解过程可知，给定 BC 的三个位置时只有一个解，如果给定连杆的两个位置，则 A 点和 D 点可分别在 B_1B_2 和 C_1C_2 的垂直平分线上任意选择，因此有无穷多个解，若再给定辅助条件，则可得一个确定的解。如图 4-32 所示震实式造型机工作台翻转机构中，若已知连杆的长度 l_{BC} 及其在 x，y 坐标系中的两个位置 B_1C_1 和 B_2C_2，如将固定铰链选在 x 轴线上，作 B_1B_2 和 C_1C_2 的垂直平分线，它们分别于 x 轴相交于 A 点和 D 点，于是 AB_1C_1D 即为所求的铰链四杆机构。

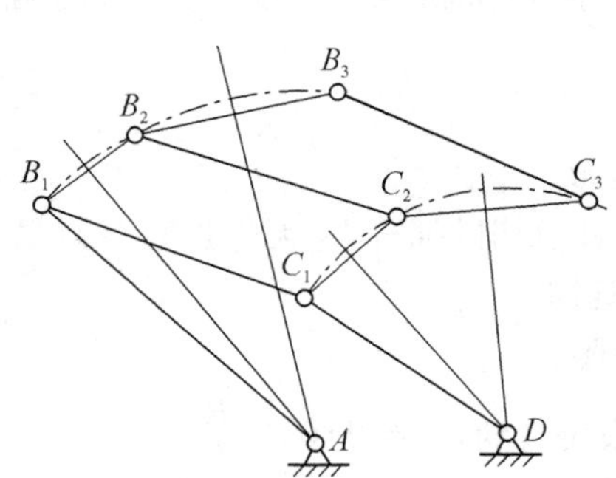

图 4 - 31　给定连杆三位置设计四杆机构

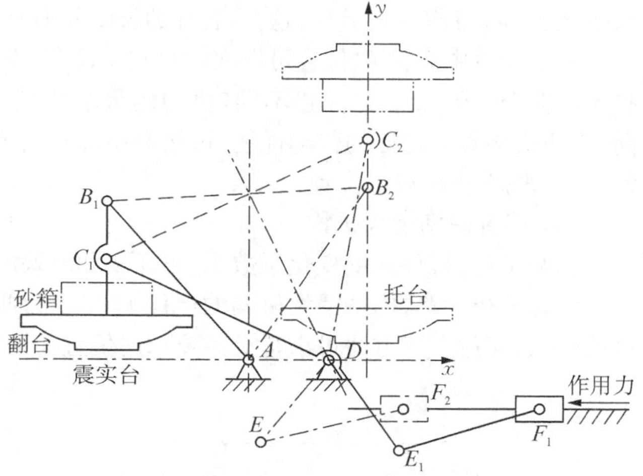

图 4 - 32　震实机翻转机构设计

2. 按照给定的行程速度变化系数设计四杆机构

在设计具有急回运动特性的四杆机构时，通常按实际需要先给定行程速度变化系数 K 的数值，然后根据机构在极限位置的几何关系，结合有关辅助条件来确定机构运动简图的尺寸参数。

(1) 曲柄摇杆机构

已知条件：行程速度变化系数 K、摇杆的长度 l_{CD} 及其摆角 ψ。

设计分析：设计的实质是确定固定铰链中心 A 的位置，以便定出其他三杆的长度 l_{AB}，l_{BC} 和 l_{AD}。摇杆在两极限位置时，曲柄与连杆两次共线，其夹角即为极位夹角 θ。根据此特性，结合同一圆弧所对应的圆周角相等的几何学知识来设计四杆机构。

设计步骤：

① 按给定的行程速度变化系数 K 求极位夹角，即

$$\theta = 180^\circ \times \frac{K-1}{K+1}$$

② 选取比例尺 μ_l，在图 4 - 33 中，任取固定铰链中心 D 的位置，并按选定的长度比例尺 μ_l 画出摇杆的两个极限位置 C_1D 和 C_2D，使 $\angle C_1DC_2 = \psi$，$C_1D = C_2D = l_{CD}/\mu_l$，连接 C_1 和 C_2，并过 C_1 点作直线 C_1M 垂直于 C_1C_2；

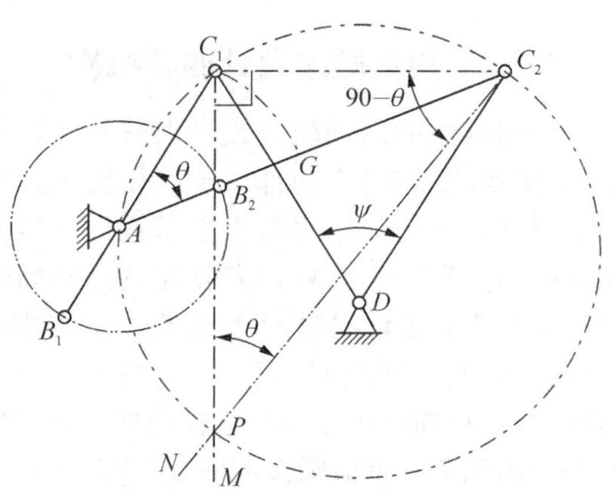

图 4 - 33　按 K 值设计曲柄摇杆机构

③ 作 $\angle C_1C_2N = 90^\circ - \theta$，$C_2N$ 与 C_1M 交于 P 点，则 $\angle C_1PC_2 = \theta$；

④ 作直角$\triangle C_1C_2P$ 的外接圆，取优弧 C_1PC_2 上任意一点作为曲柄的固定铰链中心 A，连接 AC_1 和 AC_2，因同一圆弧上的圆周角相等，故 $\angle C_1AC_2 = \angle C_1PC_2 = \theta$；

⑤ 确定曲柄、连杆和摇杆的尺寸。因为摇杆在两极限位置时，曲柄与连杆共线，$AC_1 = BC - AB$，$AC_2 = BC + AB$，即得 $AC_2 - AC_1 = 2AB$，因此以 A 为圆心，以 AC_1 为半径画弧，交 AC_2 于 G，则 $GC_2 = AC_2 - AC_1 = 2AB$；再以 A 为圆心，以 $GC_2/2$ 为半径画圆，与 AC_1 的反向延

长线交于 B_1，与 AC_2 交于 B_2。这样，各杆的长度分别为 $l_{AB}=\mu_l AB_1$，$l_{BC}=\mu_l B_1C_1$，$l_{AD}=\mu_l AD$。

由于铰链中心 A 的位置可以在圆弧 C_1PC_2 上任意选取，所以满足给定条件的设计结果有无穷多个。但 A 点的位置不同，机构的最小传动角及曲柄、连杆和机架的长度也各不相同，为使机构具有良好的传动性能，可按最小传动角或其他条件（如机架的长度或方位、曲柄的长度）来确定 A 点的位置。

(2) 偏置曲柄滑块机构

已知条件：行程速度变化系数 K、偏距 e 和滑块的行程 H。

设计分析：偏置曲柄滑块机构的行程 H 可视为曲柄摇杆机构的摇杆 l_{CD} 无限长时 C 点摆过的弦长，应用上述方法可求得满足要求的偏置曲柄滑块机构。

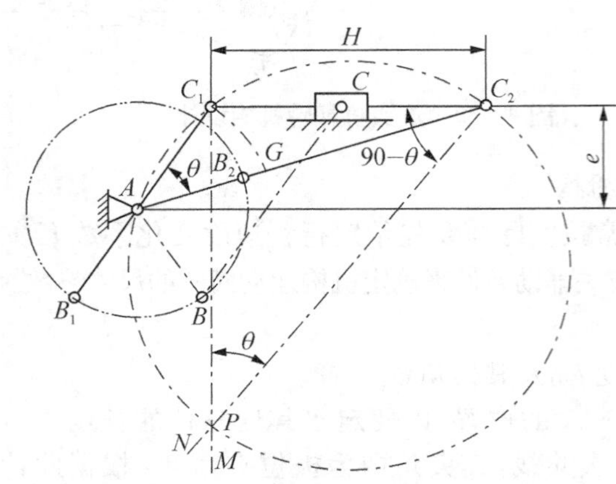

图 4-34　按 K 值设计曲柄滑块机构

设计步骤：

① 求极位夹角，$\theta=180°\times\dfrac{K-1}{K+1}$；

② 选取比例尺 μ_l，如图 4-34 所示，画线段 $C_1C_2=H/\mu_l$，过 C_1 点作直线 C_1M 垂直于 C_1C_2；

③ 作 $\angle C_1C_2N=90°-\theta$，$C_2N$ 与 C_1M 交于 P 点，则 $\angle C_1PC_2=\theta$；

④ 作直角 $\triangle C_1C_2P$ 的外接圆；

⑤ 作 C_1C_2 的平行线，使之与 C_1C_2 之间的距离为 e/μ_l，此直线与圆弧 C_1PC_2 的交点即为曲柄固定铰链中心 A 的位置；

⑥ 按与曲柄摇杆机构相同的方法，确定曲柄和连杆的长度。

4.3.2　用实验法设计四杆机构

按照给定的运动轨迹设计四杆机构。如图 4-35所示，设给定原动件 AB 的长度及其转动中心 A 和连杆上一点 M，现要求设计一四杆机构，使其连杆上的点 M 沿着预定的运动轨迹运动。为解决此设计问题，可在连杆上另外固结若干杆件，它们的端点 C, C', C''…在原动件运动过程中，也将描绘出各自的连杆曲线。在这些曲线中找出圆弧或近似圆弧的曲线，于是即可将描绘此曲线的点作为连杆与另一连架杆的铰链中心 C，而将此曲线的曲率中心作为该连架杆的转动中心 D，因而 AD 为机架，CD 即为从动连架杆。这样，就能设计出能够实现预定运动轨迹的四杆机构。

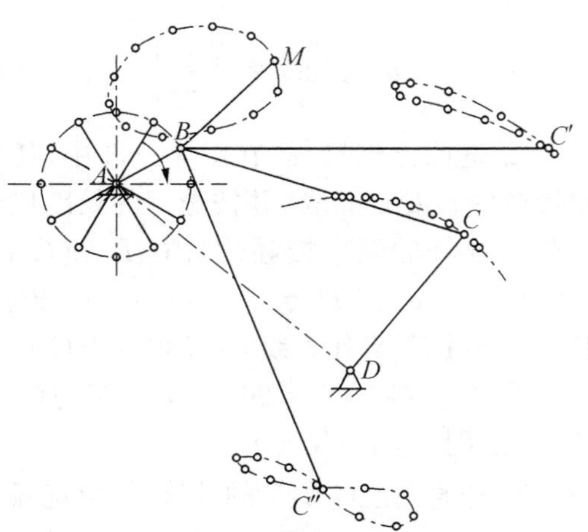

图 4-35　按给定轨迹设计四杆机构

按照给定的运动轨迹设计四杆机构的另一种简便的方法，是利用连杆曲线图谱进行设计。

第五章 凸轮机构及其他常用机构

5.1 凸轮机构的应用和分类

5.1.1 凸轮机构的应用

凸轮机构是机械传动中的一种常用机构，在各种自动机械和自动控制装置中，广泛采用着各种形式的凸轮机构。

如图 5-1 所示内燃机的配气机构。当凸轮 1 回转时，其轮廓将迫使推杆 2 作往复摆动，从而使气阀 3 依靠弹簧 4 的作用开启或关闭，以控制可燃物质在适当的时间进入气缸或排出废气。而气阀开启和关闭时间的长短及其速度和加速度的变化规律，则取决于凸轮轮廓曲线的形状。

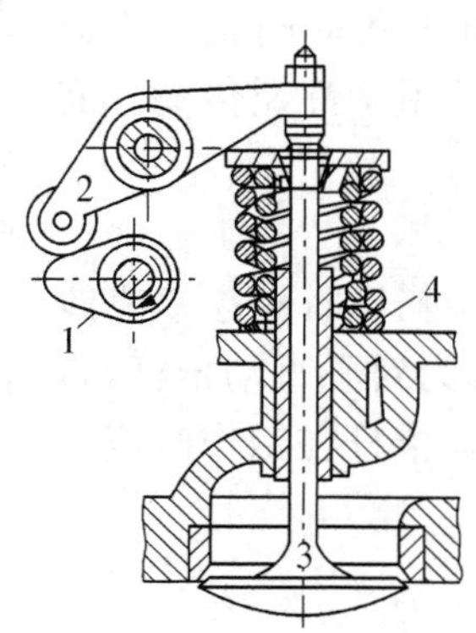

图 5-1 内燃机配气机构

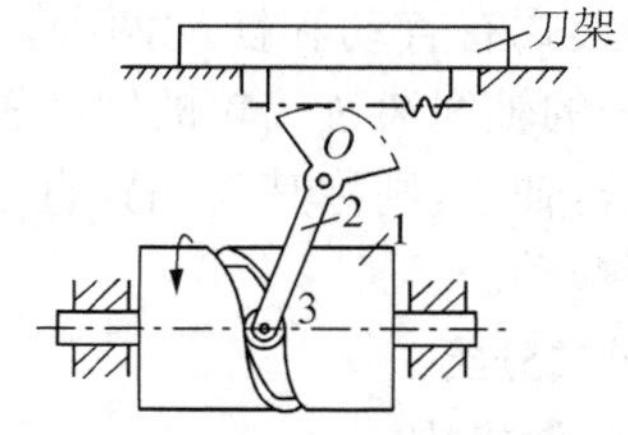

图 5-2 自动机床的进刀机构

如图 5-2 所示自动机床的进刀机构。当具有凹槽的圆柱凸轮 1 回转时，其凹槽的侧面通过嵌于凹槽中的滚子 3 迫使推杆 2 绕轴 O 作往复摆动，从而控制刀架的进刀和退刀运动。至于进刀和退刀的运动规律如何，则决定于凹槽曲线的形状。

从上述实例可知：凸轮机构主要是指由凸轮、从动件和机架组成的高副机构。凸轮是一

个具有曲线轮廓或凹槽的构件。

在凸轮机构中，当凸轮转动时，借助其本身的曲线轮廓或曲线凹槽迫使从动件作有规律的运动，即从动件的运动规律取决于凸轮轮廓曲线或凹槽曲线的形状。凸轮机构能通过选择适当的凸轮轮廓而使从动件得到任意预定的运动规律，且结构简单紧凑；但由于在凸轮机构中，从动件与凸轮之间是点接触或线接触，容易磨损，因此，通常多用于传递动力不大的自动机械或半自动机械的控制机构中。

5.1.2 凸轮机构的分类

凸轮机构的类型很多，常按凸轮和推杆的形状及其运动形式的不同来分类：

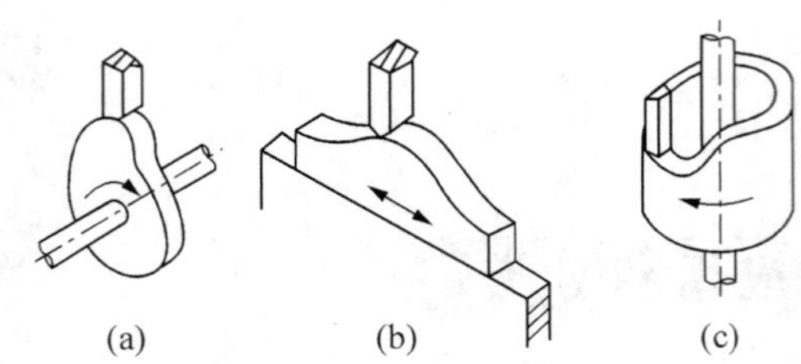

图 5-3 按凸轮的形状分类

1. 按凸轮的形状分类

(1) 盘形凸轮。这种凸轮是一个具有变化向径的盘形构件并绕固定轴线回转[图 5-3(a)]。如图 5-3(b)所示的凸轮可看作是转轴在无穷远处的盘形凸轮的一部分，它作往复直线移动，故称其为移动凸轮。

(2) 圆柱凸轮。它是一个在圆柱面上开有曲线凹槽的构件，如图 5-3(c)所示，这种凸轮可看作是将移动凸轮卷于圆柱体上而形成的。由于圆柱凸轮与其推杆的运动不在同一平面内，故属于空间凸轮机构。

2. 按推杆的形状分类

推杆的形状有尖顶、滚子和平底三种，如图 5-4 所示。尖顶推杆[图 5-4(a)和(b)]结构最简单，但易磨损，故只用于载荷小和速度低的场合。滚子推杆[图 5-4(c)和(d)]与凸轮轮廓之间为滚动摩擦，所以磨损较小，可用于传递较大的动力机械中，故应用较广。平底推杆[图 5-4(e)和(f)]与凸轮接触处易形成润滑油膜，能减小磨损，且推杆所受凸轮作用力始终垂直于其平底(不计摩擦时)，传力比较平稳，故适用于高速传动。其缺点是要求与其接触的凸轮轮廓全部外凸。

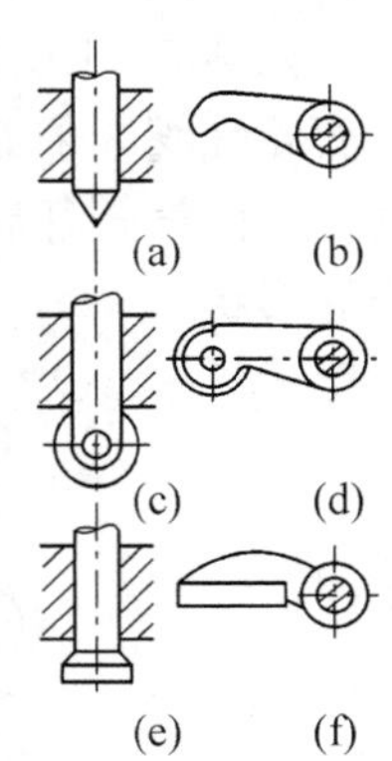

图 5-4 推杆的形状

3. 按推杆的运动形式分类

推杆的运动形式有直动和摆动两种。直动推杆在工作时作往复直线运动，若直动推杆的轴线通过凸轮的回转轴心，则称其为对心直动推杆，若不通过凸轮的回转轴心，则称其为偏置直动推杆。摆动推杆在工作时绕其回转轴心作往复摆动。

4. 按封闭形式分类

(1) 力封闭凸轮机构

利用推杆的重力、弹簧力或其他外力，使推杆与凸轮轮廓始终保持接触的方式，称为力封闭凸轮机构，如图 5-5 所示。

(2) 几何封闭的凸轮机构

它利用凸轮或推杆的特殊几何结构使凸轮与推杆保持接触。如图 5-5(a)所示沟槽凸轮机构中，利用凸轮上的凹槽与置于凹槽中的推杆上的滚子使凸轮与推杆保持接触。如

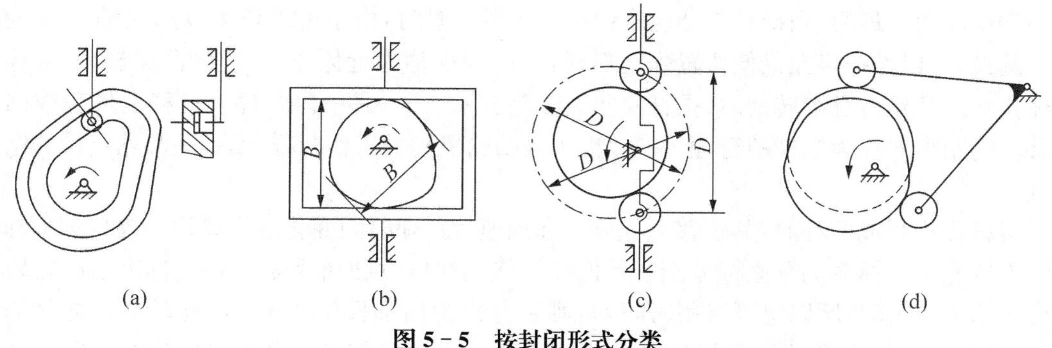

图 5-5　按封闭形式分类

图 5-5(b)所示等宽凸轮机构,因与凸轮廓线相切的任意两平行线间的宽度 B 处处相等,且等于推杆内框上、下壁间的距离,所以,凸轮和推杆可始终保持接触。而在如图 5-5(c)所示等径凸轮机构中,因凸轮理论廓线在径向线上任两点之间的距离 D 处处相等,故可使凸轮与推杆始终保持接触。如图 5-5(d)所示共轭凸轮(又称主回凸轮)机构中,用两个固结在一起的凸轮控制同一推杆,从而使凸轮与推杆始终保持接触。

5.2　从动件常用的运动规律

凸轮机构设计的基本任务,是根据工作要求选定合适的凸轮机构的型式、推杆的运动规律和有关的基本尺寸,然后根据选定的推杆运动规律设计出凸轮应有的轮廓曲线。推杆运动规律的选择,关系到凸轮机构的工作质量。

5.2.1　凸轮机构的工作原理和运动分析

如图 5-6 所示一对心直动尖顶推杆盘形凸轮机构。图中,以凸轮的回转轴心 O 为圆心,以凸轮的最小半径 r_0 为半径所作的圆称为凸轮的基圆,r_0 称为基圆半径。图示凸轮的轮廓由 AB, BC, CD 及 DA 四段曲线组成。凸轮与推杆在 A 点接触时,推杆处于最低位置。当凸轮沿逆时针方向转动时,推杆在凸轮 AB 段的推动下,将由最低位置 A 被推到最高位置 B,推杆运动的这一过程称为推程,而相应的凸轮转角 δ_0 称为推程运动角。当推杆与凸轮廓线的 BC 段接触时,由于 BC 段为以凸轮轴心 O 为圆心的圆弧,所以推杆将处于最高位置且静止不动,这一过程称为远休止,与之相应的凸轮转角 δ_{01} 称为远休止角。当推杆与凸轮廓线的 CD 段接触时,它又由最高位置回到最低位置,这一过程称为回程,相应的凸轮转角 δ_0' 称

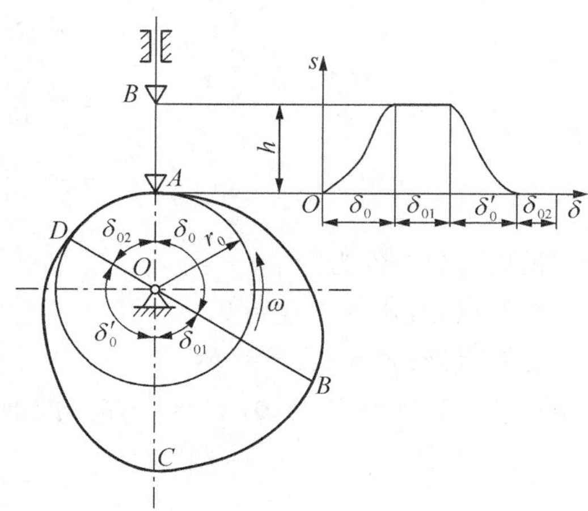

图 5-6　凸轮机构的工作原理

为回程运动角。最后，当推杆与凸轮廓线在 DA 段接触时，由于 DA 段为以凸轮轴心 O 为圆心的圆弧，所以推杆将在最低位置静止不动，这一过程称为近休止，相应的凸轮转角 δ_{02} 称为近休止角。凸轮再继续转动时，推杆又重复上述过程：升—停—降—停。推杆在推程或回程中移动的距离 h 称为推杆的行程。一般推程是凸轮机构的工作行程，回程是凸轮机构的空回行程。

推杆在推程或回程时，其位移 s、速度 v 和加速度 a 随时间变化的规律称为推杆的运动规律。常取直角坐标系的纵坐标分别表示推杆位移 s、速度 v 和加速度 a，横坐标表示凸轮转角 δ（因凸轮等速转动，所以也可以用时间 t），则可分别画出推杆位移 s 与凸轮转角 δ 之间的关系曲线图 $s-\delta$ 线图，称为推杆位移线图；推杆速度 v 与凸轮转角 δ 之间的关系曲线图 $v-\delta$ 线图，称为推杆速度线图；推杆加速度 a 与凸轮转角 δ 之间的关系曲线图 $a-\delta$ 线图，称为推杆加速度线图。$s-\delta$，$v-\delta$ 和 $a-\delta$ 线图统称为推杆的运动线图。

5.2.2 推杆常用运动规律

设计凸轮时，首先应根据使用要求选择合适的从动件运动规律，并据此设计出相应的凸轮轮廓曲线。下面介绍几种常用的推杆运动规律。

1. 多项式运动规律

推杆的多项式运动规律的一般表达式为

$$s = C_0 + C_1\delta + C_2\delta^2 + \cdots + C_n\delta^n \tag{5-1}$$

式中，δ 为凸轮转角；s 为推杆位移；C_0，C_1，C_2，…为待定系数，可利用边界条件等来确定。

(1) 一次多项式运动规律（等速运动规律）

设凸轮以等角速度 ω 转动，在推程时，凸轮的运动角为 δ_0，推杆完成行程 h，当采用一次多项式运动规律时，则有

$$\left.\begin{aligned} s &= C_0 + C_1\delta \\ v &= \frac{\mathrm{d}s}{\mathrm{d}t} = C_1\omega \\ a &= \frac{\mathrm{d}v}{\mathrm{d}t} = 0 \end{aligned}\right\} \tag{5-2}$$

设取边界条件为

在始点处：$\delta = 0$，$s = 0$；

在终点处：$\delta = \delta_0$，$s = h$，

则由式(5-2)可得 $C_0 = 0$，$C_1 = h/\delta_0$，故推杆推程的运动方程为

$$\left.\begin{aligned} s &= h\delta/\delta_0 \\ v &= h\omega/\delta_0 \\ a &= 0 \end{aligned}\right\} \tag{5-3a}$$

在回程时，因规定推杆的位移总是由其最低位置算起，故推杆的位移 s 是逐渐减小的，则其运动方程为

$$
\left.\begin{aligned}
s &= h(1-\delta/\delta_0') \\
v &= -h\omega/\delta_0' \\
a &= 0
\end{aligned}\right\} \quad (5-3b)
$$

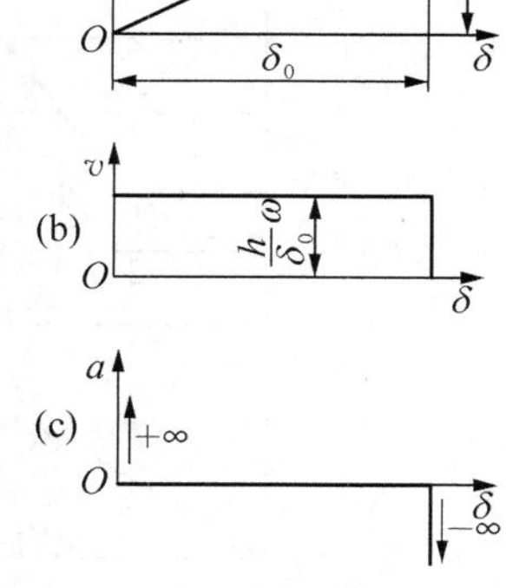

图 5-7 推程段运动线图

式中，δ_0'为凸轮回程运动角，注意凸轮转角 δ 总是从该段运动规律的起始位置开始计算。

由上述可知，推杆此时作等速运动，故又称为等速运动规律。如图 5-7 所示为其推程段运动线图。由图可知，推杆在运动起始和终止两位置，其速度发生突变，且其加速度在理论上在瞬时趋向无穷大；由于惯性力与加速度成正比，所以，当推杆的加速度趋于无穷大时，推杆的惯性力也将趋向无穷大。这时，凸轮机构受到极大的冲击，这样的冲击称为刚性冲击或“硬冲”。

(2) 二次多项式运动规律

$$
\left.\begin{aligned}
s &= C_0 + C_1\delta + C_2\delta^2 \\
v &= \frac{\mathrm{d}s}{\mathrm{d}t} = C_1\omega + 2C_2\omega\delta \\
a &= \frac{\mathrm{d}v}{\mathrm{d}t} = 2C_2\omega^2
\end{aligned}\right\} \quad (5-4)
$$

由式(5-4)可见，这时推杆的加速度为常数。为了保证凸轮机构运动的平稳性，通常应使推杆先作加速运动，后作减速运动。设在加速段和减速段凸轮的运动角及推杆的行程各占一半(即各为 $\delta_0/2$ 和 $h/2$)。这时，推程加速段的边界条件为

在始点处：$\delta = 0,\ s = 0,\ v = 0$；

在终点处：$\delta = \delta_0/2,\ s = h/2$，

将其代入式(5-4)，可得 $C_0 = 0,\ C_1 = 0,\ C_2 = 2h/\delta_0^2$，故推杆等加速度段的运动方程为

$$
\left.\begin{aligned}
s &= 2h\delta^2/\delta_0^2 \\
v &= 4h\omega\delta/\delta_0^2 \\
a &= 4h\omega^2/\delta_0^2
\end{aligned}\right\} \quad (5-5a)
$$

式中，δ 的变化范围是 $0 \sim \delta_0/2$。

由式(5-5a)可见，在此阶段，推杆的位移 s 与凸轮转角 δ 的平方成正比，故其位移曲线为一段向上弯的抛物线，如图 5-8(a)所示。

推程减速段的边界条件为

在始点处：$\delta = \delta_0/2,\ s = h/2$；

在终点处：$\delta = \delta_0,\ s = h,\ v = 0$，

将其代入式(5-4)，可得 $C_0 = -h,\ C_1 = 4h/\delta_0,\ C_2 = -2h/\delta_0^2$，故推杆等减速度段的运动方程为

$$
\left.\begin{aligned}
s &= h - 2h(\delta_0 - \delta)^2/\delta_0^2 \\
v &= 4h\omega(\delta_0 - \delta)/\delta_0^2 \\
a &= -4h\omega^2/\delta_0^2
\end{aligned}\right\} \quad (5-5b)
$$

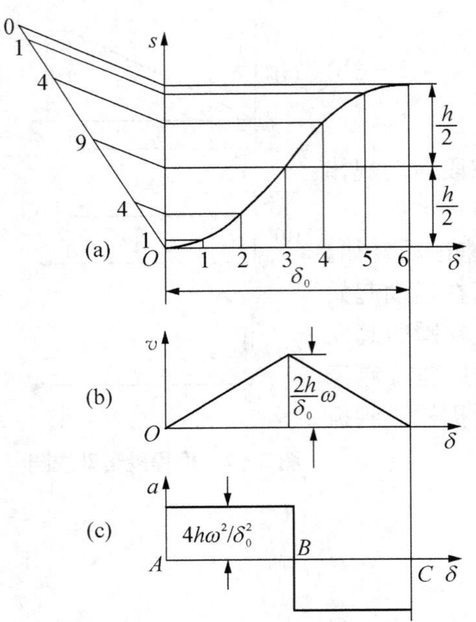

图 5-8　二次多项式运动规律(推程加速度段)运动线图

式中，δ 的变化范围是 $\delta_0/2 \sim \delta_0$。这时，推杆的位移曲线如图 5-8(a)所示，为一段向下弯曲的抛物线。

上述两种运动规律的结合，构成推杆的等加速等减速运动规律。由图 5-8(c)可见，其在 A，B，C 三点，推杆的加速度发生有限值的变化，引起的冲击也是有限的，这样的冲击称为柔性冲击或"软冲"。为了减小和避免冲击，延长机构的使用寿命，设计凸轮时，应尽可能选择推杆的运动线图为光滑、连续的曲线。

回程时的等加速等减速运动规律的运动方程为

等加速回程

$$\left.\begin{aligned} s &= h - 2h\delta^2/\delta_0'^2 \\ v &= -4h\omega\delta/\delta_0'^2 \\ a &= -4h\omega^2/\delta_0'^2 \end{aligned}\right\}(\delta = 0 \sim \delta_0'/2) \qquad (5-6a)$$

等减速回程

$$\left.\begin{aligned} s &= 2h(\delta_0' - \delta)^2/\delta_0'^2 \\ v &= -4h\omega(\delta_0' - \delta)/\delta_0'^2 \\ a &= 4h\omega^2/\delta_0'^2 \end{aligned}\right\}(\delta = \delta_0'/2 \sim \delta_0') \qquad (5-6b)$$

(3) 五次多项式运动规律

$$\left.\begin{aligned} s &= C_0 + C_1\delta + C_2\delta^2 + C_3\delta^3 + C_4\delta^4 + C_5\delta^5 \\ v &= \frac{\mathrm{d}s}{\mathrm{d}t} = C_1\omega + 2C_2\omega\delta + 3C_3\omega\delta^2 + 4C_4\omega\delta^3 + 5C_5\omega\delta^4 \\ a &= \frac{\mathrm{d}v}{\mathrm{d}t} = 2C_2\omega^2 + 6C_3\omega^2\delta + 12C_4\omega^2\delta^2 + 20C_5\omega^2\delta^3 \end{aligned}\right\} \qquad (5-7)$$

因待定系数有 6 个，故对推程段可建立如下边界条件：

在始点处：$\delta = 0$，$s = 0$，$v = 0$，$a = 0$；

在终点处：$\delta = \delta_0$，$s = h$，$v = 0$，$a = 0$，

代入(5-7)，可得 $C_0 = C_1 = C_2 = 0$，$C_3 = 10h\delta^3/\delta_0^3$，$C_4 = 15h\delta^4/\delta_0^4$，$C_5 = 6h\delta^5/\delta_0^5$，故其位移方程为

$$s = 10h\delta^3/\delta_0^3 - 15h\delta^4/\delta_0^4 + 6h\delta^5/\delta_0^5 \qquad (5-8)$$

式(5-8)称为五次多项式(或 3-4-5 多项式)。如图 5-9 所示为其运动线图。由图可见，此运动规律既无刚性冲击也无柔性冲击。

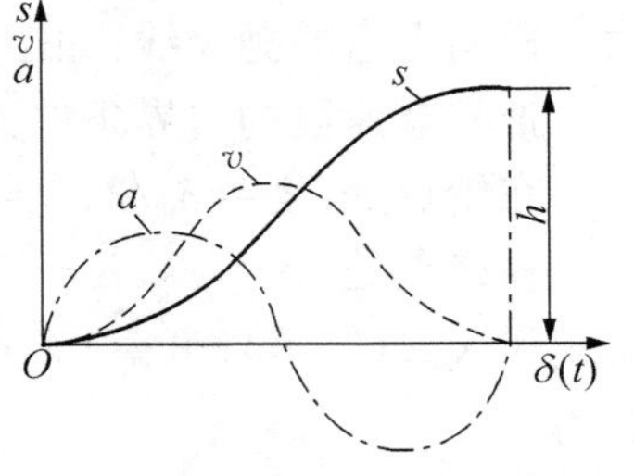

图 5-9　五次多项式运动规律线图

2. 三角函数运动规律

(1) 余弦加速度运动规律(简谐运动规律)

余弦加速度运动规律(又称简谐运动规律)，其推程时的

运动方程为

$$\left.\begin{aligned} s &= h[1-\cos(\pi\delta/\delta_0)]/2 \\ v &= \pi h\omega\sin(\pi\delta/\delta_0)/(2\delta_0) \\ a &= \pi^2 h\omega^2\cos(\pi\delta/\delta_0)/(2\delta_0^2) \end{aligned}\right\} \tag{5-9a}$$

回程时的运动方程为

$$\left.\begin{aligned} s &= h[1+\cos(\pi\delta/\delta_0)]/2 \\ v &= -\pi h\omega\sin(\pi\delta/\delta_0')/(2\delta_0') \\ a &= -\pi^2 h\omega^2\cos(\pi\delta/\delta_0')/(2\delta_0'^2) \end{aligned}\right\} \tag{5-9b}$$

其推程时的运动线图如图 5-10 所示。由图可见，在首、末两点推杆的加速度有突变，故有柔性冲击而无刚性冲击。

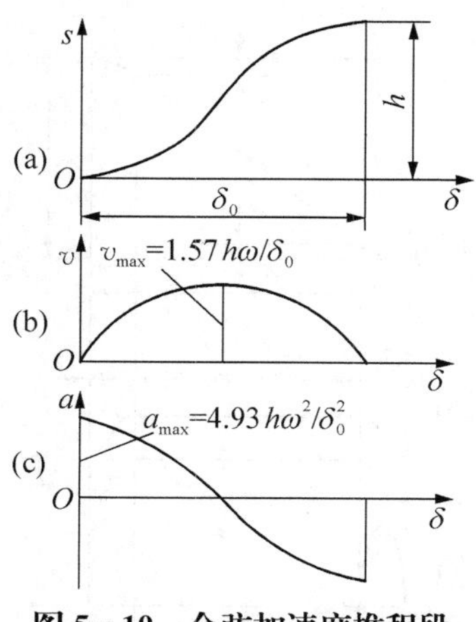

图 5-10　余弦加速度推程段运动线图

(2) 正弦加速度运动规律(摆线运动规律)

正弦加速度运动规律又称摆线运动规律，其推程时的运动方程为

$$\left.\begin{aligned} s &= h[\delta/\delta_0-\sin(2\pi\delta/\delta_0)/(2\pi)] \\ v &= h\omega[1-\cos(2\pi\delta/\delta_0)]/\delta_0 \\ a &= 2\pi h\omega^2\sin(2\pi\delta/\delta_0)/\delta_0^2 \end{aligned}\right\} \tag{5-10a}$$

回程时的运动方程为

$$\left.\begin{aligned} s &= h[1-(\delta/\delta_0')+\sin(2\pi\delta/\delta_0')/(2\pi)] \\ v &= h\omega[1-\cos(2\pi\delta/\delta_0'-1)]/\delta_0' \\ a &= -2\pi h\omega^2\sin(2\pi\delta/\delta_0')/\delta_0'^2 \end{aligned}\right\} \tag{5-10b}$$

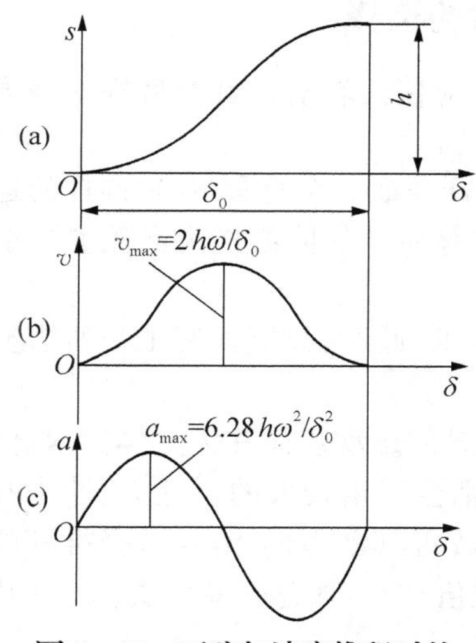

图 5-11　正弦加速度推程时的运动线图

其推程时的运动线图如图 5-11 所示。由图可见，其既无刚性冲击，也无柔性冲击。

除了上述几种从动件常用的运动规律之外，还有其他形式的运动规律。为了使加速度始终保持连续变化，工程上还用到高次多项式或将多种运动规律拼接起来的组合运动规律等。

为了选择运动规律时便于比较，现将一些常用运动规律的速度、加速度和跃度(加速度对时间的导数)的最大值列于表 5-1。由表可知，等加速等减速运动规律和正弦加速度运动规律的速度峰值较大，而除等速运动规律之外，正弦加速度运动规律的加速度最大值最大。

表 5-1　常用运动规律的速度、加速度和跃度

运动规律	最大速度 $v_{max}(h\omega/\delta_0)\times$	最大加速度 $a_{max}(h\omega^2/\delta_0^2)\times$	最大跃度 $j_{max}(h\omega^3/\delta_0^3)\times$	适用场合
等速运动	1.00	∞		低速轻载
等加速等减速	2.00	4.00	∞	中速轻载
余弦加速度	1.57	4.93	∞	中低速重载
正弦加速度	2.00	6.28	39.5	中高速轻载
五次多项式	1.88	5.77	60.0	高速中载

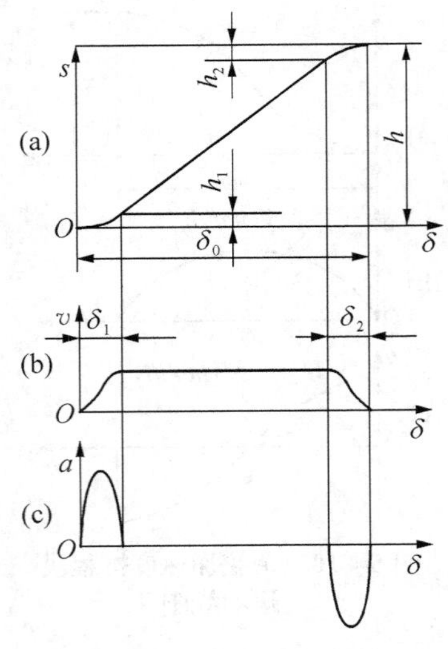

图 5-12　组合运动规律

除上面介绍的推杆常用的几种运动规律外，根据工作需要，还可以选择其他类型的运动规律，或者将几种运动规律组合使用，以改善推杆的运动和动力特性。例如，在凸轮机构中，为了避免冲力，推杆不宜采用加速度有突变的运动规律。可是，如果工作过程又要求推杆必须采用等速运动规律，此时为了同时满足推杆等速运动及加速度不产生突变的要求，可将等速运动规律适当地加以修正。如把推杆的等速运动规律在其行程两端与正弦加速度运动规律组合起来，如图 5-12 所示，以获得性能较好的组合运动规律。

构造组合运动规律应根据工作的需要，首先考虑用哪些运动规律来参与组合，其次要保证各段运动规律在衔接点上的运动参数（位移、速度、加速度等）的连续性，并在运动的起始和终止处满足边界条件。

5.2.3　推杆运动规律的选择

推杆运动规律的选择，首先要满足机械的工作要求，其次应使凸轮机构具有良好的动力性能，并且使所设计的凸轮便于加工。

(1) 机器的工作过程要求凸轮转过某一个角度 δ_0 时，推杆完成一个行程 h，对推杆的运动规律没有严格的要求，在此情况下，可考虑采用圆弧、直线等简单的曲线作为凸轮的轮廓曲线。

(2) 机器的工作过程对推杆的运动规律有完全确定的要求，此时，只能根据工作所需要的运动规律来设计。

(3) 对于转速较高的凸轮机构。即使机器工作过程对推杆的运动规律并无具体要求，但应考虑机构的运动速度较高，如推杆的运动规律选择不当，则会产生较大的惯性力、冲击和振动，从而影响机器的强度、寿命和正常的工作。所以，为了改善其动力性能，在选择推杆的运动规律时，应考虑该种运动规律的一些特性值，如速度最大值 v_{max}，加速度最大值 a_{max} 和跃度最大值 j_{max} 等。

5.3　凸轮轮廓曲线的设计

根据工作要求和结构条件选定凸轮结构的型式、基本尺寸、推杆的运动规律和凸轮的转向后，就可进行凸轮轮廓曲线的设计了。凸轮轮廓的设计主要有两种方法，即图解法和解析法。图解法的主要特点是简单易行，而且直观，但精度有限，一般适用于低速或对从动件运动规律要求不太严格的凸轮机构设计；解析法精度较高，但计算繁琐，往往要借助于计算机进行，一般适用于高速凸轮或精度要求较高的凸轮机构设计。

5.3.1　凸轮廓线设计的基本原理

凸轮轮廓曲线设计所依据的基本原理是反转法原理。下面就对此原理加以介绍。

如图 5－13 所示为一偏置直动尖顶推杆盘形凸轮机构。其推杆的轴线与凸轮回转轴心 O 之间有一偏距 e。当凸轮以角速度 ω 绕轴 O 转动时，推杆在凸轮的推动下实现预期的运动。现设想给整个凸轮机构加上一个公共角速度 $-\omega$，使其绕轴心 O 转动。这时凸轮与推杆之间的相对运动并未改变，但此时凸轮将静止不动，而推杆则一方面随其导轨以角速度 $-\omega$ 绕轴心 O 转动，一方面又在导轨内作预期的往复移动。这样，推杆在这种复合运动中，其尖顶的运动轨迹即为凸轮轮廓曲线。

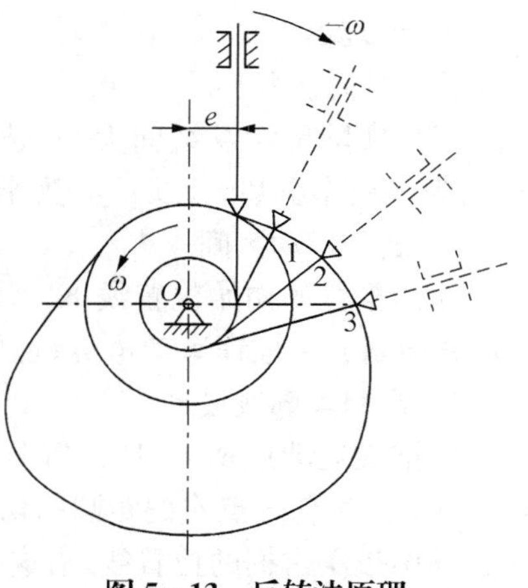

图 5－13　反转法原理

根据上述分析，在设计凸轮廓线时，可假设凸轮静止不动，而使推杆相对于凸轮沿 $-\omega$ 方向作反转运动，同时又在其导轨内作预期的运动，如图 5－13 所示，这样就作出了推杆的一系列位置，将其尖顶所占据的一系列位置 1，2，3，…连成平滑曲线，这就是所要求的凸轮廓线。

5.3.2　用图解法设计凸轮廓线

1. 直动推杆盘形凸轮机构

(1) 偏置直动尖顶推杆盘形凸轮机构

已知基圆半径 $r_0 = 80$ mm，偏距 $e = 40$ mm。凸轮逆时针方向等速转动，推杆运动规律为：凸轮转角 0～120°时，推杆等加等减速上升 80 mm，凸轮转角 120°～150°时，推杆在最高位置静止不动；凸轮转角 150°～270°时，按余弦加速度运动规律下降 80 mm；凸轮转角 270°～360°，推杆在最低位置静止不动，如图 5－14 所示。

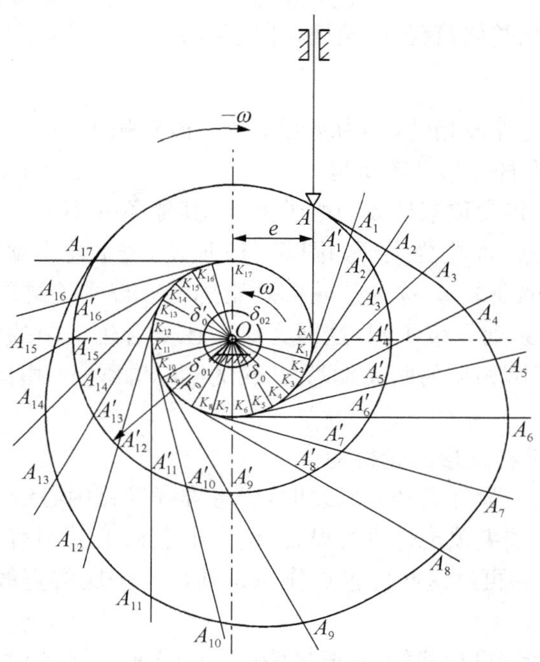

图 5－14　尖顶推杆凸轮廓线设计

设计步骤：

① 选择比例尺 μ_l

根据实际尺寸及纸面大小，选择适当的比例尺 μ_l(m/mm)。任选一点作为轴心 O，以 r_0/μ_l 为半径作出基圆，以 e/μ_l 为半径作出偏距圆。

② 划分运动区间

作出推杆的初始位置线 K_AA(即偏距圆的切线)，以该位置线的径向 OK_A 为起始线，沿 $-\omega$ 方向划分出推程运动角 δ_0、远休止角 δ_{01}、回程运动角 δ_0' 和近休止角 δ_{02}。

③ 推程段廓线设计

将推程运动角 $\delta_0=120°$ 等分为 n 份(图中为 8 等份)，在偏距圆周上得等分点 K_A，K_1，K_2，…K_n，过各分点作偏距圆的切线 K_AA，$K_1A'_1$，$K_2A'_2$，…$K_nA'_n$，这些切线即为推杆在反转运动中依次占据的位置线，沿这些位置线由基圆向外依次量取推杆的对应位移值(即实际位移除以比例尺)。推杆实际位移值由推杆运动方程：$s=2h\delta^2/\delta_0^2$ 求得(表 5-2)，从而得尖顶在复合运动中的一系列点 A，A_1，A_2，…，A_n，将这些点连成光滑曲线，即获得凸轮推程段的轮廓曲线。

表 5-2　　推杆在推程段位移

凸轮转角 δ/(°)	0	15	30	45	60	75	90	105	120
推杆位移 s/mm	0	2.5	10	22.5	40	57.5	70	77.5	80

④ 远休段廓线设计

以轴心 O 为圆心，以最大向径为半径在远休段始、末两点 K_8，K_9 对应的推杆位置线之间作圆弧 $\overset{\frown}{A_8A_9}$，则为凸轮远休段的轮廓曲线。

⑤ 回程段廓线设计

与推程段廓线设计相类似，获得凸轮回程段廓线 A_9，A_{17}。

⑥ 近休段廓线设计

近休段设计过程与远休段相仿，其为基圆上的一段圆弧 $\overset{\frown}{A_{17}A}$。

(2) 偏置直动滚子推杆盘形凸轮机构

在上述设计题目中，将尖顶推杆改为滚子推杆，其他条件不变。设计这种凸轮机构的凸轮廓线时，先将滚子中心点 A 视为尖顶如图 5-15 所示，按上述步骤求得点 A，A_1，A_2，…，依次光滑连接之后所得的曲线 η_0 称为凸轮的理论廓线。以理论廓线上一系列点为圆心，以滚子半径 r_r 为半径作一系列的滚子圆，这即为滚子在复合运动中的位置。作这一系列滚子圆的包络线(即与各滚子圆相切的曲线)即为凸轮的实际廓线 η。由图可见，凸轮的基圆指的是理论廓线的最小圆。

(3) 偏置直动平底推杆盘形凸轮机构

对于这种凸轮机构，在设计其凸轮廓线时，先将推杆导路中心线与推杆平底的交点 A 视为尖顶如图 5-16 所示，按尖顶推杆进行设计，确定出点 A 在推杆作复合运动时依次占据的位置 A，A_1，A_2，…，然后再过这些位置点作一系列代表平底的直线，而这些平底线的包络线即为凸轮实际廓线 η。

对于对心直动推杆盘形凸轮机构，只要将偏距圆切线 K_iA_i 改为过轴心 O 的径向线即可。

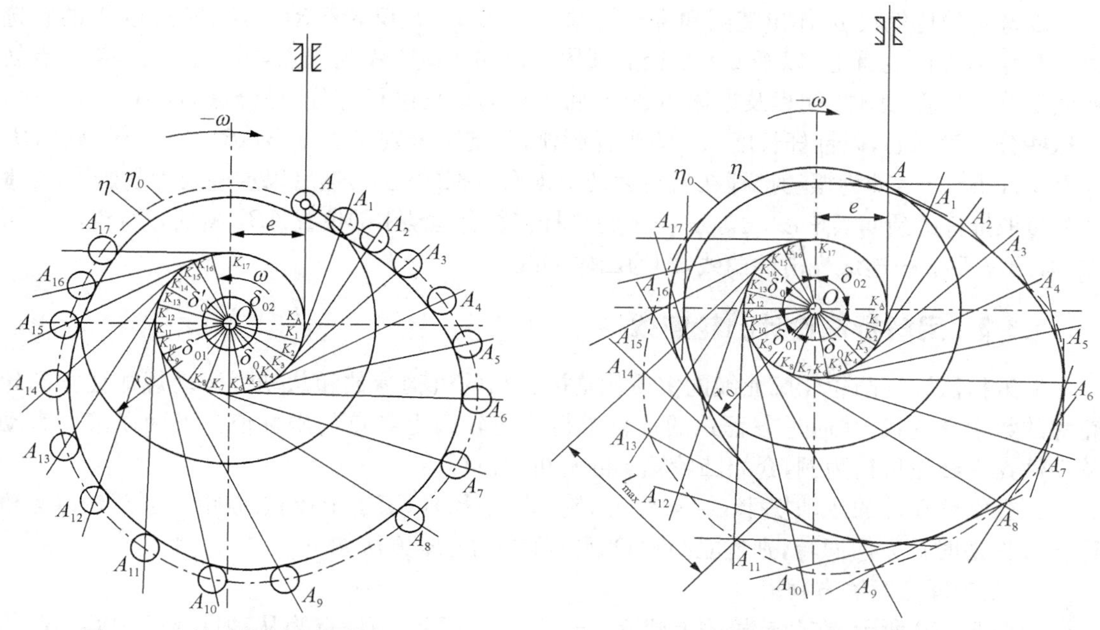

图 5-15　滚子推杆凸轮廓线设计　　　图 5-16　平底推杆凸轮廓线设计

2. 摆动推杆盘形凸轮机构

对于如图 5-17 所示的摆动尖顶推杆盘形凸轮机构，在设计凸轮廓线时，同样也可参照上述步骤进行。所不同的是推杆的预期运动规律要用推杆的角位移 φ 来表示，行程为最大角位移为 Φ。

设凸轮轴心 O 到推杆轴心 A 的距离 l_{OA}，推杆长度 l_{AB} 及基圆半径 r_0 皆为已知。

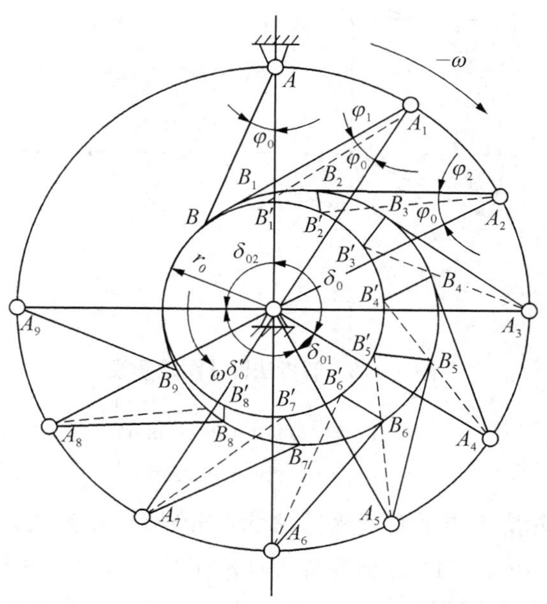

图 5-17　摆动尖顶推杆盘形凸轮机构廓线设计

以选定的比例尺 μ_l 作出基圆和推杆初始位置 AB。在反转运动中，推杆轴心 A 的轨迹为以凸轮轴心 O 为圆心，以 OA 为半径的圆周。以初始线 OA 为起点，沿 $-\omega$ 方向将 A 点轨迹圆划分为推程、远休、回程及近休四部分，将推程运动角进行等分，得分点 A, A_1, A_2, …；以这些分点为圆心，以推杆长度 AB 为半径画弧，与基圆分别交于点 B, B_1', B_2', …，则 AB, A_1B_1', A_1B_2', …，即为摆动推杆在反转运动中依次占据的位置，然后以这些线为起始线，向基圆外量取推杆的预期摆角 φ_0, φ_1, φ_2, …，得推杆在复合运动中的位置 AB, A_1B_1, A_2B_2, …，再将 B, B_1, B_2, …连成光滑的曲线，即为凸轮廓线。

5.3.3 用解析法设计凸轮廓线

用解析法设计凸轮轮廓曲线的实质就是按已知的机构参数和从动件运动规律建立凸轮轮廓的数学方程式，并通过方程式的计算求得凸轮轮廓上各点的坐标值。下面以滚子直动从动件盘形凸轮机构为例，介绍凸轮轮廓的解析法设计。

若已知从动件的运动规律 $s=s(\delta)$，凸轮基圆半径 r_0，滚子半径 r_r，偏距 e；且凸轮以等角速度 ω 按逆时针方向回转，则建立凸轮轮廓方程式的基本方法如下：

1. 凸轮理论廓线方程

如图 5-18 所示，在凸轮机构上建立 xoy 直角坐标系。B_0 点为从动件滚子中心的起始位置。当凸轮自此沿 ω 方向转过 δ 角时，按“反转法”原理给整个机构加一公共角速度 $-\omega$，这时，凸轮固定不动，而从动件沿 $-\omega$ 方向转过 δ 角，滚子中心将位于 B 点，则 B 点的坐标为

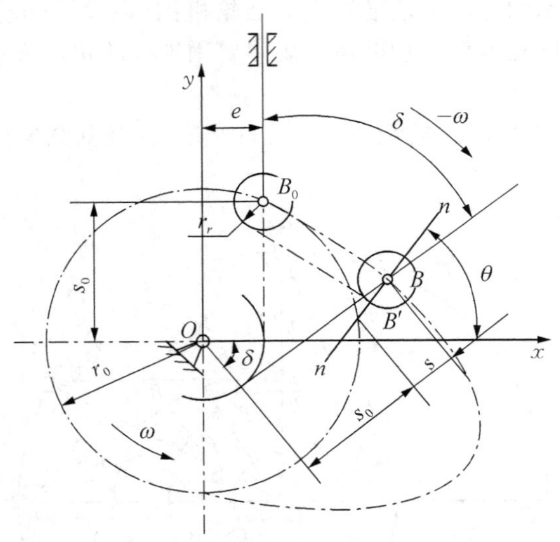

图 5-18 解析法设计图轮廓线

$$\left.\begin{aligned} x &= (s_0+s)\sin\delta + e\cos\delta \\ y &= (s_0+s)\cos\delta - e\sin\delta \end{aligned}\right\} \tag{5-11}$$

式中，x, y 为凸轮理论轮廓上点的直角坐标，δ 为凸轮转角，s_0 为从动件在起始位置时滚子中心高度 $s_0=\sqrt{r_0^2-e^2}$。式(5-11) 即为偏置直动滚子从动件盘形凸轮的理论轮廓方程式。若令上式中 $e=0$，则 $s_0=\sqrt{r_0^2-e^2}=r_0$，就可得对心直动滚子从动件盘形凸轮的理论轮廓线方程式

$$\left.\begin{aligned} x &= (r_0 + s)\sin\delta \\ y &= (r_0 + s)\cos\delta \end{aligned}\right\} \tag{5-12}$$

2. 凸轮实际廓线方程

凸轮实际廓线与理论廓线在法线方向的距离等于滚子半径，故当已知理论廓线上一点 $B(x, y)$ 时，只要过该点作理论廓线的法线，并沿该法线由 B 点向内(或向外)量取距离 r_r。即可求得实际廓线上的相应点 $B'(x', y')$。由高等数学知，理论廓线 B 点的法线 $n-n$ 的斜率为

$$\tan\theta = -\frac{\mathrm{d}x}{\mathrm{d}y} = -\frac{\dfrac{\mathrm{d}x}{\mathrm{d}\delta}}{\dfrac{\mathrm{d}y}{\mathrm{d}\delta}} = \frac{\sin\theta}{\cos\theta} \tag{5-13}$$

由(5-11)可得

$$\left.\begin{aligned} \frac{\mathrm{d}x}{\mathrm{d}\delta} &= \left(\frac{\mathrm{d}s}{\mathrm{d}\delta} - e\right)\sin\delta + (s_0 + s)\cos\delta \\ \frac{\mathrm{d}y}{\mathrm{d}\delta} &= \left(\frac{\mathrm{d}s}{\mathrm{d}\delta} - e\right)\cos\delta - (s_0 + s)\sin\delta \end{aligned}\right\} \tag{5-14}$$

由(5-13)可得

$$\left.\begin{aligned} \sin\theta &= \frac{(\mathrm{d}x/\mathrm{d}\delta)}{\sqrt{(\mathrm{d}x/\mathrm{d}\delta)^2 + (\mathrm{d}y/\mathrm{d}\delta)^2}} \\ \cos\theta &= \frac{-(\mathrm{d}y/\mathrm{d}\delta)}{\sqrt{(\mathrm{d}x/\mathrm{d}\delta)^2 + (\mathrm{d}y/\mathrm{d}\delta)^2}} \end{aligned}\right\} \tag{5-15}$$

故得实际廓线相应 $B'(x', y')$ 点的坐标为

$$\left.\begin{aligned} x' &= x \mp r_r\cos\theta \\ y' &= y \mp r_r\sin\theta \end{aligned}\right\} \tag{5-16}$$

式中“＋”号用于外等距曲线，“－”号用于内等距曲线。此即为凸轮的实际廓线方程。

说明：以上各式中 e 为代数值，其正负规定如下：如图 5-18 所示的坐标系中，当凸轮逆时针方向转动时，若推杆处于凸轮轴心 O 的右侧，e 为正，左侧时，e 为负；若凸轮顺时针方向转动时，则正好相反。

5.4 凸轮机构基本尺寸的确定

前面在讨论凸轮轮廓曲线的设计时，凸轮的基圆半径、推杆的滚子半径和平底尺寸等都假设是给定的，而实际上，凸轮机构的基本尺寸是要考虑到机构的受力情况是否良好、动作是否灵活、尺寸是否紧凑等许多因素。下面将就这些尺寸问题加以讨论。

5.4.1 凸轮机构的压力角

如图 5-19 所示凸轮机构，若不考虑摩擦，凸轮作用于推杆的推力 F_n 是沿接触点 A 的法线 $n-n$ 方向，力 F_n 与从动件的运动方向 v 之间所夹的锐角 α 称为推杆在该位置的压力角。

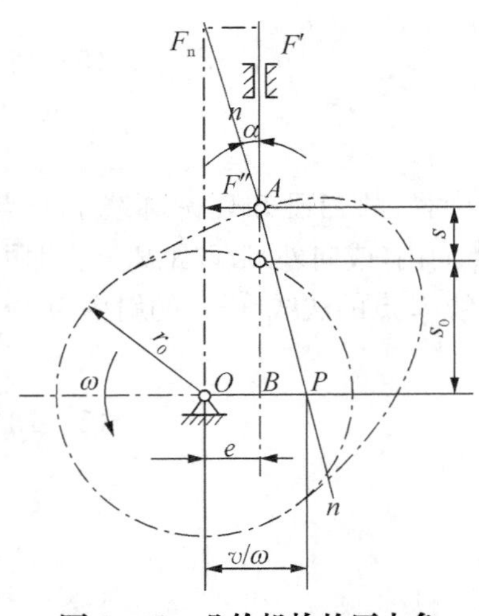

图 5-19　凸轮机构的压力角

如图 5-19 所示压力角 α。由△ABP 可建立凸轮机构压力角和凸轮机构基本尺寸之间的关系为

$$\tan\alpha=\frac{\left(\frac{ds}{d\delta}\right)-e}{\sqrt{r_0^2-e^2}+s} \tag{5-17}$$

推杆的推力 F_n 可分解为沿导路方向和垂直于导路方向上的两个分力 F' 和 F''，其大小分别为

$$\left.\begin{aligned}F'&=F_n\cos\alpha\\F''&=F_n\sin\alpha\end{aligned}\right\} \tag{5-18}$$

式中 F' 是推动从动件运动的有效分力，力 F'' 使从动件压紧导路而产生阻碍从动件沿导路运动的摩擦阻力，是有害分力。由式(5-17)可知，减小基圆半径 r_0，可使压力角增大，又由式(5-18)可知，随着压力角的增大，力 F' 值减小，而力 F'' 增大，当增大到一定程度，则有 $F''>F'$，这时，无论载荷有多小，也无论凸轮给从动件的驱动力 F_n 有多大，都不能使从动件运动，这种现象称为机构的自锁。因此，压力角的大小，反映了机构传力性能的好坏，也是判别机构传力性能的重要参数。由于凸轮轮廓曲线上各点的压力角是变化的，为了使凸轮机构具有较好的传力性能，必须使凸轮机构的最大压力角 α_{max} 不超过许用压力角$[\alpha]$，即

$$\alpha_{max}\leqslant[\alpha] \tag{5-19}$$

对于直动从动件的推程，取 $[\alpha]=30°\sim40°$；对摆动从动件的推程，取$[\alpha]=40°\sim50°$；回程时，由于从动件在弹簧力、重力等的作用下返回，而且大多是空回行程，所以，回程许用压力角可以大一些，取$[\alpha]=70°\sim80°$。

5.4.2　凸轮基圆半径的确定

对于一定型式的凸轮机构，在推杆的运动规律选定后，该凸轮机构的压力角与凸轮基圆半径的大小直接相关。由式(5-17)可知，在偏距一定、椎杆的运动规律已知的条件下，加大基圆半径 r_0、可减小压力角 α，从而改善机构的传力特性，但此时机构的尺寸将会增大，故应在满足 $\alpha_{max}\leqslant[\alpha]$ 条件下，合理地确定凸轮的基圆半径，使凸轮机构的尺寸不至过大。

对于直动推杆盘形凸轮机构，如果限定推程压力角 $\alpha\leqslant[\alpha]$，则可由式(5-17)推导出基圆半径计算公式

$$r_0\geqslant\sqrt{[(ds/d\delta-e)/\tan[\alpha]-s]^2+e^2} \tag{5-20}$$

从上式可以看出，基圆半径随凸轮廓线上各点的 $ds/d\delta$，s 值的不同而不同，给应用带来不便。因此，在实际设计工作中，凸轮的基圆半径 r_0 的确定不仅要受到 $\alpha_{max}\leqslant[\alpha]$ 的限制，还要考虑到凸轮的结构及强度要求等。根据 $\alpha_{max}\leqslant[\alpha]$ 的条件所确定的凸轮基圆半径 r_0 一般较小，所以在设计工作中，凸轮的基圆半径常根据具体结构条件来选择，必要时再检查所设计的凸轮是否满足 $\alpha_{max}\leqslant[\alpha]$ 的要求。例如，当凸轮与轴做成一体时，凸轮工作廓线的基圆半径应略大于轴的半径。当凸轮与轴分开制作时，凸轮上要做出轮毂，此时凸轮工作廓线的基圆

半径应略大于轮毂半径。

5.4.3 滚子半径的确定

确定滚子推杆的滚子半径，要考虑多种因素。由图 5-15 可看出，如果基圆半径和推杆运动规律一定（即理论廓线一定），增大滚子半径，可使凸轮实际廓线尺寸减小；但滚子半径太大，会造成凸轮实际廓线变尖，或推杆运动规律"失真"的现象。

如图 5-20(a)所示为一段内凹的凸轮廓线，其中，a 为实际廓线，b 为理论廓线。实际廓线的曲率半径 ρ_a 等于理论廓线的曲率半径 ρ 与滚子半径 r_r 之和，即 $\rho_a = \rho + r_r$。这样，不论滚子半径大小如何，都可获得与理论廓线同凹向的平滑的实际廓线，但对于如图 5-20(b) 所示的外凸的凸轮廓线，$\rho_a = \rho - r_r$。为了获得与理论廓线同凹向且平滑的实际廓线，要求 $r_r < \rho$，否则将导致凸轮实际廓线变尖如图 5-20(c) 所示或交叉如图 5-20(d) 所示，从而使推杆无法实现预期运动，即产生"失真" 现象。

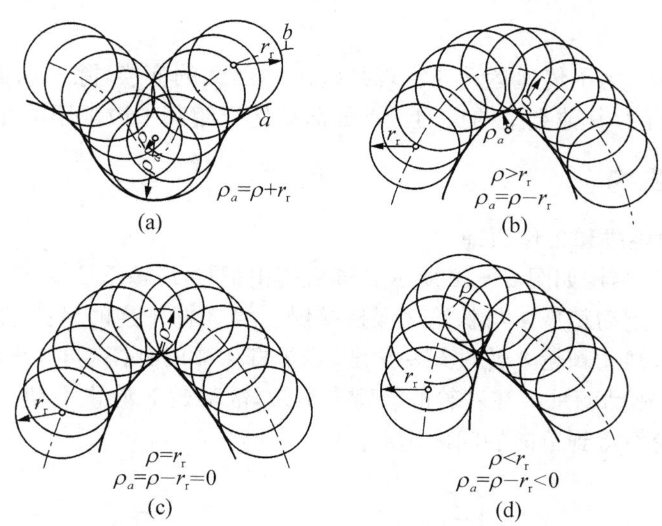

图 5-20 滚子半径与凸轮实际廓线

通过上述分析可知，对于外凸的凸轮轮廓曲线，应使滚子半径 r_r 小于理论廓线的最小曲率半径 ρ_{min}，在用解析法求凸轮轮廓曲线时，可同时求得理论廓线上任一点的曲率半径 ρ，从而确定 ρ_{min} 的值，再恰当地确定滚子半径。

凸轮实际廓线的最小曲率半径 ρ_{amin} 一般不应小于 1～5 mm。如果不能满足此要求，就应增大基圆半径或适当减小滚子半径；有时则必须修改推杆的运动规律，使凸轮实际廓线上出现尖点的地方代以合适的曲线。

另一方面，滚子的尺寸还受其强度、结构的限制，不能做得太小，通常取滚子半径 $r_r = (0.1 \sim 0.5) r_0$。

5.4.4 平底尺寸的确定

平底推杆的平底长度太长，会造成机构运动空间变大，导致机器的外形尺寸太大；但是平底长度太短（如图 5-21 所示虚线），就不能保证它与凸轮轮廓相切，从而也不能实现推杆

预期运动规律。故推杆平底应具有适当长度，对于直动推杆一般取平底工作长度 L 为

$$L = 2l_{max} + (5 \sim 7)\text{mm} \tag{5-21}$$

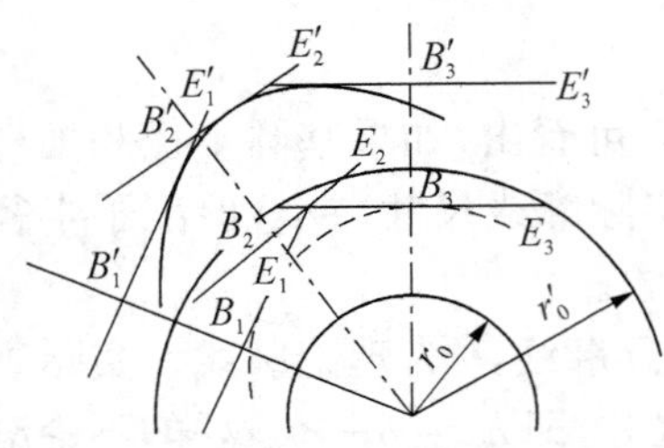

图 5-21　平底推杆凸轮机构运动失真

式中，l_{max}为导路中心线与平底交点到平底与凸轮轮廓接触点间的最大距离，其值可用作图法或解析法求得。

此外，对于行程较大，基圆半径较小的平底推杆凸轮，在设计其实际廓线时，有时会发生无法使凸轮实际廓线与平底所有位置均相切，如图 5-21 所示，这样所设计的凸轮，无法使推杆实现预期运动。为了避免这种失真，应增大凸轮基圆，重新设计轮廓线。

5.5　其他常用机构

在机器和仪表中，为了传递运动或实现某些运动形式的变换，除了前面介绍的平面连杆机构、凸轮机构外，还有其他类型的机构。下面简单地介绍其中最常用的几种。

5.5.1　棘轮机构

1. 棘轮机构的组成和工作原理

棘轮机构的典型结构如图 5-22 所示。该机构由摇杆 1、棘爪 2、棘轮 3 和止动棘爪 4 等组成，弹簧 5 用来使止动棘爪 4 与棘轮 3 保持接触。当摇杆 1 逆时针摆动时，驱动棘爪 2 便插入棘轮 3 的齿间，推动棘轮 3 转过某一角度，当摇杆 1 顺时针摆动时，止动棘爪 4 阻止棘轮 3 顺时针转动，同时驱动棘爪 2 在棘轮的齿背上滑过，故棘轮 3 静止不动。这样，当摇杆 1 连续往复摆动时，棘轮便得到单向的间歇运动。

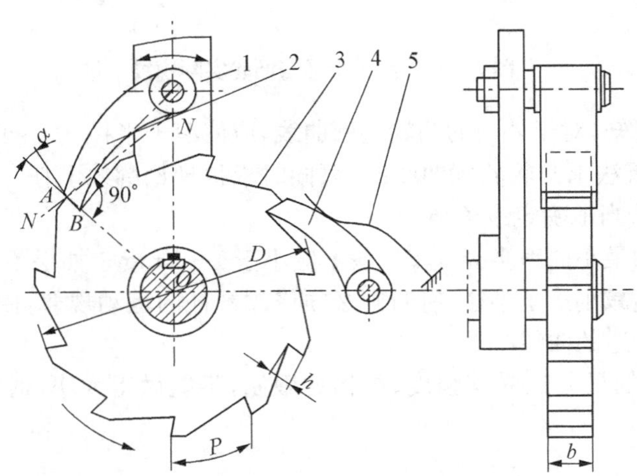

1—摇杆；2—棘爪；3—棘轮；4—止动棘爪；5—弹簧

图 5-22　棘轮机构

2. 棘轮机构的类型、特点及应用

按照棘轮机构的结构特点，可以把常用的棘轮机构分为齿式和摩擦式两大类。

(1) 齿式棘轮机构

这种棘轮的轮齿可做在轮的外缘或内缘，如图 5-23 和图 5-24 所示。棘轮常用的棘齿形状有锯齿形、矩形和梯形。单方向驱动的棘轮机构常用锯形齿，双方向驱动的棘轮机构用矩形或梯形齿。如图 5-24 所示，当棘爪 1 在实线位置时，摇杆 2 推动棘轮 3 作逆时针方向间歇运动；当棘爪翻转到虚线位置时，摇杆推动棘轮做顺时针方向的间歇运动。

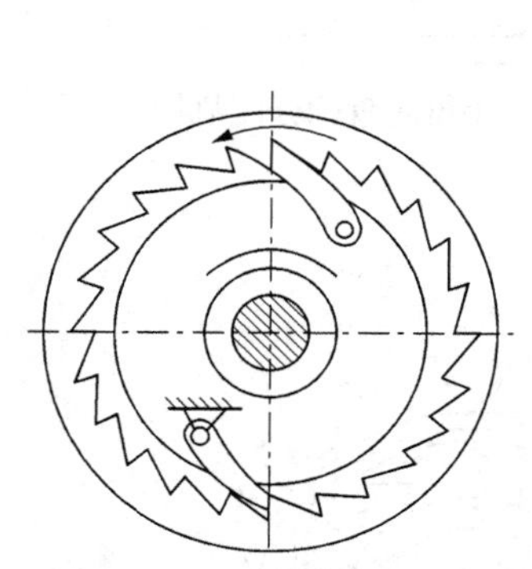

图 5-23 内啮合棘轮机构

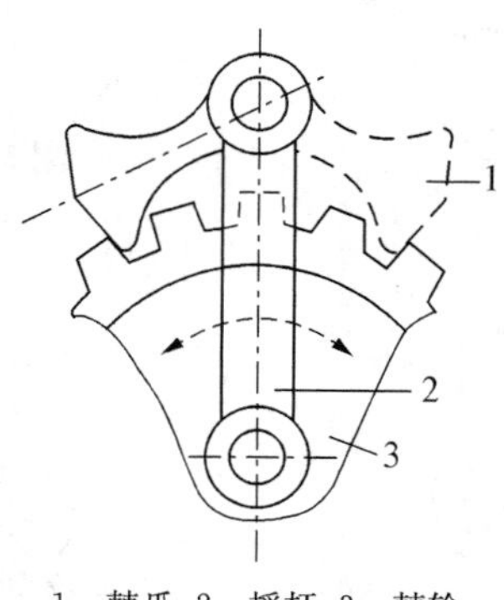

1—棘爪；2—摇杆；3—棘轮

图 5-24 可变向棘轮机构

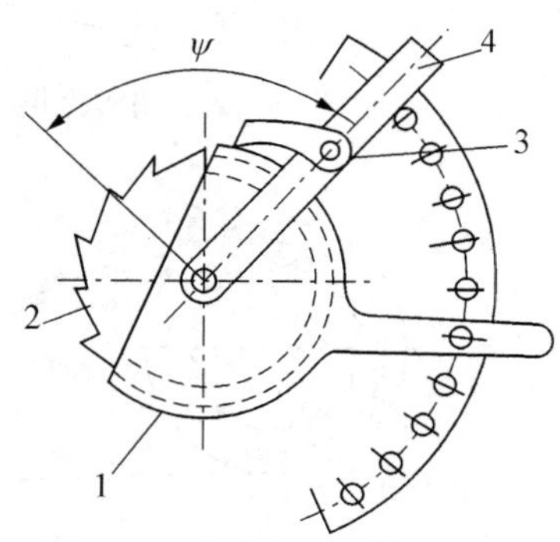

图 5-25 带遮板的棘轮机构

这种棘轮机构如果要改变每次间歇运动的转角，可采用改变主动件（摇杆）在棘轮上加一遮板，如图 5-25 所示，以改变棘爪行程内的齿数。

(2) 摩擦式棘轮机构

齿式棘轮机构的棘轮转角都是相邻两齿所夹中心角的倍数，即棘轮转角是有级可调的。如果要实现棘轮转角的无级调节，可采用无棘齿的摩擦式棘轮机构如图 5-26 所示。这种机构是通过棘爪 2 和棘轮 3 之间的摩擦力来传递运动的，其中棘爪 4 起止动作用。

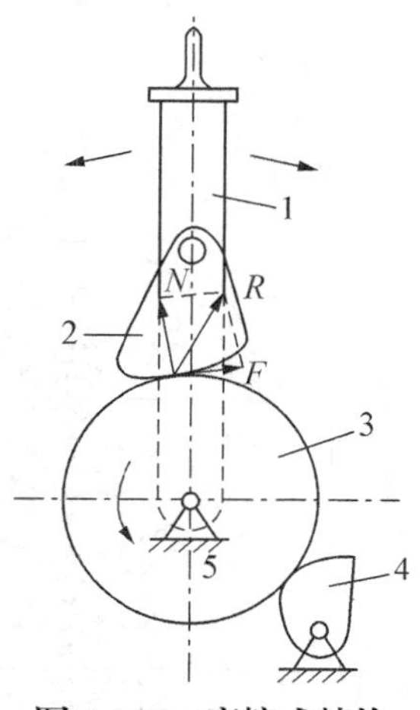

图 5-26 摩擦式棘轮机构

齿式棘轮机构结构简单，制造方便，棘轮的转角容易实现有级调节。但由于在回程时，棘爪在棘轮齿背上滑过会产生噪声，棘轮齿易磨损；当棘爪和棘轮轮齿开始接触的瞬时会产生冲击，传动平稳性较差，故常用于低速、轻载等场合实现间歇运动。摩擦式棘轮机构运动较平稳、无噪声、棘轮的转角可作无级调节，但运动准确性差，不宜用于运动精度要求高的场合。

棘轮机构广泛应用于工程实际中，以实现间歇送进、转位和分度、制动及超越离合等功能。如图 5-27 所示为牛头刨床的示意图，电动机通过齿轮机构、曲柄摇杆机构使装有棘爪的摇杆摆动，推动棘轮及进给丝杠作间歇运动，从而使工作台间歇送进。如图 5-28 所示为手枪转盘的分度机构。如图 5-29 所示为卷扬机制动机构，利用棘轮机构可阻止卷筒逆转，起制动作用。如图 5-30 所示为自行车后轴上的“飞轮”，利用内接棘轮机构实现从动链轮与后轴的超越离合。

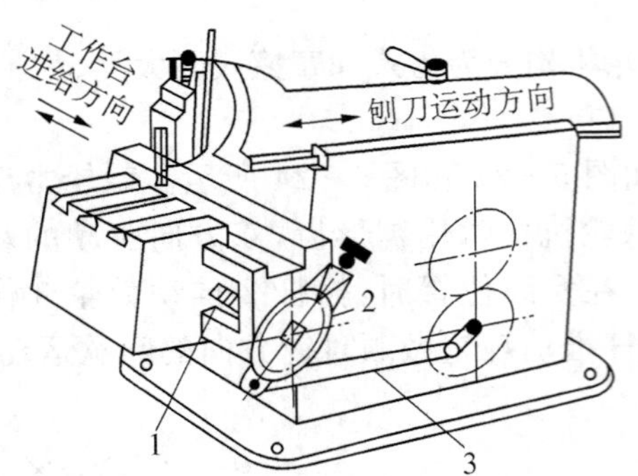

图 5-27　牛头刨床示意图

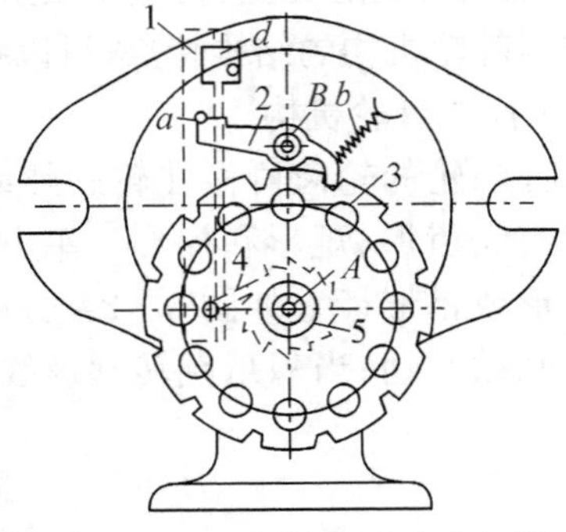

图 5-28　手枪转盘的分度机构

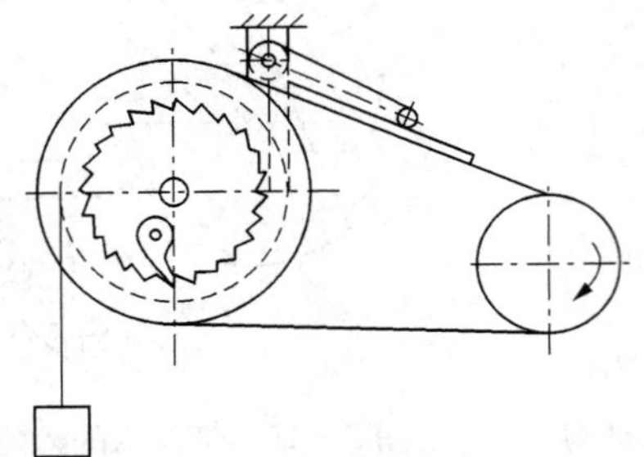

图 5-29　卷扬机制动机构

图 5-30　自行车后轴上的"飞轮"

5.5.2　槽轮机构

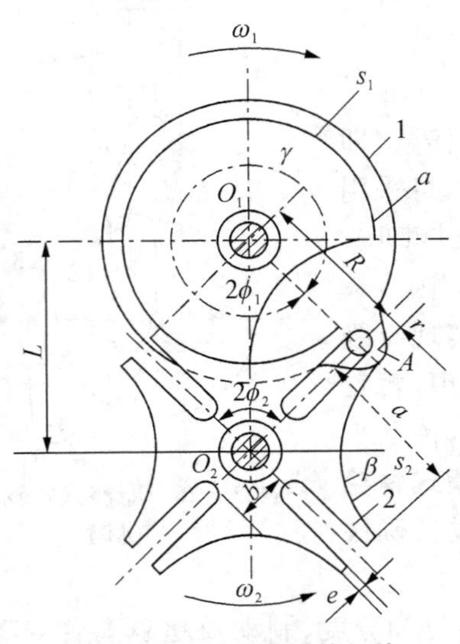

图 5-31　外啮合槽轮机构

1. 槽轮机构的组成和工作原理

槽轮机构又称马尔他机构，如图 5-31 所示。它主要由带有圆销 A 的主动拨盘 1、具有径向槽的从动槽轮 2 和机架所组成。当拨盘 1 的圆销 A 未进入槽轮 2 的径向槽时，由于槽轮的内凹锁住弧 S_2 被拨盘的外凸圆弧 S_1 卡住，从而使槽轮 2 静止不动。图示为圆销 A 开始进入槽轮径向槽的位置，这时，锁住弧 S_2 被松开，圆销 A 驱使槽轮 2 转动。当圆销 A 从槽轮的径向槽脱出时，槽轮的另一内凹锁住弧又被拨盘的外凸圆弧卡住，使槽轮 2 停止不动，直至拨盘 1 的圆销 A 再次进入槽轮 2 的另一径向槽时，两者又重复上述的运动循环。这样，就把主动拨盘的连续转动变成槽轮的单向间歇运动。

2. 槽轮机构的类型、特点和应用

槽轮机构分为两轴线平行的平面槽轮机构如图 5-31 所示和两轴线相交的空间槽轮机构两大类。如图 5-32 所示为空间槽轮机构，从动槽轮 2 呈半球形，槽和锁住弧均分布在球面上，主动件 1 的轴线、销 A 的轴线都与槽轮 2 的回转轴线汇交于槽轮球心 O，故又称球面槽轮机构。当主动件 1 连续转动时，槽轮 2 作间歇转动。平面槽轮机构又分为外啮合槽轮机构如图 5-31 所示和内啮合槽轮机构如图 5-33 所示。外

啮合槽轮机构的主动拨盘和从动槽轮转向相反；内啮合槽轮机构的主动拨盘和从动槽轮的转向相同。

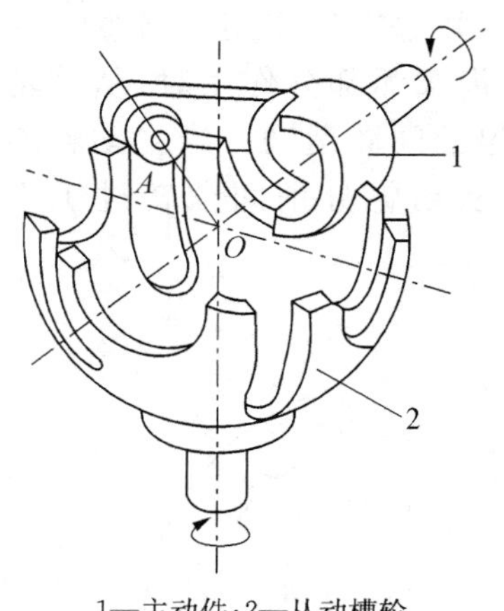

1—主动件；2—从动槽轮

图 5-32 空间槽轮机构

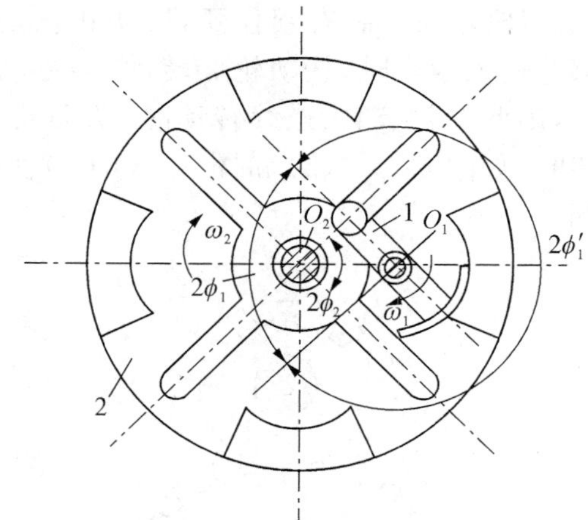

图 5-33 内啮合槽轮机构

槽轮机构的优点是结构简单，工作可靠，机械效率较高，与棘轮机构相比，运转平稳，能准确控制转角。缺点是动程不可调节，转角不可太小，且槽轮在起动和停止时加速度变化大、有冲击，随着转速的增加或槽轮槽数的减少而加剧，因而不适用高速。

如图 5-34 所示为电影放映机中的槽轮机构。为了适应人眼的视觉暂留现象，要求影片作间歇移动。槽轮 2 上有四个径向槽，当拨盘 1 每转一周，圆销将拨动槽轮转过 1/4 周，使影片 3 移过一幅画面并作一定的时间停留。

如图 5-35 所示为六角车床刀架的转向机构。刀架上装有 6 种刀具，与刀具固联的槽轮 1 开有 6 个径向槽，拨盘 2 上装有一个圆销。当拨盘每转一周，圆销将拨动槽轮转过 1/6 周，刀架也随着转过 60°，从而将下一工序的刀具转换到工作位置。

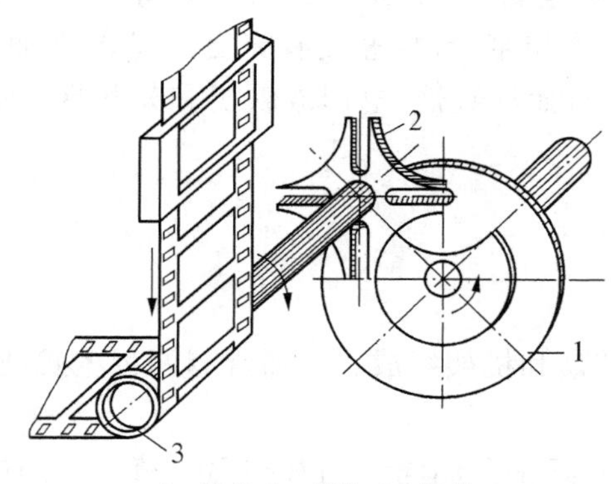

1—拨盘；2—槽轮；3—影片

图 5-34 电影放映机中的槽轮机构

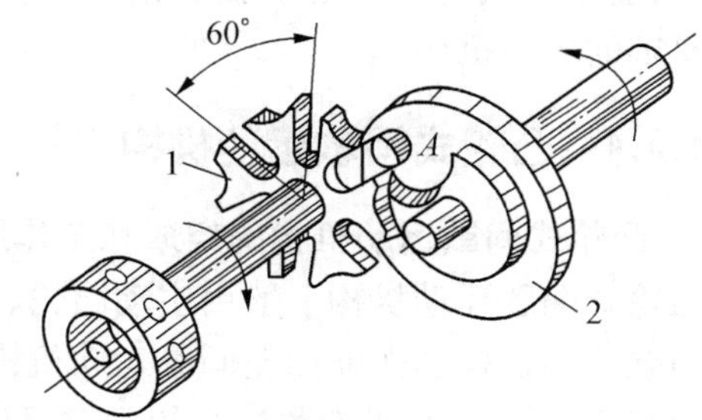

1—槽轮；2—拨盘

图 5-35 六角车床刀架的转向机构

5.5.3 不完全齿轮机构

1. 不完全齿轮机构的组成和工作原理

不完全齿轮是指轮齿不布满整个圆周的齿轮。由这种齿轮组成的传动装置即不完全

齿轮机构如图 5－36 所示，也有外啮合与内啮合之分。该机构的主动轮 1 为只有一个齿或几个齿的不完全齿轮，而从动轮 2 则是由正常齿和厚齿组成的特殊齿轮。在从动轮停歇期间内，两轮轮缘上装有锁住弧，以防止从动轮的游动，并起定位作用。当主动轮 1 的有齿部分进入啮合时，从动轮 2 转动；当主动轮 1 的无齿圆弧部分作用时，从动轮 2 静止不动，因此，当主动轮连续转动时，从动轮作时转时停的间歇运动。当主动轮连续转过一圈时，如图 5－36(a)和图 5－36(b)所示机构的从动轮分别间歇转过 1/6 圈和 1/12圈。

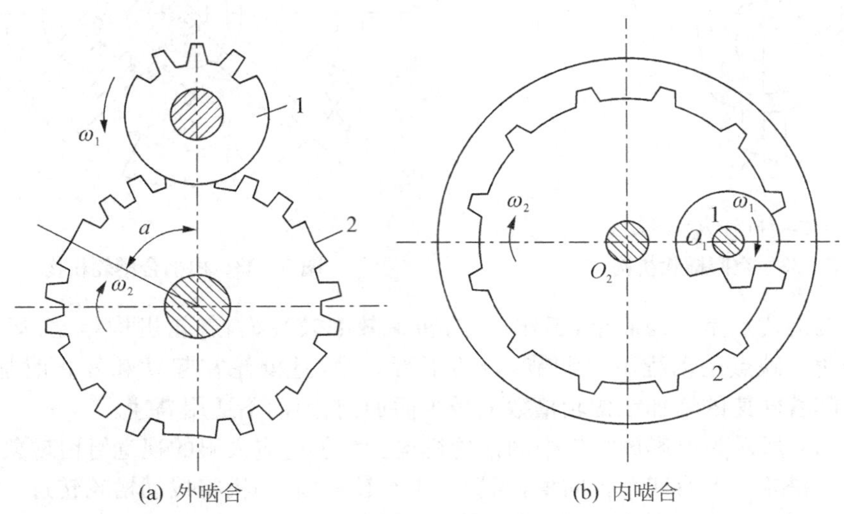

1—主动轮；2—从动轮

图 5－36　不完全齿轮机构

2. 不完全齿轮机构的特点

不完全齿轮机构设计灵活，从动轮的运动角度范围大，很容易实现一个周期中的多次动、停时间不等的间歇运动；但加工复杂，在进入和退出啮合时，速度有突变，引起刚性冲击，因此，只能用于低速和冲击不影响正常工作的场合，如计数器、电影放映机和某些具有特殊运动要求的专用机构。

5.5.4　凸轮式间歇运动机构

1. 凸轮式间歇运动机构的组成和工作原理

凸轮式间歇运动机构一般由主动凸轮、从动转盘和机架组成。它通常有两种型式：圆柱凸轮间歇运动机构和弧面凸轮间歇运动机构。

如图 5－37(a)所示为圆柱凸轮间歇运动机构，其主动凸轮 1 的圆柱面上有一条两端开口、不闭合的曲线沟槽(或凸脊)，从动转盘 2 的端面上有均匀分布的圆柱销 3。当凸轮连续转动时，通过其曲线沟槽(或凸脊)推动从动转盘上的圆柱销，使从动转盘作间歇运动。如图 5－37(b)所示为弧面凸轮间歇运动机构，其主动凸轮 1 上有一条凸脊，犹如圆弧面蜗杆，从动转盘 2 的圆柱面上均匀分布有圆柱销 3，犹如蜗轮的齿。当弧面凸轮连续转动时，将通过其凸脊推动转盘上的圆柱销，使从动转盘作间歇运动。

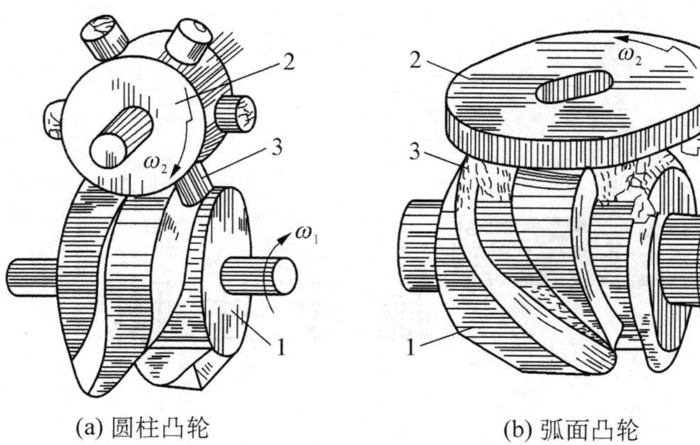

(a) 圆柱凸轮　　(b) 弧面凸轮

1—主动凸轮；2—从动转盘；3—圆柱销

图 5－37　凸轮式间歇运动机构

2. 凸轮式间歇运动机构的特点

凸轮式间歇运动机构运动可靠，转位精确，通过设计合理的凸轮轮廓，可减少动载荷和避免冲击，转盘可以实现任意运动规律的运动，适合高速运转的要求。但加工比较复杂，安装调整要求较高，目前已广泛用于轻工机械、冲压机械等。

第六章 螺纹连接

机器是由许多零部件按照一定的要求,用多种连接方法连接而成。机械制造业中的连接分为机械动连接和静连接。机械动连接,如各种运动副,这类连接在机械运动中被连接零件的工作表面间可以有相对运动;反之,在机器工作时,被连接的零部件相对固定,不允许有相对运动的连接则称为静连接。

连接又可分为可拆连接和不可拆连接,允许多次装拆而不损坏任何零件的连接称为可拆连接,如螺纹连接,键连接,销连接等;不可拆连接是指拆开连接时要损坏一部分零件,如焊接、铆接、粘接等。

6.1 螺纹的形成、主要参数和常用类型

6.1.1 螺纹的形成

如图 6-1(a)所示,底边为 πd_2、高为 P 的直角三角形,其底边所在的平面垂直于母体的轴线,将此三角形绕于母体上,三角形的斜边在母体表面就形成了一条连续的螺旋线。取一平面图形,如图 6-1(b)所示,使其通过母体的轴线并沿着螺旋线移动,就形成了螺纹。

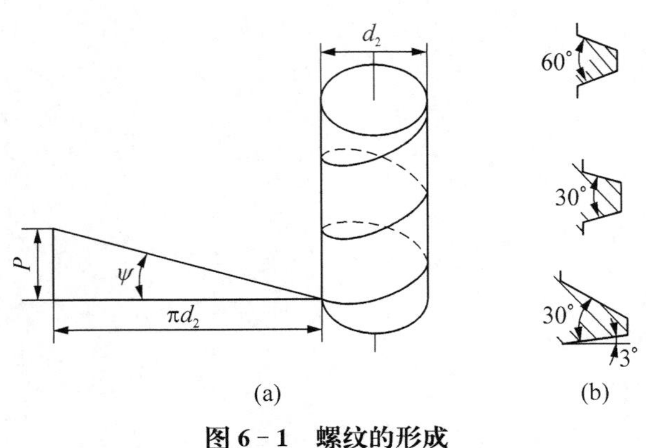

图 6-1 螺纹的形成

6.1.2 螺纹的主要参数

以普通圆柱外螺纹为例说明螺纹的主要几何参数，如图 6－2 所示。

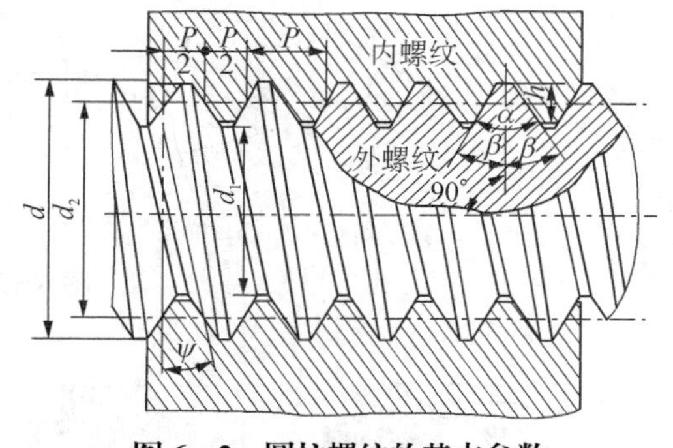

图 6－2 圆柱螺纹的基本参数

1. 大径 d

与外螺纹牙顶（或内螺纹牙底）相重合的假想圆柱体的直径，在标准中定为公称直径。

2. 小径 d_1

与外螺纹牙底（或内螺纹牙顶）相重合的假想圆柱体的直径，在强度计算中常作为螺纹杆危险截面的计算直径。

3. 中径 d_2

通过螺纹轴向截面内牙型上沟槽和凸起宽度相等处的假想圆柱体的直径，是确定螺纹几何参数和配合性质的直径。

4. 螺距 P

螺纹相邻两个牙型上对应点间的轴向距离。

5. 导程 S

同一条螺旋线上的相邻两牙在中径线上对应两点间的轴向距离。设螺旋线数为 n，则 $S=nP$。

6. 螺纹升角 ψ

在中径 d_2 圆柱上，螺旋线的切线与垂直于螺纹轴线的平面的夹角。

$$\tan\psi=\frac{S}{\pi d_2}=\frac{nP}{\pi d_2}$$

7. 牙型角 α

轴向截面内螺纹牙型相邻两侧边的夹角称为牙型角。牙型侧边与螺纹轴线的垂线间的夹角称为牙侧角 β。

6.1.3 螺纹的类型

根据螺纹牙型不同，如图 6－3 所示，螺纹分为三角形螺纹、梯形螺纹、锯齿形螺纹、圆弧形螺纹和矩形螺纹。其中三角形螺纹主要用于连接；梯形、锯齿形和矩形螺纹主要用于传动；圆弧形螺纹多用于排污设备、水闸闸门等的传动螺旋及玻璃器皿的瓶口螺旋。矩形螺纹因牙根强度低，精确制造困难，对中性差，已逐渐被淘汰。根据螺旋线的绕行方向，螺纹分为右旋螺纹和左旋螺纹，如图 6－4(a)和(b)所示。其中右旋螺纹应用较为广泛，左旋螺纹只用于有特殊要求的场合。根据螺旋线的线数，螺纹分为单线螺纹、双线螺纹和多线螺纹，如图 6－4(c)和(d)所示。根据螺纹所处的位置，可分为内螺纹和外螺纹。根据用途不同，螺纹分为连接螺纹和传动螺纹，单线螺纹自锁性好，多用于连接，由于多线螺纹传动效率高，所以多线螺纹用于传动。

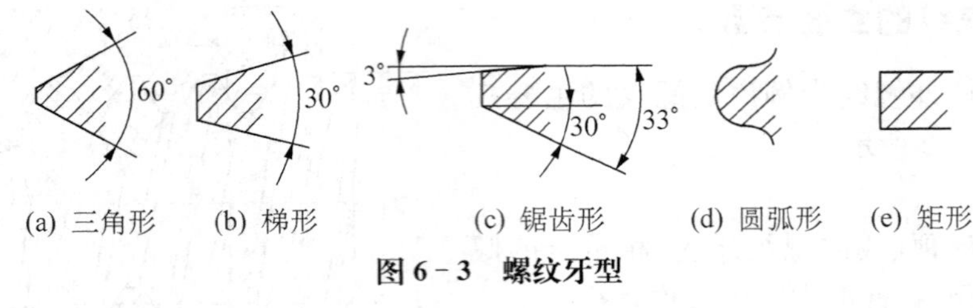

图 6-3　螺纹牙型

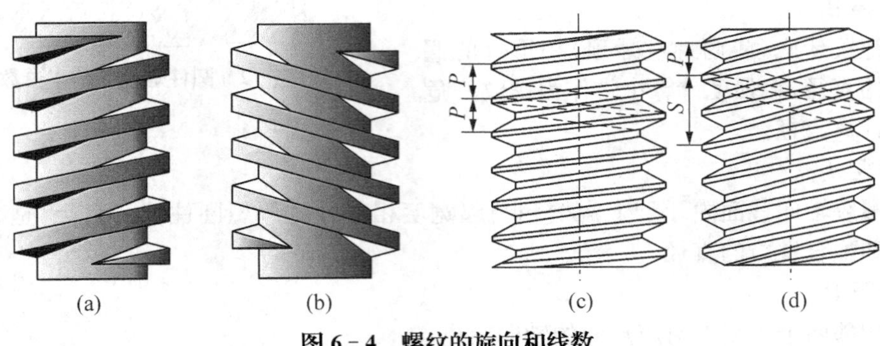

图 6-4　螺纹的旋向和线数

6.1.4　机械制造中常用的螺纹

螺纹种类很多，几种常用螺纹的特点和适用场合介绍如下。

1. 普通螺纹

普通螺纹为米制三角形螺纹，牙型角 $\alpha = 60^\circ$，当量摩擦系数大，自锁性能好。同一直径 d 按螺距大小分为粗牙和细牙，其中螺距最大的为粗牙，其余称为细牙。粗牙螺纹螺距大，螺纹牙强度高，应用广泛；公称直径相同时，细牙螺纹的螺距小，因而内径较大，抗拉强度高，螺纹升角和导程较小，自锁性强。但牙型细小易滑扣，多用于薄壁零件、切制粗牙对强度影响较大的零件，也用于微调机构的调整螺纹。

2. 管螺纹

用于管件连接的螺纹称为管螺纹，牙型亦为三角形。管螺纹包括非螺纹密封的管螺纹、用螺纹密封的管螺纹及米制锥管螺纹。管螺纹的牙型角有 $\alpha = 60^\circ$ 和 55°两种。其参数请查阅有关标准。

3. 梯形螺纹

梯形螺纹牙型角 $\alpha = 30^\circ$，牙根强度高，加工工艺好，形成的螺纹副对中性较好，有较高的传动效率，主要用于传动。

4. 锯齿形螺纹

牙型为不等腰梯形，牙型角 $\alpha = 33^\circ$，工作强度和传动效率均高于梯形螺纹，螺纹副大径处无间隙，对中性好，两牙侧角分别为 $\beta = 3^\circ$ 和 $\beta' = 30^\circ$，适合单向传力。

6.2 螺纹连接的类型及标准连接件

6.2.1 螺纹连接的基本类型

1. 螺栓连接

(1) 普通螺栓连接

如图 6-5(a)所示，将螺栓穿过被连接件的通孔，拧紧螺母即可完成连接。这种连接用于被连接件厚度不太大并开有通孔，通孔和螺栓杆之间留有间隙的场合。由于被连接件的孔为光孔，无须切制内螺纹，所以结构简单，拆装方便，且可经常拆装，应用范围较广。

(2) 铰制孔用螺栓连接

如图 6-5(b)所示，铰制孔用螺栓连接与普通螺栓连接的不同点在于，铰制孔用螺栓连接的被连接件上为铰制孔，螺栓杆和通孔之间为过渡配合，可对被连接件进行准确的定位，主要用于传递横向载荷。其安装条件要求与适用场合与普通螺栓连接相似。

2. 双头螺柱连接

如图 6-5(c)所示，双头螺柱连接是将螺栓一端旋入被连接件的螺纹孔中，另一端穿过另一被连接件的通孔后，再与螺母配合而完成的连接。其特点是两个被连接件中，有一个被连接件上需切制螺纹孔，另一被连接件上切制光孔。它适合于一个被连接件很厚或一端无足够的安装操作空间又需要经常拆卸的场合。

3. 螺钉连接

如图 6-5(d)所示，螺钉连接的特点与双头螺柱相似，只是不需要螺母。螺钉直接穿过一个被连接件的光孔，旋入另一个被连接件的螺纹孔中，外观较整齐美观。适用场合与双头螺柱相似，但不适宜经常拆卸。

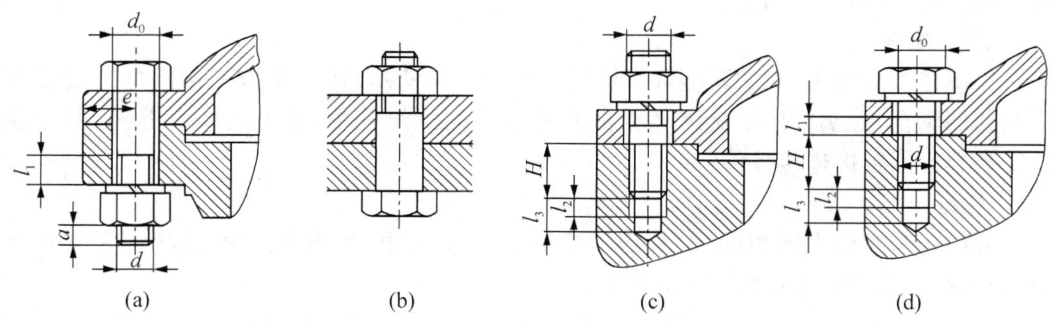

图 6-5 螺纹连接的基本类型

4. 紧定螺钉连接

如图 6-6 所示，紧定螺钉连接是利用紧定螺钉的螺纹部分旋入一个被连接件的螺纹孔中，用尾端顶在另外一个被连接件的表面上或凹坑中，来固定两个被连接件之间位置

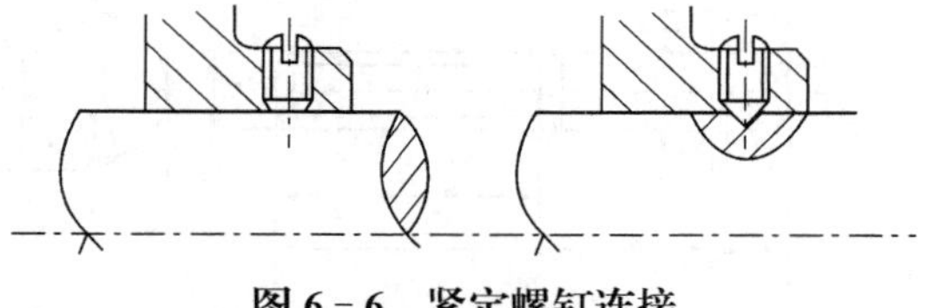

图 6-6 紧定螺钉连接

的连接。这种连接的特点是可以传递较小的轴向或周向载荷。

5. 其他螺纹连接

除上述四种基本类型外，还有几种特殊结构的螺栓连接，应用也很广泛，如固定机械或设备的地脚螺栓连接，如图 6－7(a)所示；起吊设备或大型零件用的吊环螺钉连接，如图 6－7(b)所示；以及 T 形螺栓连接，如图 6－7(c)所示。

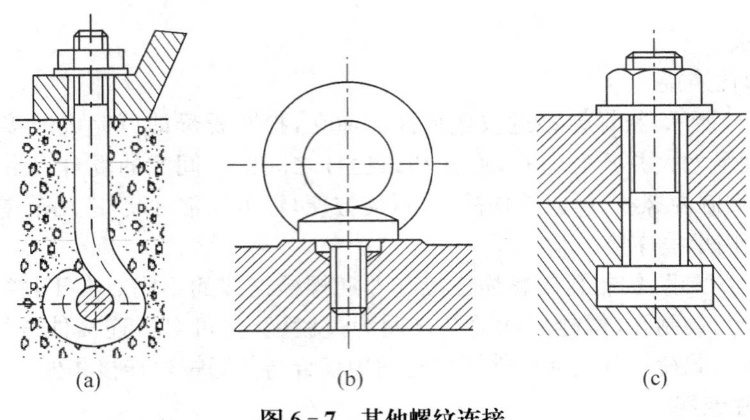

图 6－7　其他螺纹连接

6.2.2　标准螺纹连接件

螺纹连接件的形式有很多，在机械制造中常见的螺纹连接件有螺栓、双头螺柱、螺钉、螺母和垫圈等。这些零件的结构形式和尺寸都已经标准化，设计时可根据有关标准选用。

1. 螺栓

螺栓是应用最广的螺纹连接件，它是一端有头，另一端有螺纹的柱形零件，如图 6－8 所示。按制造精度分为 A，B，C 三级，通用机械中多用 C 级。螺杆部可以制造出一段螺纹或全螺纹，螺纹可用粗牙或细牙。

2. 双头螺柱

双头螺柱没有钉头，它的两端都有螺纹，如图 6－9 所示，适用于被连接件之一太厚不宜加工通孔的场合，一端常用于旋入铸铁或有色金属的螺纹孔中，旋入后即不拆卸，另一端则用于安装螺母固定被连接零件。

3. 螺钉

螺钉结构与螺栓大体相同，但头部形状较多，以适应扳手、螺丝刀的形状。它可分为连接螺钉和紧定螺钉两种，如图 6－10 所示。

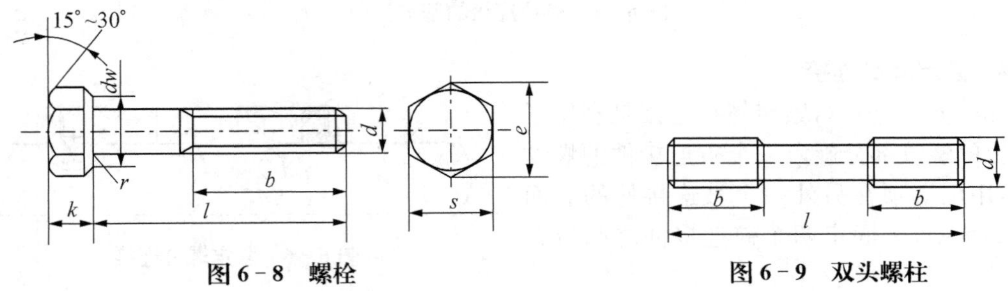

图 6－8　螺栓　　　　**图 6－9　双头螺柱**

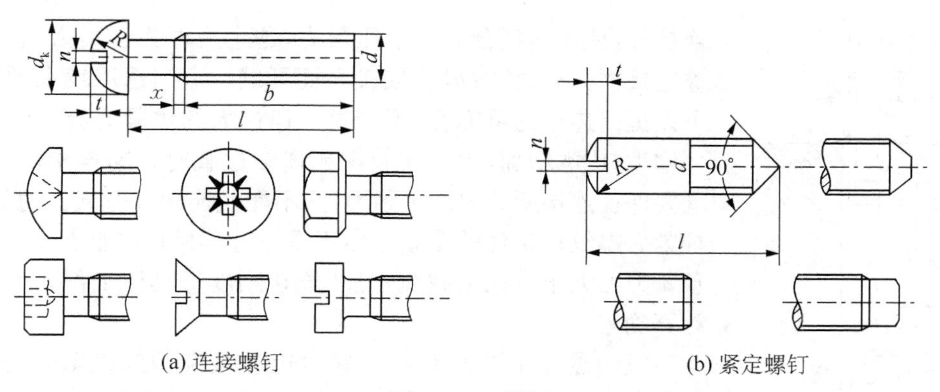

(a) 连接螺钉　　(b) 紧定螺钉

图 6－10　螺钉

4. 螺母

如图 6－11 所示，螺母有各种不同的形状，以六角螺母应用最广。按螺母的厚度不同，分为标准螺母和薄螺母两种规格。薄螺母常用于受剪切力的螺栓或空间尺寸受限制的场合。在需要快速装拆的地方，可采用蝶形螺母。开槽螺母则用于防松装置中。

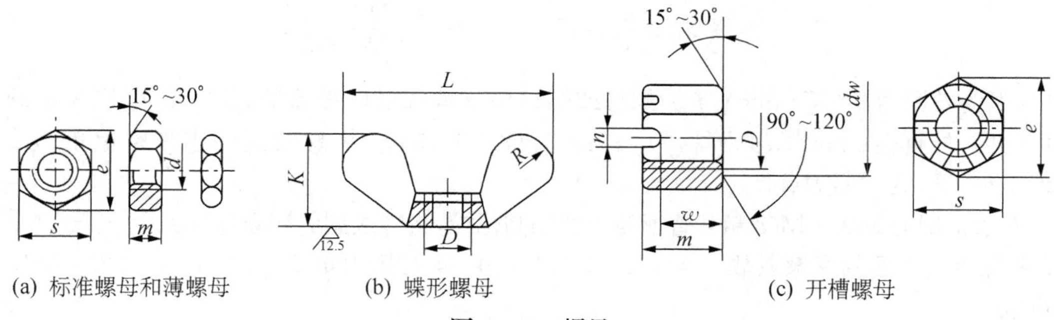

(a) 标准螺母和薄螺母　　(b) 蝶形螺母　　(c) 开槽螺母

图 6－11　螺母

5. 垫圈

如图 6－12 所示，垫圈为中间有圆孔或方孔的薄板状零件，是螺纹连接中不可缺少的附件，常放置在螺母和被连接件之间，以增大支承面，在拧紧螺母时防止被连接件光洁的加工表面受损伤。当被连接件表面不够平整时，平垫圈也可以起垫平接触面的作用。当螺栓轴线与被连接件的接触表面不垂直时，即被连接表面为斜面时，需要用斜垫圈垫平接触面，防止螺栓承受附加弯距。

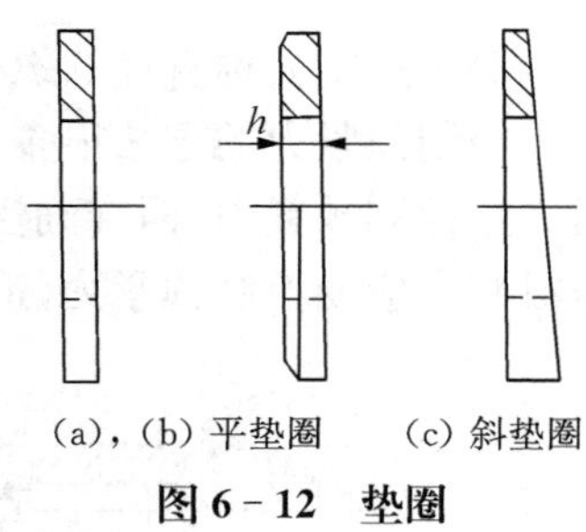

(a)，(b) 平垫圈　　(c) 斜垫圈

图 6－12　垫圈

6.3　螺纹连接的预紧与防松

6.3.1　螺纹连接的预紧及其控制

绝大多数螺纹连接在装配时都需要拧紧(松螺栓连接除外)，称为预紧。预紧可夹紧被

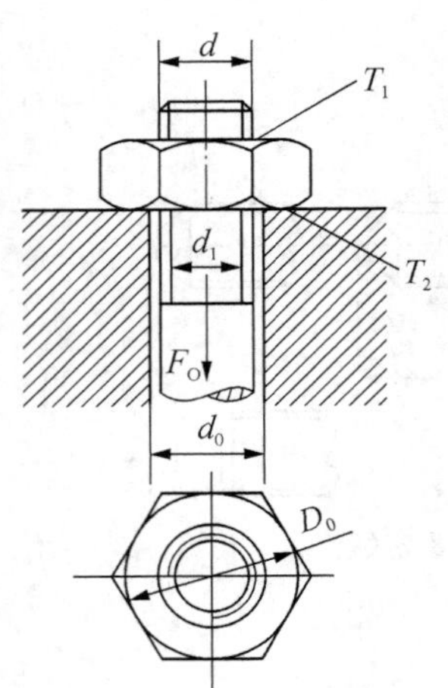

图 6-13 螺纹的拧紧力矩

连接件,使连接接合面产生压紧力,这个力即为预紧力,它能防止被连接件分离、相对滑移或接合面开缝。适当选用较大的预紧力可以提高连接的可靠性、紧密性。但过大的预紧力会导致结构尺寸增大,成本增加,也会在装配或偶然过载时拉断连接件。因此,既要保证连接所需要的预紧力,又不能使连接件过载。通常规定,拧紧后螺纹连接件的预紧应力不得超过其材料屈服点 σ_s 的 80%。预紧力的大小应根据载荷性质、连接刚度等具体工作条件经设计计算确定。

扳动螺母拧紧连接时,拧紧力矩 T 要克服螺纹副间的螺纹力矩 T_1 和螺母与被连接件(或垫片)支承面间的摩擦力矩 T_2 如图 6-13所示,即

$$T = T_1 + T_2 = \tan(\psi + \varphi_v)F_0\frac{d_2}{2} + \frac{1}{3}\frac{D_0^3 - d_0^3}{D_0^2 - d_0^2}F_0 f$$

整理后得

$$T = \frac{1}{2}F_0 d\left[\frac{d_2}{d}\tan(\psi + \varphi_v) + \frac{2f}{3d}\frac{D_0^3 - d_0^3}{D_0^2 - d_0^2}\right]$$

式中,T 为拧紧力矩(N·mm);f 为螺母或螺钉头支承面的摩擦系数;D_0, d_0 分别为螺母支承面的内、外直径(mm);d_2 为螺纹中径;ψ 为螺纹升角;φ_v 为螺纹副的当量摩擦角,$\varphi_v = \arctan f_v$; F_0 为预紧力(N)。

对于常用的 M10~M68 粗牙普通螺纹的钢制螺栓,将螺纹副的当量摩擦系数 $f_v = 0.1 \sim 0.2$ 和螺母支承面的摩擦系数 $f = 0.15$ 代入上式中,得拧紧力矩 $T = (0.15 \sim 0.25)F_0 d$,平均可取

$$T \approx 0.2F_0 d$$

对于一定公称直径的螺栓,当预紧力 F_0 已知时,可按上式确定拧紧力矩。

控制预紧力的方法很多,如借助定力矩扳手(图 6-14)或测力矩扳手(图 6-15),通过拧紧力矩控制预紧力,但准确性较差,且不适合大型螺栓连接;通过测量预紧前后螺栓的伸长量或测量应变控制预紧力,适合精确控制预紧力的连接或大型螺栓连接。

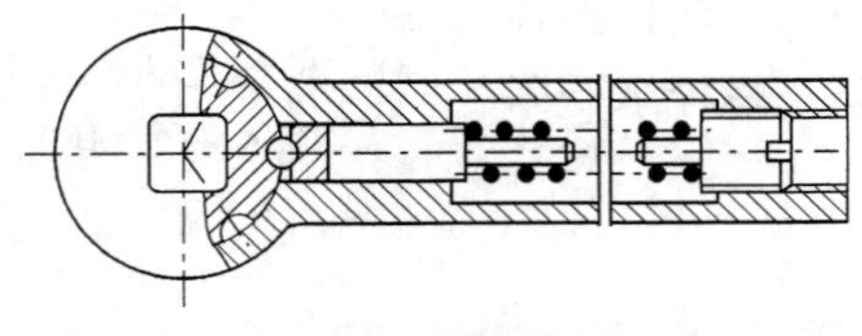

图 6-14 定力矩扳手

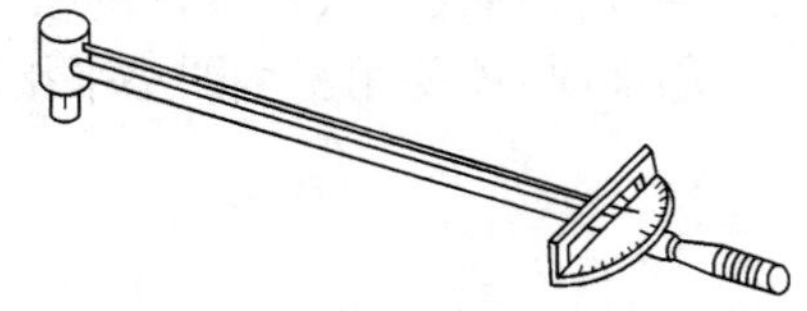

图 6-15 测力矩扳手

重要的连接常采用控制预紧力的方法,而一般连接是靠经验和感觉来控制预紧力的,致使螺栓实际承受的预紧力与设计值出入较大。因此,对于不控制预紧力的螺栓连接,设计时应选取较大的安全系数。另一方面也要注意,由于摩擦系数不稳定和加在扳手上的力有时难以准确控制,也可能使螺栓拧得过紧,甚至拧断。因此,对于重要的连接,通常不宜选用小

于 M12～M16 的螺栓。

6.3.2 螺纹连接的防松

螺纹连接件一般采用单线普通螺纹，在静载荷作用下靠螺纹副的自锁能力和螺母与螺栓头部支承面的摩擦力可有效防止连接松脱。但在冲击、振动及变载荷作用下，螺旋副间的摩擦力可能减小或瞬间消失，这种现象多次重复后，就会使连接松脱，在高温或温度变化较大时，由于螺纹连接件和被连接件的材料发生蠕变和应力松弛，也会使连接中的预紧力和摩擦力减小，最终导致连接失效。

螺纹连接一旦发生失效，轻者会影响机器的正常运转，重者会造成机毁人亡。因此，对于上述情况下的螺纹连接，特别是机器内部不易检查的螺纹连接，必须采用有效的、合理的防松措施。

防松的目的在于防止螺纹副间的相对转动。防松的方法按其工作原理可分为以下三种基本类型，见表 6－1。

表 6－1　　螺纹连接常用的防松方法

防松方法		结构形式	防松原理和应用
摩擦防松	对顶螺母		两螺母对顶拧紧后，旋合螺纹间始终受到附加的压力和摩擦力的作用。工作载荷向左、右变动时，该摩擦力仍然存在。但螺纹牙存在比较严重的受载不均的现象。 结构简单，适用于平稳、低速和重载的固定装置上的连接
	弹簧垫圈		螺母拧紧后，靠垫圈压平面产生的弹性反力使旋合螺纹间压紧。同时垫圈斜口的尖端抵住螺母与被连接件的支承面也有防松作用。 结构简单，使用方便，但由于垫圈的弹力不均，在冲击、振动的工作条件下，其防松效果较差。一般用于不太重要的连接
	自锁螺母		螺母一端制成非圆形收口或开缝后径向收口。当螺母拧紧后，收口胀开，利用收口的弹力使旋合螺纹间压紧。 结构简单，防松可靠，可以多次装拆而不降低防松性能

续　表

防松方法		结构形式	防松原理和应用
机械防松	开口销与六角开槽螺母	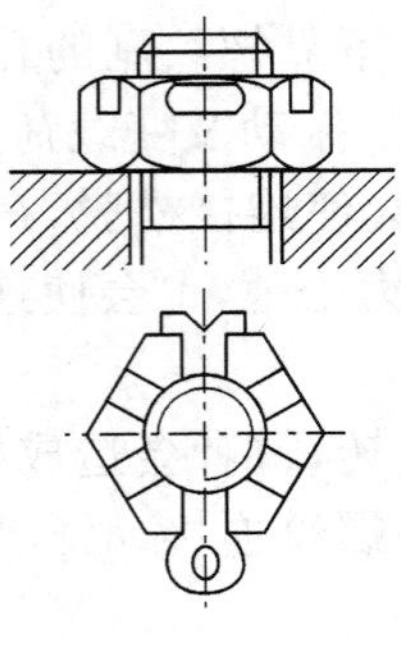	六角开槽螺母拧紧后，将开口销穿入螺栓尾部小孔和螺母的槽内，并将开口销尾掰开与螺母侧面贴紧，也可用普通螺母代替六角开槽螺母，但须拧紧螺母后再配钻销孔。 适用于较大冲击、振动的高速机械中运动部件的连接
	止动垫圈	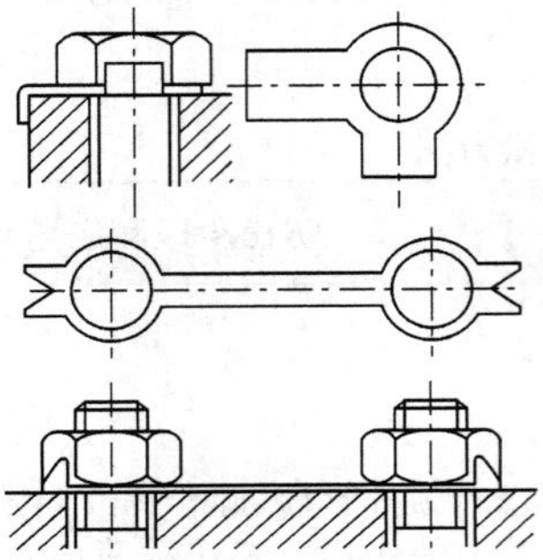	螺母拧紧后，将单耳或双耳止动垫圈分别向螺母和被连接件的侧面折弯贴紧，即可将螺母锁住。若两个螺栓需要双联锁紧时，可采用双联止动垫圈，使两个螺母相互制动。 结构简单，使用方便，防松可靠
	串联钢丝	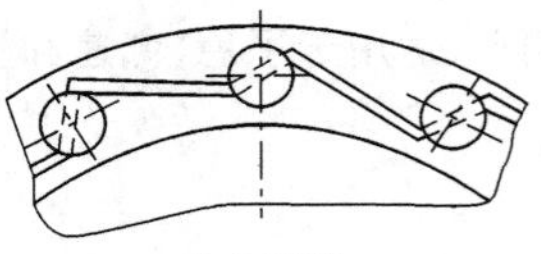 (a) 正确 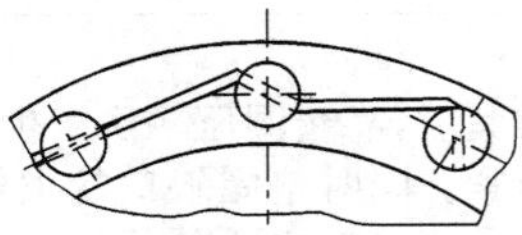 (b) 不正确	用低碳钢钢丝穿入各螺钉头部的孔内，将各螺钉串联起来，使其相互止动，使用时必须注意钢丝的穿入方向。 适用于螺栓组连接，防松可靠，但装拆不便
永久防松		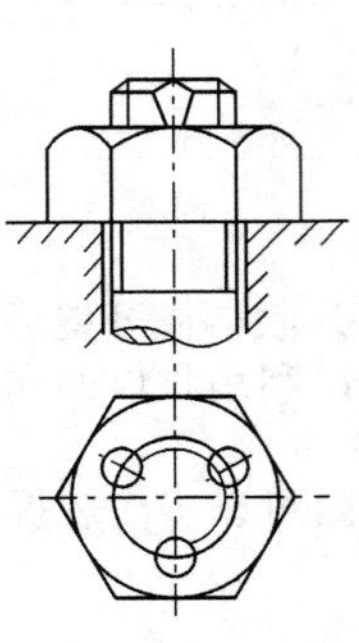 冲点 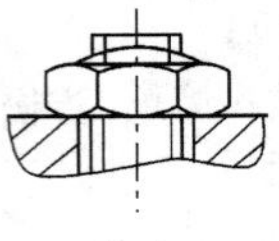　铆合	用冲点、铆合、焊合或黏合的方法，破坏螺纹副的运动关系，使其转化为非运动副。 工作可靠，但拆卸后连接件不能重复使用

续 表

防松方法		结构形式	防松原理和应用
		焊合 黏合	

6.4 单个螺栓连接的强度计算

螺栓的受力因螺栓连接类型不同，可分为两类，即普通螺栓连接和铰制孔用螺栓连接，它们分别直接承受轴向载荷或横向载荷，因此，也分别称为受拉螺栓连接和受剪螺栓连接。

6.4.1 普通螺栓连接

1. 松螺栓连接

松螺栓连接装配时，螺母不需要拧紧。在承受工作载荷前螺栓不受力，工作时螺栓只受轴向工作载荷 F 作用，这种连接应用范围有限，例如：起重吊钩（图 6－16）、定滑轮连接螺栓等。螺栓的强度计算条件为

$$\sigma = \frac{F}{\frac{\pi d_1^2}{4}} \leqslant [\sigma]$$

式中，$[\sigma]$为松螺栓连接的许用拉应力，对钢螺栓，$[\sigma]=\sigma_s/S$，σ_s 为螺栓材料屈服强度，安全系数一般可取 $S=1.2\sim1.7$。

设计公式为 $$d_1 \geqslant \sqrt{\frac{4F}{\pi[\sigma]}}$$

根据上式可求得满足强度条件的螺纹小径 d_1，再按国家标准查出螺纹大径并确定其他有关尺寸。

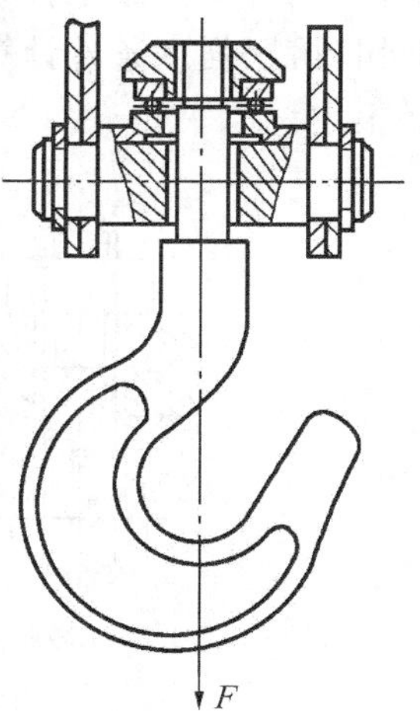

图 6－16 起重吊钩

2. 只受预紧力作用的紧螺栓连接

紧螺栓连接装配时，螺母需要拧紧。在拧紧力矩作用下，螺栓受预紧力 F_0 作用产生的拉力和螺纹力矩作用产生的扭转切应力的联合作用。

螺栓危险截面的拉应力为

$$\sigma=\frac{F_0}{\frac{\pi d_1^2}{4}}$$

螺栓危险截面的扭转切应力为

$$\tau=\frac{F_0\tan(\psi+\varphi_v)\frac{d_2}{2}}{\frac{\pi d_1^3}{16}}=\frac{2d_2}{d_1}\frac{F_0}{\frac{\pi}{4}d_1^2}\tan(\psi+\varphi_v)$$

对于M10～M68的钢制普通螺纹螺栓，取 $\psi=2°30'$，$\varphi_v=10°30'$，$d_2/d_1=1.04\sim1.08$，则由上式可得出 $\tau\approx0.5\sigma$，按第四强度理论(最大变形理论)，当量应力 σ_{ca} 为

$$\sigma_{ca}=\sqrt{\sigma^2+3\tau^2}=\sqrt{\sigma^2+3(0.5\sigma)^2}\approx1.3\sigma$$

故只受预紧力作用的紧螺栓连接的强度条件为

$$\sigma_{ca}=\frac{1.3F_0}{\frac{\pi d_1^2}{4}}\leqslant[\sigma]$$

由此可见，对于M10～M68普通钢制紧螺栓连接，在拧紧时虽同时承受拉伸和扭转的联合作用，但计算时可以只按拉伸强度计算，并将所受的拉力(预紧力)增大30%来考虑扭转切应力的影响。

这种靠摩擦力抵抗工作载荷的紧螺栓连接，要求保持较大的预紧力，否则在振动、冲击或变载荷下，由于摩擦系数的变动将使可靠性降低，有可能出现松脱。为避免上述缺陷，可用各种减载零件来承受横向工作载荷，如图6-17所示，此时连接强度条件按零件的剪切、挤压强度条件计算，而螺纹连接只起连接作用，不再承受工作载荷，因此，预紧力不必很大。

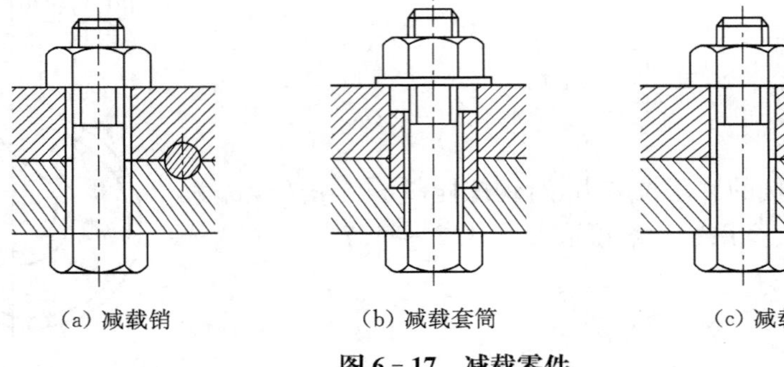
(a) 减载销　(b) 减载套筒　(c) 减载键

图6-17　减载零件

3. 承受预紧力和工作载荷的紧螺栓连接

这种受力形式在紧螺栓连接中比较常见，因而也是最重要的一种。这种紧螺栓连接承受轴向拉伸工作载荷后，由于螺栓和被连接件的弹性变形，螺栓所受的总拉力并不等于预紧力和工作拉力之和，根据理论分析，螺栓的总拉力除了和预紧力 F_0、工作拉力 F 有关外，还受到螺栓刚度 c_b 及被连接件刚度 c_m 等因素的影响。因此，应从分析螺栓连接的受力和变形的

关系入手，找出螺栓总拉力的大小。

如图 6－18 所示为单个螺栓连接在承受轴向工作载荷前后的受力和变形情况。

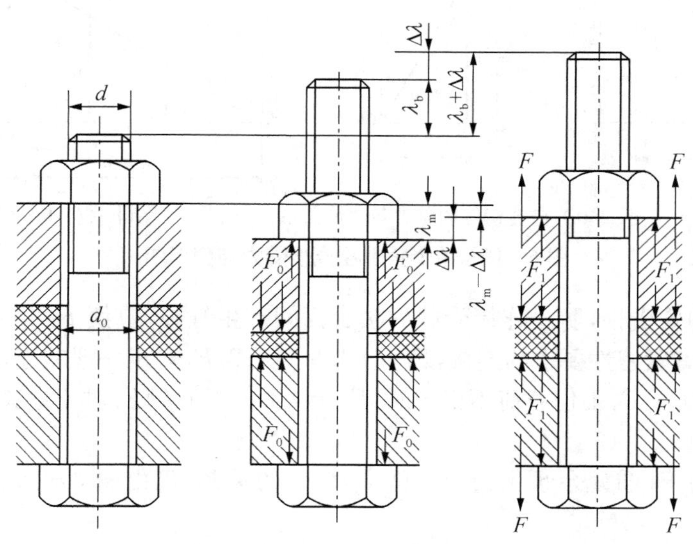

(a) 未拧紧时　(b) 已拧紧未承受工作载荷时　(c) 承受工作载荷时

图 6－18　承受预紧力和工作载荷的紧螺栓连接

如图 6－18(a)所示是螺母刚好拧到和被连接件相接触，但尚未拧紧。此时螺栓和被连接件都不受力，因而也不产生变形。

如图 6－18(b)所示是螺母已拧紧，但尚未承受工作载荷。此时，螺栓受预紧力 F_0 的拉伸作用，其伸长量为 λ_b。相反，被连接件则在 F_0 的压缩作用下，其压缩量为 λ_m。

如图 6－18(c)所示是承受工作载荷时的情况。此时若螺栓和被连接件的材料在弹性变形的范围内，则两者的受力与变形的关系符合胡克定律。当螺栓承受工作拉力 F 后，因所受的拉力由 F_0 增至 F_2 而继续伸长，其伸长量增加 $\Delta\lambda$，总伸长量为 $\lambda_b+\Delta\lambda$。与此同时，原来被压缩的被连接件，因螺栓伸长而被放松，其压缩量也随着减小。根据连接的变形协调条件，被连接件压缩变形的减少量应等于螺栓拉伸变形的增加量 $\Delta\lambda$，因此，总的压缩量为 $\lambda_m-\Delta\lambda$。而被连接件的压缩力由 F_0 减至 F_1，F_1 称为残余预紧力。

显然，连接受载后，由于预紧力的变化，螺栓的总拉力 F_2 并不等于预紧力 F_0 与工作拉力 F 之和，而等于残余预紧力 F_1 与工作拉力 F 之和。

上述的螺栓和被连接件的受力与变形关系，还可以用线图表示。如图 6－19 所示，图中纵坐标代表力，横坐标代表变形，如图 6－19(a)和(b)所示分别表示螺栓和被连接件的受力与变形的关系。由图可见，在连接尚未承受工作拉力 F 时，螺栓的拉力和被连接件的压缩力都等于预紧力 F_0。因此，为分析方便，可将图 6－19(a)和(b)合并成图 6－19(c)。

如图 6－19(c)所示，当连接承受工作载荷 F 时，螺栓的总拉力为 F_2，相应的总伸长量为 $\lambda_b+\Delta\lambda$，被连接件的压缩力等于残余预紧力 F_1，相应的总压缩量为 $\lambda_m-\Delta\lambda$。由图可见，螺栓的总拉力 F_2 等于残余预紧力 F_1 与工作拉力 F 之和，即

$$F_2 = F_1 + F$$

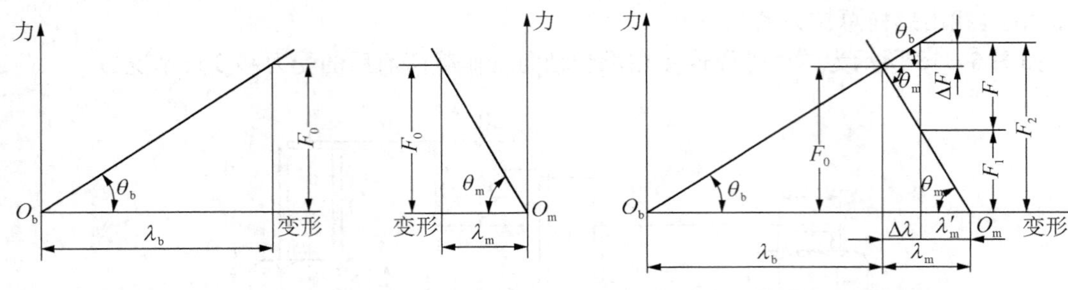

(a) 螺栓的受力与变形关系　(b) 被连接件的受力与变形关系　(c) 图(a)与(b)合并

图 6－19　单个紧螺栓连接受力与变形图

为保证连接的紧密性，防止连接受载后接合面间产生缝隙，应使 $F_1 > 0$，推荐采用的残余预紧力为：对于有紧密性要求的连接，$F_1 = (1.5 \sim 1.8)F$，对于一般的连接，工作载荷稳定时，$F_1 = (0.2 \sim 0.6)F$，工作载荷不稳定时，$F_1 = (0.6 \sim 1.0)F$，对于地脚螺栓连接，$F_1 \geqslant F$。

螺栓的预紧力 F_0 与残余预紧力 F_1、总拉力 F_2 的关系，可由图 6－19 所示的几何关系推出

$$\frac{F_0}{\lambda_b} = \tan\theta_b = c_b$$

$$\frac{F_0}{\lambda_m} = \tan\theta_m = c_m$$

式中，c_b 和 c_m 分别表示螺栓和被连接件的刚度，均为定值。

由图 6－19(c)得

$$F_0 = F_1 + (F - \Delta F) \tag{6-1}$$

按图中的几何关系得

$$\frac{\Delta F}{F - \Delta F} = \frac{\Delta\lambda\tan\theta_b}{\Delta\lambda\tan\theta_m} = \frac{c_b}{c_m}$$

或

$$\Delta F = \frac{c_b}{c_b + c_m}F \tag{6-2}$$

将式(6－2)代入式(6－1)得螺栓的预紧力为

$$F_0 = F_1 + \left(1 - \frac{c_b}{c_b + c_m}\right)F = F_1 + \frac{c_m}{c_b + c_m}F$$

螺栓的总拉力为

$$F_2 = F_0 + \Delta F = F_0 + \frac{c_b}{c_m + c_b}F$$

上式为螺栓总拉力的另一种表达形式，计算时根据设计要求、工作条件、已知参数等选用。

上式中，$\frac{c_b}{c_m+c_b}$称为螺栓的相对刚度，其大小与螺栓和被连接件的结构尺寸、材料以及垫片、工作载荷的位置等因素有关，其值在 0～1 之间变化，为降低螺栓的受力，提高螺栓连接的承载能力，应使$\frac{c_b}{c_m+c_b}$尽量小一些。一般设计时可参考表 6－2 推荐的数据选取。

表 6－2　　螺栓的相对刚度

被连接钢板间所用垫片类别	$c_b/(c_m+c_b)$	被连接钢板间所用垫片类别	$c_b/(c_m+c_b)$
金属垫片或无垫片	0.2～0.3	钢皮石棉垫片	0.8
皮革垫片	0.7	橡胶垫片	0.9

求得螺栓的总拉力 F_2 后即可进行螺栓的强度计算，考虑到螺栓在总拉力的作用下可能需要拧紧，须计入扭转切应力的影响，可得

$$\sigma_{ca}=\frac{1.3F_2}{\frac{\pi d_1^2}{4}}\leqslant[\sigma]$$

$$d_1\geqslant\sqrt{\frac{4\times1.3F_2}{\pi[\sigma]}}$$

6.4.2　铰制孔用螺栓连接

铰制孔用螺栓靠侧面直接承受横向载荷(图 6－20)，连接的主要失效形式为：螺栓被剪断及螺栓或孔壁被压溃，因此，应分别按挤压及剪切强度条件计算。

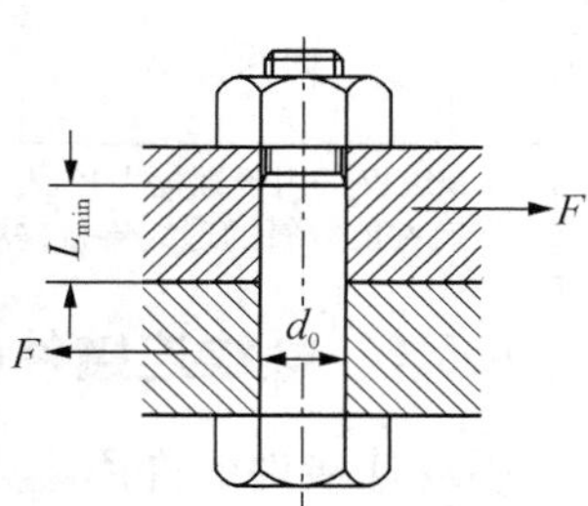

图 6－20　铰制孔用螺栓连接

计算时，假设螺栓杆与孔壁表面上的压力分布是均匀的，又因这种连接所受的预紧力很小，所以不考虑预紧力和螺纹摩擦力矩的影响。

螺栓杆与孔壁的挤压强度条件为

$$\sigma_P=\frac{F}{d_0L_{min}}\leqslant[\sigma_P]$$

螺栓杆的剪切强度条件为

$$\tau=\frac{F}{\frac{\pi}{4}d_0^2}\leqslant[\tau]$$

6.5　螺纹连接件的材料和许用应力

6.5.1　螺纹连接件的材料和性能等级

适合制造螺纹连接件的材料品种很多，常用材料有低碳钢和中碳钢。对于承受冲击、振

动或变载荷的螺纹连接件，可采用合金钢。对于特殊用途（如防锈蚀、防磁、导电或耐高温等）的螺纹连接件，可采用特种钢或铜合金、铝合金等。

国家标准规定，螺纹连接件按力学性能分级，螺栓、螺钉、螺柱的性能等级用一个带点的数字表示，点前的数字表示 $\sigma_b/100$，点后的数字表示 $\frac{\sigma_s}{\sigma_b}\times 10$。螺母的性能等级代号用 $\sigma_b/100$ 表示。螺纹连接件常用材料及力学性能等级见表 6-3。

表 6-3　螺栓、螺钉、螺柱和螺母的力学性能等级

有关项目			力学性能级别										
			3.6	**4.6**	**4.8**	**5.6**	**5.8**	**6.8**	**8.8 ≤M16**	**8.8 >M16**	**9.8**	**10.9**	**12.9**
螺栓、螺钉、螺柱	抗拉强度 σ_b/MPa	公称值	300	400		500		600	800		900	1 000	1 200
	屈服点 σ_s/MPa	公称值	180	240	320	300	400	480	640	640	720	900	1 080
	布氏硬度（HBW）	公称值	90	114	124	147	152	181	238	242	276	304	366
	推荐材料		低碳钢	低碳钢或中碳钢				低合金钢或中碳钢				40Cr 15MnVB	30CrMnSi 15MnVB
相配合螺母	性能级别		4 或 5			5		6	8 或 9		9	10	12
	推荐材料		低碳钢					低合金钢或中碳钢				40Cr 15MnVB	30CrMnSi 15MnVB

注：1. 9.8 级仅适用于螺栓大径 $d\leqslant 16$ mm 的螺栓、螺钉和螺柱；
2. 规定性能等级的螺纹连接件在图样中只标注力学性能等级，不应再标出材料。

6.5.2　螺纹连接件的许用应力

螺纹连接件的许用应力与材料及热处理工艺、结构尺寸、载荷性质、工作温度、加工装配质量、使用条件等因素有关。为了保证连接可靠，应精确选用许用应力，螺栓的许用应力可参考表 6-4 和表 6-5。

表 6-4　普通螺栓的紧螺栓连接许用应力

螺栓所受载荷情况	许用应力	不控制预紧力时的安全系数 S				控制预紧力时的安全系数 S
静载荷	$[\sigma]=\frac{\sigma_s}{S}$	直径／材料	M6～M16	M16～M30	M30～M60	所有直径
		碳钢	5～4	4～2.5	2.5～2	1.2～1.5
		合金钢	5.7～5	5～3.5	3.5～3	
变载荷	按最大应力 $[\sigma]=\frac{\sigma_s}{S}$	碳钢	12.5～8.5	8.5	8.5	
		合金钢	10～6.8	6.8	6.8	

表 6-5 铰制孔用螺栓连接的许用应力

		剪切		挤压	
		许用应力	安全系数 S	许用应力	安全系数 S
静载荷	钢	$[\tau]=\frac{\sigma_s}{S}$	2.5	$[\sigma_P]=\frac{\sigma_s}{S}$	1.25
	铸铁			$[\sigma_P]=\frac{\sigma_b}{S}$	2～2.5
变载荷	钢	$[\tau]=\frac{\sigma_s}{S}$	3.5～5	按静强度降低 20%～30%	

6.6 螺栓组连接的设计计算

6.6.1 螺栓组连接的结构设计

机械设备中螺栓连接大多是成组使用的。螺栓组连接结构设计的目的在于，根据载荷情况确定连接接合面的几何形状和螺栓组布置形式，力争使各螺栓受力均匀，避免螺栓产生附加载荷，便于加工和装配。设计时应注意的原则如下：

(1) 形状简单。连接接合面尽量采用轴对称的简单几何形状，如圆形、矩形、环形、三角形等，螺栓组的中心与连接接合面的形心重合，并与整台机器的外形协调一致，这样便于加工，且便于对称布置螺栓。

(2) 便于分度。同一圆周上的螺栓数目应采用 3，4，6，8，12，…以便于在圆周上钻孔时的分度和画线，如图 6-21(a)所示。同一螺栓组中螺栓的材料、直径和长度均应相同。

(3) 尽量减少加工面。接合面较大时应采用环状结构，如图 6-21(b)所示、条状结构(图 6-21(c))或凸台结构，以减少加工面，且能提高连接的平稳性和连接刚度。

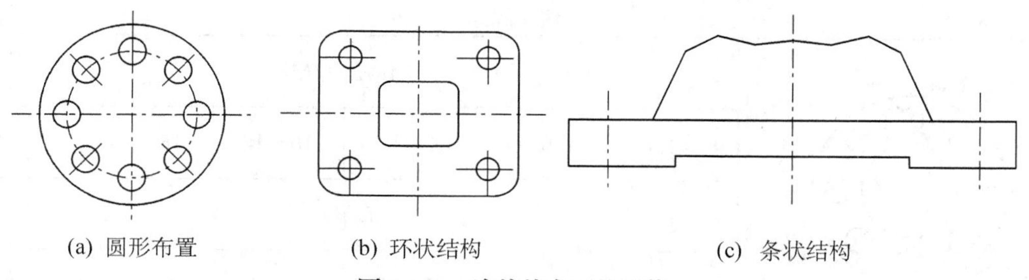

(a) 圆形布置　(b) 环状结构　(c) 条状结构

图 6-21 连接接合面的形状

(4) 各螺栓受力均匀。

① 受转矩 T 和翻转力矩 M 作用的螺栓组，螺栓布置应尽量远离回转中心或对称轴线如图 6-22 所示，以使各螺栓受力较小。

② 受横向载荷作用的普通螺栓组，可以采用减载措施(图 6-17)，或采用铰制孔用螺栓。当采用铰制孔用螺栓组连接承受横向载荷时，由于被连接件为弹性体，在载荷作用方向上，

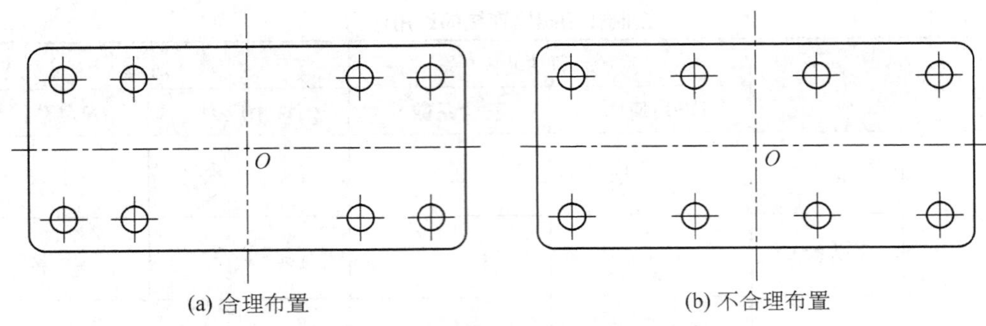

(a) 合理布置　　(b) 不合理布置

图 6－22　受转矩或翻转力矩的螺栓组

其两端的螺栓所受载荷大于中间的螺栓，因此沿载荷方向布置的螺栓数目每列不宜超过 6～8 个。

(5) 螺栓的排列应有合理的间距和边距。为方便装配和保证支承强度，螺栓的各轴线之间以及螺栓轴线和机体壁之间应有合理的间距和边距，间距和边距的最小尺寸根据扳手空间如图 6－23 所示确定，其尺寸请查阅有关设计手册。对于有紧密性要求的压力容器、气缸盖等受轴向载荷作用的螺栓连接组，螺栓间距还应满足推荐值，见表 6－6。

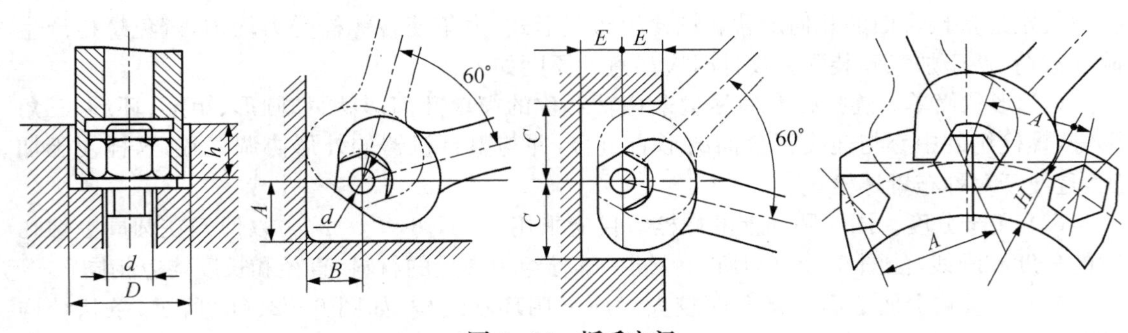

图 6－23　扳手空间

表 6－6　　螺栓间距

	工作压力/MPa					
L　d	≤1.6	1.6～4	4～10	10～16	16～20	20～30
	L/mm					
	≤7d	≤4.5d	≤4.5d	≤4d	≤3.5d	≤3d

(6) 避免螺栓承受附加的弯曲载荷。除了要在结构上设法保证载荷不偏心外，还应在工艺上保证被连接件、螺母和螺栓头部的支承面平整，并与螺栓轴线相垂直。在铸、锻件等的粗糙表面上安装螺栓时，应制成凸台或沉头座，如图 6－24 所示。当支承面为倾斜表面时，应采用斜面垫圈，如图 6－25 所示。特殊情况下，也可采用球面垫圈，如图 6－26 所示。

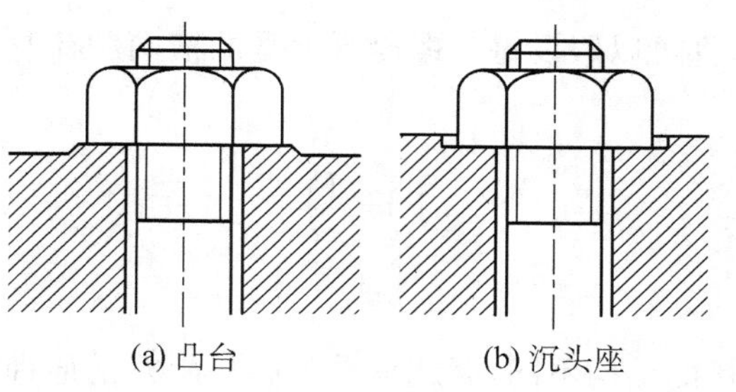

(a) 凸台　　(b) 沉头座

图 6-24　凸台与沉头座的应用

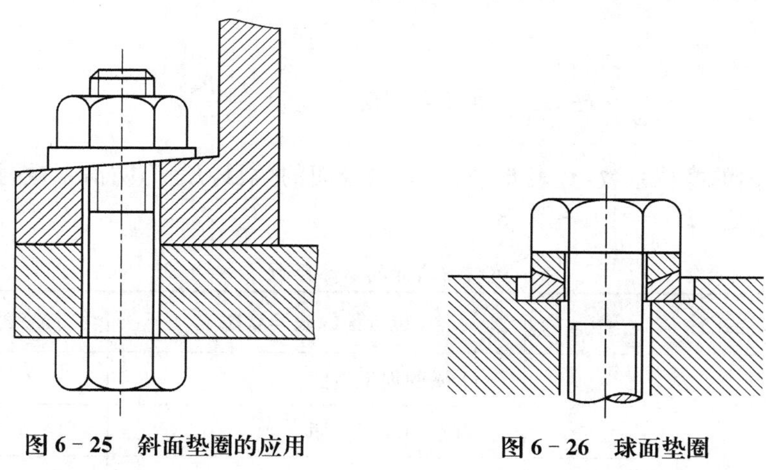

图 6-25　斜面垫圈的应用　　**图 6-26　球面垫圈**

6.6.2　螺栓组连接的受力分析

进行螺栓组连接受力分析的目的是根据连接的结构和受载情况，求出受力最大的螺栓及其所受的力，以便进行螺栓连接的强度计算。分析时常做如下假设：①所有的螺栓的材料、直径、长度和预紧力均相同；②螺栓组的对称中心与连接接合面的形心重合；③被连接件为刚体，即受载前后接合面保持为平面；④螺栓为弹性体，螺栓的应力不超过屈服强度。下面针对几种典型的受载情况，分别加以讨论。

1. 受横向载荷的螺栓组连接

如图 6-27 所示为一受横向力的螺栓组连接，载荷 F_Σ 与螺栓轴线垂直，并通过螺栓组的对称中心。可承受这种横向力的螺栓有两种结构，即普通螺栓连接和铰制孔用螺栓连接。

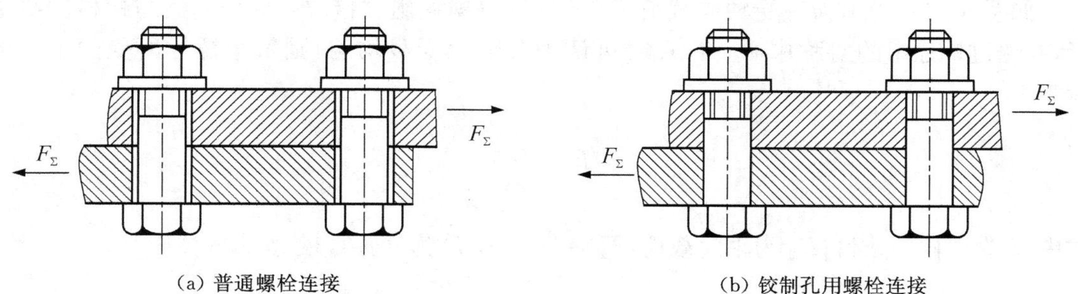

(a) 普通螺栓连接　　(b) 铰制孔用螺栓连接

图 6-27　受横向载荷的螺栓组

对于以上两种结构，都可以假设每个螺栓所承受的横向载荷是相同的，因此可得每个螺栓的工作载荷为

$$F=\frac{F_{\Sigma}}{z}$$

式中，z 为螺栓的数目。

由于这两种螺栓连接的结构不同，因此承受工作载荷 F 的原理不同。

(1) 普通螺栓连接

普通螺栓连接时，应保证连接预紧后，接合面间产生的最大摩擦力必须大于或等于横向载荷，即

$$fF_0zi\geqslant K_sF_{\Sigma}\quad 或\quad F_0\geqslant\frac{K_sF_{\Sigma}}{fzi}$$

式中，f 为接合面的摩擦系数，查表 6-7；i 为接合面的数目；K_s 为防滑系数，按载荷是否平稳和工作要求决定，$K_s=1.1\sim1.3$。

表 6-7　连接接合面的摩擦系数

被连接件	接合面的表面状态	摩擦系数 f
钢或铸铁零件	干燥的加工表面	0.10～0.16
	有油的加工表面	0.06～0.10
钢结构件	轧制表面，钢丝刷清理浮锈	0.30～0.35
	涂富锌漆	0.35～0.40
	喷砂处理	0.45～0.55
铸铁对砖料、混凝土或木材	干燥表面	0.40～0.45

(2) 铰制孔用螺栓连接

这种连接特点是靠螺杆的侧面直接承受工作载荷 F_{Σ}，一般采用过渡配合 H7/m6 或过盈配合 H7/u6，这种结构的拧紧力矩一般不大，所以预紧力和摩擦力在强度计算中可以不予考虑。

2. 受轴向载荷的螺栓组连接

如图 6-28 所示为一受轴向载荷 F_{Σ} 的气缸盖螺栓组连接，F_{Σ} 的作用线与螺栓轴线平行，并通过螺栓组的对称中心。计算时可认为各螺栓受载均匀，则每个螺栓所受的工作载荷为

$$F=\frac{F_{\Sigma}}{z}$$

式中，z 为螺栓的数目；F_{Σ} 为轴向载荷，$F_{\Sigma}=\frac{\pi}{4}D^2p$，$D$ 为气缸直径，p 为气体压力。

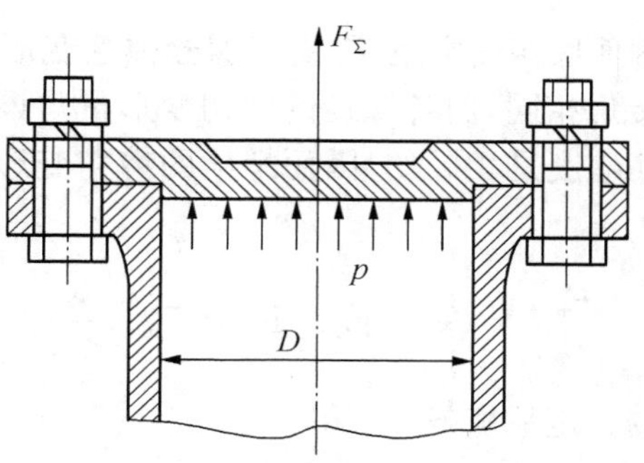

图 6-28 受轴向载荷的螺栓组连接

3. 受转矩的螺栓组连接

如图 6-29 所示,转矩 T 作用在连接接合面内,在转矩 T 的作用下,底板将绕通过螺栓组对称中心 O 并与接合面相垂直的轴线转动。为了防止底板转动,可采用普通螺栓连接,也可采用铰制孔用螺栓连接。其传力方式和受横向载荷的螺栓组连接相同。

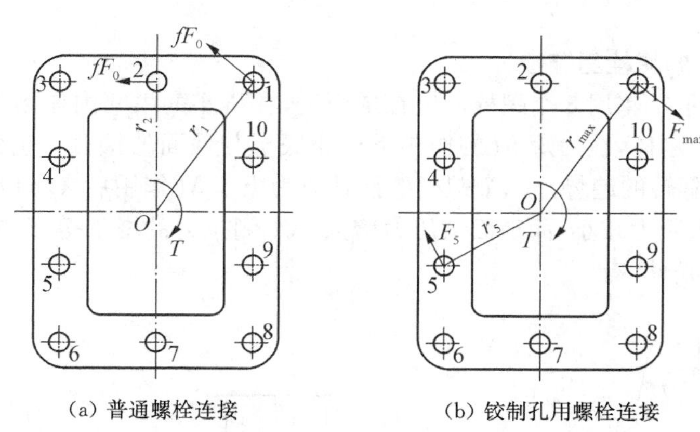

(a) 普通螺栓连接　　(b) 铰制孔用螺栓连接

图 6-29 受转矩的螺栓组连接

(1) 普通螺栓连接

采用普通螺栓连接时,靠连接预紧后在接合面间产生的摩擦力矩来抵抗转矩 T,如图 6-29(a)所示。假设各螺栓连接处的摩擦力相等,并集中作用在螺栓中心处,为阻止接合面间发生相对转动,各摩擦力应与各对应螺栓的轴线到螺栓组对称中心 O 的连线(即力臂 r_i)相垂直。根据底板静力矩平衡条件,应有

$$fF_0 r_1 + fF_0 r_2 + \cdots + fF_0 r_z \geqslant K_s T$$

由上式可得各螺栓所需的预紧力为

$$F_0 \geqslant \frac{K_s T}{f(r_1 + r_2 + \cdots + r_z)} = \frac{K_s T}{f \sum_{i=1}^{z} r_i}$$

式中,r_i 为第 i 个螺栓的轴线到螺栓组对称中心的距离,其他参数同前。

(2) 铰制孔用螺栓连接

如图 6-29(b)所示,在转矩 T 作用下,螺栓靠侧面直接承受横向载荷,即工作剪力。按

前面的假设,底座为刚体,因而底座受力矩 T,由于螺栓弹性变形,底座有一微小转角。各螺栓的中心与底板中心连线转角相同,而各螺栓的剪切变形量与该螺栓至转动中心 O 的距离成正比。由于各螺栓的剪切刚度是相同的,因而螺栓的剪切变形与其所受横向载荷 F 成正比。由此可得

$$\frac{F_{\max}}{r_{\max}}=\frac{F_{\mathrm{i}}}{r_{\mathrm{i}}} \quad \text{或} \quad F_{\mathrm{i}}=F_{\max}\frac{r_{\mathrm{i}}}{r_{\max}}$$

再根据作用在底板上的力矩平衡条件可得

$$\sum_{i=1}^{z}F_{\mathrm{i}}r_{\mathrm{i}}=T$$

联立解上两式,可求得受力最大的螺栓的工作剪力为

$$F_{\max}=\frac{Tr_{\max}}{\sum\limits_{i=1}^{z}r_{\mathrm{i}}^{2}}$$

4. 受倾覆力矩的螺栓组连接

如图 6-30 所示基座用 8 个螺栓固定在地面上,在机座的中间内作用着倾覆力矩 M,按前面的假设,机座为刚体,在力矩 M 的作用下机座底板与地面的接合面仍保持为平面,并且有绕对称轴 O-O 翻转的趋势。每个螺栓的预紧力为 F_0,M 作用后,O-O 左侧的螺栓拉力增大,右侧的螺栓预紧力减小,而地面的压力增大。左侧拉力的增加等于右侧地面压力的增加。根据静力平衡条件,有

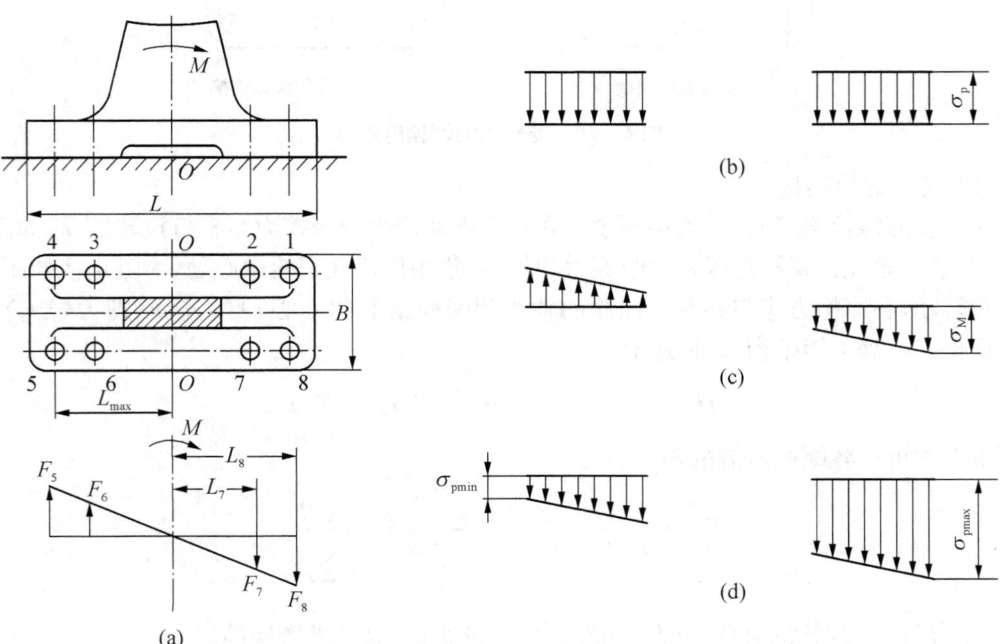

图 6-30 受倾覆力矩的螺栓组连接

$$\sum_{i=1}^{z} F_i L_i = M$$

由于机座的底板在工作载荷作用下保持平面，各螺栓的变形与其到 $O-O$ 的距离成正比，又因各螺栓的刚度相同，所以螺栓及地面所受工作载荷与该螺栓至中心 $O-O$ 的距离成正比，即

$$F_i = F_{max} \frac{L_i}{L_{max}}$$

则可得

$$M = F_{max} \sum_{i=1}^{z} \frac{L_i^2}{L_{max}} \text{ 或 } F_{max} = \frac{ML_{max}}{\sum_{i=1}^{z} L_i^2}$$

式中，F_{max} 为最大的工作载荷；L_i 为各螺栓轴线到底板轴线 $O-O$ 的距离；L_{max} 为 L_i 中的最大值。

在确定受倾覆力矩螺栓组的预紧力时应考虑接合面的受力情况，图 6-30 所示中接合面的左侧边缘不应出现缝隙，右侧边缘处的挤压应力不应超过支承面材料的许用挤压应力，即

$$\sigma_{pmin} = \frac{zF_0}{A} - \frac{M}{W} > 0$$

$$\sigma_{pmax} = \frac{zF_0}{A} + \frac{M}{W} \leqslant [\sigma_p]$$

式中，A 为接合面间的接触面积；W 为底座接合面的抗弯截面系数；$[\sigma_p]$ 为接合面材料的许用挤压应力，可由表 6-8 确定。

表 6-8　连接接合面材料的许用挤压应力 $[\sigma_p]$

材料	钢	铸铁	混凝土	砖（水泥浆缝）	木材
$[\sigma_p]$/MPa	$0.8\sigma_s$	$(0.4\sim0.5)\sigma_b$	2.0～3.0	1.5～2.0	2.0～4.0

在实际应用中，作用于螺栓组的载荷往往是以上四种基本情况的某种组合，对各种组合载荷可按单一基本情况求出每个螺栓受力，再按力的叠加原理分别把螺栓所受的轴向力和横向力进行矢量叠加，求出螺栓的实际受力。

6.7 提高螺栓连接强度的措施

影响螺栓强度的因素很多，主要涉及螺纹牙的载荷分配、应力变化幅度、应力集中、材料的力学性能和制造工艺等几个方面。下面分析各种因素对螺栓强度的影响并介绍提高强度的相应措施。

6.7.1 改善螺纹牙间载荷分配不均现象

即使是制造和装配精确的螺栓和螺母，传力时其各圈螺纹牙的受力也是不均匀的，如图 6-31 所示，有 10 圈螺纹的螺母，最下圈受力为总轴向载荷的 34%，以上各圈受力递减，最上

圈螺纹只占 1.5%。这是由于图 6－32 中的螺栓受拉力而螺母受压力，二者变形不能协调，采用加高螺母以增加旋合圈数，并不能提高连接的强度。

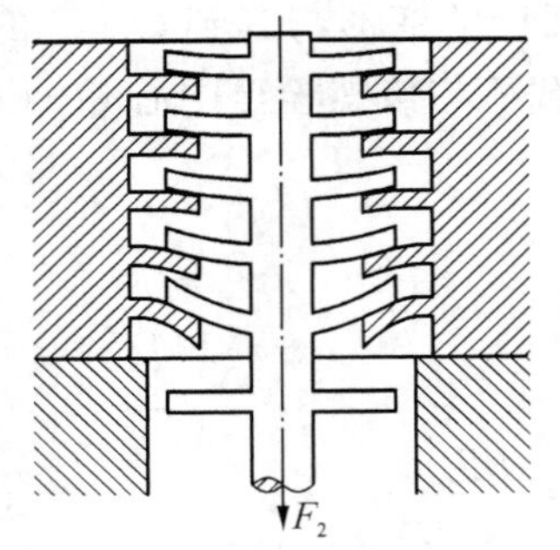

图 6－31　旋合螺纹的变形示意图

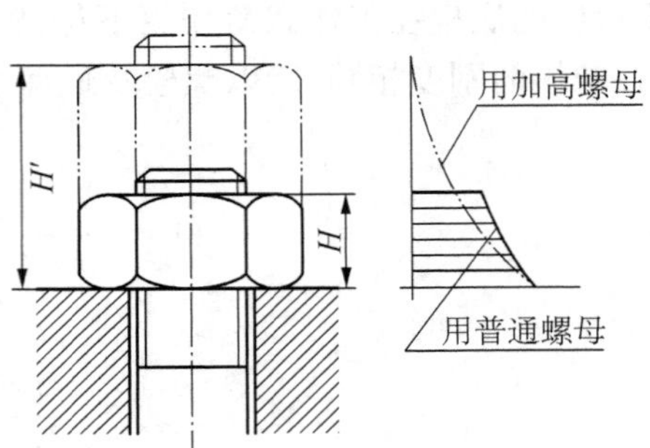

图 6－32　螺纹牙受力分配

为了使螺纹牙受力比较均匀，可用以下方法改进螺母的结构，如图 6－33 所示。图 6－33(a)是悬置螺母，螺母与螺杆同受拉力，使其变形协调，载荷分布趋于均匀。图6－33(b)是环槽螺母，其工作原理与图 6－33(a)相近。图 6－33(c)为内斜螺母，螺母下端(螺栓旋入端)受力大的几圈螺纹处制成 10°～15°的斜角，使螺栓螺纹牙的受力面由上而下逐渐外移。这样，螺栓旋合段下部的螺纹牙在载荷作用下，容易变形，而载荷将向上转移使载荷分布趋于均匀。如图 6－33(d)所示的螺母结构，兼有环槽螺母和内斜螺母的作用，这些特殊结构的螺母，由于加工比较复杂，只限于重要的或大型的连接上使用。

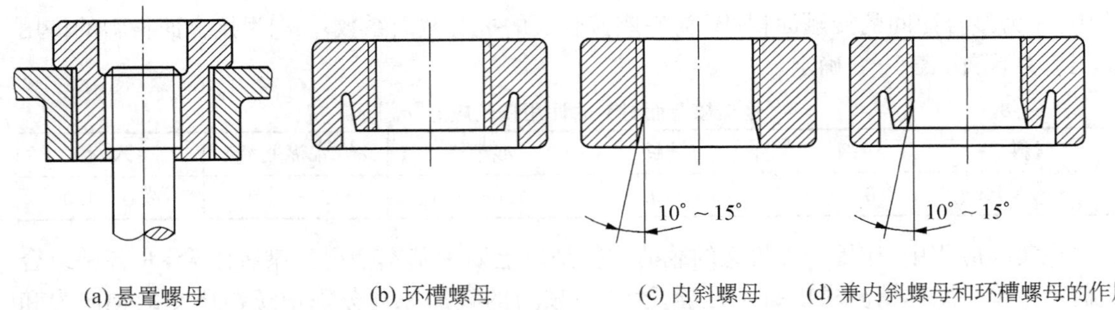

(a) 悬置螺母　(b) 环槽螺母　(c) 内斜螺母　(d) 兼内斜螺母和环槽螺母的作用

图 6－33　均载螺母结构

6.7.2　降低影响螺栓疲劳强度的应力幅

螺栓的最大应力一定时，应力幅越小，疲劳强度越高。在工作载荷和残余预紧力不变的情况下，减小螺栓刚度或增大被连接件刚度都能达到减小应力幅的目的，但预紧力应相应增大，如图 6－34 所示。

如图 6－34(a)，(b)，(c)所示分别表示单独降低螺栓刚度、单独增大被连接件刚度，以及把这两种措施与增大预紧力同时并用时，螺栓连接载荷变化情况。

减小螺栓刚度的措施有：适当增大螺栓的长度，部分减小螺杆的直径或做成中空的结构—柔性螺栓，如图 6－35 所示，或在螺母下面安装弹性元件，如图 6－36 所示。

为增大被连接件的刚度，不宜采用刚度小的垫片。如图 6－37 所示的紧密连接，应用密封圈为佳。

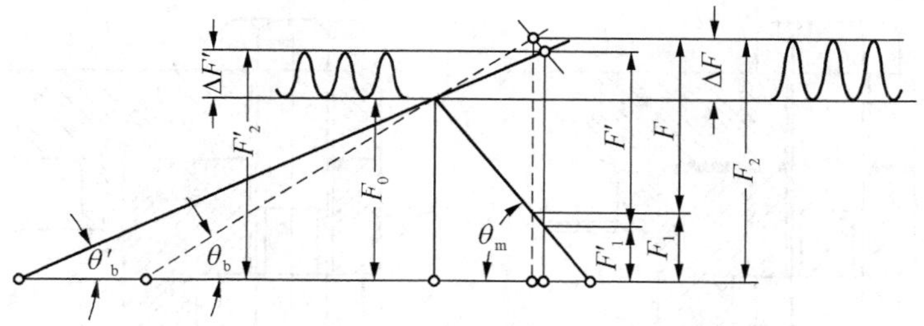

(a) 降低螺栓的刚度

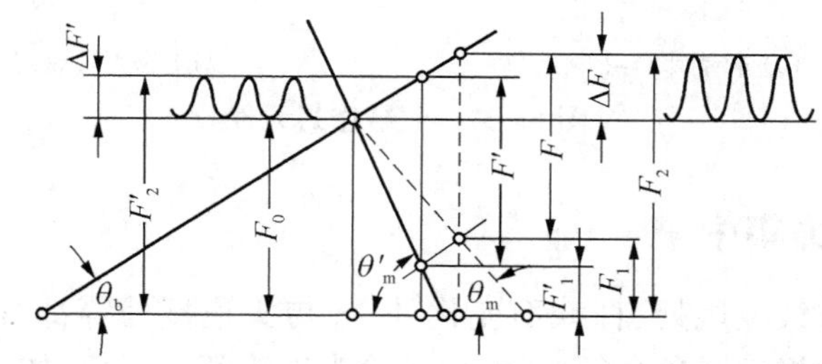

(b) 增大被连接件的刚度

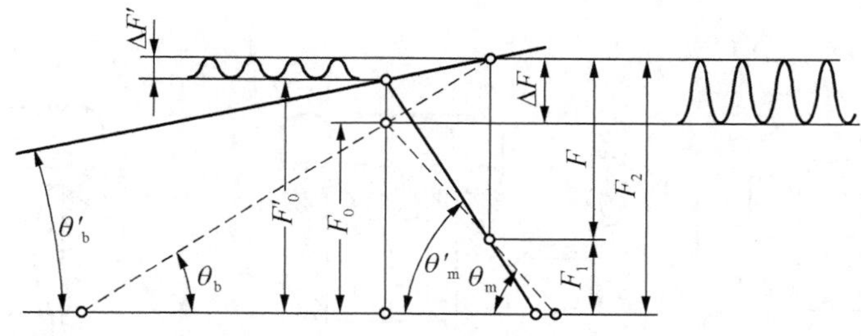

(c) 同时采用以上两种措施并增大预紧力

图 6－34 提高螺栓连接变应力强度的措施

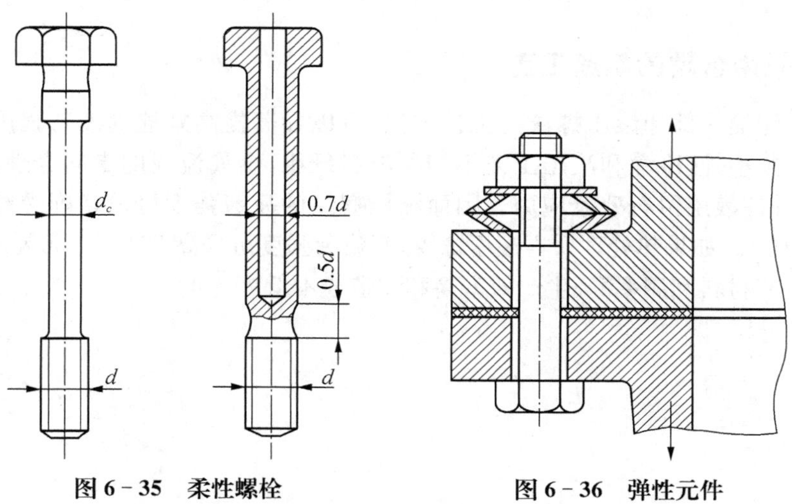

图 6－35 柔性螺栓

图 6－36 弹性元件

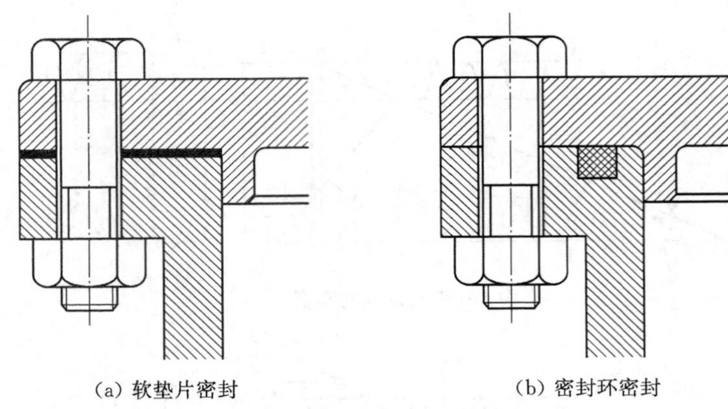
(a) 软垫片密封　　(b) 密封环密封

图 6-37　气缸密封元件

6.7.3　减小应力集中

螺纹的牙根部、螺纹收尾处、杆截面变化处、杆与头连接处等都有应力集中。为了减小应力集中，可加大螺纹根部圆角半径，或加大螺栓头过渡部分圆角，如图 6-38(a)所示，或切制卸载槽，如图 6-38(b)所示，或采用卸载过渡圆弧，如图 6-38(c)所示，或在螺纹收尾处采用退刀槽等。

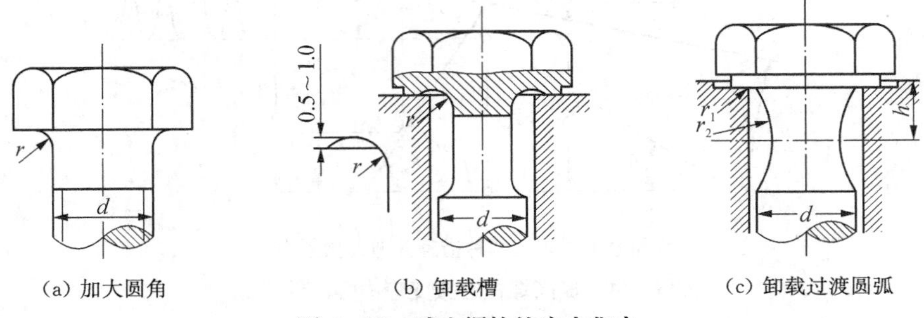

(a) 加大圆角　　(b) 卸载槽　　(c) 卸载过渡圆弧

图 6-38　减小螺栓的应力集中

6.7.4　采用合理的制造工艺

采用冷墩螺栓头部和滚压螺纹的工艺方法，可以显著提高螺栓的疲劳强度。这是因为除可降低应力集中外，冷墩和滚压工艺不切断材料纤维，金属流线的走向合理，而且有冷作硬化的效果，并使表层留有残余应力。因而滚压螺纹的疲劳强度可较切削螺纹的疲劳强度提高 30%～40%。如果热处理后再滚压螺纹，其疲劳强度可提高 70%～100%。这种冷墩和滚压工艺还具有材料利用率高、生产效率高和制造成本低等优点。

第七章 带传动和链传动

带传动和链传动都是通过环形挠性件，在两个或多个传动轮之间传递运动和动力的机械传动装置，又称为挠性件传动。它们具有结构简单、维护方便和成本低廉等特点，适用于两轴中心距较大的传动。

7.1 带传动的类型、结构和特点

如图 7－1 所示，带传动主要由主动轮 1、从动轮 3 和张紧在两轮组上的环形传动带 2 组成。当原动机驱动主动轮转动时，由于带和带轮间的摩擦（或啮合），便拖动从动轮一起转动，并传递一定动力。根据工作原理不同，带传动可分为摩擦型带传动和同步带传动两类。

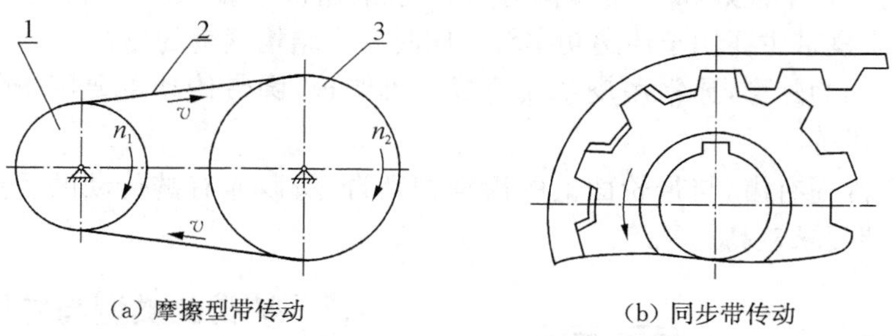

(a) 摩擦型带传动　　(b) 同步带传动

图 7－1　带传动示意图

摩擦型带传动如图 7－1(a)所示，利用带和带轮之间接触产生的摩擦力来运动的，当主动轮转动时，带与主动轮接触面间产生摩擦力，作用于带上的摩擦力方向和主动轮的圆周速度方向相同，驱使带运动。在从动轮上，作用于从动轮上的摩擦力方向与带的运动方向一致，靠此摩擦力带动从动轮转动，从而实现主动轮到从动轮间运动和动力的传递。

同步带传动如图 7－1(b)所示，带的内侧和带轮外缘均制作有齿。工作时，依靠带齿与带轮齿的啮合来传递运动和动力。这种传动无滑动，能保持主、从动带轮圆周速度相等，达到同步，因而称为同步带传动。

7.1.1 带传动的类型

带传动多为摩擦型，啮合型仅有同步带传动一种。

按传动带的截面形状不同，摩擦型带传动可分为平带（矩形截面）传动、V 带（梯形截面）传动、多楔带（多楔形截面）传动和圆带（圆形截面）传动，如图 7－2(a)，(b)，(c)，(d) 所示。

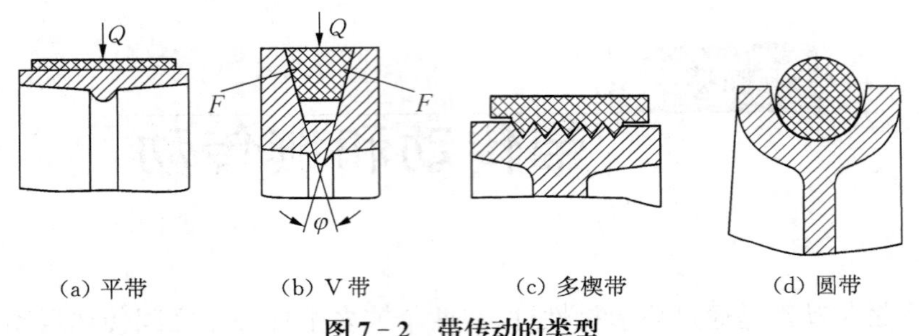

(a) 平带　(b) V 带　(c) 多楔带　(d) 圆带

图 7－2　带传动的类型

平带传动靠带的底面与带轮表面之间的摩擦力（属平面摩擦）传递动力，平带的厚度小，挠性好，带轮也容易制造，带的磨损较轻，效率较高。在高速工况或传动中心距较大等场合应用较多。

V 带传动靠带的两侧面与带轮轮槽侧面之间的摩擦力（属楔面摩擦）传递动力，带的厚度较大，挠性较差，带轮制造较复杂。但与平带传动相比，在同样张紧力下，V 带传动能产生更大的摩擦力，因而在相同条件下能传递更大的功率，或在传递相同功率时传动结构尺寸较紧凑。此外，V 带传动允许的传动比较大，加之 V 带多已标准化并大量生产，故在一般机械传动中，V 带传动已基本上取代了平带传动而成为最常用的带传动装置。

多楔带兼有平带柔性好和 V 带摩擦力大的优点：解决了多根 V 带长短不一而使各带受力不均的问题；多楔带主要用于传递功率较大同时要求结构紧凑的场合。

圆带的横截面为圆形，通常用皮革或合成纤维制成，圆带传动主要用于低速、小功率传动，如仪器、缝纫机等。

同步齿形带内周有齿，与带轮面上的齿槽相啮合，所以兼有链传动的优点，传动比较准确，但制造和安装要求较高。

7.1.2　V 带的类型与结构

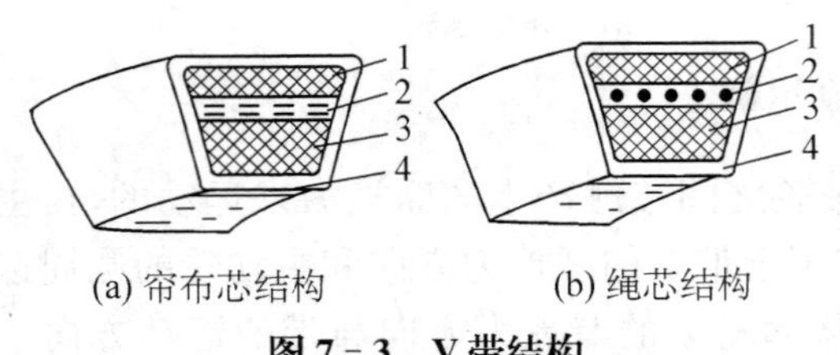

(a) 帘布芯结构　(b) 绳芯结构

图 7－3　V 带结构

普通 V 带都制成无接头的环形，其剖面结构如图 7－3 所示，由顶胶 1、抗拉体 2、底胶 3 和包布 4 等组成。抗拉体由多层帘布或一排线绳构成，主要承受工作拉力。帘布芯 V 带抗拉强度高，制造方便。绳芯 V 带柔软易弯，有利于提高寿命，适用于转速较高、带轮直径较小的场合。抗拉体的材质有化学纤维或棉织物，前者承载能力较高。抗拉体上下的顶胶和底胶为橡胶填充物，在带弯曲时伸长和压缩。包布由几层橡胶帆布组成，用于保护 V 带。

窄 V 带是用合成纤维绳作抗拉体，与普通 V 带相比，当高度相同时，窄 V 带的宽度约缩小 1/3，而承载能力可提高 1.5～2.5 倍，适用于传递动力大而又要求传动装置紧凑的场合。

带已标准化，普通 V 带按截面尺寸由小到大分为 Y，Z，A，B，C，D 和 E 七种型号，具体尺寸见表 7－1。窄 V 带按截面形状分为 SPZ，SPA，SPB，SPC 四种型式。

表 7－1　V 带的截面尺寸

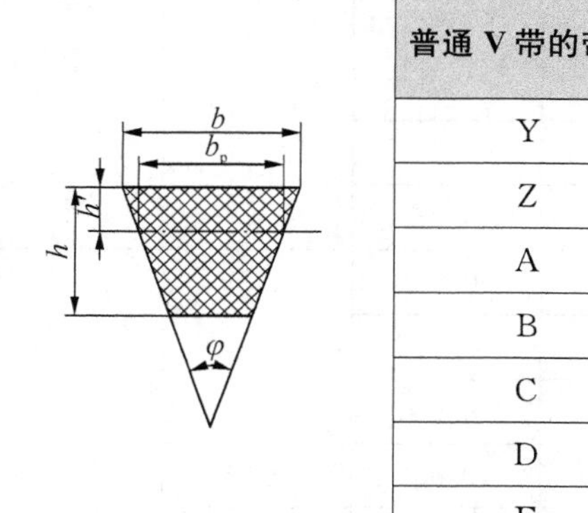

普通 V 带的带型	节宽 b_p/mm	顶宽 b/mm	高度 h/mm	横截面积 A/mm²	楔角 φ
Y	5.3	6.0	4.0	18	40°
Z	8.5	10.0	6.0	47	
A	11.0	13.0	8.0	81	
B	14.0	17.0	11.0	143	
C	19.0	22.0	14.0	237	
D	27.0	32.0	19.0	476	
E	32.0	38.0	25.0	722	

带垂直其底面弯曲时，在带中保持原长度不变的一条周线称为节线，由全部节线构成的面称为节面，带的节面宽度称为节宽 b_p，见表 7－1。

在 V 带轮上，与所配用带的节面宽度 b_p 相对应的带轮直径称为节径 d_p，规定为基准直径 d_d。

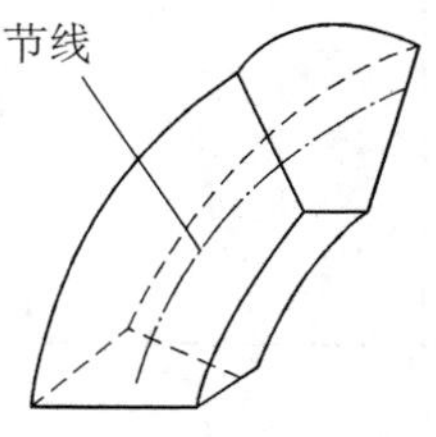

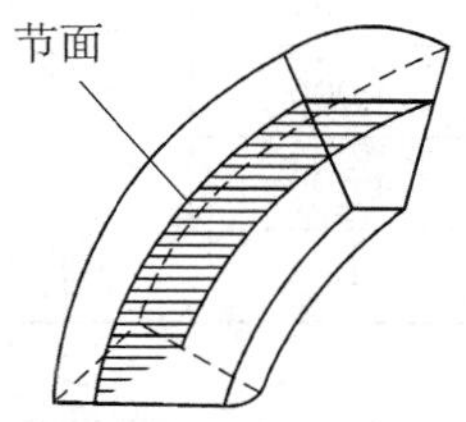

图 7－4　带的节线和节面

带在规定的张紧力下，位于带轮基准直径 d_d 上的周线长度称为基准长度 L_d，并以 L_d 表示带的公称长度。V 带的基准长度系列见表 7－2。

表 7－2　V 带的基准长度 L_d 及长度系数 K_L

基准长度 L_d/mm	带长修正系数 K_L						
	Y	Z	A	B	C	D	E
400	0.96	0.87					
450	1.00	0.89					
500	1.02	0.91					
560		0.94					
630		0.96	0.81				
710		0.99	0.83				
800		1.00	0.85				
900		1.03	0.87	0.82			
1 000		1.06	0.89	0.84			
1 120		1.08	0.91	0.86			

续　表

基准长度 L_d/mm	带长修正系数 K_L						
	Y	Z	A	B	C	D	E
1 250		1.11	0.93	0.88			
1 400		1.14	0.96	0.90			
1 600		1.16	0.99	0.92	0.83		
1 800		1.18	1.01	0.95	0.86		
2 000			1.03	0.98	0.88		
2 240			1.06	1.00	0.91		
2 500			1.09	1.03	0.93		
2 800			1.11	1.05	0.95	0.83	
3 150			1.13	1.07	0.97	0.86	
3 550			1.17	1.09	0.99	0.89	
4 000			1.19	1.13	1.02	0.91	
4 500				1.15	1.04	0.93	0.90
5 000				1.18	1.07	0.96	0.92

7.1.3　带传动的特点

1. 带传动的主要优点

(1) 带具有良好的弹性,可以缓和冲击,吸收振动,传动平稳,噪声小。

(2) 过载时,带在带轮上打滑,可防止其他零件损坏,起安全保护作用。

(3) 适用于两轴中心距较大的场合。

(4) 结构简单,制造、安装和维护方便,成本低。

2. 带传动的主要缺点

(1) 带在带轮上有相对滑动,不能保证准确的传动比。

(2) 传动效率较低,带的寿命较短。

(3) 传动的外廓尺寸大。

(4) 带传动需要张紧,支承带轮的轴和轴承受力较大。

(5) 带传动中的摩擦会产生电火花,不宜用于易燃、易爆等场合。

7.2　带传动的工作情况

7.2.1　带传动中的力分析

通常,安装带传动时,传动带是以一定的预紧力 F_0 紧套在主、从动轮上的,由于有预紧

力 F_0 的作用,在带与带轮的接触面上存在一定的正压力。

带传动未工作时,传动带两边的拉力相等,都为预紧力 F_0。

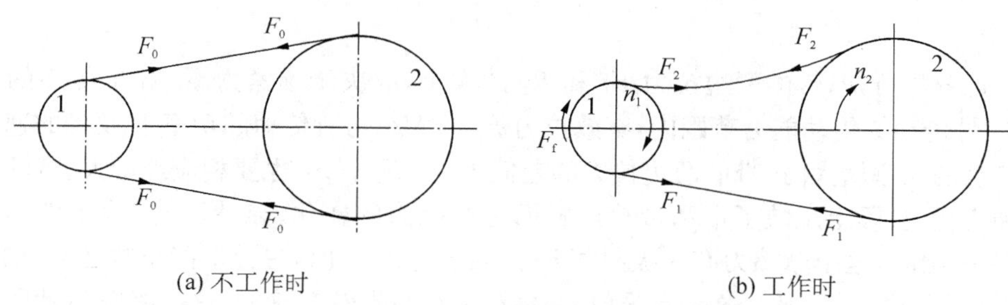

图 7-5 带传动的工作原理

带传动工作时如图 7-5(b)所示,主动轮受驱动力矩的作用以转速 n_1 转动,在带与带轮的接触面上便产生了摩擦力 F_f,主动轮作用在带上的摩擦力的方向和主动轮的圆周速度方向相同(图 7-6 轮 1 的外侧),从而拖动带运动;带作用在从动轮上的摩擦力的方向,显然与带的运动方向相同(图 7-6 轮 2 的内侧,带轮作用在带上的摩擦力的方向则与带的运动方向相反),带同样靠摩擦力 F_f 而驱使从动轮以转速 n_2 转动。由于摩擦力的作用使带轮两边带中的拉力不再相等,带绕上主动轮的一边被拉紧,称为紧边,拉力由 F_0 增加至 F_1;带进入从动轮的一边被略微放松,称为松边,拉力由 F_0 减少至 F_2。因带为弹性体,我们近似认为,带传动在工作时其长度基本不变,则紧边拉力的增加量 F_1-F_0 应等于松边拉力的减少量 F_0-F_2,即

$$F_1-F_0=F_0-F_2$$

$$F_1+F_2=2F_0 \tag{7-1}$$

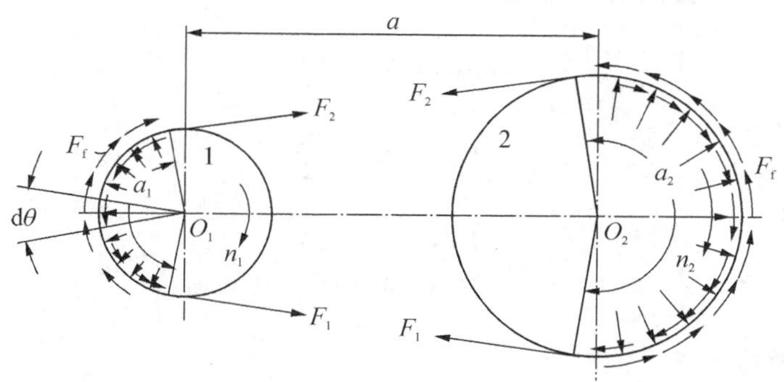

图 7-6 带传动的工作原理

紧边与松边拉力之差称为带传动的有效拉力 F_e,即

$$F_e=F_1-F_2 \tag{7-2}$$

在带传动中,有效拉力 F_e 并不是一个固定于某点的集中力,而是带和带轮接触面上各点摩擦力的总和,故整个接触面上的总摩擦力 $\sum F_f$ 即等于所传递的有效拉力,根据上述关系可知

$$F_e=\sum F_f=F_1-F_2 \tag{7-3}$$

带传动的有效拉力 F_e、带速 v(m/s)和所传递的功率 P 之间的关系为

$$P = \frac{F_e v}{1\,000} \tag{7-4}$$

由上述分析可知，带的两边拉力 F_1 和 F_2 的大小，取决于预紧力 F_0 和带传递的有效拉力 F_e。在带传动的传动能力范围内，有效拉力 F_e 的大小与所传动的功率 P 及带的速度有关系。当传动的功率增大时，带的两边拉力的差值 $F_e = F_1 - F_2$ 也要相应地增大。带的两边拉力的这种变化，实际上反映了带和带轮接触面上摩擦力的变化。显然，当其他条件不变并且预紧力 F_0 一定时，这个摩擦力有一极限值 F_{flim}。当 $F_{flim} > F_e$ 时，带传动能正常运转，如所需传递的圆周力(有效拉力) 超过这一有限值时，传动带将在带轮上打滑。这个极限值就限制着带传动的传动能力。

7.2.2 带传动的最大有效拉力及其影响因素

由于带传动是通过摩擦力传递运动和动力的，而在一定的张紧条件下，能产生的摩擦力有极限值。当带有打滑趋势时，摩擦力即达到极限值，这时带传动的有效拉力亦达到最大值，即带传动的最大有效拉力 F_{ec}。根据理论推导，在极限情况下，带的紧边拉力与松边拉力临界值之间的关系为

$$F_1 = F_2 e^{f\alpha} \tag{7-5}$$

式中，f 为摩擦系数(对 V 带来说，用当量摩擦系数 f_v 来代替 f)；α 为带在带轮上的包角(rad)，一般为主动轮；小轮包角 $\alpha_1 \approx 180° - \frac{d_{d2} - d_{d1}}{a} \times 57.3°$；大轮包角 $\alpha_2 \approx 180° + \frac{d_{d2} - d_{d1}}{a} \times 57.3°$；e 为自然对数的底($e = 2.718\cdots$)。式(7-5)为柔韧体的欧拉公式。

由前所述可知
$$\begin{cases} F_1 = F_0 + \dfrac{F_e}{2} \\ F_2 = F_0 - \dfrac{F_e}{2} \end{cases} \tag{7-6}$$

联立
$$\begin{cases} F_e = F_1 - F_2 \\ F_1 = F_2 e^{f\alpha} \end{cases} \tag{7-7}$$

可得最大有效拉力 F_{ec}

$$F_{ec} = F_1\left(1 - \frac{1}{e^{f\alpha}}\right) \tag{7-8}$$

$$F_{ec} = 2F_0\left(\frac{e^{f\alpha} - 1}{e^{f\alpha} + 1}\right) \tag{7-9}$$

由上述式子可知，影响最大有效拉力 F_{ec} 的因素有

(1) 预紧力 F_0。最大有效拉力 F_{ec} 与 F_0 成正比，F_0 越大，带与带轮间的正压力越大，则传动时的摩擦力就越大，但 F_0 过大时，带因张紧过度而很快松弛，缩短带的工作寿命。F_0 过

小，则带传动的工作能力得不到充分发挥，运转时容易发生跳动和打滑现象。

(2) 包角 α。最大有效拉力 F_{ec} 与 α 成正比。随包角 α 的增大，带和带轮的接触面上能产生的总摩擦力就越大，传动能力也就越高。由于小带轮上的包角 α_1 较小，所以，带传动的最大有效拉力 F_{ec} 取决于小带轮上的包角 α_1 的大小。

(3) 摩擦系数 f。最大有效拉力 F_{ec} 与 f 成正比。这是因为摩擦系数越大，则摩擦力也就越大，传动能力就越高。而摩擦系数与带及带轮的材料和表面状况、工作环境条件等有关。

此外，带的单位质量 q 和带速 v 对最大有效拉力 F_{ec} 也有影响，带的 q，v 越大，最大有效拉力 F_{ec} 越小，故高速传动时带的质量要尽可能轻。

7.2.3 带传动的应力分析

传动带在工作过程中，会产生以下几种应力：

1. 拉应力 $\boldsymbol{\sigma}$

紧边拉应力
$$\sigma_1 = \frac{F_1}{A}$$

松边拉应力
$$\sigma_2 = \frac{F_2}{A}$$

式中，F_1，F_2 为紧边、松边拉力(N)；A 为带的截面积(mm^2)。

带绕过主动轮时，拉应力由 σ_1 逐渐减至 σ_2；绕过从动轮时，拉应力由 σ_2 逐渐增至 σ_1。

2. 弯曲应力 $\boldsymbol{\sigma}_b$

带绕过带轮时，因弯曲要产生弯曲应力，弯曲应力作用在带轮段。由材料力学的知识可知弯曲应力为

$$\sigma_b = \frac{M}{W} = E\frac{h}{d_d} \tag{7-10}$$

式中，E 为带材料的弹性模量(MPa)；d_d 为带的基准直径(mm)；h 为带的高度(mm)。

由式(7-10)可知，当 h 越大、d_d 越小时，弯曲应力就越大。故带绕在小带轮上时的弯曲应力大于绕在大带轮上时的弯曲应力。为了避免弯曲应力过大，基准直径就不能过小，V 带轮的最小基准直径见表 7-3。

表 7-3　V 带轮的最小基准直径　　单位：mm

槽型	Z SPZ	A SPA	B SPB	C SPC
$d_{d\min}$	50 63	75 90	125 140	200 224

3. 离心拉应力 σ_c

当带绕过带轮做圆周运动时，由于带本身的质量将引起离心拉力 F_c，从而在带的横截面上就要产生离心拉应力 σ_c，其作用于带的全长上，大小可由下式计算

$$\sigma_c = \frac{F_c}{A} = \frac{qv^2}{A} \tag{7-11}$$

式中，q 为带的单位长度质量(kg/m)；v 为带的线速度(m/s)；A 为带的横截面积(mm^2)。

带的单位长度质量见表 7-4。

表 7-4　　带的单位长度质量

带型	Z SPZ	A SPA	B SPB	C SPC
$q/(kg \cdot m^{-1})$	0.06 0.07	0.10 0.12	0.17 0.20	0.30 0.37

由上述分析可知，带的速度对离心拉应力的影响很大。离心力虽然只产生在带作用圆周运动的弧段上，但由此引起的离心拉应力却作用于带的全长上，且各处大小相等。离心力的存在，使带和带轮接触面上的正压力减小，带传动的工作能力有所下降。

综上所述，带传动在传递运动时，带中将产生拉应力、弯曲应力和离心拉应力，其应力分布情况如图 7-7 所示。

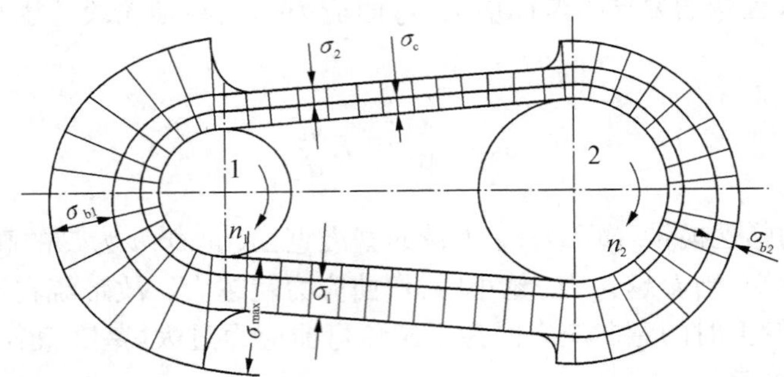

图 7-7　带工作时的应力分布示意图

从图中可以看出，带的最大应力发生在紧边开始绕上小带轮处，此时，最大应力可近似表示为

$$\sigma_{max} \approx \sigma_1 + \sigma_{b1} + \sigma_c \tag{7-12}$$

带运动时，作用在带上某点的应力是随它所处位置不同而变化的，所以带是在变应力下工作的，当应力循环次数达到一定数值后，带将产生疲劳破坏。

7.2.4　弹性滑动和打滑

带传动在工作时，带受到拉力后要产生弹性变形。由于带传动在工作过程中紧边和松

边的拉力不等，带所受的拉力是变化的，因此，带受力后的弹性变形也是变化的。

在小带轮上，带的拉力从紧边拉力 F_1 逐渐降低到松边拉力 F_2，带的弹性变形量逐渐减少，因此，带相对于小带轮向后退缩，使得带的速度低于小带轮的线速度 v_1；在大带轮上，带的拉力从松边拉力 F_2 逐渐上升为紧边拉力 F_1，带的弹性变形量逐渐增加，带相对于大带轮向前伸长，使得带的速度高于大带轮的线速度 v_2。这种由于带的弹性变形而引起的带与带轮间的微量滑动，称为带传动的弹性滑动。因为带传动总有紧边和松边，所以弹性滑动也总是存在的，是无法避免的。

弹性滑动引起了下列后果：①从动轮的圆周速度低于主动轮；②降低了传动效率；③引起带的磨损；④使带温度升高。

带在开始绕上小带轮时，带的速度等于小带轮的线速度；带在绕出小带轮时，带的速度低于小带轮的线速度。在大带轮上发生着类似的过程：带在开始绕上大带轮时，带的速度等于大带轮的线速度；带在绕出大带轮时，带的速度高于大带轮的线速度。带经过上述循环，带速没有发生变化。但是大带轮的线速度 v_2 却因此而小于小带轮的线速度 v_1。带轮线速度的相对变化可以用滑动率 ε 来评价

$$\varepsilon = \frac{v_1 - v_2}{v_1} \times 100\% \tag{7-13}$$

或

$$v_2 = (1-\varepsilon) v_1 \tag{7-14}$$

其中：

$$v_1 = \frac{\pi d_{d1} n_1}{60 \times 1\,000} \tag{7-15}$$

$$v_2 = \frac{\pi d_{d2} n_2}{60 \times 1\,000} \tag{7-16}$$

式中，n_1，n_2 分别为主动轮和从动轮的转速，r/min。

将式(7-15)、式(7-16)代入式(7-14)，可得

$$d_{d2} n_2 = (1-\varepsilon) d_{d1} n_1 \tag{7-17}$$

因而，带传动的平均传动比为

$$i = \frac{n_1}{n_2} = \frac{d_{d2}}{d_{d1}(1-\varepsilon)} \tag{7-18}$$

在一般带传动中，因滑动率不大（$\varepsilon \approx 1\% \sim 2\%$），故可以不予考虑，而取传动比为

$$i = \frac{n_1}{n_2} \approx \frac{d_{d2}}{d_{d1}} \tag{7-19}$$

在带传动正常工作时，带的弹性滑动只发生在带离开主、从动轮之前的那一段接触弧上，例如$\overset{\frown}{C_1B_1}$和$\overset{\frown}{C_2B_2}$，如图 7-8 所示，这段弧称为滑动弧，所对的中心角为滑动角；而把没有发生弹性滑动的接触弧，例如$\overset{\frown}{A_1C_1}$和$\overset{\frown}{A_2C_2}$，称作静止弧，所对的中心角称为静止角。在带传动的速度不变的条件下，随着带传动所传递的功率逐渐增加，带和带轮间的总摩擦力也随之增加，弹性滑动所发生的弧段的长度也相应扩大。当总摩擦力增加到临界值时，弹性滑动的区域也就扩大到了整个接触弧（相当于 C_1 点移动到与 A_1 点重合时）。此时如果再增加带传

动的功率,则带与带轮间就会发生显著的相对滑动,即打滑。打滑会加剧带的磨损,降低从动带轮的转速,使带的运动处于不稳定状态,甚至使传动失效,故应极力避免这种情况的发生。

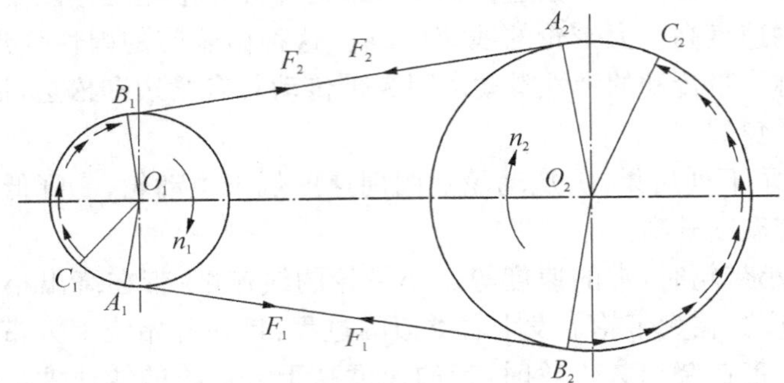

图 7-8 带工作时的应力分布示意图

综上所述,不能将弹性滑动和打滑混淆起来,弹性滑动是带本身所固有的特性,打滑是由于过载所引起的带在带轮上的全面滑动。打滑可以避免,弹性滑动不能避免。

7.3 普通 V 带传动的设计计算

7.3.1 带传动的失效形式和设计准则

实践表明,带传动的主要失效形式是打滑和疲劳破坏。因此,带传动的设计准则是:在保证带不打滑的条件下,带传动具有一定的疲劳强度和寿命。

7.3.2 单根 V 带的基本额定功率

单根 V 带所能传递的额定功率是指在一定的初拉力作用下,带传动不发生打滑且有足够疲劳寿命时所能传递的最大功率。

(1) 由疲劳强度条件 $\sigma_{max} \leqslant [\sigma]$ 得

$$\sigma_1 \leqslant [\sigma] - \sigma_{b1} - \sigma_c \tag{7-20}$$

(2) 由带传动不打滑条件

$$F_{ec} = F_1\left(1 - \frac{1}{e^{f\alpha}}\right) = \sigma_1 A\left(1 - \frac{1}{e^{f\alpha}}\right) \tag{7-21}$$

故传递的临界功率为

$$P = \frac{F_{ec} \cdot v}{1\,000} = \sigma_1 A\left(1 - \frac{1}{e^{f\alpha}}\right) \cdot \frac{v}{1\,000} \tag{7-22}$$

整理得单根 V 带所能传递的最大功率为

$$P_0=([\sigma]-\sigma_{b1}-\sigma_c)A\left(1-\frac{1}{e^{f\alpha}}\right)\cdot\frac{v}{1\,000} \tag{7-23}$$

在上述式子中，$[\sigma]$为根据疲劳寿命决定的带的许用拉应力。由实验可知，带的最大应力和应力循环次数有以下关系

$$[\sigma]^m\cdot N=C \tag{7-24}$$

对于一定规格、材质的带，在特定试验条件下：传动比 $i=1$（即包角 $\alpha=180°$）、特定带长、载荷平稳条件下，在 $10^8\sim10^9$ 次的循环系数下，V 带的许用应力为

$$[\sigma]=\sqrt[m]{\frac{C}{N}}=\sqrt[11.1]{\frac{CL_d}{3\,600jL_hv}} \tag{7-25}$$

式中，j 为绕过带轮的数目，一般 $j=2$；L_h 为总工作时数；v 为带速(m/s)；m 为指数；L_d 为带的基准长度；C 为由试验得到的常数，取决于带的材料和结构。

在上述试验条件下，带能传递的功率称为单根 V 带的基本额定功率 P_0，见表 7－5 和表 7－7。实际情况中，如果包角不等于 180°，带长与特定长度不符，则要引入包角修正系数 K_α 和带长修正系数 K_L；当传动比 $i>1$ 时，由于从动轮直径大于主动轮直径，带绕过从动轮时的弯曲应力小于绕过主动轮时的弯曲应力，带传动工作能力有所提高，即单根 V 带有一功率增量 ΔP_0，见表 7－6 和表 7－8。因此，需要对带传动的基本额定功率 P_0 进行修正，从而得到单根 V 带的额定功率

$$P_r=(P_0+\Delta P_0)K_\alpha K_L \tag{7-26}$$

表 7－5　单根普通 V 带所能传递的基本额定功率 P_0

带型	小带轮的基准直径 d_{d1}/mm	小带轮转速 n_1/(r/min)									
		400	700	800	950	1 200	1 450	1 600	2 000	2 400	2 800
Z	50	0.06	0.09	0.10	0.12	0.14	0.16	0.17	0.20	0.22	0.26
	56	0.06	0.11	0.12	0.14	0.17	0.19	0.20	0.25	0.30	0.33
	63	0.08	0.13	0.15	0.18	0.22	0.25	0.27	0.32	0.37	0.41
	71	0.09	0.17	0.20	0.23	0.27	0.30	0.33	0.39	0.46	0.50
	80	0.14	0.20	0.22	0.26	0.30	0.35	0.39	0.44	0.50	0.56
	90	0.14	0.22	0.24	0.28	0.33	0.36	0.40	0.48	0.54	0.60
A	75	0.26	0.40	0.45	0.51	0.60	0.68	0.73	0.84	0.92	1.00
	90	0.39	0.61	0.68	0.77	0.93	1.07	1.15	1.34	1.50	1.64
	100	0.47	0.74	0.83	0.95	1.14	1.32	1.42	1.66	1.87	2.05
	112	0.56	0.90	1.00	1.15	1.39	1.61	1.74	2.04	2.30	2.51
	125	0.67	1.07	1.19	1.37	1.66	1.92	2.07	2.44	2.74	2.98
	140	0.78	1.26	1.41	1.62	1.96	2.28	2.45	2.87	3.22	3.48

续　表

带型	小带轮的基准直径 d_{d1}/mm	小带轮转速 n_1/(r/min)									
		400	700	800	950	1 200	1 450	1 600	2 000	2 400	2 800
	160	0.94	1.51	1.69	1.95	2.36	2.73	2.54	3.42	3.80	4.06
	180	1.09	1.76	1.97	2.27	2.74	3.16	3.40	3.93	4.32	4.54
B	125	0.84	1.30	1.44	1.64	1.93	2.19	2.33	2.64	2.85	2.96
	140	1.05	1.64	1.82	2.08	2.47	2.82	3.00	3.42	3.70	3.85
	160	1.32	2.09	2.32	2.66	3.17	3.62	3.86	4.40	4.75	4.89
	180	1.59	2.53	2.81	3.22	3.85	4.39	4.68	5.30	5.67	5.76
	200	1.85	2.96	3.30	3.77	4.50	5.13	5.46	6.13	6.47	6.43
	224	2.17	3.47	3.86	4.42	5.26	5.97	6.33	7.02	7.25	6.95
	250	2.50	4.00	4.46	5.10	6.04	6.82	7.20	7.87	7.89	7.14
	280	2.89	4.61	5.13	5.85	6.90	7.76	8.13	8.60	8.22	6.80
C	200	2.41	3.69	4.07	4.58	5.29	5.84	6.07	6.34	6.02	5.01
	224	2.99	4.64	5.12	5.78	6.71	7.45	7.75	8.06	7.57	6.08
	250	3.62	5.64	6.23	7.04	8.21	9.04	9.38	9.62	8.75	6.56
	280	4.32	6.76	7.52	8.49	9.81	10.72	11.06	11.04	9.50	6.13
	315	5.14	8.09	8.92	10.05	11.53	12.46	12.72	12.14	9.43	4.16
	355	6.05	9.50	10.46	11.73	13.31	14.12	14.19	12.59	7.98	—
	400	7.06	11.02	12.10	13.48	15.04	15.53	15.24	11.95	4.34	—
	450	8.20	12.63	13.80	15.23	16.59	16.47	15.57	9.64	—	—
D	355	9.24	13.70	16.15	17.25	16.77	15.63	—	—	—	—
	400	11.45	17.07	20.06	21.20	20.15	18.31	—	—	—	—
	450	13.85	20.63	24.01	24.84	22.02	19.59	—	—	—	—
	500	16.20	23.99	27.50	26.71	23.59	18.88	—	—	—	—
	560	18.95	27.73	31.04	29.67	22.58	15.13	—	—	—	—
	630	22.05	31.68	34.19	30.15	18.06	6.25	—	—	—	—
	710	25.45	35.59	36.35	27.88	7.99	—	—	—	—	—
	800	29.08	39.14	36.76	21.32	—	—	—	—	—	—

注：因为 Y 形带主要用于传动，所以没有列出。

表 7-6 单根普通 V 带额定功率的增量 ΔP_0

带型	小带轮转速 n_1/r·min^{-1}	传动比 i									
		1.00~1.01	1.02~1.04	1.05~1.08	1.09~1.12	1.13~1.18	1.19~1.24	1.25~1.34	1.35~1.51	1.52~1.99	≥2.0
Z	400	0.00	0.00	0.00	0.00	0.00	0.00	0.00	0.00	0.01	0.01
	730	0.00	0.00	0.00	0.00	0.00	0.00	0.01	0.01	0.01	0.02
	800	0.00	0.00	0.00	0.00	0.01	0.01	0.01	0.01	0.02	0.02
	980	0.00	0.00	0.00	0.01	0.01	0.01	0.01	0.02	0.02	0.02
	1 200	0.00	0.00	0.01	0.01	0.01	0.01	0.02	0.02	0.02	0.03
	1 460	0.00	0.00	0.01	0.01	0.01	0.02	0.02	0.02	0.02	0.03
	2 800	0.00	0.01	0.02	0.02	0.03	0.03	0.03	0.04	0.04	0.04
A	400	0.00	0.01	0.01	0.02	0.02	0.03	0.03	0.04	0.04	0.05
	730	0.00	0.01	0.02	0.03	0.04	0.05	0.06	0.07	0.08	0.09
	800	0.00	0.01	0.02	0.03	0.04	0.05	0.06	0.08	0.09	0.10
	980	0.00	0.01	0.03	0.04	0.05	0.06	0.07	0.08	0.10	0.11
	1 200	0.00	0.02	0.03	0.05	0.07	0.08	0.10	0.11	0.13	0.15
	1 460	0.00	0.02	0.04	0.06	0.08	0.09	0.11	0.13	0.15	0.17
	2 800	0.00	0.04	0.08	0.11	0.15	0.19	0.23	0.26	0.30	0.34
B	400	0.00	0.01	0.03	0.04	0.06	0.07	0.08	0.10	0.11	0.13
	730	0.00	0.02	0.05	0.07	0.10	0.12	0.15	0.17	0.20	0.22
	800	0.00	0.03	0.06	0.08	0.11	0.14	0.17	0.20	0.23	0.25
	980	0.00	0.03	0.07	0.10	0.13	0.17	0.20	0.23	0.26	0.30
	1 200	0.00	0.04	0.08	0.13	0.17	0.21	0.25	0.30	0.34	0.38
	1 460	0.00	0.05	0.10	0.15	0.20	0.25	0.31	0.36	0.40	0.46
	2 800	0.00	0.10	0.20	0.29	0.39	0.49	0.59	0.69	0.79	0.89
C	400	0.00	0.04	0.08	0.12	0.16	0.20	0.23	0.27	0.31	0.35
	730	0.00	0.07	0.14	0.21	0.27	0.34	0.41	0.48	0.55	0.62
	800	0.00	0.08	0.16	0.23	0.31	0.39	0.47	0.55	0.63	0.71
	980	0.00	0.09	0.19	0.27	0.37	0.47	0.56	0.65	0.74	0.83
	1 200	0.00	0.12	0.24	0.35	0.47	0.59	0.70	0.82	0.94	1.06
	1 460	0.00	0.14	0.28	0.42	0.58	0.71	0.85	0.99	1.14	1.27
	2 800	0.00	0.27	0.55	0.82	1.10	1.37	1.64	1.92	2.19	2.47

表 7-7 单根窄 V 带所能传递的基本额定功率 P_0

带型	小带轮基准直径 d_{d1}/mm	小带轮转速 n_1/(r/min)						
		400	730	800	980	1 200	1 460	2 800
SPZ	63	0.35	0.56	0.60	0.70	0.81	0.93	1.45
	71	0.44	0.72	0.78	0.92	1.08	1.25	2.00
	80	0.55	0.88	0.99	1.15	1.38	1.60	2.61
	90	0.67	1.12	1.21	1.44	1.70	1.98	3.26

续 表

带型	小带轮基准直径 d_{d1}/mm	小带轮转速 n_1/(r/min)						
		400	730	800	980	1 200	1 460	2 800
SPA	90	0.75	1.21	1.30	1.52	1.76	2.02	3.00
	100	0.94	1.54	1.65	1.93	2.27	2.61	3.99
	112	1.16	1.91	2.07	2.44	2.86	3.31	5.15
	125	1.40	2.33	2.52	2.98	3.50	4.06	6.34
	140	1.68	2.81	3.03	3.58	4.23	4.91	7.64
SPB	140	1.92	3.13	3.35	3.92	4.55	5.21	7.15
	150	2.47	4.06	4.37	5.13	5.98	6.89	9.52
	180	3.01	4.99	5.37	6.31	7.38	8.5	11.62
	200	3.54	5.88	6.35	7.47	8.74	10.07	13.41
	224	4.18	6.97	7.52	8.83	10.33	11.86	15.14
SPC	224	5.19	8.82	10.43	10.39	11.89	13.26	—
	250	6.31	10.27	11.02	12.76	14.61	16.26	—
	280	7.59	12.40	13.31	15.40	17.60	19.49	—
	315	9.07	14.82	15.90	18.37	20.88	22.92	—
	400	12.55	20.41	21.84	25.16	27.33	29.40	—

表 7-8　　单根窄 V 带额定功率的增量 ΔP_0

带型	小带轮转速 n_1/(r/min)	传动比 i									
		1.00~1.01	1.02~1.05	1.06~1.11	1.12~1.18	1.19~1.26	1.27~1.38	1.39~1.57	1.58~1.94	1.95~3.38	≥3.39
SPZ	400	0.00	0.01	0.01	0.03	0.03	0.04	0.05	0.06	0.06	0.06
	730	0.00	0.01	0.03	0.05	0.06	0.08	0.09	0.10	0.11	0.12
	800	0.00	0.01	0.03	0.05	0.07	0.08	0.10	0.11	0.12	0.13
	980	0.00	0.01	0.04	0.06	0.08	0.10	0.12	0.13	0.15	0.15
	1 200	0.00	0.02	0.04	0.08	0.10	0.13	0.15	0.17	0.18	0.19
	1 460	0.00	0.02	0.05	0.09	0.13	0.15	0.18	0.20	0.22	0.23
	2 800	0.00	0.04	0.10	0.18	0.24	0.30	0.35	0.39	0.43	0.45
SPA	400	0.00	0.01	0.04	0.07	0.09	0.11	0.13	0.14	0.16	0.16
	730	0.00	0.02	0.07	0.12	0.16	0.20	0.23	0.26	0.28	0.30
	800	0.00	0.03	0.08	0.13	0.18	0.22	0.25	0.29	0.31	0.33
	980	0.00	0.03	0.09	0.16	0.21	0.26	0.30	0.34	0.37	0.40
	1 200	0.00	0.04	0.11	0.20	0.27	0.33	0.38	0.43	0.47	0.49
	1 460	0.00	0.05	0.14	0.24	0.32	0.39	0.46	0.51	0.56	0.59
	2 800	0.00	0.10	0.26	0.46	0.63	0.76	0.89	1.00	1.09	1.15
SPB	400	0.00	0.03	0.08	0.14	0.19	0.22	0.26	0.30	0.32	0.34
	730	0.00	0.05	0.14	0.25	0.33	0.40	0.47	0.53	0.58	0.62
	800	0.00	0.06	0.16	0.27	0.37	0.45	0.53	0.59	0.66	0.68

续　表

带型	小带轮转速 n_1/(r/min)	传动比 i									
		1.00～1.01	1.02～1.05	1.06～1.11	1.12～1.18	1.19～1.26	1.27～1.38	1.39～1.57	1.58～1.94	1.95～3.38	≥3.39
	980	0.00	0.07	0.19	0.33	0.45	0.54	0.63	0.71	0.78	0.82
	1 200	0.00	0.09	0.23	0.41	0.56	0.67	0.79	0.89	0.97	1.03
	1 460	0.00	0.10	0.28	0.49	0.67	0.81	0.95	1.07	1.16	1.23
	2 800	0.00	0.20	0.55	0.96	1.30	1.57	1.85	2.08	2.26	2.40
SPC	400	0.00	0.09	0.24	0.41	0.56	0.68	0.79	0.89	0.97	1.03
	730	0.00	0.16	0.42	0.74	1.00	1.22	1.43	1.60	1.75	1.85
	800	0.00	0.17	0.47	0.82	1.12	1.35	1.58	1.78	1.94	2.06
	980	0.00	0.21	0.56	0.98	1.34	1.62	1.90	2.14	2.33	2.47
	1 200	0.00	0.26	0.71	1.23	1.67	2.03	2.38	2.67	2.91	3.09
	1 460	0.00	0.31	0.85	1.48	2.01	2.43	2.85	3.21	3.50	3.70

表 7－9　　包角修正系数 K_α

小带轮包角/(°)	K_α	小带轮包角/(°)	K_α
180	1	145	0.91
175	0.99	140	0.89
170	0.98	135	0.88
165	0.96	130	0.86
160	0.95	125	0.84
155	0.93	120	0.82
150	0.92		

表 7－10　　长度修正系数 K_L

基准长度 L_d/mm	K_L										
	普通 V 带							窄 V 带			
	Y	Z	A	B	C	D	E	SPZ	SPA	SPB	SPC
400	0.96	0.87									
450	1.00	0.89									
500	1.02	0.91									
560		0.94									
630		0.96	0.81					0.82			
710		0.99	0.82					0.84			
800		1.00	0.85					0.86	0.81		
900		1.03	0.87	0.81				0.88	0.83		
1 000		1.06	0.89	0.84				0.90	0.85		
1 120		1.08	0.91	0.86				0.93	0.87		
1 250		1.11	0.93	0.88				0.94	0.89	0.82	

续 表

基准长度 L_d/mm	K_L										
	普通 V 带							窄 V 带			
	Y	Z	A	B	C	D	E	SPZ	SPA	SPB	SPC
1 400		1.14	0.96	0.90				0.96	0.91	0.84	
1 600		1.16	0.99	0.93	0.84			1.00	0.93	0.86	
1 800		1.18	1.01	0.95	0.85			1.01	0.95	0.88	
2 000			1.03	0.98	0.88			1.02	0.96	0.90	0.81
2 240			1.06	1.00	0.91			1.05	0.98	0.92	0.83
2 500			1.09	1.03	0.93			1.07	1.00	0.94	0.86
2 800			1.11	1.05	0.95	0.83		1.09	1.02	0.96	0.88
3 150			1.13	1.07	0.97	0.86		1.11	1.04	0.98	0.90
3 550			1.17	1.10	0.98	0.89		1.13	1.06	1.00	0.92
4 000			1.19	1.13	1.02	0.91			1.08	1.02	0.94
4 500				1.15	1.04	0.93	0.90		1.09	1.04	0.96
5 000				1.18	1.07	0.96	0.92			1.06	0.98

7.3.3 V 带传动的设计计算和参数选择

带传动的已知条件一般为：①传动用途及工作情况和原动机类型；②传递的功率 P；③大、小带轮的转速 n_1 和 n_2（或传动比 i）；④传动位置及外廓尺寸要求等。

设计计算的内容包括：①确定带的截型、长度、根数；②确定传动中心距；③确定带轮材料、直径和结构尺寸；④作用在轴上的压轴力等。

设计计算的步骤如下：

1. 确定计算功率 P_{ca}

$$P_{ca} = K_A \cdot P \tag{7-27}$$

式中，P 为传递的额定功率（如电动机的稳定功率）(kW)；K_A 为工况系数，见表 7-11。

表 7-11　　工作情况系数 K_A

工况		K_A					
		软起动			负载起动		
		每天工作小时数/h					
		<10	10～16	>16	<10	10～16	>16
载荷变动微小	液体搅拌机，通风机和鼓风机(≤7.5 kW)，离心式水泵和压缩机，轻型输送机	1.0	1.1	1.2	1.1	1.2	1.3
载荷变动小	带式输送机（不均匀载荷），通风机(>7.5 kW)，旋转式水泵和压缩机，发电机，金属切削机床，印刷机，旋转筛，锯木机和木工机械	1.1	1.2	1.3	1.2	1.3	1.4

续 表

工况		K_A					
		软起动			负载起动		
		每天工作小时数/h					
		<10	10～16	>16	<10	10～16	>16
载荷变动较大	制砖机，斗式提升机，往复式水泵和压缩机，起重机，磨粉机，冲剪机床，橡胶机械，振动筛，纺织机械，重载输送机	1.2	1.3	1.4	1.4	1.5	1.6
载荷变动很大	破碎机（旋转式、颚式等），磨碎机（球磨、棒磨、管磨）	1.3	1.4	1.5	1.5	1.6	1.8

注：1. 软起动一电动机（交流起动、三角形起动、直流并励），四缸以上的内燃机，装有离心式离合器、液力联轴器的动力机。负载起动一电动机（联机交流起动、直流复励或串励），四缸以下的内燃机；
2. 反复起动、正反转频繁、工作条件恶劣等场合，K_A 应乘以 1.2；
3. 增速传动时 K_A 应乘以下列系数：
增速比：1.25～1.74　1.75～2.49　2.5～3.49　≥3.5
系　数：　1.05　　　1.11　　　1.18　　　1.28。

2. 选择带型

根据计算功率 P_{ca} 和小带轮的转速 n_1，由图 7－9 和 7－10 选择带的型号。在两种型号相邻的区域，若选用截面尺寸较小的型号，则根数较多，带的弯曲应力小。如果认为带的根数太多，则可取大一型号的带，这时，传动的尺寸（中心距、带轮直径）会增加，但带的根数减少。

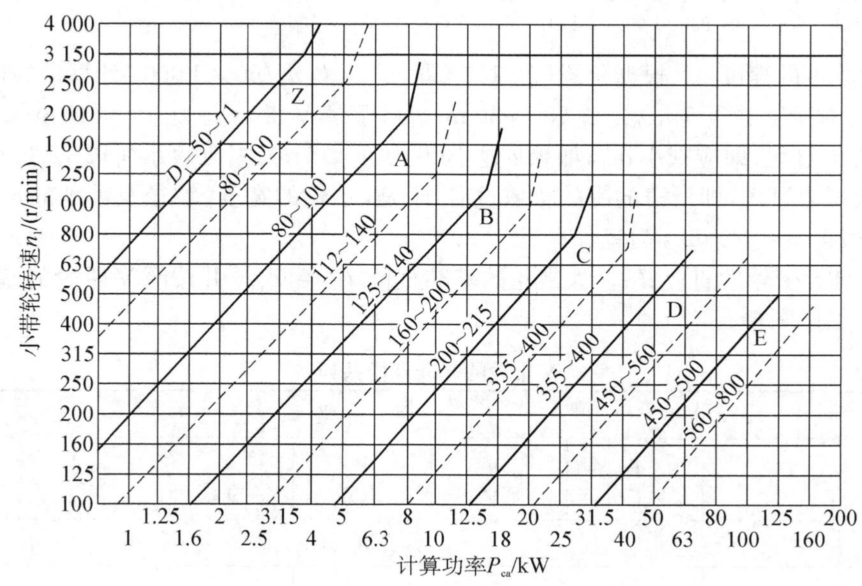

图 7－9　普通 V 带选型图

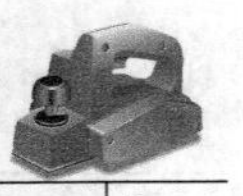

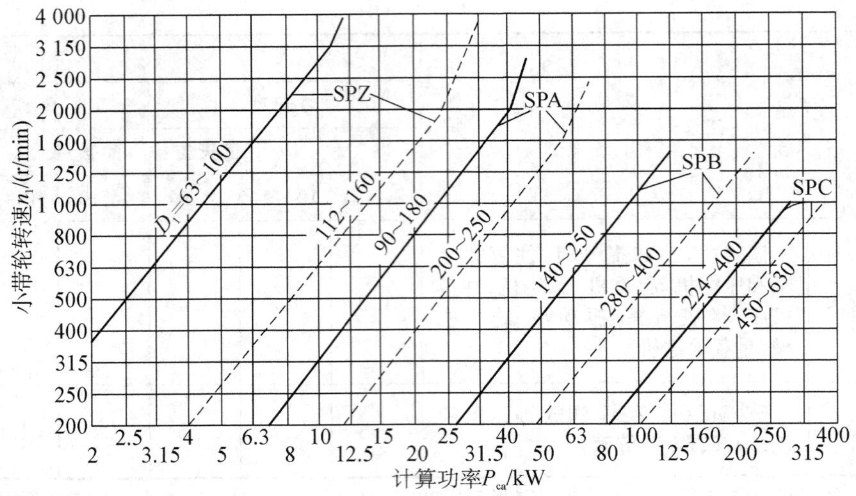

图 7-10 窄 V 带选型图

3. 确定带轮的基准直径 d_{d1} 和 d_{d2}

(1) 初选小带轮的直径 d_{d1}。根据 V 带截型,参考表 7-12,选择 $d_{d1} > d_{dmin}$。为了提高 V 带的寿命,宜选取较大的直径。

表 7-12　V 带轮的最小基准直径 d_{dmin}

槽型	Y	Z	A	B	C	D	E
d_{dmin}/mm	20	50	75	125	200	355	500

注:带轮基准直径系列:20, 22.4, 25.28, 31.5, 35.5, 40, 45, 50, 56, 63, 71, 75, 80, 85, 90, 95, 100, 106, 112, 118, 125, 132, 140, 150, 160, 170, 180, 200, 212, 224, 236, 250, 265, 280, 315, 355, 375, 400, 425, 450, 475, 500, 530, 560, 630, 710, 800, 900, 1 000, 1 120, 1 250, 1 600, 2 000, 2 500。

(2) 验算带的速度 v。根据公式(7-15)(即 $v = \pi d_{d1} n_1 / 60 \times 1\,000$)计算带的速度,并应使 $v \leqslant v_{max}$。对于普通 V 带,$v_{max} \leqslant 25 \sim 30$ m/s;对于窄 V 带,$v_{max} \leqslant 35 \sim 40$ m/s。如果 $v > v_{max}$,则离心力过大,即应减小 d_{d1};如果 v 过小(例如 $v < 5$ m/s),则表示所选 d_{d1} 过小,这将使所需的有效拉力过大,即所需的带的根数过多,于是,带轮的宽度、轴径及轴承的尺寸都要随之增大。一般以 $v \approx 20$ m/s 为宜。

(3) 计算大带轮的直径 d_{d2}。大带轮的基准直径 $d_{d2} = i d_{d1}$,并按照 V 带轮的基准直径系列表 7-13 加以圆整。

表 7-13　V 带轮的基准直径系列

基准直径 d_d/mm	带型						
	Y	Z SPZ	A SPA	B SPB	C SPC	D	E
	外径 d_a/mm						
50 63	53.2 66.2	54[①] 67					

续 表

基准直径 d_d/mm	带型						
	Y	Z SPZ	A SPA	B SPB	C SPC	D	E
	外径 d_a/mm						
71	74.2	75					
75	—	79	80.5①				
80	83.2	84	85.5①				
85	—	—	90.5①				
90	93.2	94	95.5				
95	—	—	100.5				
100	103.2	104	105.5				
106	—	—	111.5				
112	115.2	116	117.5				
118	—	—	123.5				
125	128.2	129	130.5	132①			
132		136①	137.5	139①			
140		144	145.5	147			
150		154	165.5	157			
160		164	165.5	167			
170		—	—	177			
180		184	185.5	187			
200		204	205.5	207	209.6①		
212		—	—	219②	221.6①		
224		228	229.5①	231	233.6		
236		—	—	243②	245.6		
250		254	255.5	257	259.6		
265		—	—	—	274.6		
280		284	285.5①	287	289.6		
315		319	320.5	322	324.6		
355		359	360.5①	362	364.6	371.2	
375		—	—	—	—	391.2	
400		404	405.5	407	409.6	416.2	
425		—	—	—	—	441.2	
450		—	455.5①	457①	459.6	466.2	
476		—	—	—	—	491.2	
500		504	505.5	507	509.6	516.2	519.2

注：1. d_a 见图 7－12；

2. ①仅限于普通 V 带轮。

4. 确定中心距 a 和带的基准长度 L_d

中心距小，则传动外廓尺寸小，但带长亦短，带的应力循环频率高，寿命短，且包角减小，传动能力降低；中心距大，则与上述情况相反，但中心距过大，带速高时易引起带的颤动。若无特殊要求，可按下式初选中心距

$$0.7(d_{d1}+d_{d2})\leqslant a_0\leqslant 2(d_{d1}+d_{d2}) \tag{7-28}$$

a_0 选定后，根据带传动的几何关系，按照下式计算所需带的基准长度 L'_d

$$L'_d\approx 2a_0+\frac{\pi}{2}(d_{d1}+d_{d2})+\frac{(d_{d2}-d_{d1})^2}{4a_0} \tag{7-29}$$

根据 L'_d 查表 7-2 选取和 L'_d 相近的 V 带的基准长度 L_d。再根据 L_d 来计算实际中心距 a。由于 V 带的中心距一般是可调的，所以可用下式近似计算中心距 a

$$a\approx a_0+\frac{L_d-L'_d}{2} \tag{7-30}$$

考虑到中心距调整、补偿初拉力 F_0，中心距 a 应有一个范围

$$(a-0.015L_d)\leqslant a\leqslant(a+0.03L_d) \tag{7-31}$$

即最小中心距 $a_{min}=a-0.015L_d$

最大中心距 $a_{max}=a+0.03L_d$

5. 验算小轮包角 α_1

小带轮上的包角可按照下式计算

$$\alpha_1\approx 180°-\frac{d_{d2}-d_{d1}}{a}\times 57.3°\geqslant 120°(\text{至少 }90°) \tag{7-32}$$

如果 α_1 小于此值，可是当加大中心距 a；若中心距不可调时，可加张紧轮。从上式也可以看出来，α_1 也与传动比有关，d_{d2} 与 d_{d1} 相差越大，即 i 越大，则 α_1 也就越小。通常为了在中心距不过大的条件下保证包角不致过小，所以，传动比不宜过大，普通 V 带传动一般推荐 $i\leqslant 7$(一般 $i=3\sim 5$)，必要时可达到 10。

6. 确定 V 带的根数 z

$$z=\frac{P_{ca}}{P_r}=\frac{P_{ca}}{(P_0+\Delta P_0)K_\alpha K_L} \tag{7-33}$$

为使各根 V 带受力均匀，带的根数不宜过多，一般应少于 10 根。否则，应选择横截面积较大的带型，以减少带的根数。

7. 确定带的预紧力 F_0

适当的预紧力是保证带传动正常工作的重要因素之一。预紧力小，则摩擦力小，易出现打滑。反之，预紧力过大，会使 V 带的拉应力增加而寿命降低，并使轴和轴承的压力增大。为了保证所需的传递功率，又不出现打滑，并考虑离心力的不利影响，单根 V 带适当的预紧力为

$$F_0=500\cdot\frac{P_{ca}}{zv}\left(\frac{2.5-K_\alpha}{K_\alpha}\right)+q\cdot v^2 \tag{7-34}$$

8. 确定作用在轴上的压轴力 F_Q

$$F_Q=2zF_0\cdot\sin\frac{\alpha_1}{2} \tag{7-35}$$

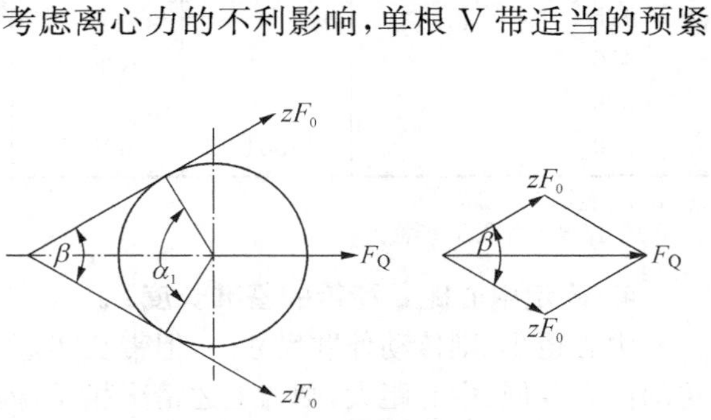

图 7-11 轴上的压力

式中，α_1 为小带轮上的包角；z 为 V 带的根

数；F_0 为单根带的预紧力。

［例 7-1］ 试设计带式输送机的 V 带传动，采用三相异步电机 Y160L-6，其额定功率 $P=11$ kW，转速 $n_1=1\,440$ r/min，传动比 $i=2.5$，两班制工作。

设计计算项目	设计计算依据	结论	
		方案 1	方案 2
1. 确定计算功率 P_{ca}			
① 工况系数 K_A	见表 7-11。	1.4	
② 计算功率 P_{ca}	$P_{ca}=K_A\cdot P$	15.4 kW	
2. 选择 V 带型号			
选 V 带型号	见图 7-9 根据 P_{ca} 和 n_1	A 型	B 型
3. 确定带轮的基准直径 d_{d1} 和 d_{d2}			
① 选择小带轮直径	表 7-12	$d_{d1}=112$ mm	$d_{d1}=140$ mm
② 验算带速	$v=\pi d_{d1}n_1/60\times1\,000$	$v=8.44$ m/s	$v=10.56$ m/s
③ 计算大带轮直径	$d_{d2}=id_{d1}$ 按表 7-12 选标准值	$d_{d2}=425$ mm	$d_{d2}=530$ mm
④ 实际传动比	$i=\dfrac{d_{d2}}{d_{d1}}$	$i=3.795$	$i=3.786$
4. 确定中心距 a 和带的基准长度 L_d			
① 初选中心距 a_0	根据(7-28) $0.7(d_{d1}+d_{d2})\leqslant a_0\leqslant 2(d_{d1}+d_{d2})$	$a_0=700$ mm	$a_0=900$ mm
② 计算带长 L'_d	$L'_d\approx 2a_0+\dfrac{\pi}{2}(d_{d_1}+d_{d_2})+\dfrac{(d_{d_2}-d_{d_1})^2}{4a_0}$	$L'_d=2\,279$	$L'_d=2\,895$
③ 选定带的基准长度 L_d	由表 7-2 取标准值	$L_d=2\,240$	$L_d=2\,800$
④ 实际中心距 a	$a\approx a_0+\dfrac{L_d-L'_d}{2}$	$a=680$	$a=852$
5. 验算小轮包角 α_1			
验算小轮包角 α_1	$\alpha_1\approx 180^\circ-\dfrac{d_{d_2}-d_{d_1}}{a}\times57.3^\circ\geqslant120^\circ$ (至少 90°)	$\alpha_1=153.6^\circ$	$\alpha_1=153.8^\circ$
6. 确定 V 带的根数 z			
① 单根 V 带的额基本额定功率 P_0	查表 7-5	$P_0=1.6$	$P_0=2.8$
② 功率增量 ΔP_0	见表 7-6	$\Delta P_0=0.168$	$\Delta P_0=0.454$
③ 包角系数 K_α	查表 7-9	$K_\alpha=0.927$	$K_\alpha=0.928$

续 表

设计计算项目	设计计算依据	结论	
		方案 1	方案 2
④ 长度系数 K_L	查表 7 - 10	$K_L = 1.06$	$K_L = 1.05$
⑤ 带的根数 z	$z = \dfrac{P_{ca}}{P_r} = \dfrac{P_{ca}}{(P_0 + \Delta P_0)K_\alpha K_L}$	$z = 9$	$z = 5$
7. 确定带的预紧力 F_0			
预紧力 F_0	$F_0 = 500 \cdot \dfrac{P_{ca}}{zv}\left(\dfrac{2.5 - K_\alpha}{K_\alpha}\right) + q \cdot v^2$	$F_0 = 179$	$F_0 = 266$
8. 确定作用在轴上的压轴力 F_Q			
压轴力 F_Q	$F_Q = 2zF_0 \cdot \sin\dfrac{\alpha_1}{2}$	$F_Q = 3\,137$	$F_Q = 2\,591$
设计结果讨论：采用 A 型 V 带，结构较紧凑，但带根数较多，传力均匀性不如 B 型带，另外，前者对轴的压力稍大。本题对结构无特殊要求，拟采用 B 型带方案。			

7.4 带传动的结构设计

7.4.1 V 带轮的结构设计

1. V 带轮设计的要求

设计带轮的一般要求为：质量小；结构工艺性好（易于制造）；无过大的铸造内应力；质量分布均匀，转速高时要进行动平衡处理；与带接触的工作面要精细加工（表面粗糙度一般为 3.2μ），以减少带的磨损；各槽的尺寸和角度都应保持一定的精度，以使载荷分布较为均匀等。

2. V 带轮的材料

带轮常用的材料为 HT150 或 HT200，转速较高的时候也可用铸钢或钢板冲压—焊接；小功率传动可用铸铝或塑料。

3. V 带轮的结构

V 带轮是带传动中的重要零件，典型的带轮由三部分组成：轮缘（用以安装传动带）；轮毂（用以安装在轴上）；轮辐（连接轮缘与轮毂）。

铸铁制成的带轮的典型结构有以下几种：实心式、腹板式、孔板式和轮辐式。具体机构如图 7 - 12 所示。

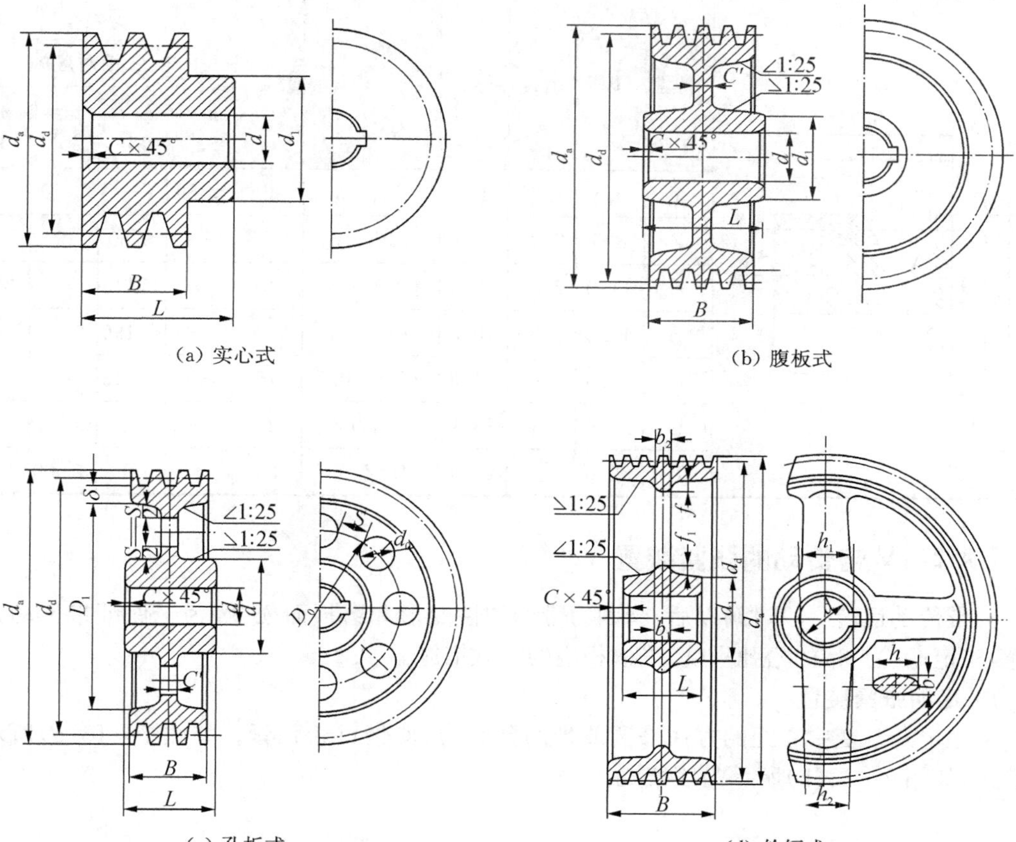

(a) 实心式　　(b) 腹板式

(c) 孔板式　　(d) 轮辐式

$d_1=(1.8\sim2)d$，d 为轴的直径

$b_1=0.4h_1$

$C'=\left(\dfrac{1}{7}\sim\dfrac{1}{4}\right)B$

$L=(1.5\sim2)d$，当 $B<1.5d$ 时，$L=B$

式中　P——传递的功率，kW；

　　　n——带轮的转速，r/min；

　　　z_a——轮辐数。

$h_2=0.8h_1$

$b_2=0.8b_1$

$h_1=290\sqrt[3]{\dfrac{P}{nz_a}}$

$f_1=0.2h_1$

$D_0=0.5(D_1+d_1)$

$d_0=(0.2\sim0.3)(D_1-d_1)$

$S=C'$

$f_2=0.2h_2$

图 7-12　V 带轮的结构

V 带轮的结构形式与基准直径有关：当带轮的基准直径为 $d_d\leqslant2.5d$（d 为轴的直径）时，可采用实心结构。当 $2.5d\leqslant d_d\leqslant300$ mm 时，带轮常采用腹板式结构。当 $D_1-d_1\geqslant100$ mm 时，带轮通常采用孔板式结构。当 $d_d>300$ mm 时，带轮常采用轮辐式结构。

带轮的设计主要是根据带轮的基准直径选择结构形式；根据带的截型确定轮槽尺寸，见表 7-14；带轮的其他结构尺寸通常按经验公式计算确定，如图 7-12 所示。确定了带轮的各部分尺寸后，即可绘制出零件图，并按工艺要求注出相应的技术要求等。

表 7－14　　普通带轮的轮槽尺寸

槽型	b_d	h_{amin}	h_{fmin}	e	f_{min}	d_d 与 d_d 相对应的 φ			
						$\varphi=32°$	$\varphi=34°$	$\varphi=36°$	$\varphi=38°$
Y	5.3	1.60	4.7	8±0.3	6	≤60	—	>60	—
Z	8.5	2.00	7.0	12±0.3	7	—	≤80	—	>80
A	11.0	2.75	8.7	15±0.3	9	—	≤118	—	>118
B	14.0	3.50	10.8	19±0.4	11.5	—	≤190	—	>190
C	19.0	4.80	14.3	25.5±0.5	16	—	≤315	—	>315
D	27.0	8.10	19.9	37±0.6	23	—	—	≤475	>475
E	32.0	9.60	23.4	44.5±0.7	28	—	—	≤600	>600

7.4.2　V 带传动的张紧装置

V 带传动运转一段时间以后，会因为带的塑性变形和磨损而松弛，为了保证带传动正常工作，应定期检查带的松弛程度，采取相应的补救措施。

1. 定期张紧装置

采用定期改变中心距的方法来调节带的预紧力，使带重新张紧。如图 7－13(a)所示为滑道式，如图 7－13(b)所示为摆架式。

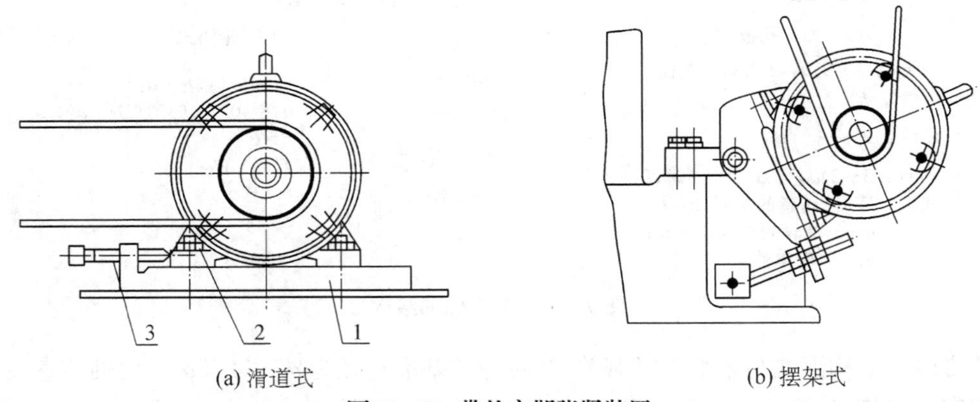

(a) 滑道式　　(b) 摆架式

图 7－13　带的定期张紧装置

2. 自动张紧装置

如图 7－14 所示，将装有带轮的电动机安装在浮动的摆架上，利用电动机的自重，使带轮随同电动机的固定轴摆动，以自动保持预紧力。

3. 采用张紧轮的张紧装置

当中心距不能调节时，可采用张紧轮将带张紧如图 7－15 所示。设置张紧轮应注意：①一般应放在松边的内侧，使带只受单向弯曲；②张紧轮还应尽量靠近大带轮，以免减少带在小带轮上的包角；③张紧轮的轮槽尺寸与带轮的相同，且直径小于小带轮的直径。

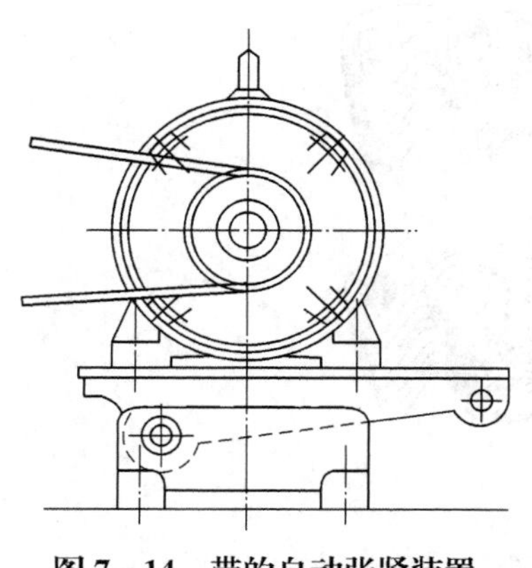

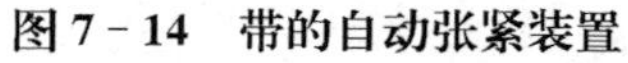

图 7-14 带的自动张紧装置

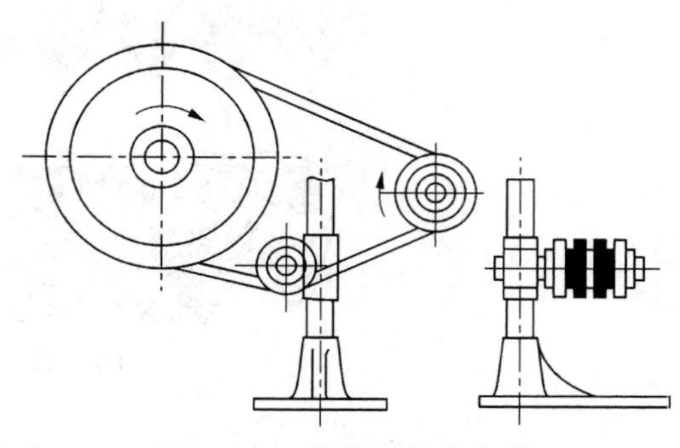

图 7-15 带的张紧轮张紧

如果中心距过小，可以将张紧轮设置在带的松边外侧，同时应靠近小带轮。但这种方式使带产生反向弯曲，不利于提高带的疲劳寿命。

7.5 链传动的类型、结构和特点

链传动是由装在平行轴上的主、从动链轮和绕在链轮上的环形链条所组成如图 7-16 所示，以链作中间挠性件，靠链与链轮轮齿的啮合来传递动力。

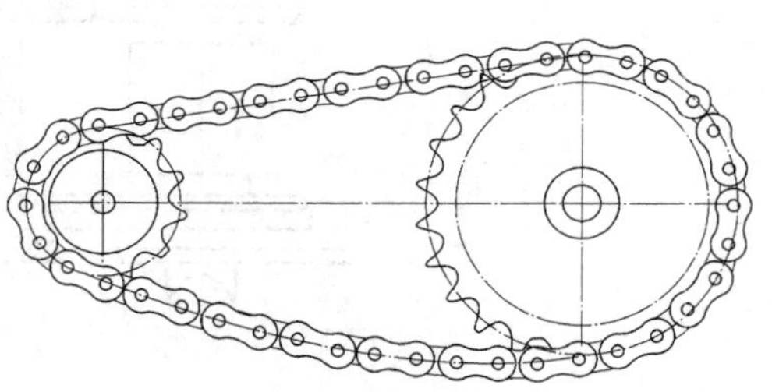

图 7-16 链传动简图

与带传动相比，链传动没有弹性滑动和打滑，能保持准确的平均传动比，需要的张紧力小，作用在轴上的压力也小，可减少轴承的摩擦损失；结构紧凑；能在温度较高、有油污等恶劣环境条件下工作。与齿轮传动相比，链传动的制造和安装精度要求较低；中心距较大时其传动结构简单。链传动的主要缺点是：瞬时链速和瞬时传动比不是常数，因此，传动平稳性较差，工作中有一定的冲击和噪声。

7.5.1 链的类型、结构和特点

链的种类较多，按用途不同可分为起重链、牵引链和传动链三种。起重链和牵引链在起重机械和运输机械中使用，传动链常用在一般机械传动中。

传动链按结构不同分为齿形链（图 7-17）和滚子链（图 7-18），齿形链承受冲击性能好，允许链速高，传动平稳，噪声小，又称为无声链。但这种链的重量大，结构复杂，价格高，多用于高速或运动精度较高的传动装置中。滚子链结构简单，价格低廉，重量较轻，应用广泛。因此，本节仅介绍滚子链传动。

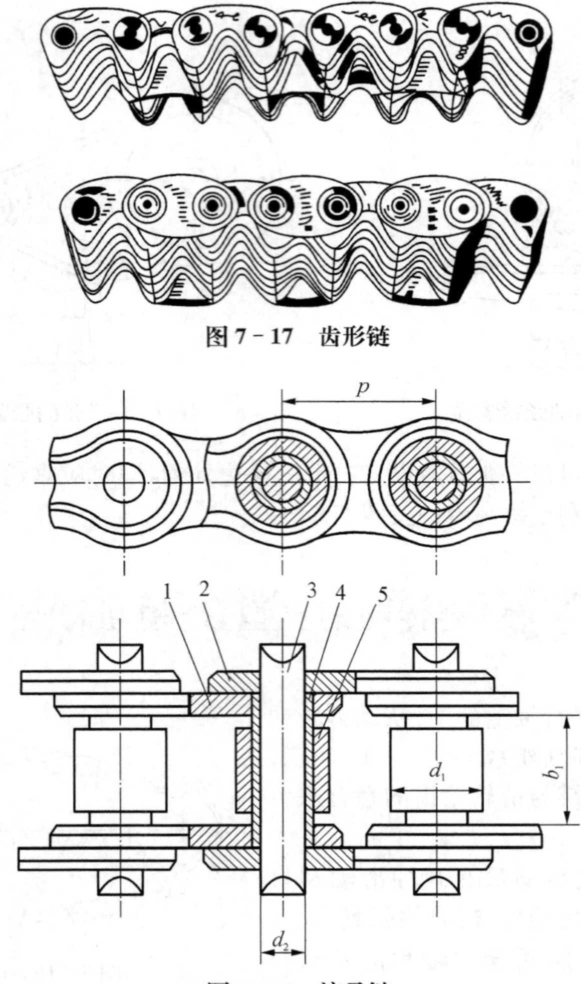

图 7－17　齿形链

图 7－18　滚子链

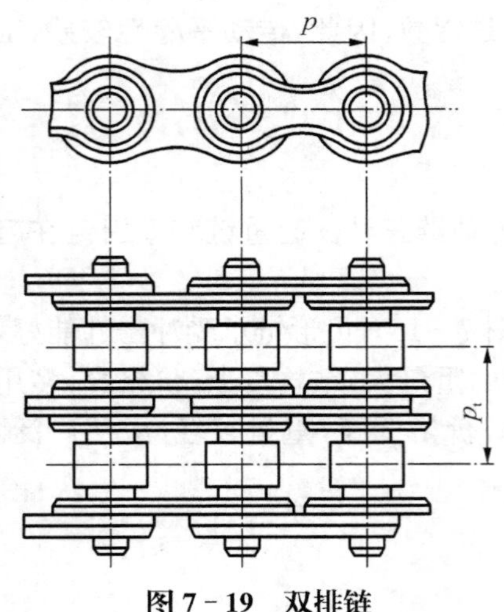

图 7－19　双排链

如图 7－18 所示，滚子链是由内链板 1、外链板 2、销轴 3、套筒 4 和滚子 5 组成。内链板与套筒，外链板与销轴之间均为过盈配合，套筒与销轴之间、滚子与套筒之间均为间隙配合，而组成一个铰链，故内、外链板能相对转动。当链与链轮的轮齿啮合时，使齿面与滚子之间形成滚动摩擦，可减轻链与轮齿的磨损。链板制成“8”字形，可减小链条的重量和惯性力，并使链板各截面上抗拉强度大致相等。

滚子链上相邻两滚子中心的距离称为链的节距，以 p 表示，p 越大，链各部分尺寸也越大，所传递的功率也越大。

传递功率较大时，可采用多排链，如双排链（图 7－19），排数越多，各排受力越不均匀，故一般不超过 3～4 排。

在低速轻载情况下，可以不用滚子，这种链条称为套筒链，如自行车链。

链的长度 L_p 通常用链节数表示。为使链条封闭，必须用一个"接头链节"将其首尾连接。当链节数为偶数时，接头链节形状与外链节相同，为便于装拆，其中一侧的外链板与销轴之间采用过渡配合，以弹簧夹或开口销将外链板固定，如图 7-20(a)和(b)所示，前者用于小节距，后者用于大节距。当链节数为奇数时，接头链节为过渡链节，如图 7-20(c)所示。过渡链节的弯链板工作时受附加弯曲应力的作用，强度只有其他链节的 80%左右，故链长应尽量避免采用奇数链节。

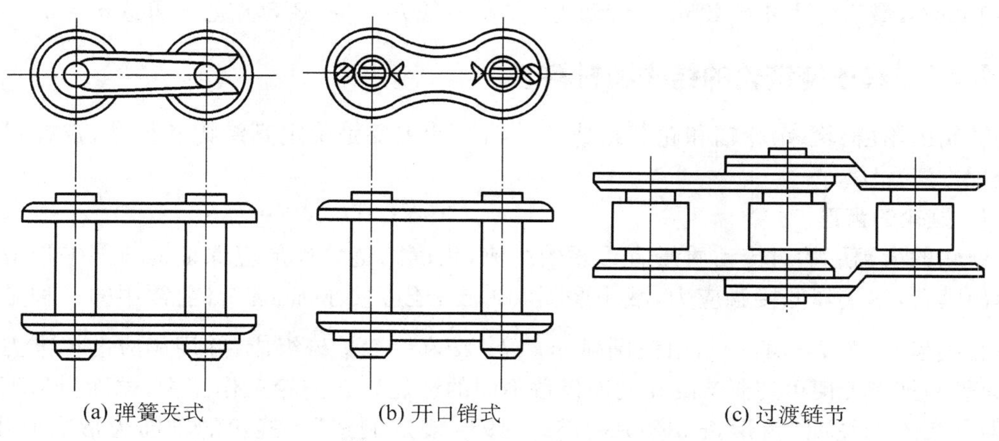

图 7-20 滚子链的接头型式

滚子链是标准件，标准规定，滚子链分为 A，B 两种系列，表中与相应的国际标准一致，链号数值乘以 25.4/16 即为节距值。常用的是 A 系列。表 7-15 中列出了若干种 A 系列滚子链的规格和主要参数。

表 7-15　A 系列滚子链的主要参数

链号	节距 p /mm	排距 p_t /mm	滚子外径 d_{1max}/mm	内链节内宽 b_{1min}/mm	销轴直径 d_{2max}/mm	链板高度 h_{2max}/mm	单排极限拉伸载荷 F_{lim}/kN	单排每米质量 q /(kg/m)
08A	12.70	14.38	7.95	7.85	3.96	12.07	13.8	0.60
10A	15.875	18.11	10.16	9.40	5.08	15.09	21.8	1.00
12A	19.05	22.78	11.91	12.57	5.95	18.08	31.1	1.50
16A	25.40	29.29	15.88	15.75	7.94	24.13	55.6	2.60
20A	31.75	35.76	19.05	18.90	9.54	30.18	86.7	3.80
24A	38.10	45.44	22.23	25.22	11.10	36.20	124.6	5.60
28A	44.45	48.87	25.40	25.22	12.70	42.24	169.0	7.50
32A	50.80	58.55	28.53	31.55	14.29	48.26	222.4	10.10
40A	63.50	71.55	39.68	37.85	19.34	60.33	347.0	16.10
48A	76.20	87.83	47.63	47.35	23.30	72.39	500.4	22.60

根据国家标准，滚子链的标记方法：链号—排数×链节数　标准号。

例如 16A—1×68　GB 1243.1—1983，表示按 GB 1243.1—1983 标准制造的节距为 25.4 mm、A 系列、单排、68 节的滚子链。

链条各元件的材料采用碳钢或合金钢，并将进行处理以提高其使用寿命。

与带传动相比，链传动的特点是：没有弹性滑动和打滑现象，能保持准确的平均传动比；传动尺寸相同时，传动能力较好；传动效率较高；不需要很大的张紧力，压轴力较小；可在温度较高、湿度较大、有油污、腐蚀等恶劣条件下工作；由于瞬时传动比不恒定，工作中冲击、噪声较大，不及带传动平稳，不宜应用在高速、载荷变化很大和急速反向的传动中。常用于两轴中心距较大、要求平均传动比不变和瞬时传动比要求不严格的场合。传动功率一般 $P < 100$ kW，链速 $v < 12 \sim 15$ m/s，最高可达 $v = 40$ m/s，传动比 $i < 8$，一般 $i = 2 \sim 3.5$，中心距可达 $a = 5 \sim 6$ m。

7.5.2 滚子链链轮的结构和材料

链轮由轮齿、轮缘、轮辐和轮毂组成。链轮设计主要是确定其结构和尺寸，选择材料和热处理方法。

1. 链轮的齿形

链轮的齿廓形状对传动质量有重要的影响，正确的链轮齿形应保证链节能平稳地进入和退出啮合，尽量降低接触应力，减小磨损和冲击，还应便于加工。目前常用的一种是三圆弧一直线齿形[图 7-21(a)]，由三圆弧$\overset{\frown}{aa}$、$\overset{\frown}{ab}$、$\overset{\frown}{cd}$和一直线$\overline{bc}$组成，并用相应的标准刀具加工，只需一把滚刀便可切制节距相同而齿数不同的链轮。在链轮工作图中，端面齿形不必画出，但要在图上注明“齿形按 3R GB 1244—1985 规定制造”。链轮的轴面齿形需画出[图 7-21(b)]，两侧齿廓为圆弧状，以利于链节进入和退出啮合。

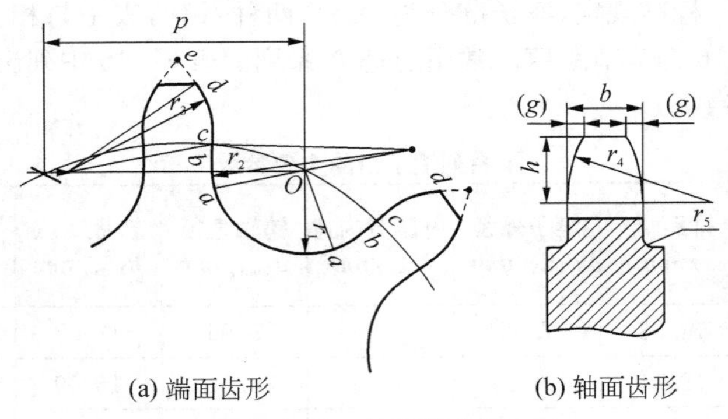

(a) 端面齿形　　(b) 轴面齿形

图 7-21　滚子链齿形

2. 链轮的基本参数和主要尺寸

链轮的基本参数是配用链条节距 p，套筒的最大外径 d_1，排距 p_t 和齿数 z。链轮的主要尺寸见表 7-16、表 7-17。

表 7-16　滚子链链轮的主要尺寸

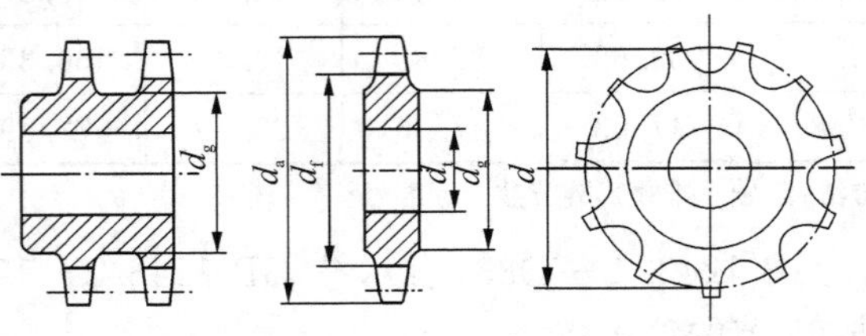

续 表

名称	符号	计算公式	备注
分度圆直径	d	$d=\dfrac{p}{\sin\left(\dfrac{180^\circ}{z}\right)}$	
齿顶圆直径	d_a	$d_{a\min}=d+p\left(1-\dfrac{1.6}{z}\right)-d_1$ $d_{a\max}=d+1.25p-d_1$	$d_{a\min}$和$d_{a\max}$对于最小齿槽形状和最大齿槽形状均可应用。$d_{a\max}$受到刀具限制
齿根圆直径	d_f	$d_f=d-d_1$	
齿高	h_a	$h_{a\min}=0.5(p-d_1)$ $h_{a\max}=0.625p-0.5d_1+\dfrac{0.8p}{z}$	h_a 为节距多边形以上部分的齿高，用于绘制放大尺寸的齿槽形状 $h_{a\min}$与$d_{a\min}$对应。$h_{a\max}$与$d_{a\max}$对应
确定的最大轴凸缘直径	d_g	$d_g=p\cot\dfrac{180^\circ}{z}-1.04h_2-0.76$	h_2 为内链板高度，见表 7-15

注：d_a，d_g 值取整数，其他尺寸精确到 0.01 mm。

表 7-17 滚子链轮轴向齿廓尺寸 单位：mm

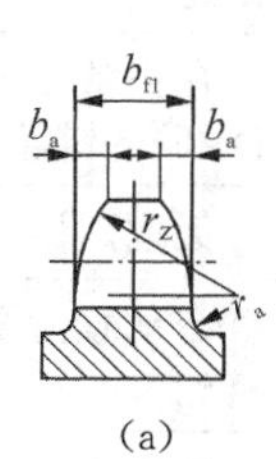

(a)

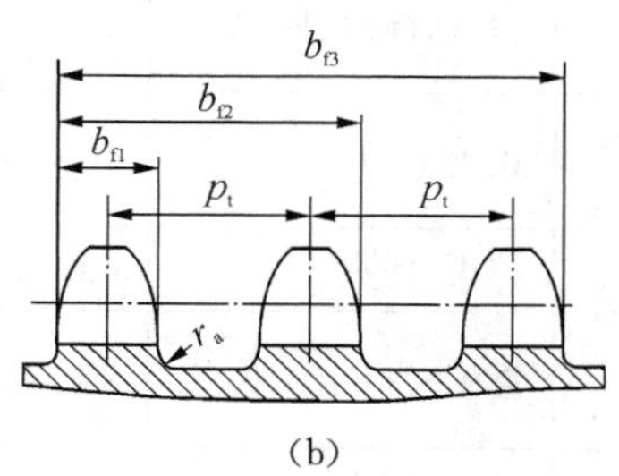

(b)

名称		符号	计算公式		备注
			$p\leqslant12.7$	$p>12.7$	
齿宽	单排	b_{f1}	$0.93b_1$	$0.95b_1$	$p>12.7$ 时，使用者和客户同意，也可以使用 $p\leqslant12.7$ 时的齿宽。b_1 为内链节内宽，见表 7-15
	双排、三排		$0.91b_1$	$0.93b_1$	
齿侧倒角		$b_{a公称}$	$b_{a公称}=0.13p$		
齿侧半径		$r_{z公称}$	$r_{z公称}=p$		
齿全宽		b_{fn}	$b_{fn}=(n-1)p_1+b_{f1}$		n 为排数

3. 链轮的结构

小直径的链轮可制成整体式，如图 7-22(a)所示；中等尺寸的链轮可制成孔板式，如图 7-22(b)所示；大直径的链轮，常可将齿圈用螺栓连接或焊接在轮毂上，如图 7-22(c)所示。

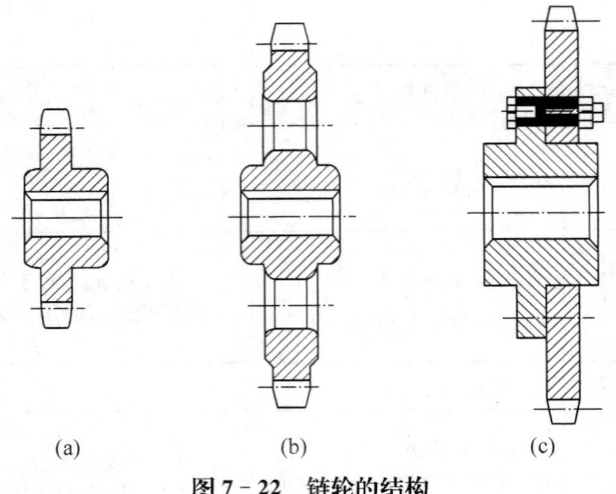

图 7-22 链轮的结构

4. 链轮的材料

链轮轮齿要具有足够的耐磨性和强度。由于小链轮轮齿的啮合次数比大链轮多，所受的冲击也较大，故小链轮应采用较好的材料制造。

链轮常用的材料和应用范围见表 7-18。

表 7-18 链轮常用材料

材料	热处理	热处理后的硬度	应用范围
15，20	渗碳、淬火、回火	50～60 HRC	$z\leqslant 25$，有冲击载荷的主、从动链轮
35	正火	160～200 HBS	在正常工作条件下，齿数较多($z>25$)的链轮
40、50、ZG310～570	淬火、回火	40～50 HRC	无剧烈振动及冲击的链轮
15Cr、20Cr	渗碳、淬火、回火	50～60 HRC	有动载荷及传递较大功率的重要链轮($z<25$)
35SiMn、40Cr、35CrMo	淬火、回火	40～50 HRC	使用优质链条的重要链轮
Q235、Q275	焊接后退火	140 HBS	中等速度、传递中等功率的较大链轮
普通灰铸铁	淬火、回火	260～280 HBS	$z_2>25$ 的从动链轮
夹布胶木	—	—	功率小于 6 kW、速度较高、要求传动平稳和噪声小的链轮

7.6 链传动的工作情况分析

7.6.1 链传动的运动特性

链与链轮相啮合，相当于链条折绕在边长为节距 p，边数为链轮齿数 z 的正多边形上，如

图 7－23 所示。链轮每转一周，链条移动的距离为 zp，即链条的速度 v(m/s)为

$$v = \frac{z_1 p n_1}{60 \times 1\,000} = \frac{z_2 p n_2}{60 \times 1\,000} \tag{7-36}$$

式中，z_1，z_2 分别为主、从动链轮的齿数；n_1，n_2 分别为主、从动链轮的转速(m/s)。

链传动的平均传动比为

$$i = \frac{n_1}{n_2} = \frac{z_2}{z_1} \tag{7-37}$$

由上两式求得的链速和传动比都是平均值，实际上，由于链轮相当于多边形，即使主链轮的角速度以等角速度 ω_1 转动时，瞬时链速和瞬时传动比都是变化的，而且在每一链节的啮合过程中均作周期性的变化。

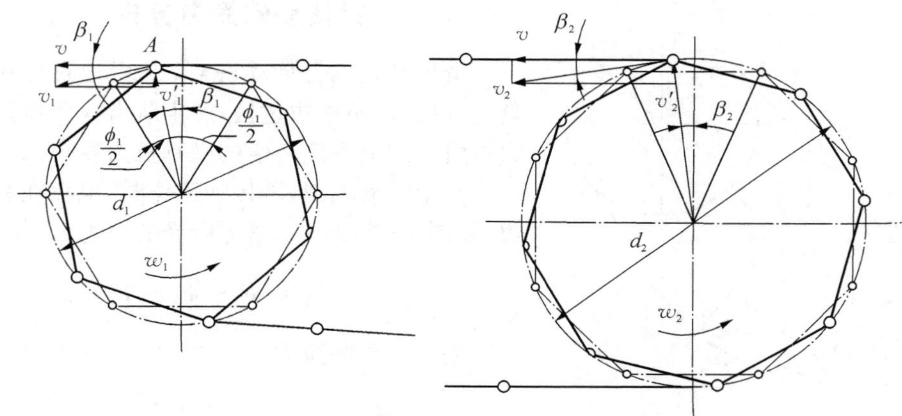

图 7－23　链传动的多边形效应

设链传动的紧边(主动边)始终处于水平位置，当链节进入主动链轮时，其链节的销轴将随着链轮的转动而不断地改变位置，当销轴位于如图 7－23 所示的 A 点位置时，链速 v 为销轴的圆周速度在水平方向的分速度，即

$$v = v_1 \cos\beta_1 = \frac{1}{2} d_1 \omega_1 \cos\beta_1 \tag{7-38}$$

式中，d_1 为主动链轮的分度圆直径(m)；β_1 是以为 A 点的圆周速度与其水平分量的夹角。

链节所对中心角为 $\phi_1 = 360°/z_1$，则 β_1 的变化范围为 $-\phi_1/2 < \beta_1 < \phi_1/2$。

当 $\beta_1 = 0$ 时，
$$v = v_{\max} = \frac{1}{2} d_1 \omega_1 \tag{7-39}$$

当 $\beta_1 = \pm\frac{\phi_1}{2}$ 时，
$$v = v_{\min} = \frac{1}{2} d_1 \omega_1 \cos\frac{\phi_1}{2} \tag{7-40}$$

即链轮每转过一齿，链速就重复一次由小到大又由大到小的变化。

同理，链在垂直方向的分速度 $v_1' = \frac{1}{2} d_1 \omega_1 \sin\beta_1$，也作周期性变化，使链条在传动中时上

时下抖动，因而产生横向振动。

在从动链轮上，链节所对中心角 $\phi_2 = 360°/z_2$，则 β_2 的变化范围为 $-\phi_2/2 \leqslant \beta_2 \leqslant \phi_2/2$。故从动链轮的角速度 $\omega_2 = v\bigg/\left(\dfrac{1}{2}d_2\cos\beta_2\right)$ 也是变化的，即链传动的瞬时传动比为

$$i = \frac{\omega_1}{\omega_2} = \frac{d_2\cos\beta_2}{d_1\cos\beta_1} \tag{7-41}$$

由上可知：β_1 和 β_2 的大小对链传动的运动不均匀性有很大影响。链轮齿数越少，链节距越大，β_1 和 β_2 的变化范围就越大，链速的变化也就越大，链传动的不均匀性就越严重。转速高时，产生的动载荷就越大。

可见，链传动的瞬时传动比是变化的，链传动的传动比变化与链条绕在链轮上的多边形特征有关，故将以上现象称为链传动的多边形效应。

7.6.2 链传动的受力分析

链传动是啮合传动，链条安装时需有一定的张紧力，以免链条松边过松，产生跳齿或脱链。该张紧力可由链的下垂度产生的悬垂拉力获得。

与带传动相似，链传动工作时，也存在紧边和松边，如图 7-24 所示，紧边所受的拉力为

$$F_1 = F_t + F_c + F_y \tag{7-42}$$

松边所受的拉力

$$F_2 = F_c + F_y \tag{7-43}$$

其中，$F_c = qv^2$

$F_y = K_y qga$

$F_t = \dfrac{1\,000P}{v}$

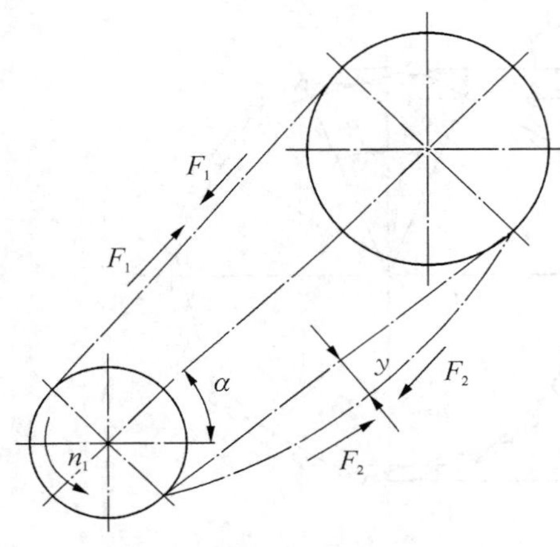

图 7-24 链传动的受力分析

式中，F_c 为离心力所产生的离心拉力(N)；F_y 为链的悬垂拉力(N)；F_t 为有效拉力(N)；P 为链传动传递的功率(kW)；q 为单排链单位长度质量(kg/m)，见表 7-15；g 为重力加速度，$g = 9.81\ \text{m/s}^2$；a 为传动中心距(m)；K_y 为垂度系数，见表 7-19。

表 7-19 垂度系数 K_y

α	0°(水平位置)	30°	60°	75°	90°(垂直位置)
K_y	7	6	4	2.5	1

注：表中 K_y 值为下垂量 $y = 0.02a$ 时的拉力系数，α 为两轮中心连线与水平面的倾斜角。

链作用在轴上的力 F_Q 可近似取

$$F_Q = (1.2 \sim 1.3)F_t \tag{7-44}$$

有冲击和振动时,取较大值。

7.7 滚子链链传动的设计

7.7.1 链传动的主要失效形式

链轮和链条相比,链轮的强度高,使用寿命较长,所以链传动的失效,主要是链条的失效,其主要失效形式是:

1. 链条疲劳破坏

链条各元件在变应力作用下,经过一定循环次数,链板发生疲劳断裂,滚子、套筒表面出现疲劳点蚀和疲劳裂纹。在正常润滑条件下,链板的疲劳强度是决定链传动承载能力的主要因素。

2. 铰链磨损

链在工作中,销轴与套筒的工作表面会因相对运动而磨损,导致链节伸长,使啮合点沿齿高向外移,最后产生跳齿和脱链。磨损增加了各链节节距的不均匀性,使传动更不平稳。铰链磨损是开式或润滑不良的链传动的主要失效形式。此外,链轮轮齿也会磨损。

3. 胶合

当链传动的速度很高时,链节啮合时会受到很大冲击,销轴和套筒之间的润滑油膜将发生破裂,两者的工作表面在很高的温度和比压下将直接接触而产生很大的摩擦力,其产生的热量会导致套筒与销轴的胶合。

4. 多次冲击破坏

在张紧不好、松边有较大垂度的情况下,如果经常进行频繁启动、制动和反转,将产生较大的惯性冲击载荷,销轴、套筒、滚子也可能出现多次冲击破坏。

5. 过载拉断

链传动在低速($v < 0.6$ m/s)、重载或瞬时严重过载的情况下,链条可能因静强度不足而被拉断。

7.7.2 滚子链传动的功率曲线

链传动的工作情况不同,失效形式也不同。如图 7 - 25 所示为在一定的使用寿命下小链轮在不同的转速下由各种失效形式限定的单排链的极限功率曲线。1 是在正常润滑条件下,铰链磨损限定的极限功率曲线;2 是链板疲劳强度限定的极限功率曲线;3 是套筒、滚子冲击疲劳强度限定的极限功率曲线;4 是铰链(套筒、销轴)胶合限定的极限功率曲线;5 是润滑良好情况下实际使用的额定功率曲线。当润滑不良、工况恶劣时,磨损将很严重,所能传递的功率将大幅度下降,如图中虚线 6 所示。

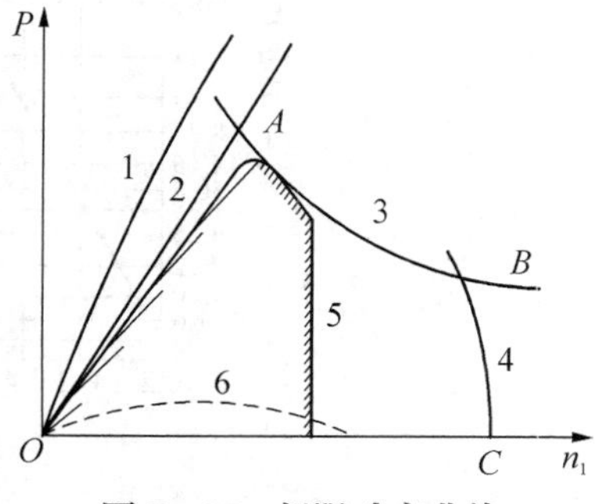

图 7 - 25 极限功率曲线

如图 7-26 所示为 A 系列滚子链的额定功率曲线，它是在下列实验条件下制定的：$z_1=19$、链节数 $L_p=100$ 节、单排链、载荷平稳、水平布置、两链轮共面、采用推荐的润滑方式如图 7-27 所示，工作寿命为 15 000 h。

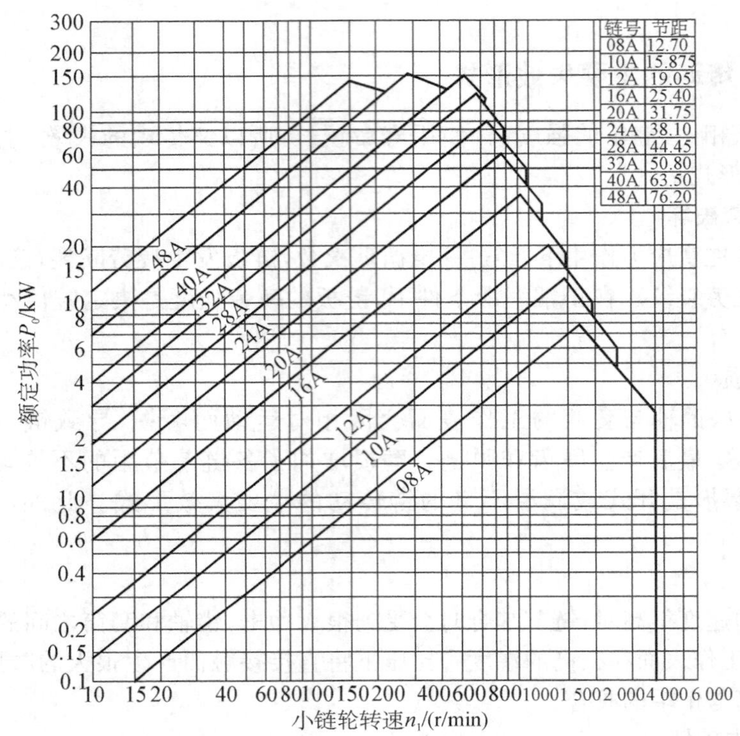

图 7-26　滚子链的额定功率曲线

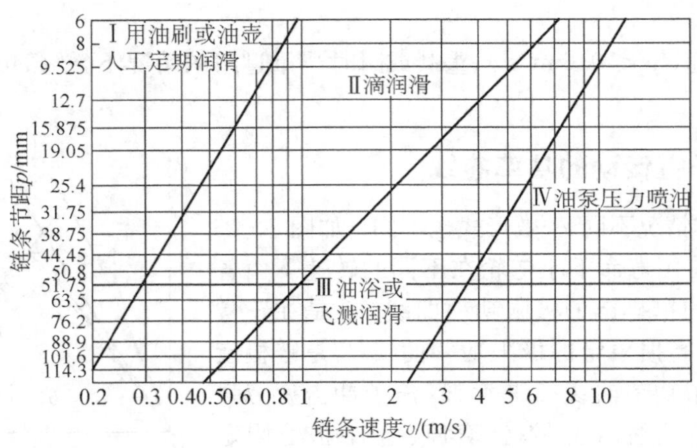

图 7-27　推荐的润滑方式

链条因磨损而引起的链节相对伸长量$\frac{\Delta p}{p}$不超过3%。如图7-26所示中左侧的上升斜线表示按不出现疲劳破坏确定的功率曲线;右侧的下降斜线表示按不出现冲击破坏确定的功率曲线;最右端的小段垂线是表示按不出现胶合所允许的小链轮的极限转速。

当实际工作条件与上述实验条件不相同时,应引入一系列相应的系数对如图7-26所示中的额定功率P_0加以修正。

当实际润滑条件与如图7-27所示推荐的润滑方式不同时,由如图7-26所示查得的P_0值应予以降低:

当$v \leqslant 1.5$ m/s时,如润滑不良,额定功率应降至$(0.3 \sim 0.6)P_0$,如无润滑,则应降至$0.15P_0$(且寿命不能保证15 000 h);

当$1.5 < v \leqslant 7$ m/s时,如润滑不良,应降至$(0.15 \sim 0.30)P_0$;

当$v > 7$ m/s时,如润滑不良,则该传动不可靠,不宜采用链传动。

7.7.3 滚子链传动的设计

链传动设计的原始条件一般有传递的功率、主动和从动链轮的转速(或传动比)、使用场合、载荷性质和原动机种类等。

设计的主要内容是确定链轮齿数、链号、链节数、排数、传动中心距以及链轮的结构尺寸等。

1. 链轮齿数和传动比

链轮齿数对链传动的平稳性及使用寿命影响很大,若小链轮齿数过少,会使运动不均匀性增大,动载荷增加,链条进入和退出啮合时,链节间的相对转角增大,铰链磨损加快。滚子链传动的小链轮齿数z_1可按表7-20选取,大链轮齿数$z_2 = iz_1$,常用传动比$i \leqslant 6$,推荐$i = 2 \sim 3.5$,以免小链轮上的包角过小,使同时啮合的齿数过少。当链轮齿数过多时,不但会增大传动外廓尺寸和质量,还将缩短链的使用寿命。

表7-20　　小链轮齿数

链速 v/(m/s)	0.6～3	3～8	>8
齿数 z_1	≥15～17	≥19～21	≥23～25

此外,考虑链和链轮轮齿的均匀磨损,链长节数常取偶数,则链轮齿数应取与链节数为质数的奇数。链轮齿数优先选用以下数列:17,19,21,23,25,38,57,76,95,114。

2. 链的节距 p 和排数

节距p是链传动中主要的参数。节距愈大,承载能力愈高,但链和链轮的尺寸愈大,传动的不均匀性、附加动载荷、冲击和噪声也都愈严重。因此,在满足传递功率的前提下,尽量选取较小的节距。当速度较高、载荷和传动比较大时,可选用小节距的多排链。对低速重载的链传动或要求传动中心距较大且传动比较小的链传动,宜采用大节距的单排链。

通常,链的节距和排数可根据小链轮转速n_1和计算功率P_0由如图7-26所示选用。由于图中曲线是在特定条件下试验得出的,若链传动实际选用的参数与上述特定条件不同时,则需要引入一系列相应的修正系数对图中的额定功率P_0进行修正,即单排链传动的额定功率应按下式确定

$$P_0 \geqslant \frac{K_A P}{K_z K_L K_p} \tag{7-45}$$

式中，P_0 为单排链的额定功率(kW)；P 为链传动传递的功率(kW)；K_A 为工作情况系数，见表 7-21；K_z 为小链轮齿数系数，见表 7-22；K_L 为链长系数，见表 7-22；K_p 为多排链系数，见表 7-23。

表 7-21　　工作情况系数 K_A

工作机		原动机		
载荷性质	应用举例	电动机或汽轮机	内燃机	
			机械传动	液力传动
平稳载荷	液体搅拌机，中小型离心式鼓风机，谷物机械，载荷平稳的输送机，发电机，载荷平稳不反转的一般机械	1.0	1.2	1.0
中等冲击载荷	三缸以上往复压缩机，大型或不均匀负载输送机，中型起重机和升降机，金属切削机床，木工机械，中等脉动载荷不反转的一般机械	1.3	1.4	1.2
严重冲击载荷	制砖机，单、双缸往复压缩机，挖掘机，往复式和振动式输送机，破碎机，严重冲击、有反转的机械	1.5	1.7	1.4

表 7-22　　小链轮齿数系数 K_z 和链长系数 K_L

P_0 与 n_1 的交点在额定功率曲线图中的位置	位于功率曲线顶点左侧（链板疲劳失效）	位于功率曲线顶点右侧（套筒、滚子冲击疲劳失效）
小链轮齿数系数 K_z	$\left(\frac{Z_1}{19}\right)^{1.08}$	$\left(\frac{Z_1}{19}\right)^{1.5}$
链长系数 K_L	$\left(\frac{L_p}{100}\right)^{0.26}$	$\left(\frac{L_p}{100}\right)^{0.5}$

注：L_p 为链节数。

表 7-23　　多排链系数 K_p

排数	1	2	3	4	5
K_p	1.0	1.7	2.5	3.3	4.0

3. 链节数和中心距 a

链条长度 $L = L_p p$，L_p 为链节数，由于链节距 p 为标准值，因此，可用链节数表示链条的长度，即 $L_p = L/p$。链条长度 L，可按带传动中的带长计算方法确定，则链节数的计算式如下

$$L_p = \frac{L}{p} = \frac{2a}{p} + \frac{z_1 + z_2}{2} + \left(\frac{z_2 - z_1}{2\pi}\right)^2 \frac{p}{a} \tag{7-46}$$

计算出的 L_p 应圆整为整数，最好取偶数，避免采用过渡链节。

链传动中心距 a 的大小对链传动的工作性能也有较大的影响，中心距 a 小，传动装置结构紧凑，但中心距过小，则链条总长较短，在一定的链速下，单位时间内链条绕过链轮的次数增多，从而加剧链条的磨损和疲劳。中心距过大，外廓尺寸大，链条的松边下垂量大，容易产生上下抖动。设计时，一般初取中心距 $a_0 = (30 \sim 50)p$，最大中心距 $a_0 = 80p$。然后代入式(7-46)计算得 L_p，并圆整为偶数，按下式计算理论中心距

$$a = \frac{p}{4}\left[\left(L_p - \frac{z_1 + z_2}{2}\right) + \sqrt{\left(L_p - \frac{z_1 + z_2}{2}\right)^2 - 8\left(\frac{z_2 - z_1}{2\pi}\right)^2}\right] \tag{7-47}$$

为了便于安装和保证松边合理的下垂量，安装时，实际中心距要比理论中心距小 $\Delta a = (2 \sim 5)\text{mm}$。对于中心距不可调整的和没有张紧链轮的链传动，应取小值；对于中心距可调整的链传动，可取大值，调整后，常控制松边下垂量$(0.01 \sim 0.02)a$。

［例 7-2］ 已知电动机的转速 $n_1 = 960\ \text{r/min}$，功率 $P = 10\ \text{kW}$，螺旋输送机转速 $n_2 = 320\ \text{r/min}$。试设计一螺旋输送机用的滚子链传动。

解 (1) 确定链轮齿数

设链速 $v = 3 \sim 8\ \text{m/s}$，由表 7-20 取小链轮的齿数 $z_1 = 23$，又因 $i = \frac{n_1}{n_2} = \frac{960}{320} = 3$，则 $z_2 = iz_1 = 3 \times 23 = 69$

(2) 计算链节数 L_p

初定中心距 $a_0 = 40p$，由式(7-46)得

$$\begin{aligned} L_p &= \frac{L}{p} = \frac{2a}{p} + \frac{z_1 + z_2}{2} + \left(\frac{z_2 - z_1}{2\pi}\right)^2 \frac{p}{a} \\ &= \frac{2 \times 40p}{p} + \frac{23 + 69}{2} + \frac{(69 - 23)^2}{4\pi^2} \frac{p}{40p} = 127.3 \end{aligned}$$

为避免采用过渡链节，取链节数 $L_p = 128$ 节。

(3) 确定链节距 p

由表 7-21 选择工作情况系数 $K_A = 1.0$；

估计链的失效为链板疲劳(即工作点落在额定功率曲线顶点左侧)，由表 7-22 得 $K_z = \left(\frac{z_1}{19}\right)^{1.08} = 1.23$；链长系数 $K_L = \left(\frac{L_p}{100}\right)^{0.26} = 1.07$。

采用单排链，由表 7-23 得 $K_p = 1.0$；

则链条所需传递的额定功率为

$$P_0 \geqslant \frac{K_A P}{K_z K_L K_p} = \frac{1.0 \times 10}{1.23 \times 1.07 \times 1.0} = 7.6\ \text{kW}$$

根据 $P_0 = 7.6\ \text{kW}$ 及小链轮转速 $n_1 = 960\ \text{r/mm}$，查图 7-26，选用 10A 滚子链，其链节 $p = 15.875\ \text{mm}$。链传动的工作点落在额定功率曲线顶点左侧，与原假定相符合。

(4) 计算实际中心距

$$a = \frac{p}{4}\left[\left(L_p - \frac{z_1 + z_2}{2}\right) + \sqrt{\left(L_p - \frac{z_1 + z_2}{2}\right)^2 - 8\left(\frac{z_2 - z_1}{2\pi}\right)^2}\right]$$
$$= \frac{15.875}{4} \times \left[\left(128 - \frac{23 + 69}{2}\right) + \sqrt{\left(128 - \frac{23 + 69}{2}\right)^2 - 8 \times \left(\frac{69 - 23}{2\pi}\right)^2}\right]$$
$$= 640.3\ \text{mm}$$

设中心距是可调整的,则取实际中心距 $a \approx a_0 = 40p = 635\ \text{mm}$

(5) 选择润滑方式

根据链速 $v = 5.8\ \text{m/s}$ 和节距 $p = 15.875\ \text{mm}$,按图 7-27 选择油浴或飞溅润滑方法。

(6) 求作用在轴上的力

$$F_t = \frac{1\,000P}{v} = \frac{1\,000 \times 10}{5.8} \approx 1\,724\ \text{N}$$
$$F_Q = 1.2F_t = 1.2 \times 1\,724 \approx 2\,070\ \text{N}$$

(7) 链轮结构的设计(略)

设计结果:滚子链型号 10A—1×68 GB 1243.1—1983,链轮齿数 $z_1 = 23$, $z_2 = 69$;中心距 $a = 635\ \text{mm}$;作用在轴上的力 $F_Q \approx 2\,070\ \text{N}$。

7.8 链传动的布置和张紧

7.8.1 链传动的布置

链传动中两链轮的回转平面应布置于同一铅垂平面内,尽可能避免布置在水平或倾斜平面内,两轴线相互平行,两轮轴心连线最好呈水平布置,如图 7-28(a)所示。如需倾斜布置,两轮轴心连线与水平线夹角 α 一般应小于 45°图 7-28(b)所示。此外,应使链条紧边在上,松边在下,以免产生链条与链轮齿相干扰或松边与紧边发生碰撞。尽量避免两轮轴心连线垂直布置,以免下链轮啮合不良,不得已时,必须将下链轮偏移一段距离,以使链条能够自动张紧如图 7-28(c)所示。

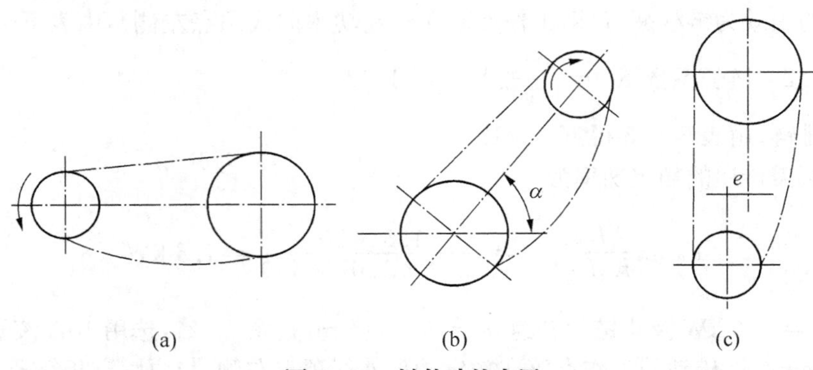

图 7-28 链传动的布置

7.8.2 链传动的张紧

链传动张紧的目的，主要是为了避免在链条的垂度过大时产生啮合不良和链条的振动现象；同时也为了增加链条与链轮的啮合包角。当两轮轴心连线倾斜角大于 60°时，通常设有张紧装置。

张紧的方法很多，当链传动的中心距可调整时，则通过调节中心距来控制张紧程度；当中心距不能调整时，可设置张紧轮，如图 7-29 所示，或在链条磨损变长后从中取掉一两个链节，以恢复原来的长度。张紧轮有自动张紧[图 7-29(a)，图 7-29(b)]及定期张紧[图 7-29(c)]两种。前者多用弹簧 2、吊重 3 等自动张紧装置，后者可用螺旋 4 等调整装置。

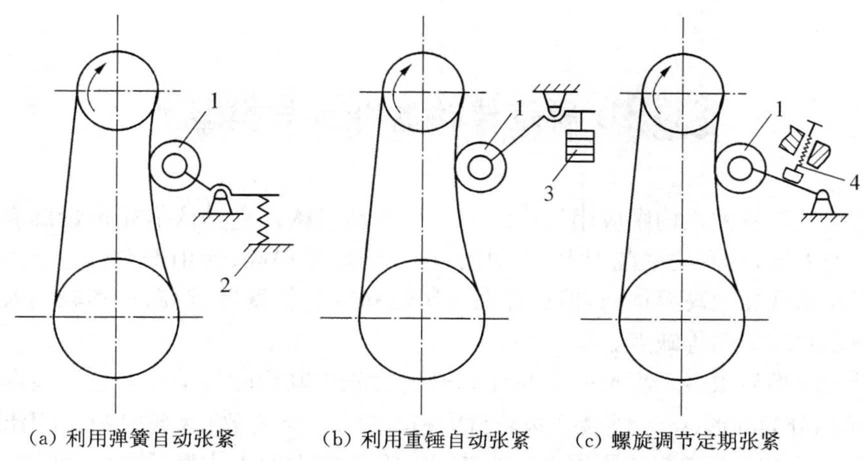

图 7-29 链传动的张紧装置

张紧轮应放在靠近小链轮的松边，张紧轮的直径应与小链轮的直径相近，张紧轮可以是链轮，也可以是无齿的滚轮。

第八章 齿轮传动

8.1 齿轮传动的特点与类型

齿轮机构是在各种机构中应用最广泛的一种传动机构。它是依靠轮齿齿廓直接接触来传递运动和动力的，具有功率范围大、传动比恒定、传动效率高、使用寿命长、工作安全可靠、使用范围广及承载能力高等优点，但也存在对制造和安装精度要求高、成本较高及不适宜于远距离两轴之间的传动等缺点。

齿轮机构的类型很多。根据一对齿轮在啮合过程中其瞬时传动比（$i_{12}=\omega_1/\omega_2$）是否恒定，将齿轮机构分为圆形（$i_{12}=$ 常数）齿轮机构和非圆（$i_{12}\neq$ 常数）齿轮机构。应用最广泛的是圆形齿轮机构，而非圆齿轮机构则用于一些有特殊要求的机械中，本章只研究圆形齿轮机构。

依据齿轮两轴间相对位置的不同，圆形齿轮机构又可分为如下几类。

8.1.1 用于平行轴间传动的齿轮机构

如图 8-1 所示为用于平行轴传动的齿轮机构。其中，如图 8-1(a)所示为外啮合齿轮机构，两轮转向相反。如图 8-1(b)所示为内啮合齿轮机构，两轮转向相同。如图 8-1(c)所示为齿轮齿条机构，齿条作直线移动。如图 8-1(a)，(b)，(c)所示中各轮齿的齿向与齿轮轴线的方向一致，称为直齿轮。如图 8-1(d)所示中的轮齿的齿向相对于齿轮的轴线倾斜了一个角度，称为斜齿轮。如图 8-1(e)所示为人字齿轮，它可视为由螺旋角方向相反的两个斜齿轮所组成。

(a)

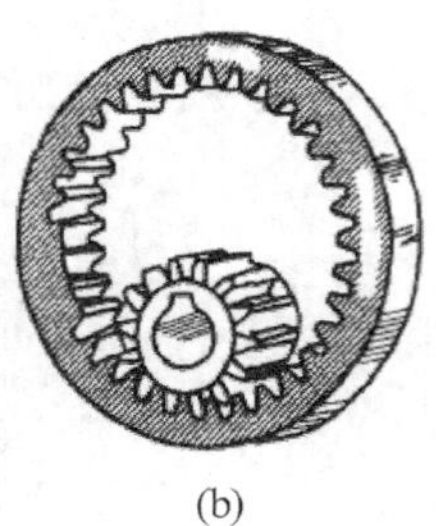
(b)

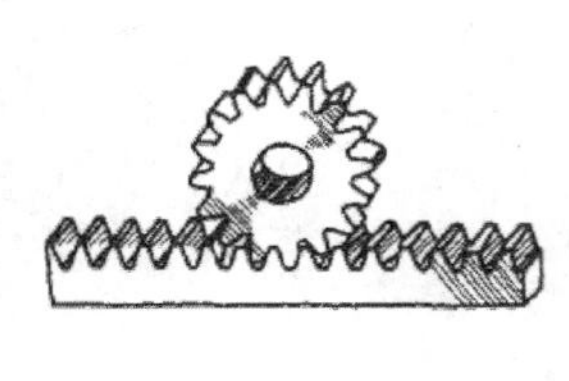
(c)

(d)

(e)

图 8-1 平行轴齿轮机构

8.1.2 用于相交轴间传动的齿轮机构

如图 8-2 所示为用于相交轴间的锥齿轮机构。它有直齿锥齿轮，如图 8-2(a)所示，曲线齿锥齿轮，如图 8-2(b)所示。直齿锥齿轮应用最广，而曲线齿锥齿轮由于其传动平稳，承载能力高，常用于高速重载的传动中，如汽车、拖拉机、电机等的传动。

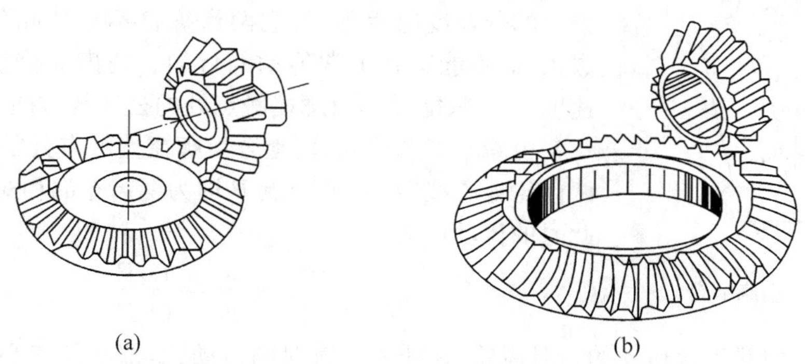

(a) (b)

图 8-2 相交轴齿轮机构

8.1.3 用于交错轴间传动的齿轮机构

如图 8-3 所示为用于交错轴间传动的齿轮机构。如图 8-3(a)所示为交错轴斜齿轮机构，如图 8-3(b)所示为蜗杆机构，如图 8-3(c)所示为准双曲面齿轮机构。

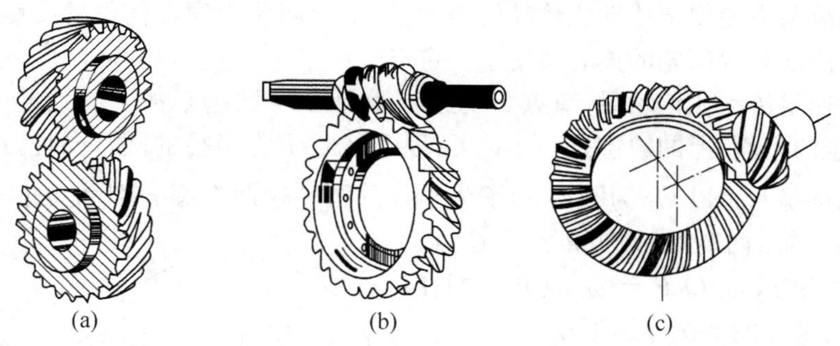

(a) (b) (c)

图 8-3 交错轴齿轮机构

下面将以直齿圆柱齿轮传动为重点作详细的分析，然后再以其为基础对其他类型齿轮传动的特点进行介绍。

8.2 齿廓啮合基本定律

对齿轮整周传动而言，不论两齿轮的齿形如何，其平均传动比总等于齿数的反比，即

$$i_{12} = \frac{n_1}{n_2} = \frac{z_2}{z_1} \tag{8-1}$$

但其瞬时传动比却与齿廓的形状有关，下面就来分析这个问题。

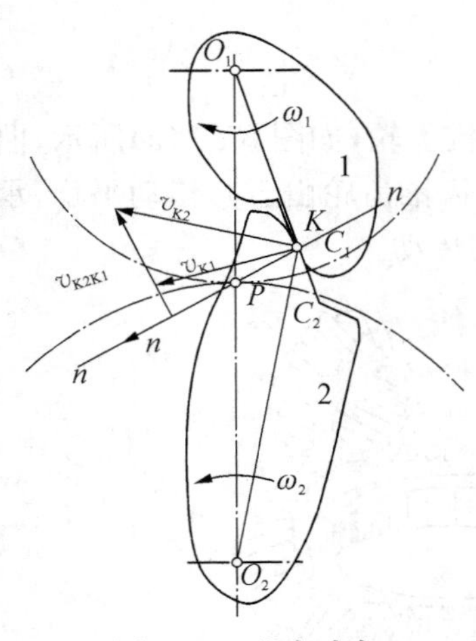

图 8-4　齿廓啮合

8.2.1　齿廓啮合基本定律

如图 8-4 所示为一对相互啮合传动的齿轮。两轮轮齿的齿廓 c_1、c_2 在某一点 K 点处的线速度分别为 v_{K1}、v_{K2}。要使这一对齿廓能够通过接触而传动，它们沿接触点的公法线方向的分速度应相等，否则两齿廓将不是彼此分离就是相互嵌入，而不能达到正常传动的目的。两齿廓接触点间的相对速度 v_{K2K1} 只能沿两齿廓接触点处的公切线方向。

由瞬心概念可知，两啮合齿廓在接触点处的公法线 nn 与两齿轮连心线 O_1O_2 的交点 P 即为两齿轮的相对瞬心，故两轮此时的传动比为

$$i_{12}=\frac{\omega_1}{\omega_2}=\frac{\overline{O_2P}}{\overline{O_1P}} \tag{8-2}$$

该式表明，相互啮合传动的一对齿轮，在任一位置时的传动比，都与其连心线 O_1O_2 被其啮合齿廓在接触点处的公法线所分成的两线段长成反比。这一规律称为齿廓啮合基本定律。根据这一定律可知，齿轮的瞬时传动比与齿廓形状有关，可根据齿廓曲线来确定齿轮的传动比；反之，也可以根据给定的传动比来确定齿廓曲线。

齿廓公法线 nn 与两轮连心线 O_1O_2 的交点 P 称为节点。由式(8-2)可知，若要求两齿轮的传动比为常数，则应使 $\overline{O_2P}/\overline{O_1P}$ 为常数。若齿轮轴心 O_1，O_2 为定点，则 P 点在连心线也为一定点。故两齿轮作定传动比传动的条件是：不论两轮齿廓在何位置接触，过接触点所作的两齿廓公法线与两齿轮的连心线交于一定点。

由于两轮作定传动比传动时，节点 P 为连心线上的一个定点，故 P 点在轮 1 的运动平面(与轮 1 相固连的平面)上的轨迹是一个以 O_1 为圆心 $\overline{O_1P}$ 为半径的圆。同理，P 点在轮 2 运动平面上的轨迹是一个以 O_2 为圆心、$\overline{O_2P}$ 为半径的圆。这两个圆分别称为轮 1 与轮 2 的节圆。而由上述可知，两轮的节圆相切于 P 点，且在 P 点速度相等（$\omega_1\overline{O_1P}=\omega_2\overline{O_2P}$），即在传动过程中，两齿轮的节圆作纯滚动。

当要求两齿轮作变传动比传动时，节点 P 就不再是连心线上的一个定点，而是按传动比的变化规律在连心线上移动。这时，P 点在轮 1、轮 2 运动平面上的轨迹也就不是圆，而是一条非圆曲线，称为节线。如图 8-5 所示两个非圆齿轮的节线为椭圆。

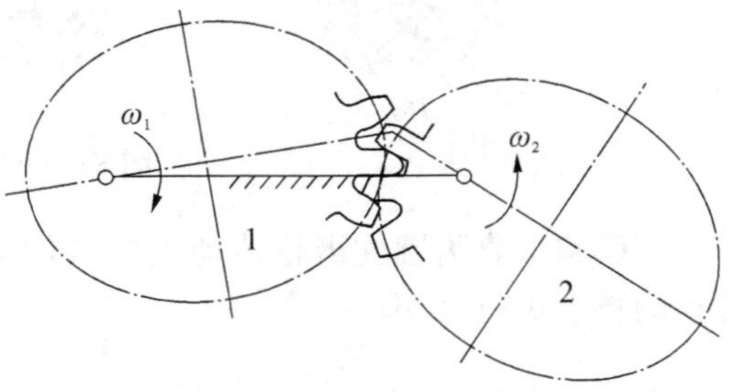

图 8-5　非圆齿轮啮合

8.2.2　齿廓曲线的选择

凡能按预定传动比规律相互啮合传动的一对齿廓称为共轭齿廓。一般来说，对于预定的传动比，只要给出一轮的齿廓曲线，就可根据齿廓啮合基本定律求出与其啮合传动的另一轮上的共轭齿廓曲线。因此，能满足一定传动比规律的共轭齿廓曲线是很多的。但是在生产实践中，选择齿廓曲线时，不仅要满足传动比的要求，还必须从设计、制造、安装和使用等

多方面予以综合考虑。对于定传动比传动的齿轮来说，目前最常用的齿廓曲线是渐开线，其次是摆线和变态摆线，近年来还有圆弧齿廓和抛物线齿廓等。

由于渐外线齿廓具有良好的传动性能，而且便于制造、安装、测量和互换使用，因此，它的应用最为广泛，故本章着重介绍渐开线齿廓的齿轮。

8.3 渐开线齿廓及其啮合特点

8.3.1 渐开线的形成及其特性

如图 8－6 所示，当一直线 BK 沿一圆周作纯滚动时，直线上任意点 K 的轨迹 AK 就是该圆的渐开线。该圆称为渐开线的基圆，它的半径用 r_b 表示；直线 BK 称为渐开线的发生线；角 θ_K 称为渐开线上 K 点的展角。

根据渐开线的形成过程，可知渐开线具有下列特性：

(1) 发生线上$\overline{BK}$线段长度等于基圆上被滚过的弧长$\widehat{AB}$，即 $\overline{BK}=\widehat{AB}$。

(2) 发生线 BK 即为渐开线在 K 点的法线，又因发生线恒切于基圆，故知渐开线上任意点的法线恒与其基圆相切。

(3) 发生线与基圆的切点 B 也是渐开线在 K 点处的曲率中心，线段$\overline{BK}$就是渐开线在 K 点处的曲率半径。故渐开线愈接近基圆部分的曲率半径愈小，在基圆上其曲率半径为零。

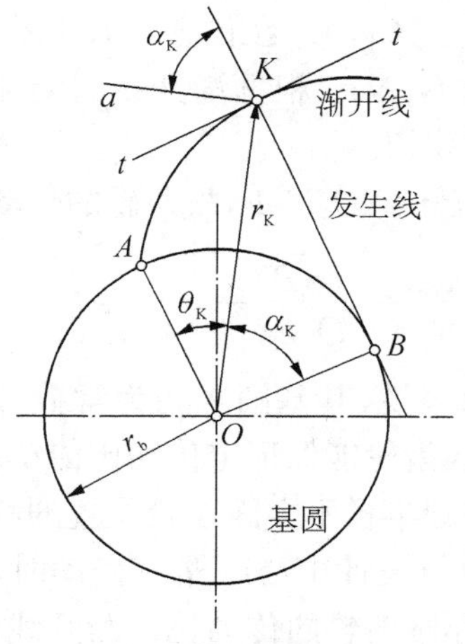

图 8－6 渐开线的产生

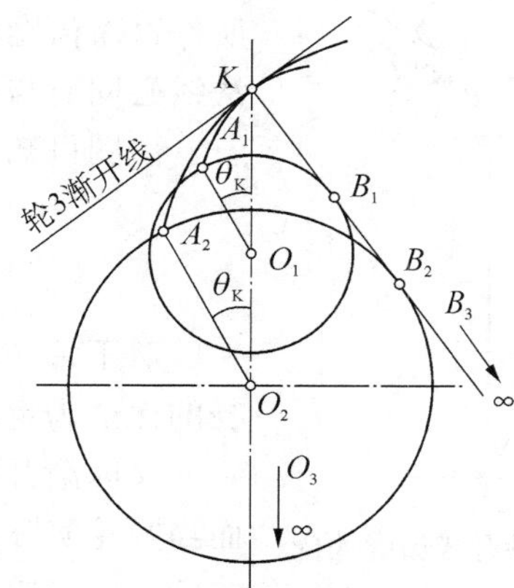

图 8－7 渐开线形状与基圆关系

(4) 渐开线的形状取决于基圆的大小。在展角相同处，基圆半径愈大，其渐开线的曲率半径也愈大(图 8－7)。当基圆半径为无穷大时，其渐开线就变成一条直线，故齿条的齿廓曲线为直线。

(5) 基圆以内无渐开线。

渐开线的上述特性是研究渐开线齿轮啮合传动的基础。

8.3.2 渐开线方程式及渐开线函数

如图 8－6 所示，设 r_k 为渐开线在任意点 K 的向径。当此渐开线与其共轭齿廓在 K 点啮合时，此齿廓在该点所受正压力的方向(即法线方向)与该点的速度方向(沿 α_K 方向)之间

所夹的锐角 α_K，称为渐开线在该点的压力角。由△BOK 可见

$$\cos\alpha_K=\frac{r_b}{r_K} \tag{8-3}$$

又因

$$\tan\alpha_K=\frac{\overline{BK}}{r_b}=\frac{\widehat{AB}}{r_b}=\frac{r_b(\alpha_K+\theta_K)}{r_b}=\alpha_K+\theta_K$$

故得

$$\theta_K=\tan\alpha_K-\alpha_K$$

由上式可知，展角 θ_K 是压力角 α_K 的函数，称其为渐开线函数。用 $\mathrm{inv}\,\alpha_K$ 来表示，即

$$\mathrm{inv}\,\alpha_K=\theta_K=\tan\alpha_K-\alpha_K \tag{8-4}$$

由式(8-3)及式(8-4)可得渐开线的极坐标方程式为

$$\left.\begin{aligned}r_K&=\frac{r_b}{\cos\alpha_K}\\ \theta_K&=\mathrm{inv}\,\alpha_K=\tan\alpha_K-\alpha_K\end{aligned}\right\} \tag{8-5}$$

8.3.3 渐开线齿廓的啮合特点

渐开线齿廓啮合传动具有如下几个特点。

1. 能保证定传动比传动且具有可分性

设 C_1，C_2 为相互啮合的一对渐开线齿廓(图 8-8)，它们的基圆半径分别为 r_{b1}，r_{b2}。当 C_1，C_2 在任意点 K 啮合时，过 K 点所作这对齿廓的公法线为 N_1N_2。根据渐开线的特性可知，此公法线必同时与两轮的基圆相切。

图 8-8 渐开线齿廓啮合

由图可知，因$\triangle O_1N_1P\sim\triangle O_2N_2P$，故两轮的传动比可写成

$$i_{12}=\frac{\omega_1}{\omega_2}=\frac{\overline{O_2P}}{\overline{O_1P}}=\frac{r_{b2}}{r_{b1}} \tag{8-6}$$

对于每一个具体齿轮来说，其基圆半径为常数，两轮基圆半径的比值为定值，故渐开线齿轮能保证定传动比传动。

又因渐开线齿轮的基圆半径不会因齿轮位置的移动而改变，而当两轮实际安装中心距与设计中心距略有变动时，图 8-8 和式(8-6)仍成立，故不会影响两轮的传动比。渐开线齿廓传动的这一特性称为传动的可分性。这一特性对于渐开线齿轮的装配和使用都是十分有利的。

2. 渐开线齿廓之间的正压力方向不变

既然一对渐开线齿廓在任何位置啮合时，过接触点的公法线都是同一条直线 N_1N_2，这就说明一对渐开线齿廓从开始啮合到脱离接触，所有的啮合点均在该直线上，故直线 N_1N_2 是齿廓接触点在固定平面中的轨迹，称其为啮合线。

在齿轮传动过程中，两啮合齿廓间的正压力始终沿啮合线方向，故其传力方向不变，这对于齿轮传动的平稳性是有利的。

由于渐开线齿廓还有加工刀具简单、工艺成熟等优点，故其应用特别广泛。

8.4 渐开线标准齿轮的基本参数和几何尺寸

8.4.1 齿轮各部分的名称和符号

如图 8-9 所示为一标准直齿圆柱外齿轮的一部分。过轮齿顶端所作的圆称为齿顶圆，其半径用 r_a 表示；过轮齿槽底所作的圆称为齿根圆，其半径用 r_f 表示；沿任意圆周所量得的轮齿的弧线厚度称为该圆周上的齿厚，以 s_i 表示；相邻两轮齿之间的齿槽沿任意圆周所量得的弧线宽度，称为该圆周上的齿槽宽，以 e_i 表示；沿任意圆周所量得的相邻两齿同侧齿廓之间的弧长称为该圆周上的齿距，以 p_i 表示。在同一圆周上，齿距等于齿厚与齿槽宽之和，即

$$p_i = s_i + e_i \tag{8-7}$$

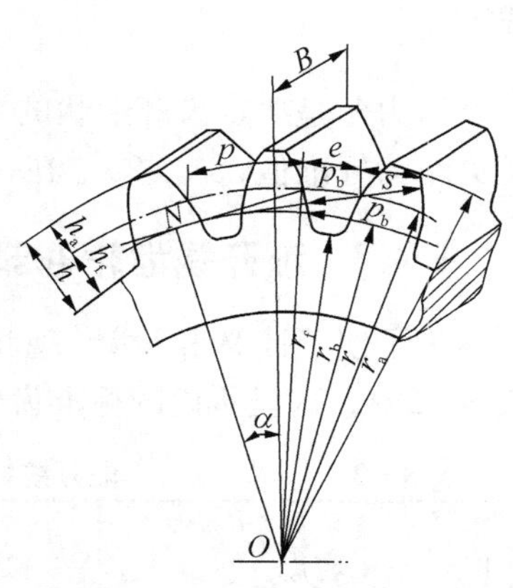

图 8-9 直齿圆柱齿轮

为了便于计算齿轮各部分的尺寸，在齿轮上选择一个圆作为尺寸计算基准，称该圆为齿轮的分度圆，其半径、齿厚、齿槽宽和齿距分别以 r, s, e 和 p 表示。轮齿介于分度圆与齿顶圆之间的部分称为齿顶，其径向高度称为齿顶高，以 h_a 表示；介于分度圆与齿根圆之间的部分称为齿根，其径向高度称为齿根高，以 h_f 表示；齿顶高与齿根高之和称为齿全高，以 h 表示，显然

$$h = h_a + h_f \tag{8-8}$$

8.4.2 渐开线齿轮的基本参数

1. 齿数

齿轮在整个圆周上轮齿的总数，用 z 表示。

2. 模数

模数是齿轮的一个重要参数，用 m 表示，模数的定义为齿距 p 与 π 的比值，即

$$m = \frac{p}{\pi} \tag{8-9}$$

故齿轮的分度圆直径 d 可表示为

$$d = mz$$

模数 m 已标准化了，表 8-1 为国家标准 GB/T 所规定的标准模数系列。在设计齿轮时，若无特殊需要，应选用标准模数。

表 8-1 圆柱齿轮标准模数系列表(GB/T 1357—1987) 单位：mm

系列															
第一系列	0.12	0.15	0.2	0.25	0.3	0.4	0.5	0.6	0.8	1	1.25	1.5			
	2	2.5	3	4	5	6	8	10	12	16	20	25	32	40	50
第二系列	0.35	0.7	0.9	1.75	2.25	2.75	(3.25)	3.5	(3.75)	4.5					
	5.5	(6.5)	7	9	(11)	14	18	22	28	(30)	36	45			

注：选用模数时，应优先采用第一系列，其次是第二系列，括号内的模数尽可能不用。

3. 分度圆压力角(简称压力角)

由式(8-3)可知,同一渐开线齿廓上各点的压力角不同。通常所说的齿轮压力角是指在其分度圆上的压力角,以 α 表。根据式(8-3)有

$$\alpha = \arccos\left(\frac{r_b}{r}\right) \tag{8-10}$$

或

$$r_b = r\cos\alpha = \frac{zm}{2}\cos\alpha \tag{8-11}$$

压力角是决定齿廓形状的主要参数;国家标准(GB/T 1356—1988)中规定,分度圆上的压力角为标准值,$\alpha = 20°$。在一些特殊场合,α 也允许采用其他的值。

8.4.3 渐开线齿轮各部分的几何尺寸

为了便于计算和设计,现将渐开线标准直齿圆柱齿轮传动几何尺寸的计算公式列于表 8-2中。这里所说的标准齿轮是指 m, α, h_a^*, c^* 均为标准值、而且 $e=s$ 的齿轮。

表 8-2 渐开线标准直齿圆柱齿轮传动几何尺寸的计算公式

名称	代号	计算公式	
		小齿轮	大齿轮
模数	m	(根据齿轮受力情况和结构需要确定,选取标准值)	
压力角	α	选取标准值	
分度圆直径	d	$d_1 = mz_1$	$d_2 = mz_2$
齿顶高	h_a	$h_{a1} = h_{a2} = h_a^* m$①	
齿根高	h_f	$h_{f1} = h_{f2} = (h_a^* + c^*)m$①	
齿全高	h	$h_1 = h_2 = (2h_a^* + c^*)m$	
齿顶圆直径	d_a	$d_{a1} = (z_1 + 2h_a^*)m$	$d_{a2} = (z_2 + 2h_a^*)m$
齿根圆直径	d_f	$d_{f1} = (z_1 - 2h_a^* - 2c^*)m$	$d_{f2} = (z_2 - 2h_a^* - 2c^*)m$
基圆直径	d_b	$d_{b1} = d_1\cos\alpha$	$d_{b2} = d_2\cos\alpha$
齿距	p	$p = \pi m$	
基圆齿距(法向齿距)	p_b	$p_b = p\cos\alpha$	
齿厚	s	$s = \pi m/2$	
齿槽宽	e	$e = \pi m/2$	
任意圆(半径为 r_i)齿厚	s_i	$s_i = sr_i/r - 2r_i(\mathrm{inv}\,\alpha_i - \mathrm{inv}\,\alpha)$	
顶隙	c	$c = c^* m$	
标准中心距	a	$a = m(z_1 + z_2)/2$	
节圆直径	d'	(当中心距为标准中心距 a 时)$d' = d$	
传动比	i	$i_{12} = \omega_1/\omega_2 = z_2/z_1 = d_2'/d_1' = d_2/d_1 = d_{b2}/d_{b1}$	

注:①表中 h_a^* 为齿顶高系数 1,c^* 为顶隙系数 0.25。

8.4.4 齿条和内齿轮的尺寸

1. 齿条

如图 8-10 所示，齿条与齿轮相比有以下主要特点：

(1) 齿条相当于齿数无穷多的齿轮，故齿轮中的圆在齿条中都变成了直线，即齿顶线、分度线、齿根线等。

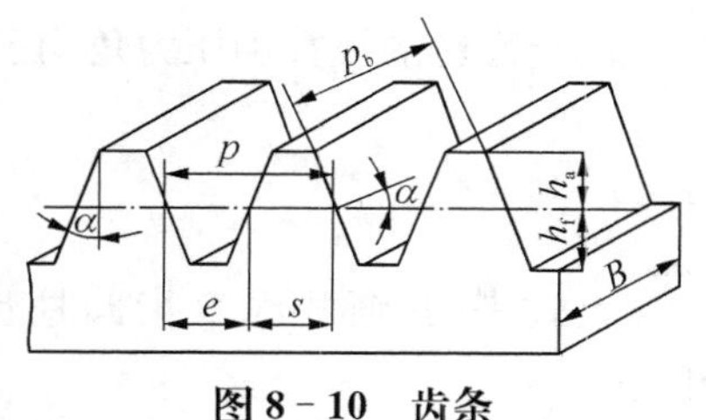

图 8-10 齿条

(2) 齿条的齿廓是直线，所以齿廓上各点的法线是平行的，又由于齿条作直线移动，故其齿廓上各点的压力角相同，并等于齿廓直线的齿形角 α。

(3) 齿条上各同侧齿廓是平行的，所以在与分度线平行的各直线上其齿距相等(即 $p_i = p = \pi m$)。

齿条的基本尺寸可参照外齿轮的计算公式进行计算。

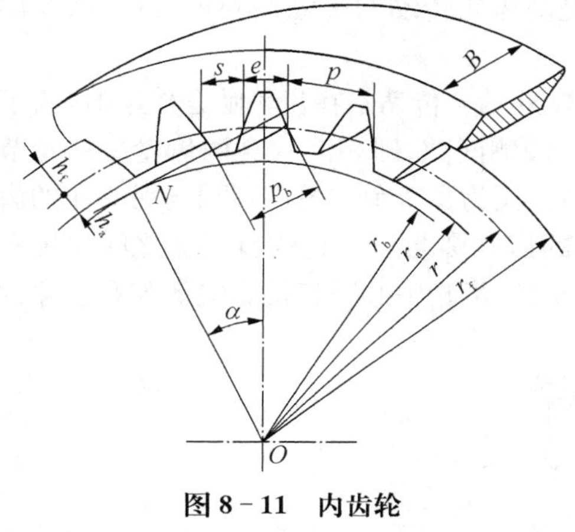

图 8-11 内齿轮

2. 内齿轮

如图 8-11 所示为一内齿圆柱齿轮。它的轮齿分布在空心圆柱体的内表面上，与外齿轮相比较有下列不同点：

(1) 内齿轮的轮齿相当于外齿轮的齿槽，内齿轮的齿槽相当于外齿轮的轮齿。

(2) 内齿轮的齿根圆大于齿顶圆。

(3) 为了使内齿轮齿顶的齿廓全部为渐开线，其齿顶圆必须大于基圆。

8.5 渐开线直齿圆柱齿轮的啮合传动

8.5.1 一对渐开线齿轮正确啮合的条件

一对渐开线齿廓能保证定传动比传动，但这并不说明任意两个渐开线齿轮都能搭配起来正确啮合传动。要能正确啮合，还应满足一定的条件。

如图 8-12 所示，一对渐开线齿廓在任何位置啮合时，其接触点 K 都在齿廓公法线 N_1N_2 上，故称直线 N_1N_2 为啮合线。为了使处于啮合线上的各对轮齿都能正确啮合，则要求两齿轮的相邻两轮齿同侧齿廓间的法向齿距相等，即

$$p_{b1} = p_{b2}$$

将 $p_{b1} = \pi m_1 \cos\alpha_1$，$p_{b2} = \pi m_2 \cos\alpha_2$ 代入上式得

$$m_1 \cos\alpha_1 = m_2 \cos\alpha_2$$

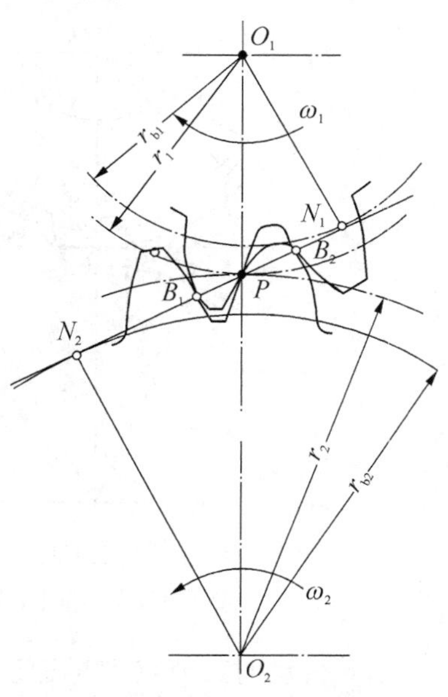

图 8-12 渐开线齿轮正确啮合的条件

由于齿轮的模数和压力角均已标准化，故有

$$\begin{cases} m_1 = m_2 = m \\ \alpha_1 = \alpha_2 = \alpha \end{cases}$$

上式表明，渐开线直齿圆柱齿轮的正确啮合条件是两轮的模数和压力角必须分别相等。

8.5.2 齿轮传动的中心距和啮合角

由前可知，中心距的变化并不影响渐开线齿轮的传动比。然而中心距的变化会影响齿轮传动的侧隙和顶隙，以及传动的连续性等。为了提高齿轮传动的平稳性和可靠性，需要确定合理的中心距。

如图 8-13 所示为一对渐开线标准直齿圆柱齿轮外啮合传动。在齿轮啮合传动时，为了避免齿轮反转时发生冲击和出现空程，理论上要求无齿侧间隙，即相互啮合两齿轮中一轮节圆齿厚应等于另一轮节圆齿槽宽（$s'_1 = e'_2$且$s'_2 = e'_1$）。又为了避免一轮的齿顶与另一轮的齿槽底部相抵触，并留有贮存润滑油的空隙，要求一轮的齿顶圆与另一轮的齿根圆之间应留有c^*m的径向距离，即保证顶隙c为标准值c^*m。显而易见，齿轮中心距直接影响侧隙和顶隙的大小。

经推导可得，保证无侧隙和标准顶隙时的中心距为

$$a = r_1 + r_2 = \frac{1}{2}m(z_1 + z_2) \tag{8-12}$$

该中心距称为标准中心距。由式(8-12)可以看出，齿轮按标准中心距安装时，两齿轮分度圆是相切的，又因两齿轮节圆始终相切，故这时两齿轮的分度圆与其节圆重合，即两轮分度圆作纯滚动。

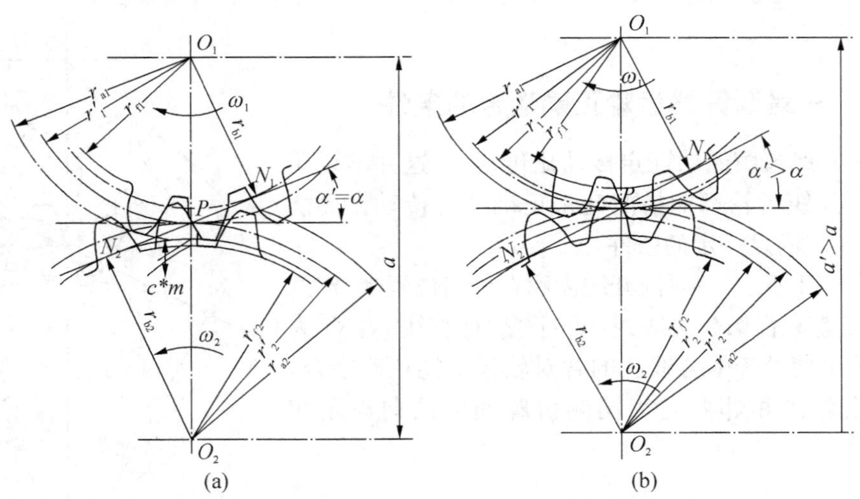

图 8-13 齿轮传动的中心距和啮合角

齿轮传动时其节点P的速度方向线与啮合线N_1N_2间所夹锐角α'称为啮合角，啮合角等于节圆压力角。当标准齿轮按标准中心距a安装时，啮合角则等于分度圆压力角α。当齿

轮传动的实际中心距 a' 不等于标准中心距 a 时，则两轮分度圆与其节圆不重合，啮合角 α' 也不等于分度圆压力角 α。经推导可得中心距与啮合角间的关系为

$$a\cos\alpha = a'\cos\alpha' \qquad (8-13)$$

对于渐开线齿轮内啮合传动的情况，保证无侧隙和标准顶隙时的标准中心距为

$$a = r_2 - r_1 = \frac{1}{2}m(z_2 - z_1) \qquad (8-14)$$

8.5.3 渐开线齿轮连续传动的条件

齿轮传动是通过轮齿交替啮合来实现传递运动和动力的。如图 8-14 所示为一对直齿轮啮合传动情况。齿轮 1 为主动轮，以角速度 ω_1 顺时针方向回转，推动从动轮 2 以角速度 ω_2 逆时针方向回转。渐开线齿轮在啮合传动中，啮合点都落在啮合线 N_1N_2 上。一对轮齿在从动轮 2 与啮合线 N_1N_2 的交点 B_2 处开始啮合。而在主动轮 1 的齿顶圆与啮合线 N_1N_2 的交点 B_1 处终止啮合。故 B_1 点称为终止啮合点。B_1B_2 称为实际啮合线段。如将两齿轮的齿顶圆加大，则 B_2，B_1 分别向 N_1，N_2 靠近，但因基圆内无渐开线，故两轮顶圆不能超过 N_1 及 N_2 点，所以点 N_1，N_2 称为极限啮合点，N_1N_2 称为理论啮合线段。

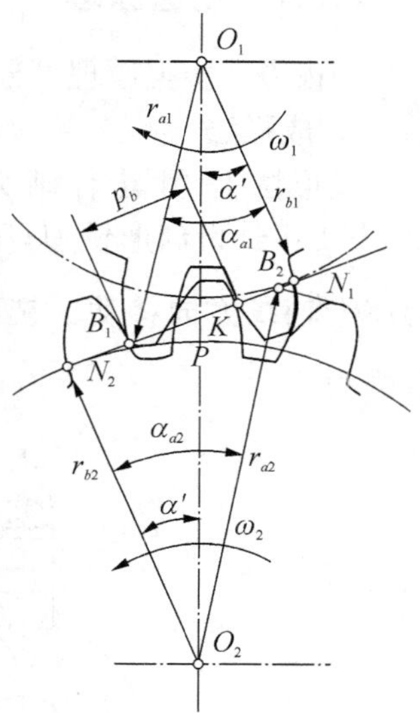

图 8-14 一对渐开线齿轮的啮合传动

由此可见，一对轮齿啮合区间是有限的，所以，为了使一对齿轮能够连续传动，必须保证前一对轮齿尚未脱离啮合时，后一对轮齿能及时地进入啮合，如图 8-14 所示，须保证前一对轮齿到达终止啮合点 B_1 之前，后一对轮齿已到达或刚好到达起始啮合点 B_2。这就要求实际啮合线段 $\overline{B_1B_2}$ 应大于或等于齿轮的法向齿距 p_b。通常把 $\overline{B_1B_2}$ 与 p_b 的比值称为齿轮传动的重合度，记为 ε_α。于是可得到齿轮连续传动的条件为

$$\varepsilon_\alpha = \frac{\overline{B_1B_2}}{P_b} \geqslant 1 \qquad (8-15)$$

如图 8-14 所示可推导出外啮合齿轮传动的重合度计算公式为

$$\begin{aligned}\varepsilon_\alpha &= \frac{\overline{B_1B_2}}{P_b} = \frac{\overline{PB_1} + \overline{PB_2}}{\pi m\cos\alpha} \\ &= \frac{1}{2\pi}[z_1(\tan\alpha_{a1} - \tan\alpha') + z_2(\tan\alpha_{a2} - \tan\alpha')]\end{aligned} \qquad (8-16)$$

式中，α' 为啮合角，α_{a1}，α_{a2} 分别为轮 1，2 的齿顶圆压力角。

由上式知，重合度与齿轮模数无关，而随齿数的增多而增大；随啮合角（或中心距）的增大而减小。对于渐开线标准直齿圆柱齿轮传动，当按标准中心距安装时，能够满足连续传动条件，但其重合度不会超过 2。

因此，可推导出外啮合齿轮连续传动的条件为重合大于 1。但因齿轮的制造及安装误差

和受载变形等原因，并考虑到增大重合度可提高齿轮传动的承载能力，故在实际使用中，要求重合度不小于许用值$[\varepsilon_\alpha]$，即

$$\varepsilon_\alpha \geqslant [\varepsilon_\alpha]$$

式中，$[\varepsilon_\alpha]$的值随齿轮传动的使用要求和制造精度而定，通常在1.1～1.4范围内选。

8.6 渐开线圆柱齿轮的加工方法、根切和最少齿数

8.6.1 切齿原理

切齿方法根据原理可分为成形法及展成法两大类。

1. 成形法

成形法是用具有渐开线齿槽形状的成形铣刀直接切制出轮齿齿廓的方法。图8-15(a)为盘形铣刀，图8-15(b)为指状铣刀。铣齿时，铣刀绕本身的轴线旋转，而齿坯沿轴线方向移动。铣出一个齿槽后，将齿坯转过$\frac{2\pi}{z}$，再依次铣削，直至切制出所有齿槽为止。

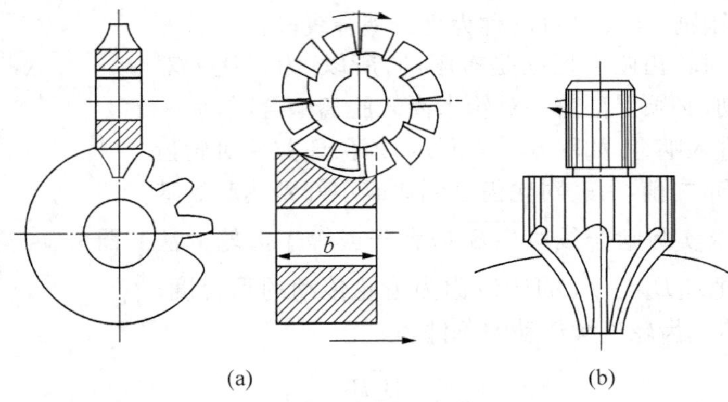

图8-15 成形法切齿

成形法切齿设备简单，不需专用机床。但生产率低，制造精度低。仅用于单件或小批量生产以及低精度齿轮的加工。

2. 展成法

展成法是利用一对齿轮(或齿轮与齿条)加工齿轮的一种方法。将其中一个齿轮(或齿条)做成刀具，就可切出渐开线齿廓。刀具齿顶高比正常齿高出c^*m，以便切出轮齿根部。展成法制造精度高，故适用于大批量生产。缺点是：需要专用机床，故加工成本较高。展成法切削齿轮时，常用的刀具有以下三种：

(1) 齿轮插刀。齿轮插刀是一个具有渐开线齿廓且模数、压力角与被切齿轮相同的刀具，如图8-16所示。加工时，插刀与轮坯按一对齿轮相互啮合所需的角速度比转动，同时插刀沿轮坯轴线作往复切削运动。当被切轮坯转完一周后，即可切出所有的轮齿。

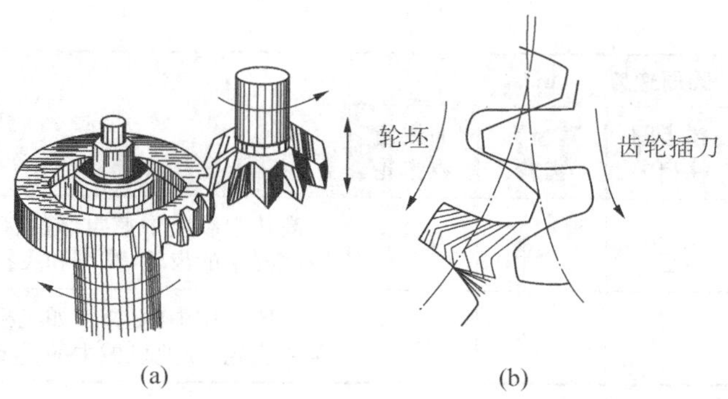

图 8-16　齿轮插刀

(2) 齿条插刀。当齿轮插刀切齿时将刀具做成齿条状，模仿齿条与齿轮的啮合过程，切出被加工齿轮的渐开线齿廓，如图 8-17 所示。齿条插刀切削轮齿的原理与齿轮插刀切削轮齿相同。

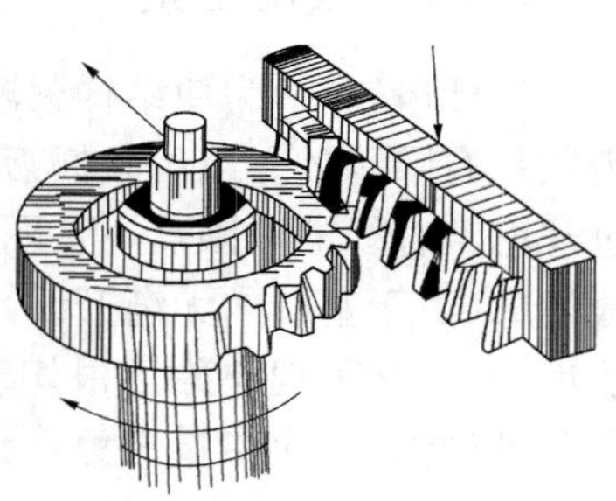

图 8-17　齿条插刀

(3) 齿轮滚刀。用上述两种刀具切制齿轮时，其加工过程都不是连续的，影响了生产率的提高。为此，生产中广泛采用了连续切削的齿轮滚刀。如图 8-18 所示，齿轮滚刀形状像螺杆，加工时，滚刀刀刃在轮坯端面上的投影为一齿条。切齿时，轮坯与滚刀分别绕本身轴线转动；同时，滚刀沿着轮坯的轴向进刀，因而其加工原理与齿条插刀相同。

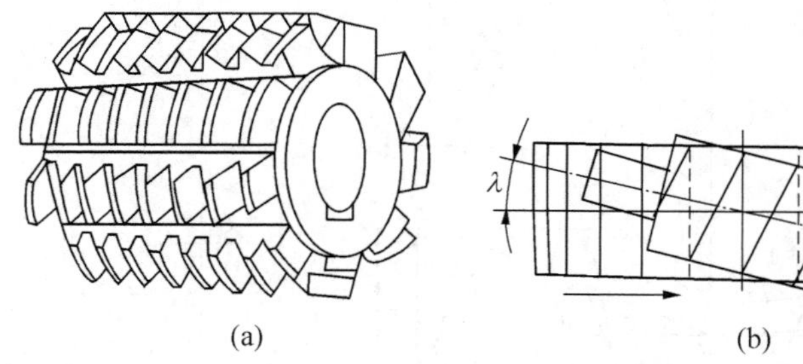

图 8-18　齿轮滚刀

8.6.2　齿轮精度

齿轮的加工精度等级分为 12 级。1 级最高，12 级最低。一对齿轮的精度等级一般取成相同，也允许取成不相同。常用的是 6～8 级，其允许的圆周速度和应用见表 8-3。

表 8-3　齿轮传动常用精度等级的选择及应用

精度等级	圆周速度 v /(m/s)				应　用
	直齿圆柱齿轮	斜齿圆柱齿轮	直齿锥齿轮	曲线齿锥齿轮	
6	≤15	≤30	≤9	<20	高速重载的齿轮传动，如飞机、汽车和机床制造业中的重要齿轮；分度机构的齿轮传动

续　表

精度等级	圆周速度 v/(m/s)				应　　用
	直齿圆柱齿轮	斜齿圆柱齿轮	直齿锥齿轮	曲线齿锥齿轮	
7	≤10	≤20	≤6	<10	高速中载或中速重载的齿轮传动，如标准系列减速器中的齿轮，汽车和飞机制造业中的齿轮
8	≤5	≤10	≤3	<7	一般机械中的齿轮，如飞机、汽车和机床中的不重要齿轮；农业机械中的重要齿轮

注：锥齿轮的圆周速度按平均直径计算。

8.6.3　根切现象

设计齿轮时，为使结构紧凑，希望齿数尽可能地少。但是，对于渐开线标准齿轮，其最少齿数是有限制的。以齿条插刀切削标准齿轮为例(图 8－19)，若齿数过少，刀具齿顶线将超过理论啮合线的极限点 N_1(图中双点划线齿条所示)，刀具的超出部分不仅不能切削出渐开线齿廓(由于基圆内无渐开线)，而且会将齿根部已加工出的渐开线切去一部分(图中双点划线齿廓)。这种现象称为根切现象。轮齿发生根切后，将会降低齿轮的强度和重合度，影响传动平稳性，故应尽量避免。

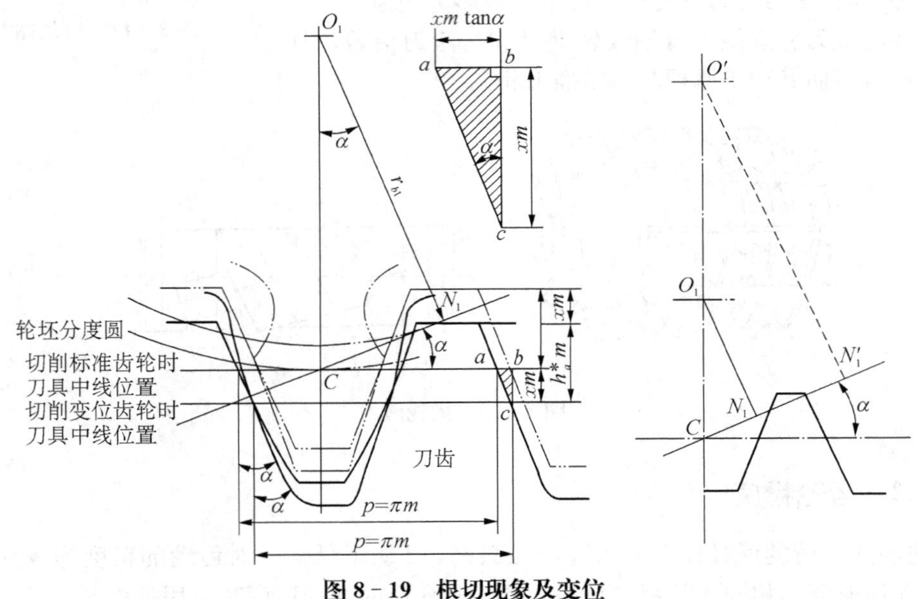

图 8－19　根切现象及变位

8.6.4　标准齿轮不发生根切的最少齿数

标准齿轮欲避免根切，其齿数 z 必须大于或等于不根切的最小齿数 $z_{\min}$。

由图 8－19 可见，若要刀具齿顶线不超过理论啮合线的极限点 N_1，应使 CN_1 沿中心线方向投影长度等于或大于刀具齿顶高，即

$$CN_1\sin\alpha \geqslant h_a^* m \qquad (8-17)$$

对于 $\alpha=20^\circ$ 和 $h_a^*=1$ 的标准渐开线齿轮，当用展成法加工时，$z_{\min}=17$；若允许略有根切，可取 $z_{\min}=14$。

8.6.5 变位齿轮简述

图 8-19 中双点画线表示切制 $z<z_{\min}$ 的标准齿轮而发生的根切现象，此时刀具的中线与齿轮的分度圆相切，刀具的齿顶线超过了理论啮合线的极限点 N_1。如果将刀具外移一段距离 xm 至刀具的齿顶线与 N_1 点平齐(图中刀具的实线位置)，这样就不会发生根切了。此时与齿轮分度圆相切的已不再是刀具的中线，而是与之平行的分度线。这样制得的齿轮称为变位齿轮，切齿刀具所移动的距离 xm 称为变位量，x 称为变位系数。当刀具远离轮坯时变化系数为正，反之为负，相应的变位分别称为正变位和负变位。

变位齿轮不仅可加工 $z<z_{\min}$ 的齿轮而不发生根切，还可用于非标准中心距的场合，以提高小齿轮弯曲强度等，因此，变位齿轮得到日趋广泛的应用。有关变位齿轮的设计和应用，可参阅有关资料。

8.7 斜齿圆柱齿轮传动

如图 8-20 所示为斜齿圆柱齿轮的一部分。斜齿轮的齿廓曲面与其分度圆柱面相交的螺旋线的切线与齿轮轴线之间所夹的锐角(以 β 表示)称为斜齿轮分度圆柱上的螺旋角(简称为斜齿轮的螺旋角)，齿轮螺旋的旋向有左、右之分，故螺旋角 β 也有正、负之别，如图 8-21 所示。

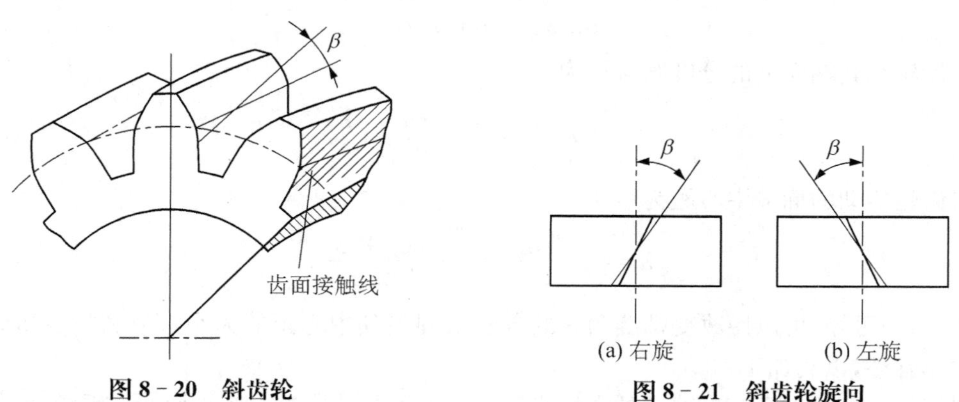

图 8-20 斜齿轮

图 8-21 斜齿轮旋向

由于斜齿轮存在着螺旋角 β，故当一对斜齿轮啮合传动时，其轮齿是先由一端进入啮合逐渐过渡到轮齿的另一端而最终退出啮合，其齿面上的接触线先是由短变长，再由长变短，如图 8-20 所示。因此，斜齿轮的轮齿在交替啮合时所受的载荷是逐渐加上，再逐渐卸掉的，所以传动比较平稳，冲击、振动和噪声较小，故适宜于高速、重载传动。

8.7.1 斜齿轮的基本参数与几何尺寸计算

由于斜齿轮垂直于其轴线的端面齿形和垂直于螺旋线方向的法面齿形是不相同的，因而斜齿轮的端面参数与法面参数也不相同。又由于在切制斜齿轮的轮齿时，刀具进刀的方

向一般是垂直于其法面的，故其法面参数（m_n，α_n，h_{an}^*，c_n^* 等）与刀具的参数相同，所以取为标准值。但在计算斜齿轮的几何尺寸时却需按端面参数进行，因此就必须建立法面参数与端面参数的换算关系。

如图 8－22 所示为一斜齿条沿其分度线的剖开图。图中阴影线部分为轮齿，空白部分为齿槽。由图可见

$$p_n = \pi m_n = p_t \cos\beta = \pi m_t \cos\beta$$

故得

$$m_n = m_t \cos\beta \tag{8-18}$$

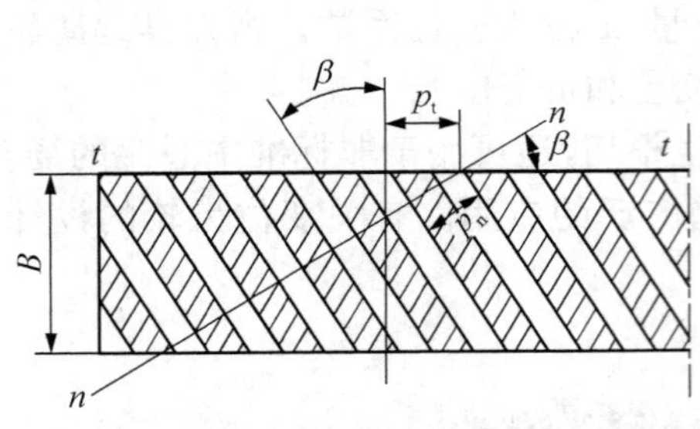

图 8－22　斜齿轮分度线剖视图

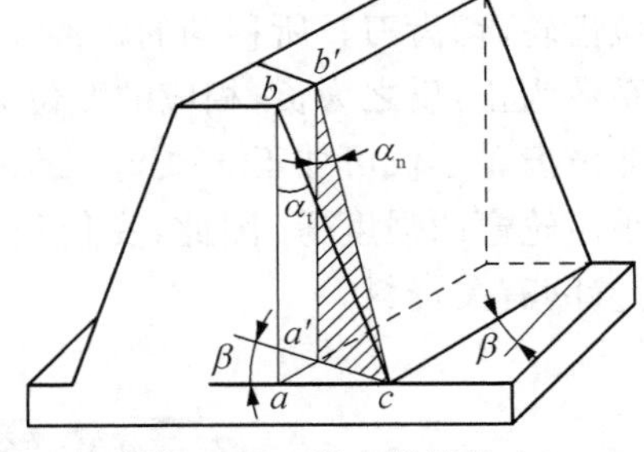

图 8－23　斜齿轮的轮齿

如图 8－23 所示为斜齿条的一个轮齿，$\triangle a'b'c$ 在法面上，$\triangle abc$ 在端面上。由图可见

$$\tan\alpha_n = \tan\angle a'b'c = \frac{\overline{a'c}}{\overline{a'b'}},\quad \tan\alpha_t = \tan\angle abc = \frac{\overline{ac}}{\overline{ab}}$$

由于 $\overline{ab} = \overline{a'b'}$，$\overline{a'c} = \overline{ac}\cos\beta$，故得

$$\tan\alpha_n = \tan\alpha_t \cos\beta \tag{8-19}$$

斜齿轮在其端面上的分度圆直径为

$$d = zm_t = \frac{zm_n}{\cos\beta} \tag{8-20}$$

斜齿轮传动的标准中心距为

$$a = \frac{d_1 + d_2}{2} = \frac{m_n(z_1 + z_2)}{2\cos\beta} \tag{8-21}$$

由式(8－21)可知，可以用改变螺旋角 β 的方法来调整其中心距的大小。故斜齿轮传动的中心距常作圆整，以利加工。

斜齿轮也可借助于变位修正的办法来满足各种不同的要求。其端面变位系数 x_t 与法面变位系数 x_n 之间的关系为

$$x_t = x_n \cos\beta \tag{8-22}$$

但一般都按法面变位系数进行计算。

8.7.2　一对斜齿轮的啮合传动

1. 一对斜齿轮正确啮合的条件

斜齿轮正确啮合的条件，除了模数及压力角应分别相等（$m_{n1} = m_{n2}$，$\alpha_{n1} = \alpha_{n2}$）外，它们的螺旋角还必须满足如下条件：

外啮合：$\beta_1 = -\beta_2$

内啮合：$\beta_1 = \beta_2$

2. 斜齿轮传动的重合度

图 8-24(a)为直齿轮传动的啮合面，L 为其啮合区，故直齿轮传动的重合度为

$$\varepsilon_\alpha = \frac{L}{p_{\mathrm{bt}}}$$

式中，p_{bt}为端面上的法向齿距。

图 8-24(b)为斜齿轮的啮合情况，由于其轮齿是倾斜的，故其啮合区长为 $L+\Delta L$，其总的重合度 ε_γ 为

$$\varepsilon_\gamma = \frac{L+\Delta L}{p_{\mathrm{bt}}} = \varepsilon_\alpha + \varepsilon_\beta \tag{8-23}$$

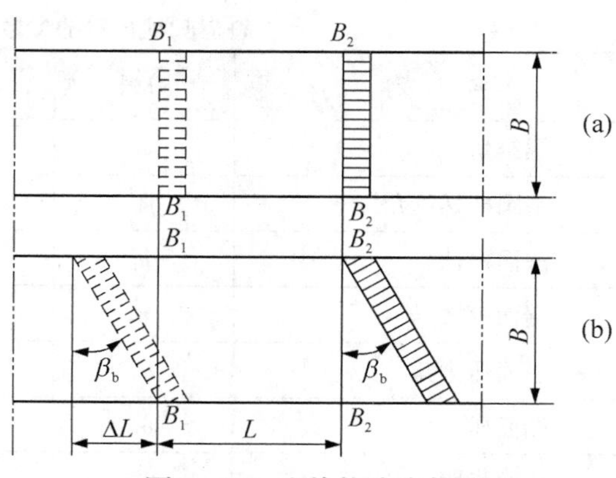

图 8-24 齿轮传动啮合面

式中，$\varepsilon_\alpha = L/p_{\mathrm{bt}}$ 为端面重合度。类似于直齿轮传动可得其计算公式为

$$\varepsilon_\alpha = \frac{z_1(\tan\alpha_{\mathrm{at1}} - \tan\alpha'_{\mathrm{t}}) + z_2(\tan\alpha_{\mathrm{at2}} - \tan\alpha'_{\mathrm{t}})}{2\pi} \tag{8-24}$$

$\varepsilon_\beta = \Delta L/p_{\mathrm{bt}}$ 为轴向重合度(纵向重合度)，其计算公式为

$$\varepsilon_\beta = \frac{B\sin\beta}{\pi m_{\mathrm{n}}} \tag{8-25}$$

8.7.3 斜齿轮的当量齿轮与当量齿数

为了切制斜齿轮和计算齿轮强度的需要，下面介绍斜齿轮法面齿形的近似计算。

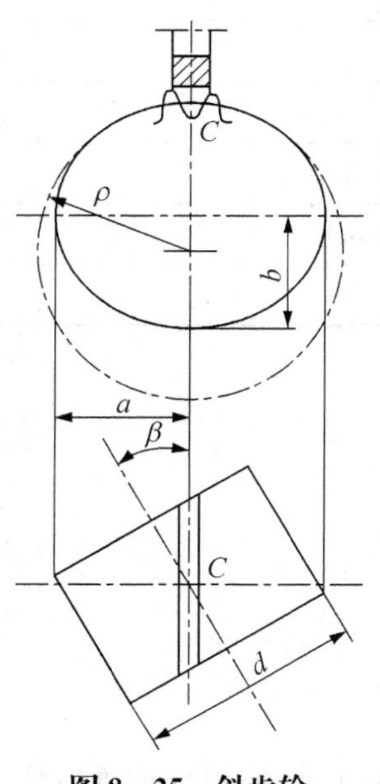

图 8-25 斜齿轮

如图 8-25 所示，设经过斜齿轮分度圆柱面上的一点 C，作轮齿的法面，将斜齿轮的分度圆柱剖开，其剖面为一椭圆。现以椭圆上 C 点的曲率半径 ρ 为半径作一圆，作为一假想直齿轮的分度圆，以该斜齿轮的法面模数为模数、法面压力角为压力角，作一直齿轮，其齿形就是斜齿轮的法面近似齿形，称此直齿轮为斜齿轮的当量齿轮，而其齿数即为当量齿数(以 z_{v} 表示)。

由图可知，椭圆的长半袖 $a = d/(2\cos\beta)$，短半轴 $b = d/2$，而

$$\rho = \frac{a^2}{b} = \frac{d}{2\cos^2\beta}$$

故得

$$z_{\mathrm{v}} = \frac{2\rho}{m_{\mathrm{n}}} = \frac{d}{m_{\mathrm{n}}\cos^2\beta} = \frac{zm_{\mathrm{t}}}{m_{\mathrm{n}}\cos^2\beta} = \frac{z}{\cos^3\beta} \tag{8-26}$$

渐开线标准斜齿圆柱齿轮不发生根切的最少齿数可由式(8-26)求得

$$z_{\min} = z_{\mathrm{vmin}}\cos^3\beta \tag{8-27}$$

式中，z_{vmin}为当量直齿标准齿轮不发生根切的最少齿数。

斜齿轮各参数及几何尺寸的计算公式列于表 8－4 中。

表 8－4　　斜齿圆柱齿轮的参数及几何尺寸的计算公式

名　　称	符号	计算公式
螺旋角	β	一般取 8°～20°
基圆柱螺旋角	β_b	$\tan\beta_b = \tan\beta\cos\alpha_t$
法面模数	m_n	按表 8－1，取标准值
端面模数	m_t	$m_t = m_n/\cos\beta$
法面压力角	α_n	$\alpha_n = 20°$
端面压力角	α_t	$\tan\alpha_t = \tan\alpha_n/\cos\beta$
法面齿距	p_n	$p_n = \pi m_n$
端面齿距	p_t	$p_t = \pi m_t = p_n/\cos\beta$
法面基圆齿距	p_{bn}	$p_{bn} = p_n\cos\alpha_n$
法面齿顶高系数	h_{an}^*	$h_{an}^* = 1$
法面顶隙系数	c_n^*	$c_n^* = 0.25$
分度圆直径	d	$d = zm_t = zm_n/\cos\beta$
基圆直径	d_b	$d_b = d\cos\alpha_t$
最少齿数	z_{min}	$z_{min} = z_{vmin}\cos^3\beta$
端面变位系数	x_t	$x_t = x_n\cos\beta$
齿顶高	h_a	$h_a = m_n(h_{an}^* + x_n)$
齿根高	h_f	$h_f = m_n(h_{an}^* + c_n^* - x_n)$
齿顶圆直径	d_a	$d_f = d + 2h_a$
齿根圆直径	d_f	$d_1 = d - 2h_f$
法面齿厚	s_n	$s_n = (\pi/2 + 2x_n\tan\alpha_n)m_n$
端面齿厚	s_t	$s_t = (\pi/2 + 2x_t\tan\alpha_t)m_t$
当量齿数	z_v	$z_v = z/\cos^3\beta$

注：1. m_t 应计算到小数后第四位，其余长度尺寸应计算到小数后三位；

2. 螺旋角 β 的计算应精确到××°××′××″。

8.7.4　斜齿轮传动的主要优缺点

与直齿轮传动比较，斜齿轮传动具有下列主要的优点：

(1) 啮合性能好，传动平稳、噪声小。

(2) 重合度大，降低了每对轮齿的载荷，提高了齿轮的承载能力。

(3) 不产生根切的最少齿数少。

斜齿轮传动的主要缺点是在运转时会产生轴向推力，如图 8－26(a)所示。其轴向推力为

$$F_a = F_t \tan \beta$$

当圆周力 F_t 一定时，轴向推力 F_a 随螺旋角 β 的增大而增大。为控制过大的轴向推力，一般取 $\beta = 8^\circ \sim 20^\circ$。若采用人字齿轮[图 8-26(b)]，其所产生的轴向推力可相互抵消，故其螺旋角 β 可取为 25°～40°但人字齿轮制造比较麻烦，这是其缺点，故一般只用于高速重载传动中。

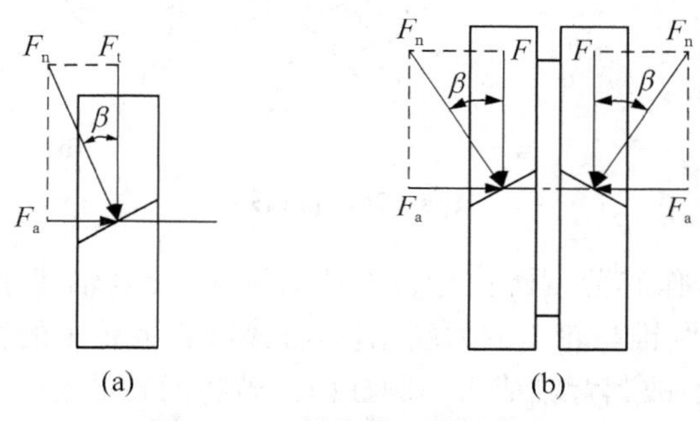

图 8-26　斜齿轮上的轴向力

8.8 直齿锥齿轮传动

8.8.1 锥齿轮传动概述

锥齿轮传动用来传递两相交轴之间的运动和动力(图 8-27)，在一般机械中，锥齿轮两轴之间的交角 $\sum = 90^\circ$ (但也可以 $\sum \neq 90^\circ$)。锥齿轮的轮齿分布在一个圆锥面上，故在锥齿轮上有齿顶圆锥、分度圆锥和齿根圆锥等。又因锥齿轮是一个锥体，从而有大端和小端之分。为了计算和测量的方便，通常取锥齿轮大端的参数为标准值，即大端的模数按表 8-5 选取，其压力角一般为 20°，齿顶高系数 $h_a^* = 1.0$，顶隙系数 $c^* = 0.2$。

下面只讨论直齿锥齿轮传动。

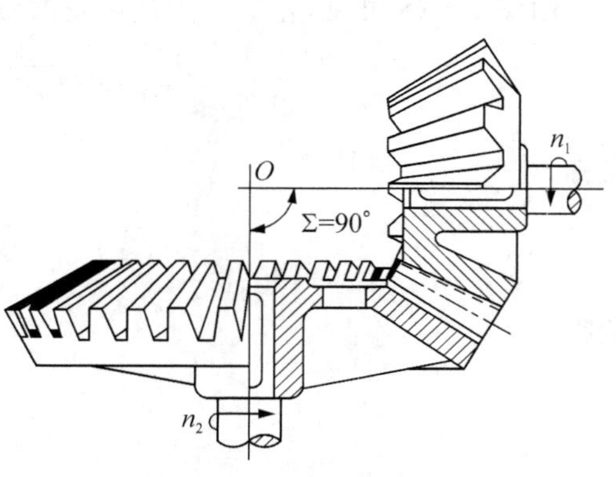

图 8-27　锥齿轮

表 8-5　　锥齿轮标准模数系列　　单位：mm

… 1 1.125 1.25 1.375 1.5 1.75 2 2.25 2.5 2.75 3 3.25 3.5 3.75 4 4.5 5 5.5 6 6.5 7 8 9 10 …

8.8.2 直齿锥齿轮的背锥及当量齿轮

如图 8-28 所示为一对特殊锥齿轮传动。其中轮 1 的齿数为 z_1，分度圆半径为 r_1，分度圆锥角为δ_1；轮 2 的齿数为 z_2，分度圆半径为 r_2，分度圆锥角 $\delta_2 = 90^\circ$，其分度圆锥表面为一平面，这种齿轮称为冠轮。

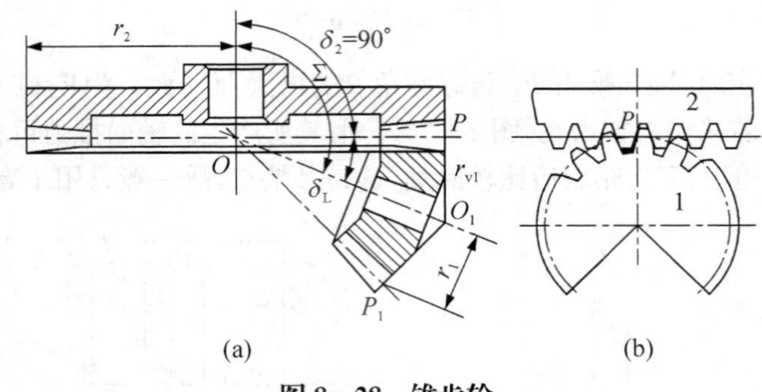

图 8-28　锥齿轮

过轮 1 大端节点 P,作其分度圆锥母线 OP 的垂线,交其轴线于 O_1 点,再以 O_1 点为锥顶,以 O_1P 为母线,作一圆锥与轮 1 的大端相切,称该圆锥为轮 1 的背锥。同理,可作轮 2 的背锥,由于轮 2 为一冠轮,故其背锥成为一圆柱面。若将两轮的背锥展开,则轮 1 的背锥将展成为一个扇形齿轮,而轮 2 的背锥则展成为一个齿条[图 8-28(b)],即在其背锥展开后,两者相当于齿轮与齿条啮合传动。根据前面所述的范成原理可知,当齿条(即冠轮的背锥)的齿廓为直线时,轮 2 在背锥上的齿廓为渐开线。

现设想把展成的扇形齿轮的缺口补满,则将获得一个圆柱齿轮。这个假想的圆柱齿轮称为锥齿轮的当量齿轮,其齿数 z_v 称为锥齿轮的当量齿数。当量齿轮的齿形和锥齿轮在背锥上的齿形(即大端齿形)是一致的,故当量齿轮的模数和压力角与锥齿轮大端的模数和压力角是一致的。至于当量齿数,则可如下求得。

由图 8-28 可见,轮 1 的当量齿轮的分度圆半径为

$$r_{v1} = \overline{O_1P} = \frac{r_1}{\cos\delta_1} = \frac{z_1 m}{2\cos\delta_1}$$

又知

$$r_{v1} = \frac{z_{v1} m}{2}$$

故得

$$z_{v1} = \frac{z_1}{\cos\delta_1}$$

对于任一锥齿轮有

$$z_v = \frac{z}{\cos\delta} \tag{8-29}$$

借助锥齿轮当量齿轮的概念,可以把前面对于圆柱齿轮传动所研究的一些结论直接应用于锥齿轮传动。例如,根据一对圆柱齿轮的正确啮合条件可知,一对锥齿轮的正确啮合条件应为两轮大端的模数和压力角分别相等:一对锥齿轮传动的重合度可以近似地按其当量齿轮传动的重合度来计算;为了避免轮齿的根切,锥齿轮不产生根切的最少齿数 $z_{min} = z_{vmin}\cos\delta$ 。

8.8.3　直齿锥齿轮传动几何参数和尺寸计算

前已指出,锥齿轮以大端参数为标推值,故在计算其几何尺寸时,也应以大端为准。如

图 8 - 29 所示，两锥齿轮的分度圆直径分别为

$$d_1 = 2R\sin\delta_1,\quad d_2 = 2R\sin\delta_2 \tag{8-30}$$

式中，R 为分度圆锥锥顶到大端的距离，称为锥距；δ_1，δ_2 分别为两锥齿轮的分度圆锥角（简称分锥角）。

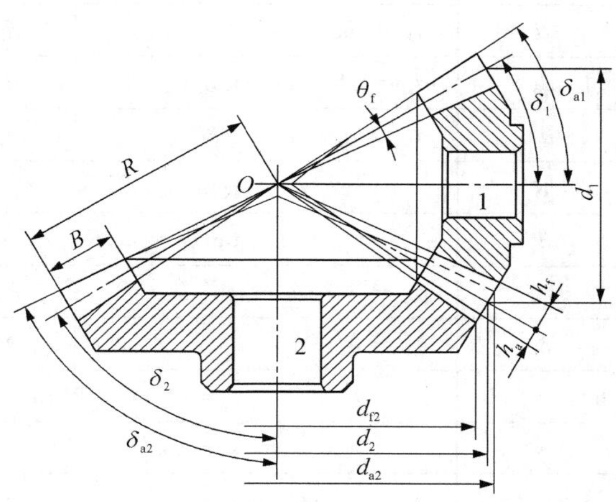

图 8 - 29　锥齿轮参数

两轮的传动比为

$$i_{12} = \frac{\omega_1}{\omega_2} = \frac{z_2}{z_1} = \frac{d_2}{d_1} = \frac{\sin\delta_2}{\sin\delta_1} \tag{8-31}$$

当两锥齿轮之间的轴交角 $\sum = 90°$ 时，则因 $\delta_1 + \delta_2 = 90°$，式(8 - 31)变为

$$i_{12} = \frac{\omega_1}{\omega_2} = \frac{z_2}{z_1} = \frac{d_2}{d_1} = \cot\delta_1 = \tan\delta_2 \tag{8-32}$$

在设计锥齿轮传动时，可根据给定的传动比 i_{12}，按式(8 - 32)确定两轮分锥角的值。

至于锥齿轮齿顶圆锥角和齿根圆锥角的大小，则与两圆锥齿轮啮合传动时对其顶隙的要求有关。根据国家标准(GB/T12369—1990，GB/T12370—1990)规定，现多采用等顶隙锥齿轮传动，如图 8 - 29 所示。其两轮的顶隙从齿轮大端到小端是相等的，两轮的分度圆锥及齿根圆锥的锥顶重合于一点。但两轮的齿顶圆锥，因其母线各自平行于与之啮合传动的另一锥齿轮的齿根圆锥的母线，故其锥顶就不再与分度圆锥锥顶相重合了。这种圆锥齿轮相当于降低了轮齿小端的齿顶高，从而减小了齿顶过尖的可能性；且齿根圆角半径较大，有利于提高轮齿的承载能力、刀具寿命和储油润滑。

锥齿轮传动的主要几何尺寸的计算公式列于见表 8 - 6。

表 8 - 6　　标准直齿锥齿轮传动的几何参数及尺寸($\sum = 90°$)

名称	代号	计算公式	
		小齿轮	大齿轮
分锥角	δ	$\delta_1 = \arctan(z_1/z_2)$	$\delta_2 = 90° - \delta_1$
齿顶高	h_a	$h_a = h_a^* m = m$	

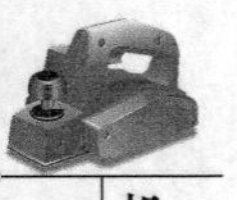

续 表

名称	代号	计算公式	
		小齿轮	大齿轮
齿根高	h_f	$h_f=(h_a^*+c^*)m=1.2\,m$	
分度圆直径	d	$d_1=mz_1$	$d_2=mz_2$
齿顶圆直径	d_a	$d_{a1}=d_1+2h_a\cos\delta_1$	$d_{a2}=d_2+2h_a\cos\delta_2$
齿根圆直径	d_f	$d_{f1}=d_1-2h_f\cos\delta_1$	$d_{f2}=d_2-2h_f\cos\delta_2$
锥距	R	$R=m\sqrt{z_1^2+z_2^2}/2$	
齿根角	θ_f	$\tan\theta_f=h_f/R$	
顶锥角	δ_a	$\delta_{a1}=\delta_1+\theta_f$	$\delta_{a2}=\delta_2+\theta_f$
根锥角	δ_f	$\delta_{f1}=\delta_1-\theta_f$	$\delta_{f2}=\delta_2-\theta_f$
顶隙	c	$c=c^*m$(一般取 $c^*=0.2$)	
分度圆齿厚	s	$s=\pi m/2$	
当量齿数	z_v	$z_{v1}=z_1/\cos\delta_1$	$z_{v2}=z_2/\cos\delta_2$
齿宽	B	$B\leqslant R/3$(取整)	

注:1. 当 $m\leqslant 1$ mm 时,$c^*=0.25$,$h_f=1.25$ m;

2. 各角度计算应精确到××°××′。

8.9 轮齿的失效形式及设计准则

8.9.1 轮齿的失效形式

齿轮传动的失效一般都发生在轮齿部分。轮齿常见的失效形式如下。

1. 轮齿弯曲折断

轮齿受力后,其根部受交变弯曲应力作用,在齿根过渡圆角处应力大且有较大的应力集中,易产生弯曲疲劳折断,如图 8-30 所示。当齿轮受到较大短期过载或冲击载荷时,对铸铁或淬火齿轮,可能引起轮齿过载折断。

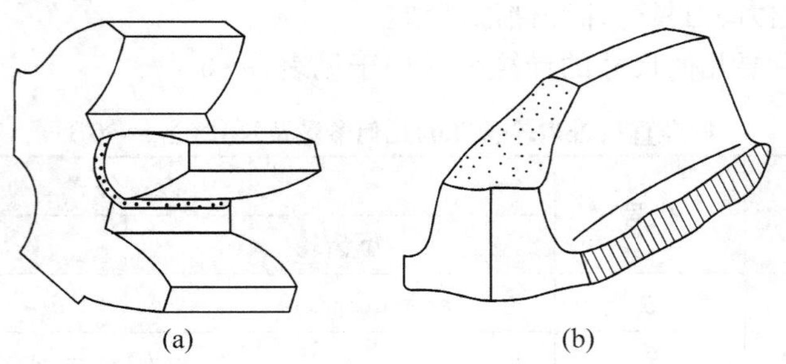

(a) (b)

图 8-30 弯曲折断

如图 8－30(a)所示整齿折断，如图 8－30(b)所示部分齿折断。

2. 齿面疲劳

轮齿工作时，齿面接触处将产生循环变化的接触应力。轮齿在接触应力反复作用下，在轮齿表面或次表层出现疲劳裂纹。疲劳裂纹扩展的结果，使齿面金属脱落而形成麻点状凹坑，称为齿面疲劳失效（疲劳磨损），简称为点蚀，如图 8－31所示。齿轮在啮合过程中，因轮齿在节线处啮合时，同时啮合齿对数少，接触应力大，且在节点处齿廓相对滑动速度小，油膜不易形成，故点蚀首先出现在节线附近的齿根表面上，然后再向其他部位扩展，导致齿轮失效。

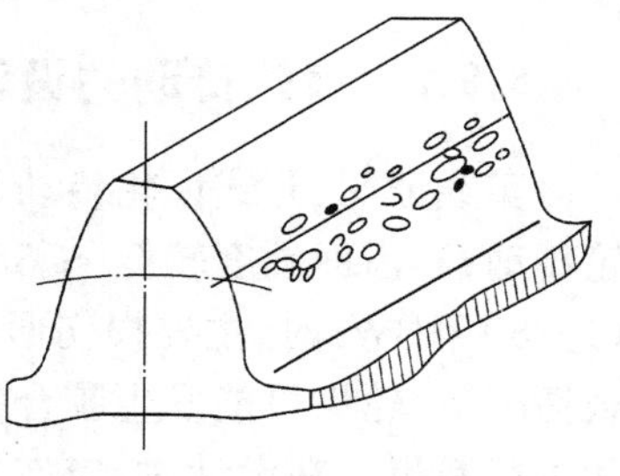

图 8－31 齿面点蚀

点蚀是润滑良好的闭式软齿面传动中最常见的失效形式。硬齿面齿轮，其齿面接触疲劳强度高，一般不易出现点蚀。在开式齿轮传动中，由于齿面磨损速度一般大于疲劳裂纹扩展速度，故一般不会出现点蚀。

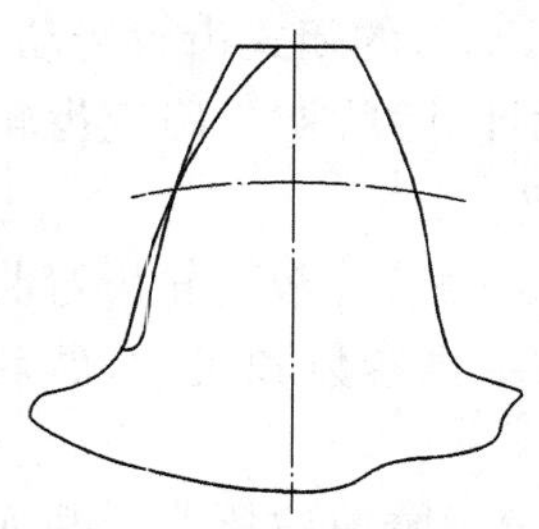

图 8－32 齿面磨损

3. 齿面磨损

在轮齿工作时，齿面有相对滑动，会产生齿面磨损，如图 8－32 所示。由于齿根及齿顶相对滑动速度大，故齿根及齿顶部分磨损严重。齿面磨损后，齿廓形状遭到破坏，容易引起冲击、振动和噪声，且由于齿厚减薄而可能发生轮齿折断。磨料磨损是开式齿轮传动的主要失效形式。

4. 齿面胶合

在高速重载齿轮传动中，由于轮齿齿面为高副接触，接触面积小、压力大，接触点附近温度升高，使油膜破裂，两金属表面直接接触，产生粘附，随着齿面的相对运动，使金属从齿面上撕落而引起严重的粘着磨损，称为齿面胶合，如图 8－33 所示。

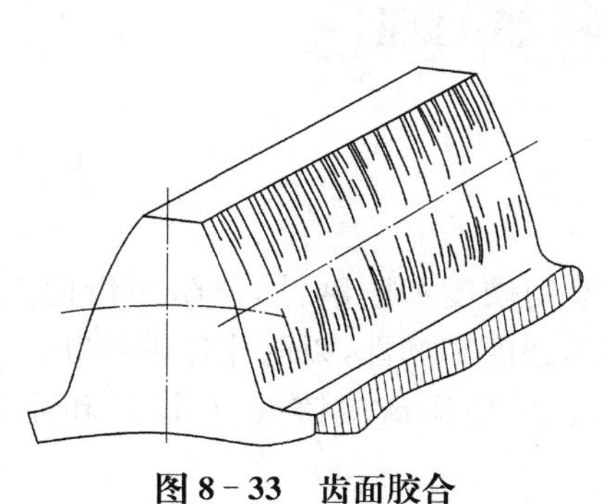

图 8－33 齿面胶合

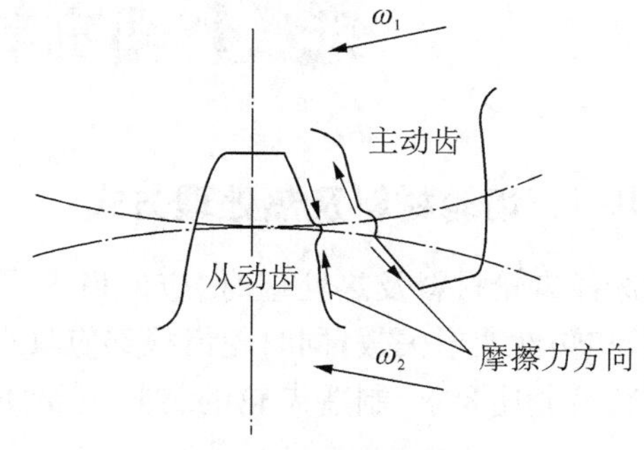

图 8－34 齿面塑性变形

5. 塑性变形

在重载传动时，齿面表层的材料可能沿着摩擦力的方向产生流动，称为齿面塑性变形，如图 8－34 所示。

当齿轮受到较大短期过载或冲击载荷时，较软材料做成的齿轮可能发生轮齿整体歪斜变形，称为齿体塑性变形。

齿轮传动在不同工况下，失效形式也不同。有时是一种失效形式，大部分情况是两种或

多种失效形式的组合，且各种失效形式相互影响。因此，在设计齿轮传动时，应根据实际情况，分析其主要失效形式，确定相应的设计准则。

8.9.2 齿轮传动的设计准则

实践证明：开式齿轮传动，轮齿损伤和失效的主要形式是齿面磨损和轮齿折断。闭式齿轮传动，当齿面硬度较低（≤350 HBW）时，主要损伤形式是齿面疲劳点蚀；当齿面硬度较高（>350 HBW）时，主要损伤形式是轮齿弯曲疲劳折断，亦可能发生齿面疲劳点蚀。在高速重载情况下，轮齿可能发生胶合失效；在严重过载时，还可能发生齿面塑性变形、齿体塑性变形和过载断齿。在设计时，应按可能出现的主要失效形式，即齿轮的薄弱环节，选择相应强度计算方法，确定齿轮主要参数和尺寸，然后再进行其他方面的强度验算，以保证在规定使用期内不发生任何形式的失效。这就是齿轮传动的设计准则。

(1) 对于大小齿轮均为软齿面或大小齿轮之一为软齿面（≤350 HBW）的闭式齿轮传动，因其薄弱环节是齿面接触强度，故一般按照齿面接触疲劳强度进行设计计算，初步确定齿轮传动的主要参数和尺寸；然后验算轮齿弯曲疲劳强度，调整并确定参数。

(2) 大小齿轮均为硬齿面（>350 HBW）的闭式齿轮传动，因其薄弱环节一般是轮齿弯曲强度，故按照轮齿弯曲疲劳强度进行设计计算，初步确定齿轮传动的主要参数和尺寸，然后验算齿面接触疲劳强度，调整并确定参数。

(3) 开式齿轮传动的主要损伤是磨损，往往由于齿面过度磨损或轮齿磨薄后弯曲折断而失效。由于目前尚无可靠的计算磨损的方法，因此，一般只按轮齿弯曲疲劳强度进行设计计算，确定齿轮的参数和尺寸。为保证轮齿磨损变薄后仍有足够的弯曲疲劳强度，通常采用将计算出来的模数增大5%～15%的办法来解决。

至于齿轮抗胶合能力的计算，国家标准中有推荐方法，必要时可参照有关手册进行。

8.10 齿轮的材料、热处理

8.10.1 齿轮材料及热处理方式

在选择齿轮材料及热处理时，应使齿面具有足够的硬度和耐磨性，以防止齿面点蚀、胶合、磨损和塑性变形失效；同时轮齿根部应具有足够的强度和韧性，以防止轮齿折断。

为满足上述要求，制造齿轮的材料主要使用钢，也可使用球墨铸铁、灰铸铁和非金属等材料。

1. 钢

常用优质碳素钢或合金钢。由于锻钢较同样材料的铸钢性能优越，故一般均选用锻钢，只有当毛坯直径过大（$d_a > 400 \sim 600$ mm）又没有大型锻造设备或形状复杂时，才选用铸钢。

制造齿轮的锻钢按热处理方式和齿面硬度不同分为两类：

(1) 软齿面齿轮。这种齿轮用经正火或调质处理后的锻钢切齿而成，其齿面硬度不超过350 HBW。由于硬度低，承载能力受限制；但容易切齿，成本低。软齿面齿轮常用于中载、中

速，以及对结构尺寸不加限制的场合。由于在啮合过程中小齿轮的啮合次数比大齿轮多，故小齿轮的齿面硬度应比大齿轮高 30～50 HBW。

若两齿轮齿数比较大（$u>5$）时，亦可采用硬齿面小齿轮和软齿面大齿轮的组合。

(2) 硬齿面齿轮。这种齿轮一般用锻钢切齿后经表面硬化处理（表面淬火、渗碳淬火、渗氮等）而成。齿轮经淬火后（特别是渗碳淬火）变形大，一般都要经过磨齿等精加工，以保证齿轮所需的精度。这类齿轮承载能力高于软齿面齿轮，常用于高速、重载、要求结构紧凑的场合。

随着硬齿面加工技术的发展，国外已基本淘汰软齿面齿轮，国内硬齿面齿轮的应用也越来越广泛。

2. 铸铁及球墨铸铁

铸铁的抗弯及耐冲击性能较差，主要用来制作低速、工作平稳、传递功率不大和对重量无严格要求的开式齿轮。高强度球墨铸铁作为齿轮新材料，它的力学性能比灰铸铁好，因而应用已越来越广泛。

3. 非金属材料

非金属材料（如夹布胶木、尼龙等）的弹性模量小，在承受同样的载荷作用下，其接触应力小。但它的硬度、接触强度和弯曲强度低。因此，它常用于高速、小功率、精度不高或要求噪声低的齿轮传动中，与其相配对的齿轮应采用钢或铸铁制造，以利于散热。

常用的齿轮材料、热处理及其力学性能见表 8－7。

表 8－7　齿轮常用材料、热处理及其力学性能

材料	热处理	力学性能		硬度	
		σ_b/MPa	σ_s/MPa	HBW	HRC
45	正火	569	284	162～217	
	调质	628	343	217～255	
	表面淬火				40～50
40Cr	调质	700	500	241～286	
	表面淬火				48～55
42SiMn	调质	735	461	217～269	
35SiMn	表面淬火	686	490	207～269	45～55
	表面淬火				40～45
40CrNi	调质	≥735	≥549	255	
37SiCrMn2MoV	调质	814	637	241～286	50～55
38CrMoAlA	调质	981	834	229	渗氮＞850 HV
40CrNiMoA	表面淬火＋高温回火	981	834		56～62
20Cr	渗碳淬火＋低温回火	637	392		56～62
17CrNiMo6	渗碳淬火＋低温回火	980～1 270	685		54～62
20Cr2Ni4	渗碳淬火＋低温回火	≥1 079	≥834		≥60

续 表

材料	热处理	力学性能		硬度	
		σ_b/MPa	σ_s/MPa	HBW	HRC
20CrMnTi	渗碳淬火+低温回火	1 079	834		56～62
ZG340－640	正火	640	340	179～207	
	正火、回火	569	343	163～217	
	调质	785	588	197～248	
	表面淬火				40～45
HT350		350		210～260	
QT500－7		500	320	170～230	

8.11 齿轮传动的计算载荷

为了便于分析计算，通常取沿齿面接触线单位长度上所受的载荷进行计算单位长度上的平均载荷 p(单位为 N/mm)为

$$p = \frac{F_n}{L} \tag{8-33}$$

式中，F_n 为作用于齿面接触线上的法向载荷(N)；L 为沿齿面的接触线长(mm)。

法向载荷 F_n 为公称载荷，在实际传动中，由于原动机及工作机性能的影响，以及齿轮的制造误差，特别是基节误差和齿形误差的影响，会使法向载荷增大。此外，在同时啮合的齿对间，载荷的分配并不是均匀的。即使在一对齿上，载荷也不可能沿接触线均匀分布。在计算齿轮传动的强度时，应按接触线单位长度上的最大载荷，即计算载荷 p_{ca}(单位为 N/mm)进行计算。即

$$p_{ca} = Kp = \frac{KF_n}{L} \tag{8-34}$$

式中，K 为载荷系数；F_n，L 的意义和单位同前。

计算齿轮强度用的载荷系数 K，包括使用系数 K_A、动载系数 K_V、齿间载荷分配系数 K_α。及齿向载荷分布系数 K_β，即

$$K = K_A K_V K_\alpha K_\beta \tag{8-35}$$

8.11.1 使用系数 K_A

使用系数 K_A 是考虑齿轮啮合时外部因素引起的附加载荷影响的系数。这种附加载荷取决于原动机和从动机械的特性、质量比、联轴器类型以及运行状态等。K_A 的实用值应针对设计对象，通过实践确定。表 8－8 所列的 K_A 值可供参考。

表 8-8 使用系数 K_A

载荷状态	工作机器	原动机			
		电动机、均匀运转的蒸汽机、燃气轮机	蒸汽机、燃气轮机液压装置	多缸内燃机	单缸内燃机
均匀平稳	发电机、均匀传送的带式输送机或板式输送机，螺旋输送机、轻型升降机、包装机、机床进给机构、通风机、均匀密度材料搅拌机等	1.00	1.10	1.25	1.50
轻载冲击	不均匀传送的带式输送机或板式输送机、机床的主传动机构、重型升降机、工业与矿用风机、重型离心机、变密度材料搅拌机等	1.25	1.35	1.50	1.75
中等冲击	橡胶挤压机、橡胶和塑料作间断工作的搅拌机、轻型球磨机、木工机械、钢坯荷轧机、提升装置、单孔活塞泵等	1.50	1.60	1.75	2.00
严重冲击	挖掘机、重型球磨机、橡胶粸合机、破碎机、重型给水型、旋转式钻探装置、压砖机、带材冷轧机、压坯机等	1.75	1.85	2.00	2.25 或更大

注：表中所列 K_A 值仅适用于减速传动；若为增速传动，K_A 值约为表值的 1.1 倍。当外部机械与齿轮装置间有挠性连接时，通常 K_A 值可适当减小。

8.11.2 动载系数 K_V

齿轮传动不可避免地会有制造及装配的误差，轮齿受载后还要产生弹性变形。这些误差及变形实际上将使啮合轮齿的法节 p_{b1} 与 p_{b2} 不相等参看图 8-35 和图 8-36 所示，因而轮齿就不能正确地啮合传动，瞬时传动比就不是定值，从动齿轮在运转中就会产生角加速度，于是引起了动载荷或冲击。对于直齿轮传动，轮齿在啮合过程中，不论是由双对齿啮合过渡到单对齿啮合，或是由单对齿啮合过渡到双对齿啮合的期间，由于啮合齿对的刚度变化，也要引起动载荷。为了计及动载荷的影响，引入了动载系数 K_V。

齿轮的制造精度及圆周速度对轮齿啮合过程中产生动载荷的大小影响很大。提高制造精度，减小齿轮直径以降低圆周速度，均可减小动载荷。

为了减小动载荷，可将轮齿进行齿顶修缘，即把齿顶的一小部分齿廓曲线（分度圆压力角 $\alpha=20°$ 的渐开线）修整成 $\alpha>20°$ 的渐开线。如图 8-35 所示，因 $p_{b2}>p_{b1}$，则后一对轮齿在未进入啮合区时就开始接触，从而产生动载荷。为此将从动轮 2 进行齿顶修缘，图中从动轮 2 的虚线齿廓即为修缘后的齿廓，实线齿廓则为未经修缘的齿廓。由图明显地看出，修缘后的轮齿齿顶处的法节 $p'_{b2}<p_{b2}$ 因此当 $p_{b2}>p_{b1}$ 时，对修缘了的轮齿，在开始啮合阶段如图 8-35 所示，相啮合的轮齿的法节差就小一些，啮合时产生的动载荷也就小一些。

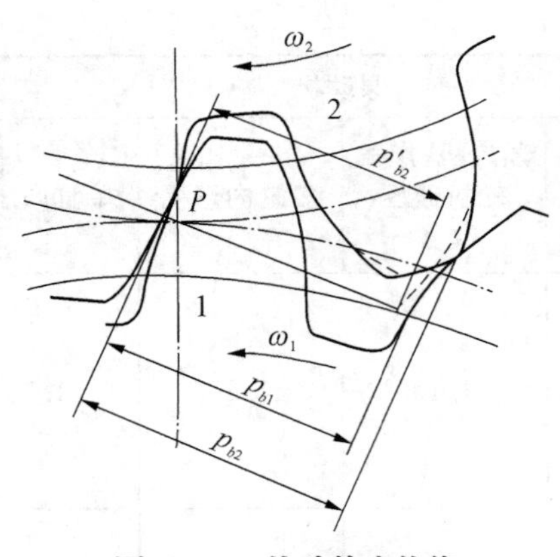

图 8－35　从动轮齿修缘

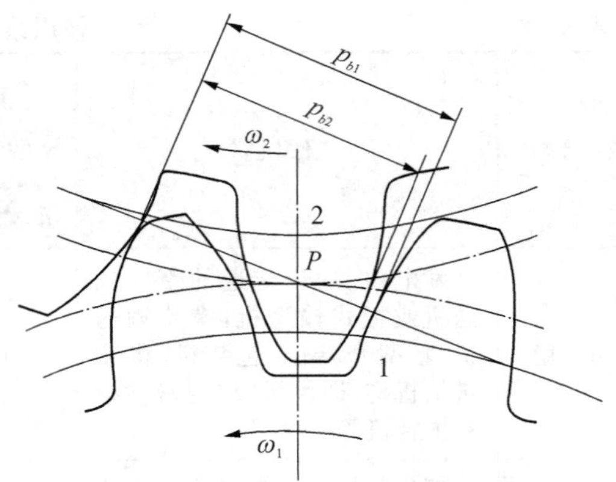

图 8－36　主动轮齿修缘

又如图 8－36 所示，若 $p_{b1} > p_{b2}$，则在后一对齿已进入啮合区时，其主动齿齿根与从动齿齿顶还未啮合。要待前一对齿离开正确啮合区一段距离以后，后一对齿才能开始啮合，在此期间，仍不免要产生动载荷。若将主动轮 1 也进行齿顶修缘，如图 8－36 所示虚线齿廓，即可减小这种动载荷。

高速齿轮传动或齿面经硬化的齿轮，轮齿应进行修缘。但应注意，若修缘量过大，不仅重合度减小过多，而且动载荷也不一定就相应减小，故轮齿的修缘量应定得适当。

动载系数 K_V 的实用值，应针对设计对象通过实践确定。对于一般齿轮传动的动载系数 K_V 可参考图 8－37 选用。图 8－37 为齿轮传动的精度系数，它与齿轮（第Ⅱ公差组）的精度有关。如将其看作齿轮精度查取 K_V 值，是偏于安全的。若为直齿锥齿轮传动，应按图中低一级的精度线及锥齿轮平均分度圆处的圆周速度 v_m 查取 K_V 值。

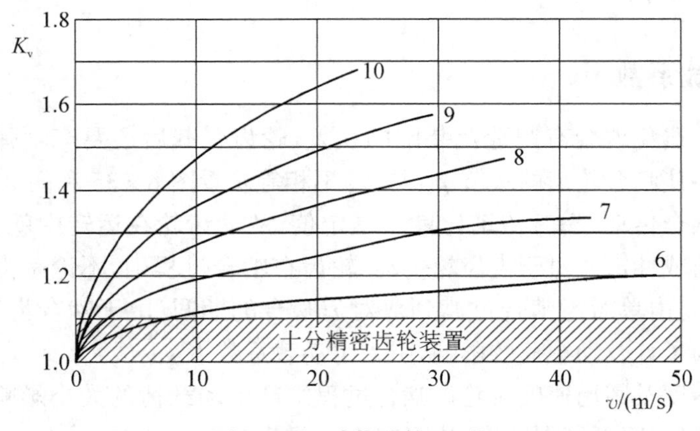

图 8－37　动载系数 K_V 值

8.11.3　齿间载荷分配系数 K_α。

一对相互啮合的斜齿（或直齿）圆柱齿轮，如在啮合区 B_1B_2（图 8－38）中有两对（或多对）齿同时工作时，则载荷应分配在这两对（或多对）齿上。

图 8－38 中两对齿同时啮合的接触线总长 $L = PP' + QQ'$。但由于齿距误差及弹性变形

等原因，总载荷 F_n 并不是按 PP' 与 QQ' 的比例分配在 PP' 及 QQ' 这两条接触线上。因此其中一条接触线上的平均单位载荷可能会大于 P，而另一条接触线的平均单位载荷则小于 P。进行强度计算时当然应按平均单位载荷大于 P 的值计算。为此，在 $K=K_AK_VK_\alpha K_\beta$ 中引入齿间载荷分配系数 K_α。

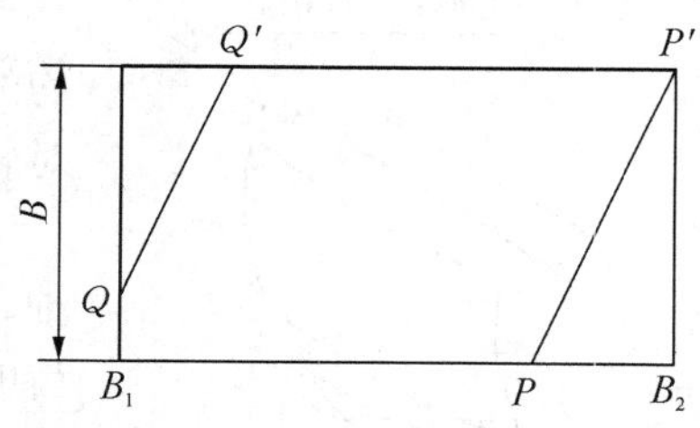

图 8-38　啮合区内齿间载荷的分配

K_α 的值可用详尽的算法计算。对一般不需做精确计算的 $\beta \leqslant 30°$ 的斜齿圆柱齿轮传动可查表 8-9。

表 8-9　齿间载荷分配系数 $K_{H\alpha}$、$K_{F\alpha}$

K_AF_t/b		≥100 N/mm				<100 N/mm
精度等级Ⅱ组		5	6	7	8	5 级或更低
经表面硬化的斜齿轮	$K_{H\alpha}$	1.0	1.1	1.2	1.4	≥1.4
	$K_{F\alpha}$					
未经表面硬化的斜齿轮	$K_{H\alpha}$	1.0		1.1	1.2	≥1.4
	$K_{F\alpha}$					

注：1. 对直齿轮及修形齿轮，取 $K_{H\alpha}=K_{F\alpha}=1$；
2. 如大、小齿轮精度等级不同时，按精度等级较低者取值；
3. $K_{H\alpha}$ 为按齿面接触疲劳强度计算时用的齿间载荷分配系数，$K_{F\alpha}$ 为按齿根弯曲疲劳强度计算时用的齿间载荷分配系数。

8.11.4　齿向载荷分布系数 K_β

如图 8-39 所示，当轴承相对于齿轮做不对称配置时，受载前，轴无弯曲变形，轮齿啮合正常，两个节圆柱恰好相切；受载后，轴产生弯曲变形，如图 8-40(a)所示，轴上的齿轮也就随之偏斜，这就使作用在齿面上的载荷沿接触线分布不均匀[图 8-40(b)]。当然，轴的扭转变形，轴承、支座的变形以及制造、装配的误差等也是使齿面上载荷分布不均的因素。

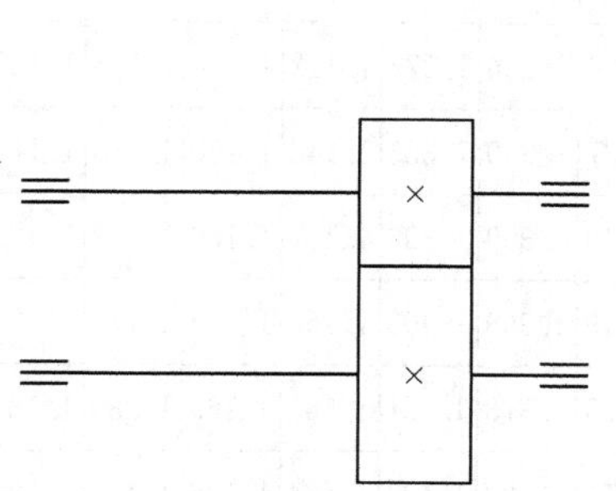

图 8-39　轴承为不对称配置

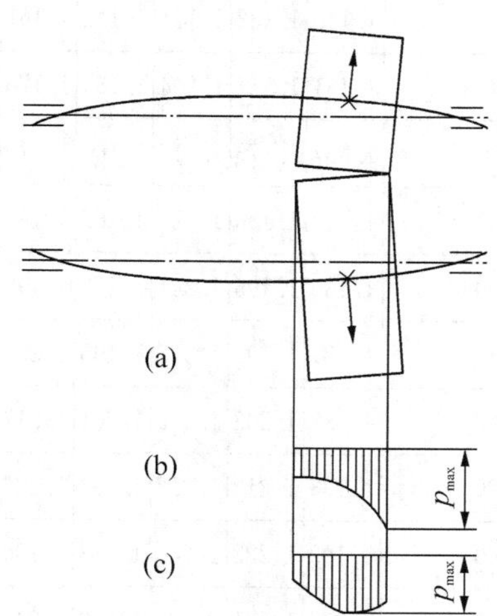

图 8-40　轮齿所受的载荷

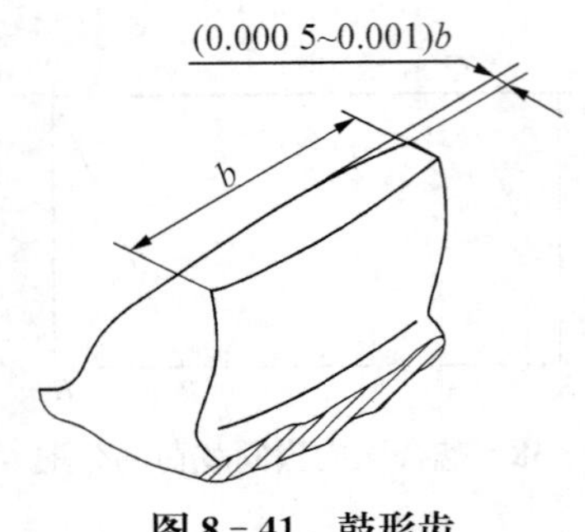

图 8-41　鼓形齿

计算轮齿强度时，为了计及齿面上载荷沿接触线分布不均的现象，通常以系数 K_β 来表征齿面上载荷分布不均的程度对轮齿强度的影响。

为了改善载荷沿接触线分布不均的程度，可以采取增大轴、轴承及支座的刚度，对称地配置轴承，以及适当地限制轮齿的宽度等措施。同时应尽可能避免齿轮做悬臂布置(即两个支承皆在齿轮的一边)。这对高速、重载(如航空发动机)的齿轮传动应更加重视。

除上述一般措施外，也可把一个齿轮的轮齿做成鼓形如图 8-41 所示。当轴产生弯曲变形而导致齿轮偏斜时，鼓形齿齿面上载荷分布的状态如图 8-40(c)所示。显然，这对于载荷偏于轮齿一端的现象大有改善。

由于小齿轮轴的弯曲及扭转变形，改变了轮齿沿齿宽的正常啮合位置，因而相应于轴的这些变形量，沿小齿轮齿宽对轮齿作适当的修形，可以大大改善载荷沿接触线分布不均的现象。这种沿齿宽对轮齿进行修形，多用于圆柱斜齿轮及人字齿轮传动，故通常即称其为轮齿的螺旋角修形。

齿向载荷分布系数 K_β 可分为 $K_{H\beta}$ 和 $K_{F\beta}$。其中 $K_{H\beta}$ 为按齿面接触疲劳强度计算时所用的系数，而 $K_{F\beta}$ 为按齿根弯曲疲劳强度计算时所用的系数。表 8-10 给出了圆柱齿轮(包括直齿及斜齿)的齿向载荷分布系数 $K_{H\beta}$ 的值，可根据齿轮在轴上的支承情况、齿轮的精度等级、齿宽 b(单位为 mm)与齿宽系数 ϕ_d 按表 8-10 中查取该齿轮的 $K_{H\beta}$ 值。若齿宽 b 与表值不符，可用插值法查取 $K_{H\beta}$ 值。

表 8-10　接触疲劳强度计算用的齿向载荷分布系数 $K_{H\beta}$

小齿轮支承位置		软齿面齿轮									硬齿面齿轮					
		对称布置			非对称布置			悬臂布置			对称布置		非对称布置		悬臂布置	
ϕ_d	精度等级 / b/mm	6	7	8	6	7	8	6	7	8	5	6	5	6	5	6
0.4	40	1.145	1.158	1.191	1.148	1.161	1.194	1.176	1.189	1.222	1.096	1.098	1.100	1.102	1.140	1.143
	80	1.151	1.167	1.204	1.154	1.170	1.206	1.182	1.198	1.234	1.100	1.104	1.104	1.108	1.144	1.149
	120	1.157	1.176	1.216	1.160	1.179	1.219	1.188	1.207	1.247	1.104	1.111	1.108	1.115	1.148	1.155
	160	1.163	1.186	1.228	1.168	1.188	1.231	1.194	1.216	1.259	1.108	1.117	1.112	1.121	1.152	1.162
	200	1.169	1.195	1.241	1.172	1.198	1.244	1.200	1.226	1.272	1.112	1.124	1.116	1.128	1.156	1.168
0.6	40	1.181	1.194	1.227	1.195	1.208	1.241	1.337	1.350	1.383	1.148	1.150	1.168	1.170	1.376	1.388
	80	1.187	1.203	1.240	1.201	1.217	1.254	1.343	1.359	1.396	1.152	1.156	1.172	1.171	1.380	1.396
	120	1.193	1.212	1.252	1.207	1.226	1.266	1.349	1.369	1.408	1.156	1.163	1.176	1.183	1.385	1.404
	160	1.199	1.222	1.264	1.213	1.236	1.278	1.355	1.378	1.421	1.160	1.169	1.180	1.189	1.390	1.411
	200	1.205	1.231	1.277	1.219	1.245	1.291	1.361	1.387	1.433	1.164	1.176	1.184	1.196	1.395	1.419

续 表

小齿轮支承位置		软齿面齿轮									硬齿面齿轮					
		对称布置			非对称布置			悬臂布置			对称布置		非对称布置		悬臂布置	
ϕ_d	精度等级 / b/mm	6	7	8	6	7	8	6	7	8	5	6	5	6	5	6
0.8	40	1.231	1.244	1.278	1.275	1.289	1.322	1.725	1.738	1.772	1.220	1.223	1.284	1.287	2.044	2.057
	80	1.237	1.254	1.290	1.281	1.298	1.334	1.731	1.748	1.784	1.224	1.229	1.288	1.293	2.049	2.064
	120	1.243	1.263	1.302	1.287	1.307	1.347	1.737	1.757	1.796	1.228	1.236	1.292	1.299	2.054	2.072
	160	1.249	1.272	1.313	1.293	1.316	1.359	1.743	1.766	1.809	1.232	1.242	1.296	1.306	2.058	2.080
	200	1.255	1.281	1.327	1.299	1.325	1.371	1.749	1.775	1.821	1.236	1.248	1.300	1.312	2.063	2.087
1.0	40	1.296	1.309	1.342	1.404	1.417	1.450	2.502	2.515	2.548	1.314	1.316	1.491	1.504	3.382	3.395
	80	1.302	1.318	1.355	1.410	1.426	1.463	2.508	2.524	2.561	1.318	1.323	1.496	1.511	3.387	3.402
	120	1.308	1.328	1.367	1.416	1.436	1.475	2.514	2.534	2.573	1.322	1.329	1.500	1.519	3.391	3.410
	160	1.314	1.337	1.380	1.422	1.445	1.488	2.520	2.543	2.586	1.326	1.336	1.505	1.526	3.396	3.417
	200	1.320	1.346	1.392	1.428	1.454	1.500	2.526	2.552	2.598	1.330	1.348	1.510	1.534	3.401	3.425

齿轮的 $K_{F\beta}$ 可根据其 $K_{H\beta}$ 之值、齿宽 b 与齿高 h 之比 b/h 从图 8-42 中查得。

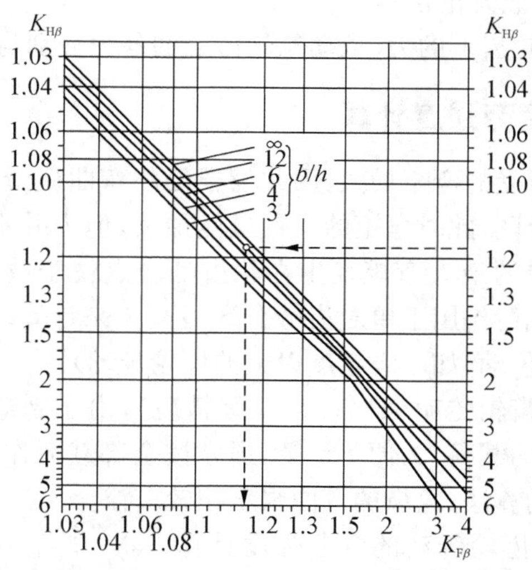

图 8-42 弯曲强度计算的齿向载荷分布系数 $K_{F\beta}$

8.12 标准直齿圆柱齿轮传动的强度计算

8.12.1 轮齿的受力分析

进行齿轮传动的强度计算时，首先要知道轮齿上所受的力，这就需要对齿轮传动做受力

分析。当然，对齿轮传动进行力分析也是计算安装齿轮的轴及轴承时所必须的。

齿轮传动一般均加以润滑，啮合轮齿间的摩擦力通常很小，计算轮齿受力时，可不予考虑。

沿啮合线作用在齿面上的法向载荷 F_n 垂直于齿面，为了计算方便，将法向载荷 F_n（单位为 N）在节点 P 处分解为两个相互垂直的分力，即圆周力 F_t 与径向力 F_r（单位均为 N），如图 8-43 所示。

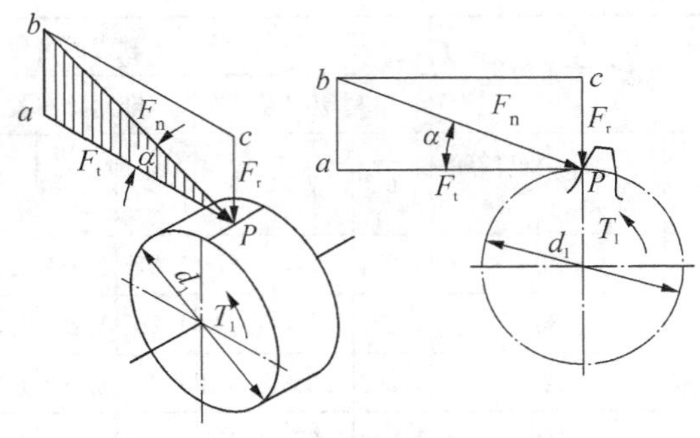

图 8-43　直齿圆柱齿轮轮齿的受力分析

由此得

$$\left.\begin{aligned} F_t &= \frac{2T_1}{d_1} \\ F_r &= F_t \tan\alpha \\ F_n &= \frac{F_t}{\cos\alpha} \end{aligned}\right\} \tag{8-36}$$

式中，T_1 为小齿轮传递的转矩（N·mm）；d_1 为小齿轮的节圆直径，对标准齿轮即为分度圆直径（mm）；α 为啮合角，对标准齿轮 $\alpha = 20°$。

以上分析的是主动轮轮齿上的力，从动轮轮齿上的各力分别与其大小相等、方向相反。

8.12.2　齿根弯曲疲劳强度计算

轮齿在受载时，齿根所受的弯矩最大，因此齿根处的弯曲疲劳强度最弱。当轮齿在齿顶处啮合时，处于双对齿啮合区，此时弯矩的力臂虽然最大，但力并不是最大，因此弯矩并不是最大。根据分析，齿根所受的最大弯矩发生在轮齿啮合点位于单对齿啮合区最高点时。因此，齿根弯曲强度也应按载荷作用于单对齿啮合区最高点来计算。由于这种算法比较复杂，通常只用于高精度的齿轮传动（如 6 级精度以上的齿轮传动）。

对于制造精度较低的齿轮传动（如 7、8、9 级精度），由于制造误差大，实际上多由在齿顶处啮合的轮齿分担较多的载荷，为便于计算，通常按全部载荷作用于齿顶来计算齿根的弯曲强度。当然，采用这样的算法，轮齿的弯曲强度比较富裕。

下面仅介绍中等精度齿轮传动的弯曲强度计算。本方法可用做初步计算。

如图 8-44 所示为单位齿宽的轮齿在齿顶啮合时的受载情况。如图 8-45 所示为齿顶受载时，轮齿根部的应力图。

在齿根危险截面 AB 处的压应力 σ_c，仅为弯曲应力 σ_F 的百分之几，故可忽略，仅按水平分力 $p_{ca}\cos\gamma$ 所产生的弯矩进行弯曲强度计算。

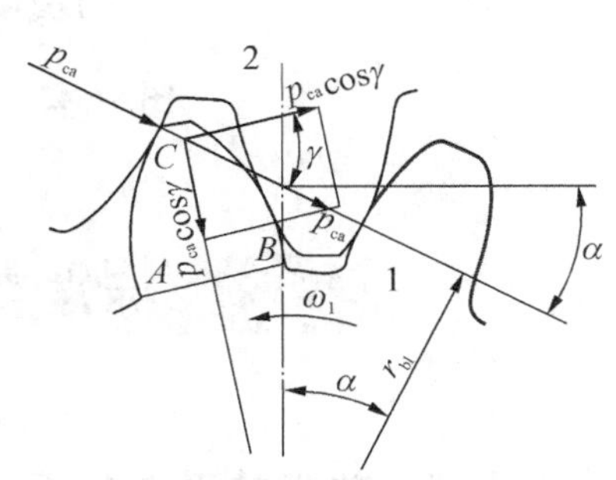

图 8-44　齿顶啮合受载

如图 8-45 所示，假设轮齿为一悬臂梁，则单位齿宽

($b=1$)时齿根危险截面的弯曲应力为

$$\sigma_{F0}=\frac{M}{W}=\frac{p_{ca}\cos\gamma\cdot h}{\frac{1\times S^2}{6}}=\frac{6p_{ca}\cos\gamma\cdot h}{S^2}$$

取 $h=K_h m$，$S=K_s m$ 对直齿圆柱齿轮，齿面上的接触线长 L 即为齿宽 b(mm)，得

$$\sigma_{F0}=\frac{6KF_t\cos\gamma\cdot K_h m}{b\cos\alpha\cdot(K_s m)^2}=\frac{KF_t}{bm}\cdot\frac{6K_h\cos\gamma}{K_s^2\cos\alpha}$$

令 $Y_{Fa}=\frac{6K_h\cos\gamma}{K_s^2 m\cos\alpha}$，$Y_{Fa}$是一个无因次量，只与轮齿的齿廓形状有关，而与齿的大小(模数 m)无关。因此，称为齿形系数。K_s 值大或 K_h 值小的齿轮，Y_{Fa}的值要小些；Y_{Fa}小的齿轮抗弯曲强度高。载荷作用于齿顶时的齿形系数 Y_{Fa}可查表 8-11。

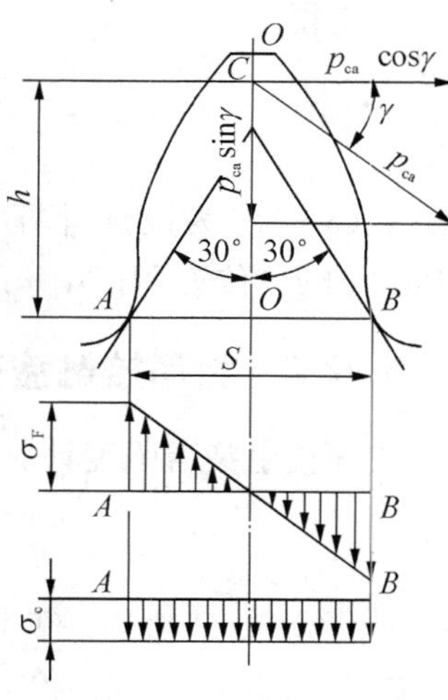

图 8-45 齿根应力图

表 8-11 齿形系数 Y_{Fa} 及应力校正系数 Y_{Sa}

$z(z_v)$	17	18	19	20	21	22	23	24	25	26	27	28	29
Y_{Fa}	2.97	2.91	2.85	2.80	2.76	2.72	2.69	2.65	2.62	2.60	2.57	2.55	2.53
Y_{Sa}	1.52	1.53	1.54	1.55	1.56	1.57	1.575	1.58	1.59	1.595	1.60	1.61	1.62
$z(z_v)$	30	35	40	45	50	60	70	80	90	100	150	200	∞
Y_{Fa}	2.52	2.45	2.40	2.35	2.32	2.28	2.24	2.22	2.20	2.18	2.14	2.14	2.06
Y_{Sa}	1.625	1.65	1.67	1.68	1.70	1.73	1.75	1.77	1.78	1.79	1.83	1.865	1.97

注：1. 基准齿形的参数为 $\alpha=20°$，$h_a^*=1$，$c^*=0.25$，$\rho=0.38m$(m 为齿轮模数)；
2. 对内齿轮：当 $\alpha=20°$，$h_a^*=1$，$c^*=0.25$，$\rho=0.15m$ 时，齿形系数 $Y_{Fa}=2.053$；应力校正系数 $Y_{Sa}=2.65$。

齿根危险截面的弯曲应力为

$$\sigma_{F0}=\frac{KF_tY_{Fa}}{bm}$$

上式中的 σ_{F0} 仅为齿根危险截面处的理论弯曲应力，实际计算时，还应计入齿根危险截面处的过渡圆角所引起的应力集中作用以及弯曲应力以外的其他应力对齿根应力的影响，因而得齿根危险截面的弯曲强度条件式为

$$\sigma_F=\sigma_{F0}Y_{Sa}=\frac{KF_tF_{Fa}Y_{Sa}}{bm}\leqslant[\sigma_F] \tag{8-37}$$

式中，Y_{Sa}为载荷作用于齿顶时的应力校正系数(数值列于表 8-11)。

令 $\phi_d=\frac{b}{d_1}$，ϕ_d 称为齿宽系数(数值参看表 8-13)，并将 $F_t=\frac{2T_1}{d_1}$ 及 $m=\frac{d_1}{z_1}$ 代入式(8-37)得

$$\sigma_F=\frac{2KT_1Y_{Fa}Y_{Sa}}{\phi_d m^3 z_1^2}\leqslant[\sigma_F] \tag{8-38a}$$

于是得

$$m \geqslant \sqrt[3]{\frac{2KT_1}{\phi_d z_1^2} \cdot \frac{Y_{Fa}Y_{Sa}}{[\sigma_F]}} \tag{8-38}$$

式(8－38)为设计计算公式，式(8－37)为校核计算公式。两式中 σ_F，$[\sigma_F]$的单位为 MPa；F_t 的单位为 N；b，m 的单位为 mm；T_1 的单位为 N·mm。

8.12.3 齿面接触疲劳强度计算

齿面接触疲劳强度计算的基本公式为

$$\sigma_H = \sqrt{\frac{F_{ca}\left(\frac{1}{\rho_1} \pm \frac{1}{\rho_2}\right)}{\pi\left[\left(\frac{1-\mu_1^2}{E_1}\right)+\left(\frac{1-\mu_2^2}{E_2}\right)\right]L}} \leqslant [\sigma_H]$$

为方便计算，取接触线单位长度上的计算载荷

$$p_{ca} = \frac{F_{ca}}{L}$$

$$\frac{1}{\rho_\Sigma} = \frac{1}{\rho_1} \pm \frac{1}{\rho_2}$$

$$Z_E = \sqrt{\frac{1}{\pi\left[\left(\frac{1-\mu_1^2}{E_1}\right)+\left(\frac{1-\mu_2^2}{E_2}\right)\right]}}$$

则上式为

$$\sigma_H = \sqrt{\frac{p_{ca}}{\rho_\Sigma}} \cdot Z_E \leqslant [\sigma_H] \tag{8-39}$$

式中，ρ_Σ 为啮合齿面上啮合点的综合曲率半径(mm)；Z_E 为弹性影响系数，$\sqrt{\text{MPa}}$，数值列表于表 8－12。

表 8－12　弹性影响系数 Z_E　　$\sqrt{\text{MPa}}$

弹性模量 E/MPa / 齿轮材料	配对齿轮材料				
	灰铸铁	球墨铸铁	铸钢	锻钢	夹布塑胶
	11.8×10⁴	**17.3×10⁴**	**20.2×10⁴**	**20.6×10⁴**	**0.785×10⁴**
锻钢	162.0	181.4	188.9	189.8	56.4
铸钢	161.4	180.5	188		
球墨铸铁	156.6	173.9	—	—	—
灰铸铁	143.7	—			

注：表中所列夹布塑胶的泊松比 μ 为 0.5，其余材料的 μ 均为 0.3。

由机械原理得知，渐开线齿廓上各点的曲率$\left(\frac{1}{\rho}\right)$并不相同，沿工作齿廓各点所受的载荷

也不同。因此按式(8－39)计算齿面的接触强度时，就应同时考虑啮合点所受的载荷及综合曲率$\left(\dfrac{1}{\rho_\Sigma}\right)$大小。对端面重合度$\varepsilon \leqslant 2$的直齿轮传动，如图8－46所示，以小齿轮单对齿啮合的最低点(图中C点)产生的接触应力为最大，与小齿轮啮合的大齿轮，对应的啮合点是大齿轮单对齿啮合的最高点，位于大齿轮的齿顶面上。如前所述，同一齿面往往齿根面先发生点蚀，然后才扩展到齿顶面，亦即齿顶面比齿根面具有较高的接触疲劳强度。因此，虽然此时接触应力大，但对大齿轮不一定会构成威胁。由图8－46所示可看出，大齿轮在节点处的接触应力较大，同时，大齿轮单对齿啮合的最低点(图中D点)处接触应力也较大。按理应分别对小轮和大轮节点与单对齿啮合的最低点处进行接触强度计算。但按单对齿啮合的最低点计算接触应力比较复杂，并且当小齿轮齿数$z_1 \geqslant 20$时，按单对齿啮合的最低点所计算得的接触应力与按节点啮合计算得的接触应力极为相近。为了计算方便，通常即以节点啮合为代表进行齿面的接触强度计算。

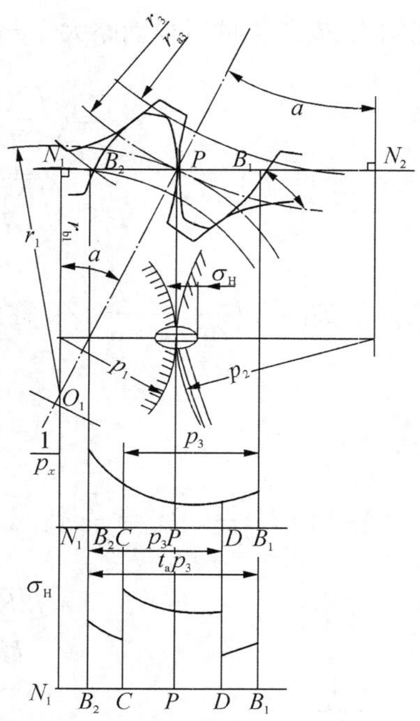

图8－46　齿面上的接触应力

下面即介绍按节点啮合进行接触强度计算的方法。

节点啮合的综合曲率为

$$\frac{1}{\rho_\Sigma}=\frac{1}{\rho_1}\pm\frac{1}{\rho_2}=\frac{\rho_2\pm\rho_2}{\rho_2\rho_1}=\frac{\dfrac{\rho_2}{\rho_1}\pm 1}{\rho_1\left(\dfrac{\rho_2}{\rho_1}\right)}$$

轮齿在节点啮合时，两轮齿廓曲率半径之比与两轮的直径或齿数成正比，即$\dfrac{\rho_2}{\rho_1}=\dfrac{d_2}{d_1}=\dfrac{z_2}{z_1}=u$，故得

$$\frac{1}{\rho_\Sigma}=\frac{1}{\rho_1}\cdot\frac{u\pm 1}{u} \tag{8-40}$$

对于标准齿轮，节圆就是分度圆，故得

$$\rho_1=\frac{d_1\sin\alpha}{2}$$

代入式(8－40)得

$$\frac{1}{\rho_\Sigma}=\frac{2}{d_1\sin\alpha}\cdot\frac{u\pm 1}{u}$$

将$\dfrac{1}{\rho_\Sigma}$、式(8－34)、式(8－36)及$L=b$(b为齿轮的设计工作宽度，最后取定的齿宽B可能

因结构、安装上的需要而略大于 b,下同)代入式(8－39)得

$$\sigma_H=\sqrt{\frac{KF_t}{b\cos\alpha}\cdot\frac{2}{d_1\sin\alpha}\cdot\frac{u\pm 1}{u}}\cdot Z_E$$

$$=\sqrt{\frac{KF_t}{bd_1}\cdot\frac{u\pm 1}{u}}\sqrt{\frac{2}{\sin\alpha\cos\alpha}}\cdot Z_E\leqslant[\sigma_H]$$

令 $Z_H=\sqrt{\dfrac{2}{\sin\alpha\cos\alpha}}$,$Z_H$ 称为区域系数(标准直齿轮时,$\alpha=20°$, $Z_H=2.5$),则可写为

$$\sigma_H=\sqrt{\frac{KF_t}{bd_1}\cdot\frac{u\pm 1}{u}}\cdot Z_H\cdot Z_E\leqslant[\sigma_H] \tag{8-41}$$

将 $F_t=\dfrac{2T_1}{d_1}$、$\phi_d=\dfrac{b}{d_1}$ 代入上式得

$$\sqrt{\frac{2KT_1}{\phi_d d_1^3}\cdot\frac{u\pm 1}{u}}\cdot Z_H\cdot Z_E\leqslant[\sigma_H]$$

于是得

$$d_1\geqslant\sqrt[3]{\frac{2KT_1}{\phi_d}\cdot\frac{u\pm 1}{u}\left(\frac{Z_H\cdot Z_E}{[\sigma_H]}\right)^2} \tag{8-42}$$

若将 $Z_H=2.5$ 代入式(8－41)及式(8－42)得

$$\sigma_H=2.5Z_E\sqrt{\frac{KF_t}{bd_1}\cdot\frac{u\pm 1}{u}}\leqslant[\sigma_H] \tag{8-41a}$$

$$d_1\geqslant 2.32\sqrt[3]{\frac{KT_1}{\phi_d}\cdot\frac{u\pm 1}{u}\left(\frac{Z_E}{[\sigma_H]}\right)^2} \tag{8-42a}$$

式(8－42)、式(8－42a)为标准直齿圆柱齿轮的设计计算公式;式(8－41)、式(8－41a)为校核计算公式。各式 σ_H, $[\sigma_H]$的单位为 MPa, d_1 的单位为 mm,其余各符号的意义和单位同前。

8.12.4 齿轮传动的强度计算说明

(1) 式(8－37)在推导过程中并没有区分主、从动齿轮,故对主、从动齿轮都是适用的。由式(8－37)可得 $\dfrac{KF_t}{bm}\leqslant\dfrac{[\sigma_F]}{Y_{Fa}Y_{Sa}}$,不等式左边对主、从动轮是一样的,但右边却因两轮的齿形、材料的不同而不同。因此按齿根弯曲疲劳强度设计齿轮传动时,应将 $\dfrac{[\sigma_F]_1}{Y_{Fa1}Y_{Sa1}}$ 或 $\dfrac{[\sigma_F]_2}{Y_{Fa2}Y_{Sa2}}$ 中较小的数值代入设计公式进行计算,这样才能满足抗弯强度较弱的那个齿轮的要求。

(2) 因配对齿轮的接触应力皆一样,即 $\sigma_{H1}=\sigma_{H2}$。同上理,若按齿面接触疲劳强度设计直齿轮传动时,应将$[\sigma_H]_1$ 或$[\sigma_H]_2$ 中较小的数值代入设计公式进行计算。

(3) 当配对两齿轮的齿面均属硬齿面时,两轮的材料、热处理方法及硬度均可取成一样

的。设计这种齿轮传动时，可分别按齿根弯曲疲劳强度及齿面接触疲劳强度的设计公式进行计算，并取其中较大者作为设计结果(见例题)。

(4) 当用设计公式初步计算齿轮的分度圆直径 d_1(或模数 m_n)时，动载系数 K_V、齿间载荷分配系数 K_α 及齿向载荷分布系数 K_β 不能预先确定，此时可试选一载荷系数 K_t(如取 $K_t=1.2\sim1.4$)，则算出来的分度圆直径(或模数)也是一个试算值 d_{1t}(或 m_{nt})，然后按 d_{1t} 值计算齿轮的圆周速度，查取动载系数 K_V、齿间载荷分配系数 K_α 及齿向载荷分布系数 K_β，计算载荷系数 K。若算得的 K 值与试选的 K_t 值相差不多，就不必再修改原计算；若二者相差较大时，应按下式校正试算所得分度圆直径 d_{1t}(或 m_{nt})

$$d_1 = d_{1t}\sqrt[3]{\frac{K}{K_t}} \tag{8-43a}$$

$$m_n = m_{nt}\sqrt[3]{\frac{K}{K_t}} \tag{8-43b}$$

(5) 由式(8-38)可知，在齿轮的齿宽系数、齿数及材料已选定的情况下，影响齿轮弯曲疲劳强度的主要因素是模数。模数愈大，齿轮的弯曲疲劳强度愈高。由式(8-42)可知，在齿轮的齿宽系数、材料及传动比已选定的情况下，影响齿轮齿面接触疲劳强度的主要因素是齿轮直径。小齿轮直径愈大，齿轮的齿面接触疲劳强度就愈高。

8.13 齿轮传动的设计参数、许用应力与精度选择

8.13.1 齿轮传动设计参数的选择

1. 压力角 α 的选择

由机械原理可知，增大压力角 α，轮齿的齿厚及节点处的齿廓曲率半径亦皆随之增加，有利于提高齿轮传动的弯曲强度及接触强度。我国对一般用途的齿轮传动规定的标准压力角为 $\alpha=20°$。为增强航空用齿轮传动的弯曲强度及接触强度，我国航空齿轮传动标准还规定了 $\alpha=25°$ 的标准压力角，但增大压力角并不一定都对传动有利。对重合度接近 2 的高速齿轮传动，推荐采用齿顶高系数为 1～1.2，压力角为 16°～18°的齿轮。这样做可增加轮齿的柔性，降低噪声和动载荷。

2. 齿数 z 的选择

若保持齿轮传动的中心距 a 不变，增加齿数，除能增大重合度、改善传动的平稳性外，还可减小模数，降低齿高，因而减少金属切削量，节省制造费用。另外，降低齿高还能降低滑动速度，以减少磨损及胶合的危险性。但模数小了，齿厚随之减薄，则要降低轮齿的弯曲强度。不过在一定的齿数范围内，尤其是当承载能力主要取决于齿面接触强度时，以齿数多一些为好。

闭式齿轮传动一般转速较高，为了提高传动的平稳性，减小冲击振动，以齿数多一些为好，小齿轮的齿数可取为 $z_1=20\sim40$。开式(半开式)齿轮传动，由于轮齿主要为磨损失效，为使轮齿不致过小，故小齿轮不宜选用过多的齿数，一般可取 $z_1=17\sim20$。

为使轮齿免于根切，对于 $\alpha = 20°$ 的标准直齿圆柱齿轮，应取 $z_1 \geqslant 17$。

小齿轮齿数确定后，按齿数比 $u = z_2/z_1$ 可确定大齿轮齿数 z_2。为了使各个相啮合齿对磨损均匀，传动平稳，z_2 与 z_1 一般应互为质数。

3. 齿宽系数 ϕ_d 的选择

由齿轮的强度计算公式可知，轮齿愈宽，承载能力也愈高，因而轮齿不宜过窄；但增大齿宽又会使齿面上的载荷分布更趋不均匀，故齿宽系数应取得适当。圆柱齿轮齿宽系数 φ_d 的荐用值列于表 8-13 对于标准圆柱齿轮减速器，齿宽系数取为 $\phi_a = \dfrac{b}{a} = \dfrac{b}{0.5d_1(1+u)}$，所以对于圆柱齿轮传动有

$$\phi_d = \frac{b}{d_1} = 0.5(1+u)\phi_a \tag{8-44}$$

ϕ_a 的值规定为 0.2，0.25，0.30，0.40，0.50，0.60，0.80，1.0，1.2。运用设计计算公式时，对于标准减速器，可先选定 ϕ_a 后再用式(8-44)计算出相应的 ϕ_d 值。

表 8-13　圆柱齿轮的齿宽系数 ϕ_d

装置状况	两支承相对于小齿轮做对称布置	两支承相对于小齿轮做不对称布置	小齿轮做悬臂布置
ϕ_d	0.9～1.4(1.2～1.9)	0.7～1.15(1.1～1.65)	0.4～0.6

注：1. 大、小齿轮皆为硬齿面时，ϕ_d 应取表中偏下限值：若皆为软齿面或仅大齿轮为软齿面时，ϕ_d 可取表中偏上限的数值；
2. 括号内的数值用于人字齿轮，此时 b 为人字齿轮的总宽度；
3. 金属切削机床的齿轮传动，若传递的功率不大时，ϕ_d 可小到 0.2；
4. 非金属齿轮可取 ϕ_d=0.5～1.2。

圆柱齿轮的实用齿宽，在按 $b = \phi_d d_1$ 计算后再做适当圆整，而且常将小齿轮的齿宽在圆整值的基础上人为地加宽 5～10 mm，以防止大小齿轮因装配误差产生轴向错位时导致啮合齿宽减小而增大轮齿单位齿宽的工作载荷。

8.13.2　齿轮的许用应力

本书荐用的齿轮的疲劳极限是用 m=3～5 mm，α=20°，b=10～50 mm，v=10 m/s，齿面粗糙度约为 0.8 的直齿圆柱齿轮副试件，按失效概率为 1%，经持久疲劳试验确定的。对一般的齿轮传动，因绝对尺寸、齿面粗糙度、圆周速度及润滑等对实际所用齿轮的疲劳极限的影响不大，通常都不予考虑，故只要考虑应力循环次数对疲劳极限的影响即可。

齿轮的许用应力按下式计算

$$[\sigma] = \frac{K_N \sigma_{lim}}{S} \tag{8-45}$$

式中，S 为疲劳强度安全系数。对接触疲劳强度计算，由于点蚀破坏发生后只引起噪声、振动增大，并不立即导致不能继续工作的后果，故可取 $S = S_H = 1$。但对弯曲疲劳强度来说，如果一旦发生断齿，就会引起严重的事故，因此在进行齿根弯曲疲劳强度计算时取 $S = S_F = 1.25 \sim 1.5$。K_N 为考虑应力循环次数影响的系数，称为寿命系数。弯曲疲劳寿命系数 K_{FN} 查图8-47；接触疲劳寿命系数 K_{HN}查图 8-48。两图中应力循环次数 N 的计算方法是：设 n 为齿轮的转速(单位为 r/min)；j 为齿轮每转一圈时，同一齿面啮合的次数；L_h 为齿轮的工作

寿命(单位为 h),则齿轮的工作应力循环次数 N 按下式计算

$$N = 60njL_h \tag{8-46}$$

σ_{lim}为齿轮的疲劳极限。弯曲疲劳强度极限值用 σ_{FE}代入,查图 8-49,图中的 $\sigma_{FE}=\sigma_{Flim}\cdot Y_{ST}$,$Y_{ST}$为试验齿轮的应力校正系数;接触疲劳强度极限值用 σ_{Hlim}代入,查图 8-50。

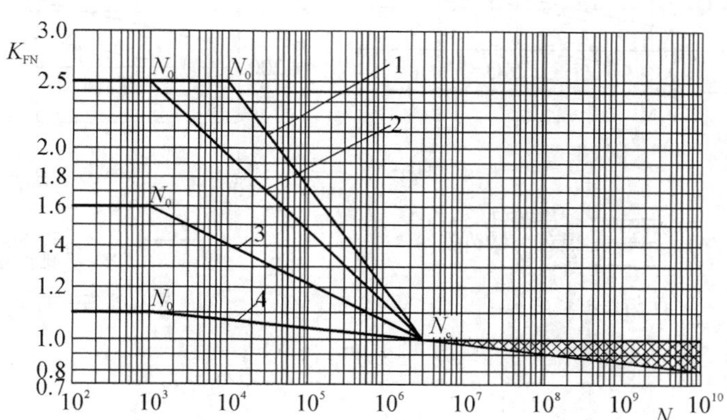

1—调质钢;球墨铸铁(球光体、贝氏体);球光体可锻铸铁;
2—渗碳淬火的渗碳钢;全齿廓火焰或感应淬火的钢、球墨铸铁;
3—渗氮的渗氮钢;球墨铸铁(铁素体);灰铸铁;结构钢;
4—氮碳共渗的调质钢、渗碳钢

图 8-47 弯曲疲劳寿命系数 K_{FN}(当 $N>N_C$ 时,可根据经验在网纹区内取 K_{FN}值)

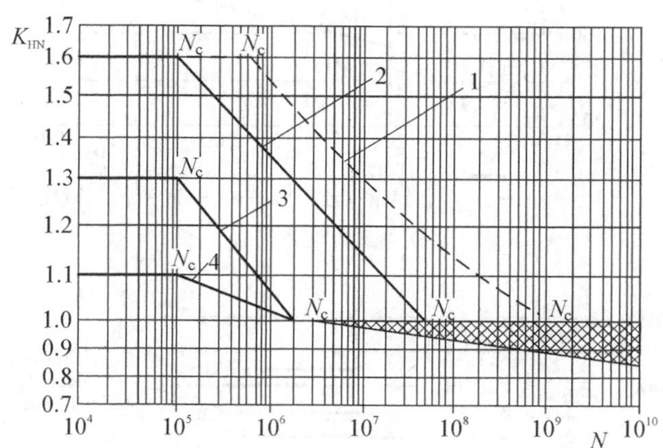

1—允许一定点蚀时的结构钢;调质钢;球墨铸铁(珠光体、贝氏体);珠光体可锻铸铁;渗碳淬火的渗碳钢;
2—结构钢;调质钢;渗碳淬火钢;火焰或感应淬火的钢、球墨铸铁;球墨铸铁(珠光体、贝氏体);珠光体可锻铸造铁;
3—灰铸铁;球墨铸铁(铁素体);渗氮的渗氮钢;调质钢、渗碳钢;
4—氮硫共渗的调质钢、渗碳钢

图 8-48 接触疲劳寿命系数 K_{HN}(当 $N>N_C$ 时,可根据经验在网纹区内取 K_{HN} 值)

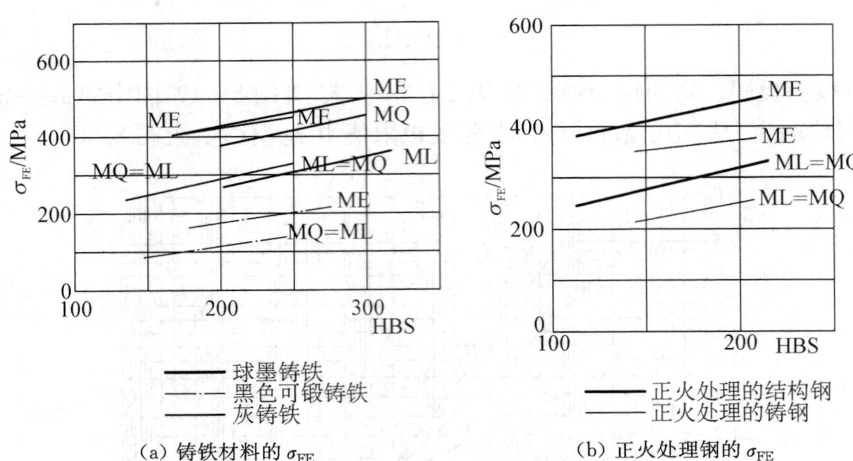

(a) 铸铁材料的 σ_{FE}　　(b) 正火处理钢的 σ_{FE}

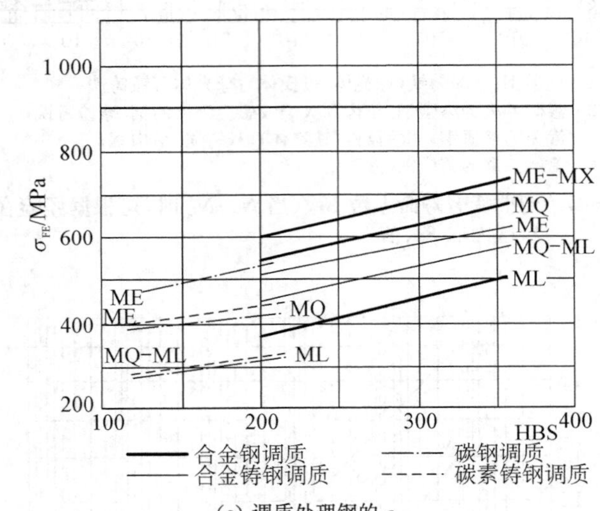

(c) 调质处理钢的 σ_{FE}

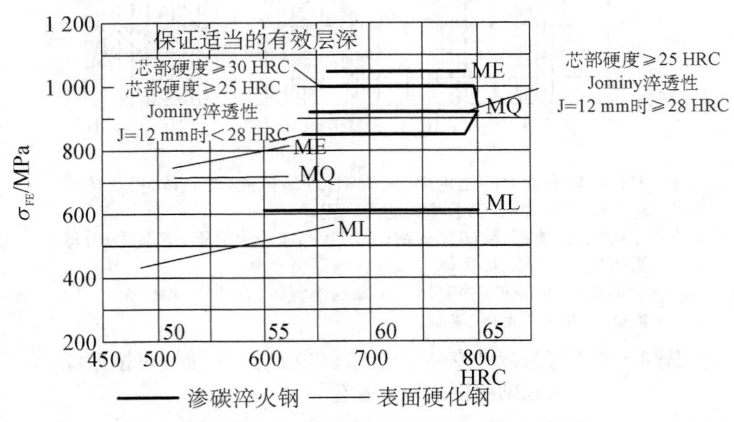

(d) 渗碳淬火钢和表面硬化(火焰或感应淬火)钢的 σ_{FE}

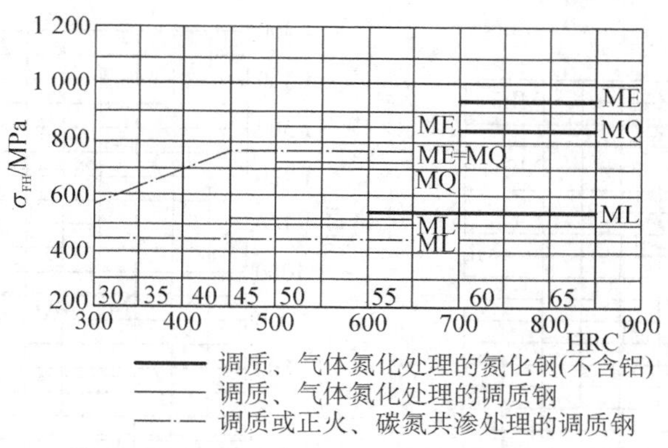

(e) 氮化及碳氮共渗钢的 σ_{FH}

图 8-49 齿轮的弯曲疲劳极限 σ_{FE}

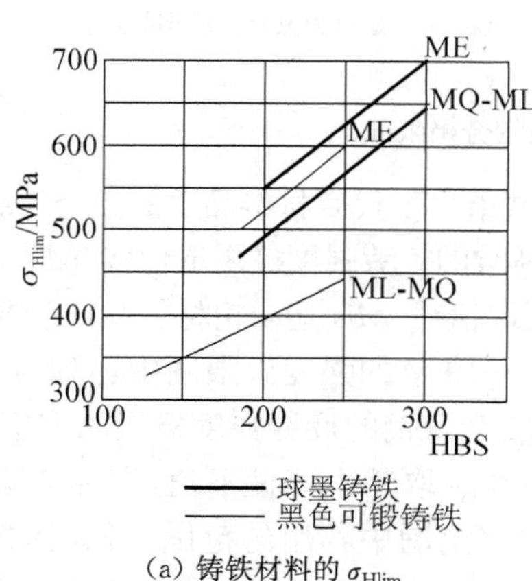

(a) 铸铁材料的 σ_{Hlim}

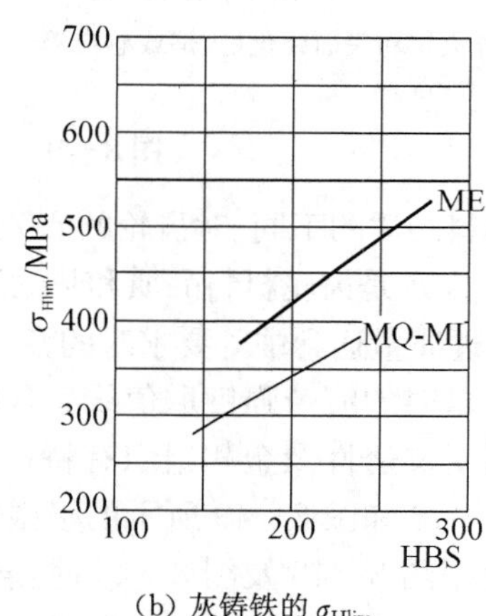

(b) 灰铸铁的 σ_{Hlim}

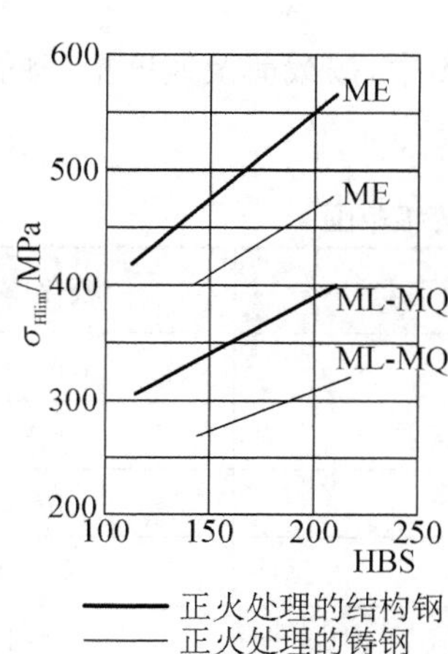

(c) 正火处理的结构钢和铸钢的 σ_{Hlim}

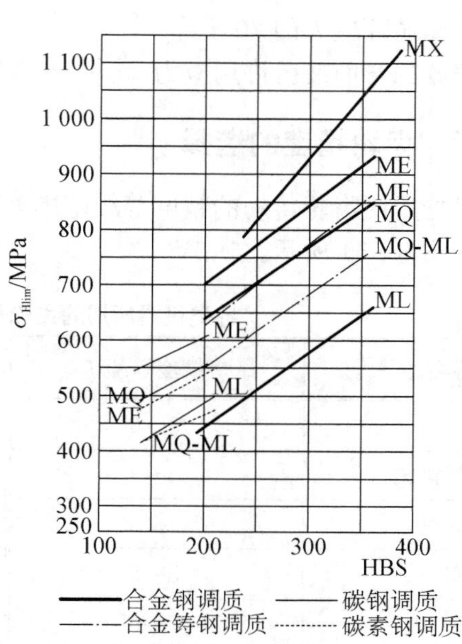

(d) 调质处理钢的 σ_{Hlim}

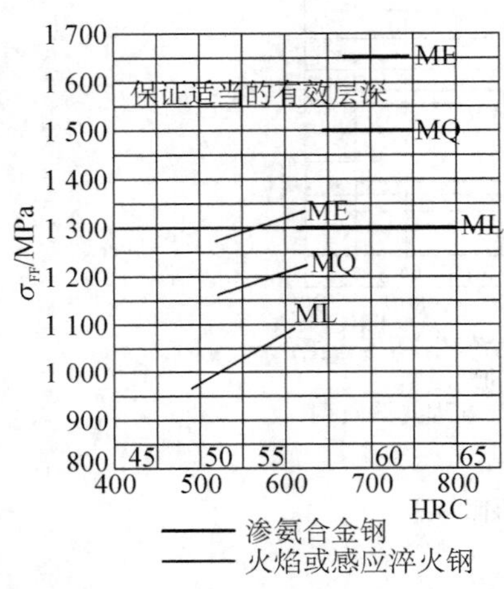

(e) 渗氮淬火钢和表面硬化(火焰或感应淬火)钢的 σ_{Hlim}

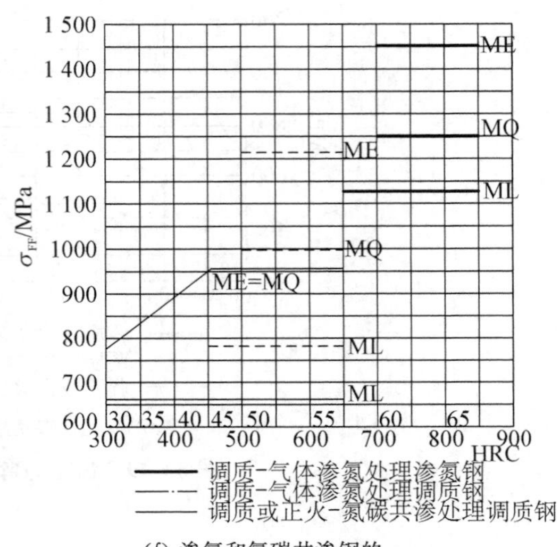

(f) 渗氮和氮碳共渗钢的 σ_{Hlim}

图 8-50　齿轮的接触疲劳极限 σ_{Hlim}

由于材料品质的不同,对齿轮的疲劳强度极限共给出了代表材料品质的三个等级 *ME*、*MQ* 和 *ML*,其中 *ME* 是齿轮材料品质和热处理质量很高时的疲劳强度极限取值线,*MQ* 是齿轮材料品质和热处理质量达到中等要求时的疲劳强度极限取值线,*ML* 是齿轮材料品质和热处理质量达到最低要求时的疲劳强度取值线。(GB/T 3480—1997 的强度极限图中还列有 *MX* 线,它是齿轮材料对淬透性及金相组织有特别考虑的调质合金钢的疲劳强度极限的取值线。)

如图 8-48 和图 8-49 所示的极限应力值,一般选取其中间偏下值,即在 *MQ* 及 *ML* 中间选值。使用图 8-48 及图 8-49 时,若齿面硬度超出图中荐用的范围,可大体按外插法查取相应的极限应力值。图 8-49 所示为脉动循环应力的极限应力。对称循环应力的极限应力值仅为脉动循环应力的 70%。

夹布塑胶的弯曲疲劳许用应力 $[\sigma_F]=50$ MPa,接触疲劳许用应力$[\sigma_H]=110$ MPa。

8.13.3　齿轮精度的选择

各类机器所用齿轮传动的精度等级范围列于表 8-14 中,按载荷及速度推荐的齿轮传动精度等级如图 8-51 所示。

表 8-14　各类机器所用的齿轮传动的精度等级范围

机器名称	精度等级	机器名称	精度等级
汽轮机	3～6	拖拉机	6～8
金属切削机床	3～8	通用减速器	6～8
航空发动机	4～8	锻压机床	6～9
轻型汽车	5～8	起重机	7～10
载重汽车	7～9	农业机械	8～11

注:主传动齿轮或重要的齿轮传动、精度等级偏上限选择;辅助传动的齿轮或一般齿轮传动,精度等级居中或偏下限选择。

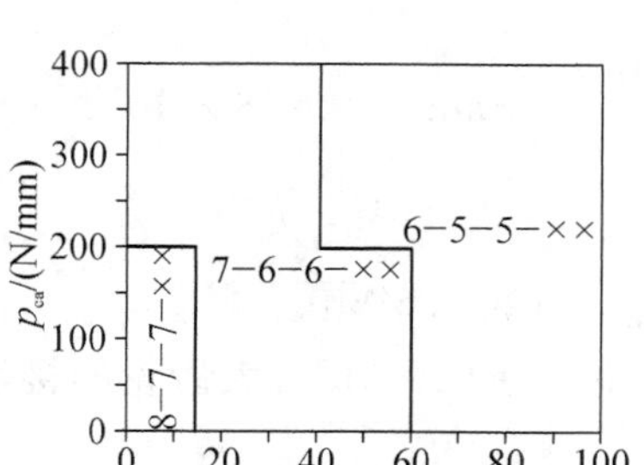

(a) 圆柱齿轮传动

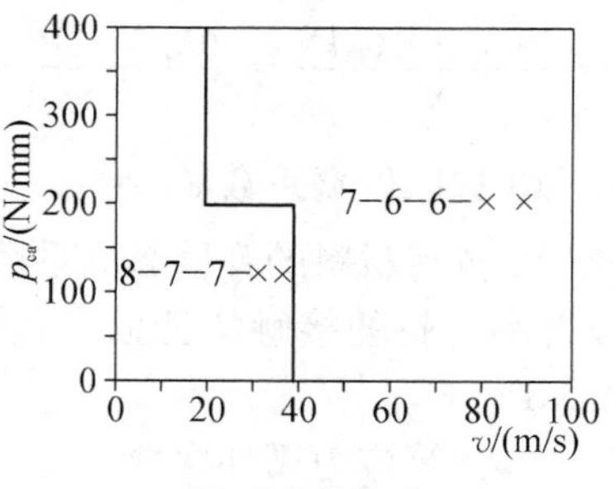

(b) 锥齿轮传动

图 8-51　齿轮传动的精度等级选择

［**例 8-1**］　如图 8-52 所示，试设计此带式输送机减速器的高速级齿轮传动。已知输入功率 $P_1=10$ kW，小齿轮转速 $n_1=960$ r/min，齿数比 $u=3.2$，由电动机驱动，工作寿命15 年(设每年工作 300 天)，两班制，带式输送机工作平稳，转向不变。

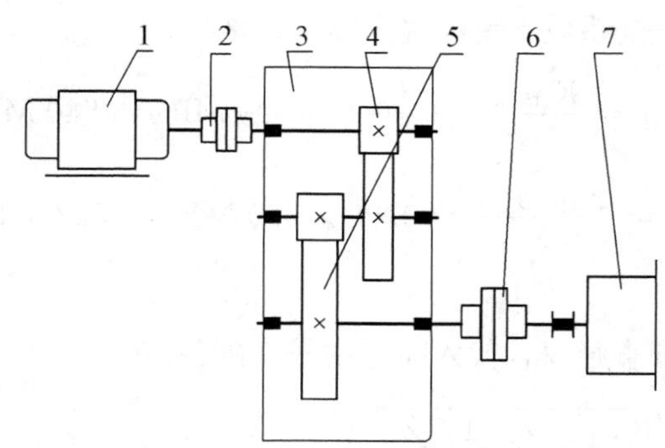

1—电动机；2 及 6—联轴器；3—减速器；
4—高速级齿轮传动；5—低速级齿轮传动；
7—输送机滚筒

图 8-52　带式输送机传动简图

解　1. 选定齿轮类型、精度等级、材料及齿数

(1) 按图中所示的传动方案，选用直齿圆柱齿轮传动。

(2) 运输机为一般工作机器，速度不高，故选用 7 级精度(G8 10095—88)。

(3) 材料选择。由表 8-7 选择小齿轮材料为 40Cr(调质)，硬度为 280 HBS，大齿轮材料为 45 钢(调质)，硬度为 240 HBS，二者材料硬度差为 40 HBS。

(4) 选小齿轮齿数 $Z_1=24$. 大齿轮齿数 $Z_2=3.2\times 24=76.8$，取 $Z_2=77$。

2. 按齿面接触强度设计

由设计计算公式(8-42a)进行试算，即

$$d_1 \geqslant 2.32\sqrt[3]{\frac{KT_1}{\phi_d}\cdot\frac{u\pm 1}{u}\left(\frac{Z_E}{[\sigma_H]}\right)^2}$$

(1) 确定公式内的各计算数值

① 试选载荷系数 $K_t=1.3$。

② 计算小齿轮传递的转矩。

$$T_1 = \frac{95.5 \times 10^5 P_1}{n_1} = \frac{95.5 \times 10^5 \times 10}{960} \text{ N} \cdot \text{mm} = 9.948 \times 10^4 \text{ N} \cdot \text{mm}$$

③ 由表 8－13 选取齿宽系数 $\phi_d = 1$。

④ 由表 8－12 查得材料的弹性影响系数 $Z_E = 189.8\sqrt{\text{MPa}}$。

⑤ 由图查得小齿轮的接触疲劳强度极限，$\sigma_{H\,lim1} = 600$ MPa，大齿轮的接触疲劳强度极限，$\sigma_{H\,lim2} = 550$ MPa

⑥ 由式 8－46 计算应力循环次数

$$N_1 = 60njL_h = 60 \times 960 \times 1 \times (2 \times 8 \times 300 \times 15) = 4.147 \times 10^9$$

$$N_2 = \frac{4.147 \times 10^9}{3.2} = 1.296 \times 10^9$$

⑦ 由图 8－48 取接触疲劳寿命系数 $K_{HN1} = 0.90$；$K_{HN2} = 0.95$

⑧ 计算接触疲劳许用应力

取失效概率为 1%，安全系数 $S=1$，由式(8－45)得

$$[\sigma_H]_1 = \frac{K_{HN1}\sigma_{lim1}}{S} = 0.9 \times 600 \text{ MPa} = 540 \text{ MPa}$$

$$[\sigma_H]_2 = \frac{K_{HN2}\sigma_{lim2}}{S} = 0.95 \times 550 \text{ MPa} = 522.5 \text{ MPa}$$

(2) 计算

① 试算小齿轮分度圆直径 d_{1t}，代入$[\sigma_H]$中较小的值

$$d_{1t} \geqslant 2.32\sqrt[3]{\frac{KT_1}{\phi_d} \cdot \frac{u \pm 1}{u}\left(\frac{Z_E}{[\sigma_H]}\right)^2}$$

$$= 2.32\sqrt[3]{\frac{1.3 \times 9.948 \times 10^4}{1} \cdot \frac{4.2}{3.2}\left(\frac{189.8}{522.5}\right)^2} \text{ mm} = 65.396 \text{ mm}$$

② 计算圆周速度 v

$$v = \frac{\pi d_{1t} n_1}{60 \times 1\,000} = \frac{\pi \times 65.396 \times 960}{60 \times 1\,000} \text{ m/s} = 3.29 \text{ m/s}$$

③ 计算齿宽 b

$$b = \phi_d d_{1t} = 1 \times 65.396 \text{ mm} = 65.396 \text{ mm}$$

④ 计算齿宽与齿高之比$\frac{b}{h}$

模数 $$m_t = \frac{d_{1t}}{z_1} = \frac{65.396}{24} \text{ mm} = 2.725 \text{ mm}$$

齿高 $$h = 2.25 m_t = 2.25 \times 2.725 \text{ mm} = 6.13 \text{ mm}$$

$$\frac{b}{h} = \frac{65.396}{6.13} = 10.67$$

⑤ 计算载荷系数

根据 $v = 3.29$ m/s，7 级精度，由图 8－37 查得动载系数 $K_V = 1.12$；

直齿轮，$K_{H\alpha} = K_{F\alpha} = 1$

由表 8－8 查得使用系数 $K_A = 1$；

由表 8－10 用插值法查得 7 级精度、小齿轮相对支承非对称布置时，$K_{H\beta} = 1.423$。

由 $\dfrac{b}{h} = 10.67$，$K_{H\beta} = 1.423$ 查图 8－42 得 $K_{F\beta} = 1.35$；故载荷系数

$$K = K_A K_V K_\alpha K_\beta = 1 \times 1.12 \times 1 \times 1.423 = 1.594$$

⑥ 按实际的载荷系数校正所算得的分度圆直径，由式(8－43a)得

$$d_1 = d_{1t}\sqrt[3]{\frac{K}{K_t}} = 65.396 \times \sqrt[3]{\frac{1.594}{1.3}} = 69.995\ \text{mm}$$

⑦ 计算模式 m

$$m = \frac{d_1}{z_1} = \frac{69.995}{24}\ \text{mm} = 2.92\ \text{mm}$$

3. 按齿根弯曲强度计算

由式(8－38)得弯曲强度的设计公式为

$$m \geqslant \sqrt[3]{\frac{2KT_1}{\phi_d z_1^2} \cdot \frac{Y_{Fa}Y_{Sa}}{[\sigma_F]}}$$

(1) 确定公式内的各计算数值

① 由图 8－49(c)查得小齿轮的弯曲疲劳强度极限 $\sigma_{FE1} = 500\ \text{MPa}$；大齿轮的弯曲强度极限 $\sigma_{FE2} = 380\ \text{MPa}$

② 由图 8－47 取弯曲疲劳寿命系数 $K_{FN1} = 0.85$；$K_{FN2} = 0.88$

③ 计算弯曲疲劳许用应力

取弯曲疲劳安全系数 $S = 1.4$，由式(8－45)得

$$[\sigma_F]_1 = \frac{K_{FN1}\sigma_{FE1}}{S} = \frac{0.85 \times 500}{1.4}\ \text{MPa} = 303.57\ \text{MPa}$$

$$[\sigma_F]_2 = \frac{K_{FN2}\sigma_{FE2}}{S} = \frac{0.88 \times 380}{1.4}\ \text{MPa} = 238.86\ \text{MPa}$$

④ 计算载荷系数 K

$$K = K_A K_V K_{F\alpha} K_{F\beta} = 1 \times 1.12 \times 1 \times 1.35 = 1.512$$

⑤ 查取齿形系数

由表 8－11 查得 $Y_{Fa1} = 2.65$；$Y_{Fa2} = 2.226$。

⑥ 查取应力校正系数

由表 8－11 查得 $Y_{Sa1} = 1.58$；$Y_{Sa2} = 1.764$。

⑦ 计算大、小齿轮的 $\dfrac{Y_{Fa}Y_{Sa}}{[\sigma_F]}$ 并加以比较

$$\frac{Y_{Fa1}Y_{Sa1}}{[\sigma_F]_1} = \frac{2.65 \times 1.58}{303.57} = 0.01379$$

$$\frac{Y_{Fa2}Y_{Sa2}}{[\sigma_F]_2}=\frac{2.226\times 1.764}{238.86}=0.01644$$

大齿轮的数值大。

(2) 设计计算

$$m\geqslant\sqrt[3]{\frac{2\times 1.512\times 9.948\times 10^4}{1\times 24^2}\times 0.01644}\ \text{mm}=2.05\ \text{mm}$$

对比计算结果，由齿面接触疲劳强度计算的模数 m 大于由齿根弯曲疲劳强度计算的模数，由于齿轮模数 m 的大小主要取决于弯曲强度所决定的承载能力，而齿面接触疲劳强度所决定的承载能力，仅与齿轮直径（即模数与齿数的乘积）有关，可取由弯曲强度算得的模数 2.05并就近圆整为标准值 $m=2.5$ mm。按接触强度算得的分度圆直径 $d_1=69.995$ mm。算出小齿轮齿数

$$z_1=\frac{d_1}{m}=\frac{69.995}{2.5}\approx 28$$

大齿轮齿数 $z_2=3.2\times 28=89.6$，取 $z_2=90$

这样设计出的齿轮传动既满足了齿面接触疲劳强度，又满足了齿根弯曲疲劳强度，并做到结构紧凑避免浪费。

4. 几何尺寸计算

(1) 计算分度圆直径

$$d_1=z_1m=28\times 2.5\ \text{mm}=70\ \text{mm}$$

$$d_2=z_2m=90\times 2.5\ \text{mm}=225\ \text{mm}$$

(2) 计算中心距 $a=\dfrac{d_1+d_2}{2}=\dfrac{70+225}{2}\ \text{mm}=147.5\ \text{mm}$

(3) 计算齿轮宽度 $b=\phi_d d_1=1\times 70\ \text{mm}=70\ \text{mm}$

取 $B_2=70$ mm，$B_1=75$ mm

5. 结构设计及绘制齿轮零件图（略）

8.14 标准斜齿圆柱齿轮传动的强度计算

8.14.1 轮齿的受力分析

在斜齿轮传动中，作用于齿面上的法向载荷 $\boldsymbol{F}_n$ 仍垂直于齿面。如图 8-53 所示，作用于主动轮上的 $\boldsymbol{F}_n$ 位于法面 $Pabc$ 内，与节圆柱的切面 $Pa'ae$ 倾斜一法向啮合角 α_n。力 $\boldsymbol{F}_n$ 可沿齿轮的周向、径向及轴向分解成三个相互垂直的分力。

首先，将力 $\boldsymbol{F}_n$ 在法面内分解成沿径向的分力（径向力）$\boldsymbol{F}_r$，和在 $Pa'ae$ 面内的分力 $\boldsymbol{F}'$，然后再将力 $\boldsymbol{F}'$ 在 $Pa'ae$ 面内分解成沿周向的分力（圆周力）$\boldsymbol{F}_t$ 及沿轴向的分力（轴向力）$\boldsymbol{F}_a$ 各力的方向如图 8-53 所示。

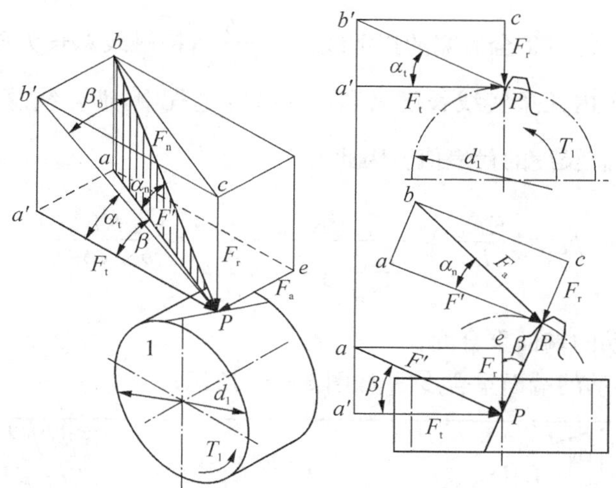

图 8 - 53　斜齿轮的轮齿受力分析

各力的大小为

$$
\left.\begin{aligned}
F_t &= \frac{2T_1}{d_1} \\
F_r &= \frac{F_t \tan\alpha_n}{\cos\beta} \\
F_a &= F_t \tan\beta \\
F_n &= \frac{F_t}{\text{con}\,\alpha_n \cos\beta} = \frac{F_t}{\text{con}\,\alpha_t \cos\beta_b}
\end{aligned}\right\} \tag{8-47}
$$

式中，β 为节圆螺旋角，对标准斜齿轮即分度圆螺旋角；β_b 为啮合平面的螺旋角，亦即基圆螺旋角；α_n 为法向压力角，对标准斜齿轮，$\alpha_n = 20°$；α_t 为端面压力角。

从动轮轮齿上的载荷也可分解为 F_t，F_r 和 F_a 各力，它们分别与主动轮上的各力大小相等方向相反。

由式(8 - 47)可知，轴向力 F_a 与 $\tan\beta$ 成正比。为了不使轴承承受过大的轴向力，斜齿圆柱齿轮传动的螺旋角 β 不宜选得过大，常在 $\beta=8°\sim20°$之间选择。在人字齿轮传动中，同一个人字齿上按力学分析所得的两个轴向分力大小相等，方向相反，轴向分力的合力为零。因而人字齿轮的螺旋角 β 可取较大的数值(15°～40°)，传递的功率也较大。人字齿轮传动的力分析及强度计算都可沿用斜齿轮传动的公式。

8.14.2　计算载荷

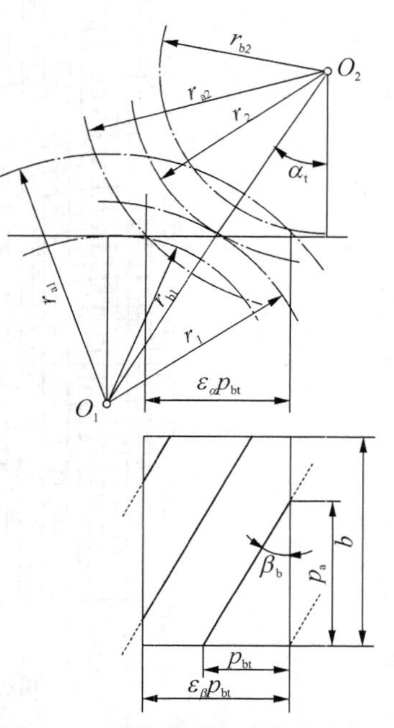

图 8 - 54　斜齿圆柱齿轮传动的啮合区

由式(8 - 34)可知，轮齿上的计算载荷与啮合轮齿齿面上接触线的长度有关。对于斜齿轮，如图 8 - 54 所示，啮合区中

的实线为实际接触线，每一条全齿宽的接触线长为$\dfrac{b}{\cos\beta}$，接触线总长为所有啮合齿上接触线长度之和，即为接触区内几条实线长度之和。在啮合过程中，啮合线总长一般是变动的，据研究，可用$\dfrac{b\varepsilon_\alpha}{\cos\beta_b}$作为总长度的代表值。因此

$$p_{ca}=\frac{KF_n}{L}=\frac{KF_t}{\dfrac{b\varepsilon_\alpha}{\cos\beta_b}\cos\alpha_t\cos\beta_b}=\frac{KF_t}{b\varepsilon_\alpha\cos\alpha_t} \tag{8-48}$$

式中，ε_α 为斜齿轮传动的端面重合度。

标准圆柱齿轮传动的端面重合度 ε_α 如图 8－55 所示。

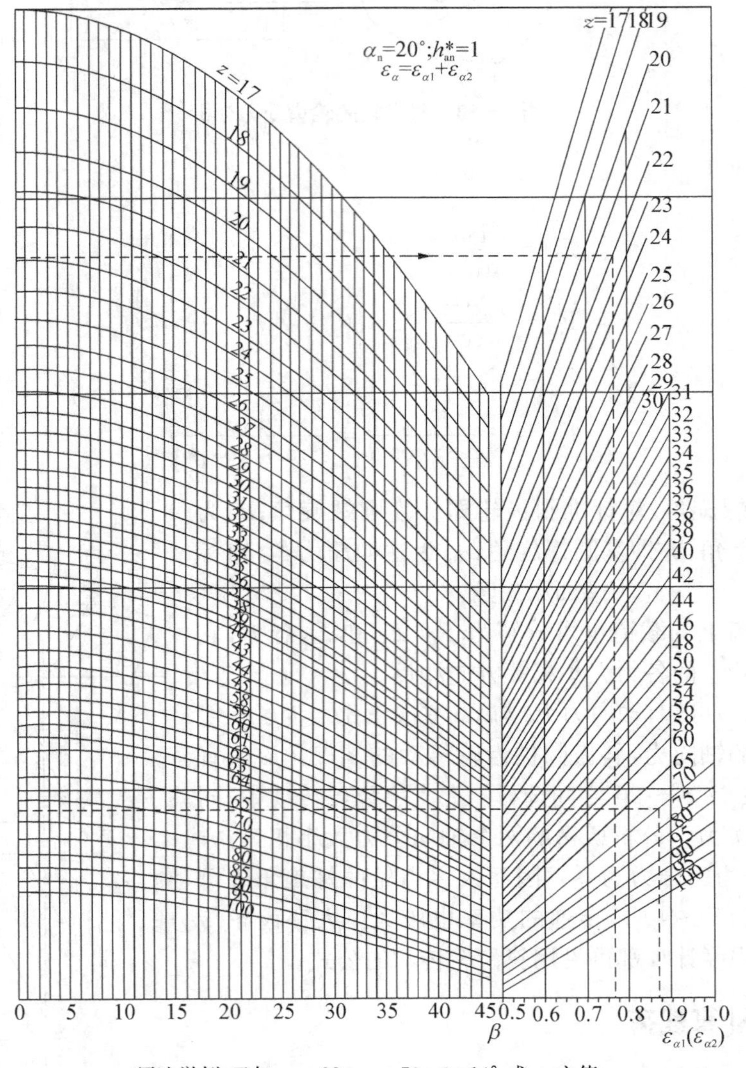

用法举例：已知 $z_1=22$，$z_2=70$，$\beta=14°$，求 ε_α 之值。

［解］ 由图分别查得 $\varepsilon_{\alpha1}=0.765$；$\varepsilon_{\alpha2}=0.87$，

得 $\varepsilon_\alpha=\varepsilon_{\alpha1}+\varepsilon_{\alpha2}=0.765+0.87=1.635$

图 8－55 标准圆柱齿轮传动的端面重合度 ε_α

斜齿轮的纵向重合度 ε_β 可按以下公式计算

$$\varepsilon_\beta = \frac{b\sin\beta}{\pi m_n} = 0.318\phi_d z_1 \tan\beta$$

斜齿轮计算中的载荷系数 $K = K_A K_V K_\alpha K_\beta$，其中使用系数 K_A 与齿向载荷分布系数 K_β 的查取与直齿轮相同；动载系数 K_V 可由图查取；齿间载荷分配系数 $K_{H\alpha}$ 与 $K_{F\alpha}$ 可根据斜齿轮的精度等级、齿面硬化情况和载荷大小由表 8-9 中查取。

8.14.3 齿根弯曲疲劳强度计算

如图 8-56 所示，斜齿轮齿面上的接触线为一斜线。受载时，轮齿的失效形式为局部折断。斜齿轮的弯曲强度，若按轮齿局部折断分析则较繁。现对比直齿轮的弯曲强度计算，仅就其计算特点做必要的说明。

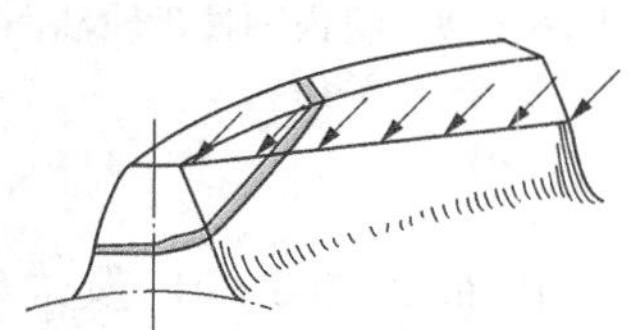

图 8-56 斜齿圆柱齿轮轮齿受载及折断

首先由式(8-38)可知，斜齿轮的计算载荷要比直齿轮的多计入一个参数 ε_α，其次还应计入反映螺旋角 β 对轮齿弯曲强度影响的因素，即计入螺旋角影响系数 Y_β。由上述特点，参照式(8-37)及式(8-38)可得斜齿轮轮齿的弯曲疲劳强度公式为

$$\sigma_F = \frac{KF_t Y_{Fa} Y_{Sa} Y_\beta}{bm_n \varepsilon_\alpha} \leqslant [\sigma_F] \tag{8-49}$$

$$m_n \geqslant \sqrt[3]{\frac{2KT_1 Y_\beta \cos^2\beta}{\phi_d z_1^2 \varepsilon_\alpha} \frac{Y_{Fa} Y_{Sa}}{[\sigma_F]}} \tag{8-50}$$

式中，Y_{Fa} 为斜齿轮的齿形系数，可近似地按当量齿数 $z_v \approx \frac{z}{\cos^3\beta}$ 由表 8-11 查取；Y_{Sa} 为斜齿轮的应力校正系数，可近似地按当量齿数 z_v 由表 8-11 查取；Y_β 为螺旋角影响系数，数值查图 8-57。

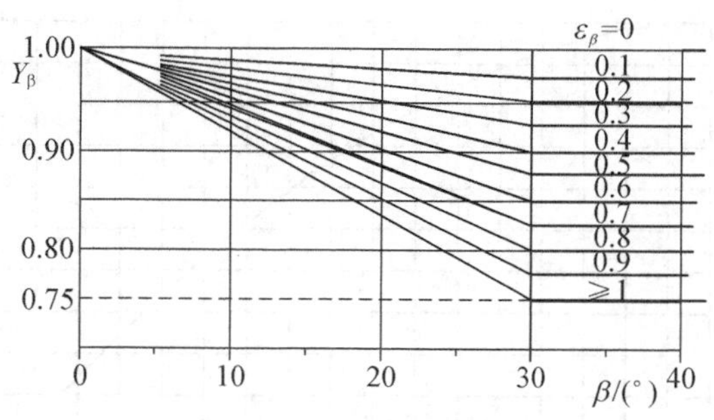

图 8-57 螺旋角影响系数 Y_β

式(8-50)为设计计算公式，式(8-49)为校核计算公式。两式中 σ_F，$[\sigma_F]$ 的单位为 MPa，m_n 的单位为 mm，其余各符号的意义和单位同前。

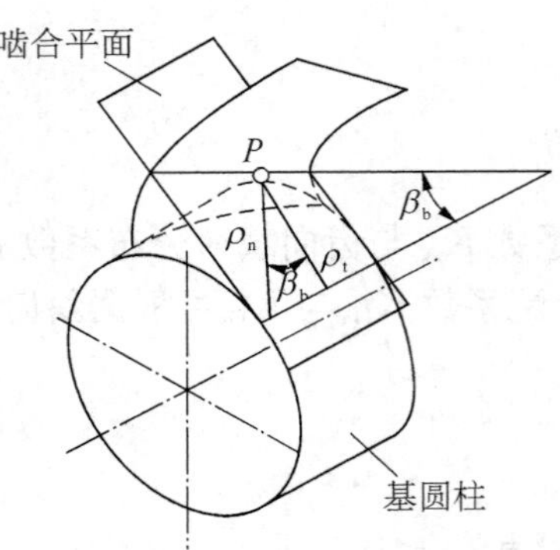

图 8-58　斜齿圆柱齿轮法面曲率半径

8.14.4　齿面接触疲劳强度计算

斜齿轮的齿面接触疲劳强度仍按式(8-39)计算，节点的综合曲率$\frac{1}{\rho_\Sigma}$仍按式(8-40)计算。如图 8-58 所示，对于渐开线斜齿圆柱齿轮，在啮合平面内，节点 P 处的法面曲率半径 ρ_n 与端面曲率半径 ρ_t 的关系为

$$\rho_n = \frac{\rho_t}{\cos\beta_b} \tag{8-51}$$

斜齿轮端面上节点的曲率半径为

$$\rho_t = \frac{d\sin\alpha_t}{2}$$

因而由式(8-40)及式(8-51)得

$$\frac{1}{\rho_\Sigma} = \frac{1}{\rho_{n1}} \pm \frac{1}{\rho_{n2}} = \frac{2\cos\beta_b}{d_1\sin\alpha_t}\left(\frac{u\pm1}{u}\right)$$

将上式及式(8-48)代入上式(8-39)，得

$$\sigma_H = \sqrt{\frac{p_{ca}}{\rho_\Sigma}}\cdot Z_E = \sqrt{\frac{KF_t}{bd_1\varepsilon_\alpha}\,\frac{u\pm1}{u}}\sqrt{\frac{2\cos\beta_b}{\sin\alpha_t\cos\alpha_t}}\cdot Z_E \leqslant [\sigma_H]$$

令

$$Z_H = \sqrt{\frac{2\cos\beta_b}{\sin\alpha_t\cos\alpha_t}} \tag{8-52}$$

Z_H 称为区域系数。图 8-59 为法向压力角 $\alpha_n = 20°$ 的标准齿轮的 Z_H 值。于是得

$$\sigma_H = \sqrt{\frac{KF_t}{bd_1\varepsilon_\alpha}\,\frac{u\pm1}{u}}Z_EZ_H \leqslant [\sigma_H] \tag{8-53}$$

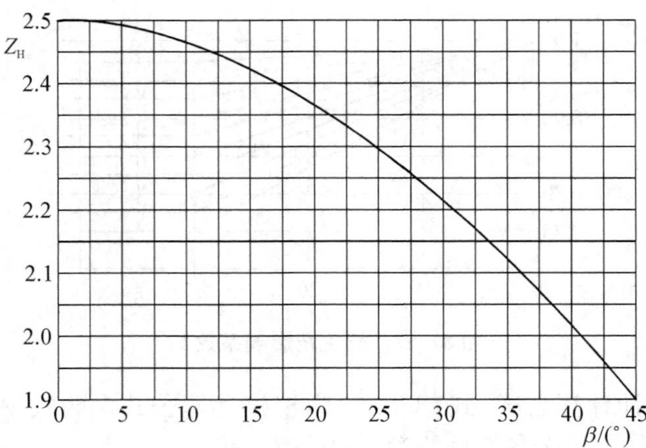

图 8-59　区域系数 Z_H($\alpha_n = 20°$)

同前理,由上式可得

$$d_1 \geqslant \sqrt[3]{\frac{2KT_1}{\phi_d \varepsilon_\alpha} \frac{u \pm 1}{u} \left(\frac{Z_E Z_H}{[\sigma_H]}\right)^2} \tag{8-54}$$

式(8-54)为设计计算公式,式(8-53)为校核计算公式。两式中 σ_H,$[\sigma_H]$的单位为 MPa,d_1 的单位为 mm,其余各符号的意义和单位同前。

应该注意,对于斜齿圆柱齿轮传动,因齿面上的接触线是倾斜的(图 8-60),所以在同一齿面上就会有齿顶面(其上接触线段为 e_1P)与齿根面(其上接触线段为 e_2P)同时参与啮合的情况(直齿轮传动,齿面上的接触线与轴线平行,就没有这种现象)。

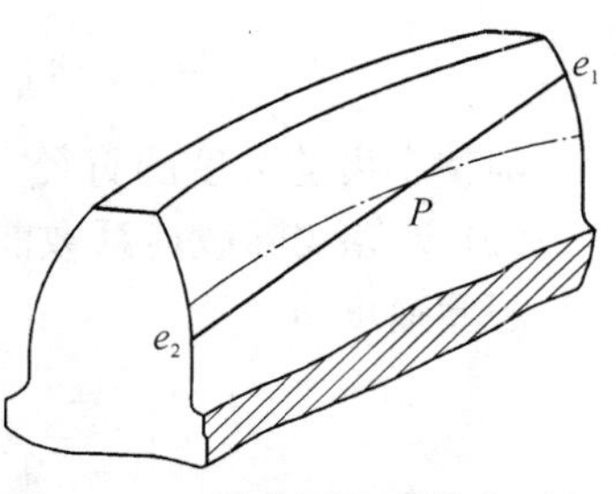

图 8-60　斜齿圆柱齿轮齿面上的接触线

如前所述,齿轮齿顶面比齿根面具有较高的接触疲劳强度。设小齿轮的齿面接触疲劳强度比大齿轮的高(即小齿轮的材料较好,齿面硬度较高),那么,当大齿轮的齿根面产生点蚀,e_2P 一段接触线已不能再承受原来所分担的载荷,而要部分地由齿顶面上的 e_1P 一段接触线来承担时,因同一齿面上,齿顶面的接触疲劳强度较高,所以即使承担的载荷有所增大,只要还未超过其承载能力时,大齿轮的齿顶面仍然不会出现点蚀;同时,因小齿轮齿面的接触疲劳强度较高,与大齿轮齿顶面相啮合的小齿轮的齿根面,也未因载荷增大而出现点蚀。这就是说,在斜齿轮传动中,当大齿轮的齿根面产生点蚀时,仅实际承载区由大齿轮的齿根面向齿顶面有所转移而已,并不导致斜齿轮传动的失效(直齿轮传动齿面上的接触线为一平行于轴线的直线,大齿轮齿根面点蚀时,纵然小齿轮不坏,这对齿轮也不能再继续工作了)。因此,斜齿轮传动齿面的接触疲劳强度应同时取决于大、小齿轮。实用中斜齿轮传动的许用接触应力约可取 $[\sigma_H] = \frac{[\sigma_H]_1 + [\sigma_H]_2}{2}$,当$[\sigma_H] > 1.23[\sigma_H]_2$ 时,应取$[\sigma_H] = 1.23[\sigma_H]_2$。$[\sigma_H]_2$ 为较软齿面的许用接触应力。

[**例 8-2**]　按例题 8-1 的数据,改用斜齿圆柱齿轮传动,试设计此传动。

解　1. 选精度等级、材料及齿数

(1) 材料及热处理仍按例题 8-1。

(2) 齿轮精度仍按例题 8-1。

(3) 仍选小齿数 $z_1 = 24$,大齿轮齿数 $z_2 = 77$。

(4) 初选螺旋角 $\beta = 14°$。

(5) 压力角 $\alpha = 20°$。

2. 按齿面接触疲劳强度设计

试算小齿轮分度圆直径,即

$$d_1 \geqslant \sqrt[3]{\frac{2KT_1}{\phi_d \varepsilon_\alpha} \cdot \frac{u \pm 1}{u} \cdot \left(\frac{Z_E Z_H}{[\sigma_H]}\right)^2}$$

试选载荷系数 $K = 1.3$。

查图取 $Z_H = 2.433$,查表得 $Z_E = 189.8\ \sqrt{\text{MPa}}$。

$\varepsilon_\alpha=\varepsilon_{\alpha1}+\varepsilon_{\alpha2}, z_1=24,\ z_2=77, \beta=14^\circ,\ \varepsilon_{\alpha1}=0.721, \varepsilon_{\alpha2}=0.793,\ \varepsilon_\alpha=1.514$

$$d_1 \geqslant \sqrt[3]{\frac{2KT_1}{\phi_d \varepsilon_\alpha} \cdot \frac{u \pm 1}{u} \cdot \left(\frac{Z_E Z_H}{[\sigma_H]}\right)^2}$$

$$= \sqrt[3]{\frac{2\times1.3\times9.948\times10^4}{1\times1.514}\times\frac{\frac{77}{24}+1}{\frac{77}{24}}\times\left(\frac{2.433\times189.8}{522.5}\right)^2}$$

$$=48.741 \text{ mm}$$

调整小齿轮分度圆直径

(1) 计算实际载荷系数前的数据准备

圆周速度 v

$$v=\frac{\pi d_1 n_1}{60\times1\,000}=\frac{\pi\times48.741\times960}{60\times1\,000}=2.45 \text{ m/s}$$

齿宽 b

$$b=\phi_d \cdot d_1=1\times48.741=48.741 \text{ mm}$$

(2) 计算实际载荷

查表得使用系数 $K_A=1$ 。

根据 $v=2.45$ m/s，7 级精度，查得 $K_V=1.10$ 。

齿轮的圆周力

$$F_{t1}=2\frac{T_1}{d_1}=\frac{2\times9.948\times10^4}{48.741}=4.082\times10^3 \text{ N}$$

$$\frac{K_A F_{t1}}{b}=\frac{1\times4.082\times10^3}{18.736} \text{ N/mm},查得\ K_{H\alpha}=1.4$$

7 级精度、小齿轮相对支承非对称布置时，$K_{H\beta}=1.419$ ，

则载荷系数 $K=K_A K_V K_{H\alpha} K_{H\beta}=1\times1.10\times1.4\times1.419=2.185$。

按实际载荷系数计算分度圆直径

$$d_1=d_{1t}\sqrt[3]{\frac{K}{K_t}}=48.741\times\sqrt[3]{\frac{2.185}{1.3}}=57.954 \text{ mm}$$

相应的齿轮模数

$$m_n=\frac{d_1\cos\beta}{z_1}=\frac{57.954\times\cos14^\circ}{24}=2.343 \text{ mm}$$

3. 根据齿根弯曲疲劳强度校核

根据 $\sigma_F=\dfrac{KF_t Y_{Fa} Y_{sa} Y_\beta}{bm_n\varepsilon_\alpha}\leqslant[\sigma_F]$，其他参数查表得

$$K=2.07,\ Y_{Fa1}=2.5,\ Y_{Sa1}=1.65,\ Y_{Fa2}=2.18,\ Y_{Sa2}=1.79,$$

$$Y_\beta=0.76,取\ m_n=2.5 \text{ mm},\ [\sigma_F]=\frac{K_{FN}\sigma_{Flim}}{S}$$

得 $\sigma_{F1} \leqslant [\sigma_{F1}]$，$\sigma_{F2} \leqslant [\sigma_{F2}]$，齿根弯曲疲劳强度满足要求，并且小齿轮抵抗弯曲疲劳破坏的能力大于大齿轮。

4. 几何尺寸计算(略)

5. 结构设计及绘制齿轮零件图(略)

8.15 标准锥齿轮传动的强度计算

由于工作要求的不同，锥齿轮传动可设计成不同的形式。下面着重介绍最常用的、轴交角 $\sum = 90°$ 的标准直齿锥齿轮传动的强度计算。

8.15.1 设计参数

直齿锥齿轮传动是以大端参数为标准值的。在强度计算时，则以齿宽中点处的当量齿轮作为计算的依据。对轴交角 $\sum = 90°$ 的直齿锥齿轮传动，其齿数比 u、锥距 R 如图 8-61 所示，分度圆直径 d_1、d_2，平均分度圆直径 d_{m1}、d_{m2}，当量齿轮的分度圆直径 d_{v1}、d_{v2}之间的关系分别为

$$u = \frac{z_2}{z_1} = \frac{d_2}{d_1} = \cot\delta_1 = \tan\delta_2 \tag{8-55}$$

$$R = \sqrt{\left(\frac{d_1}{2}\right)^2 + \left(\frac{d_2}{2}\right)^2} = d_1\,\frac{\sqrt{u^2+1}}{2} \tag{8-56}$$

$$\frac{d_{m1}}{d_1} = \frac{d_{m2}}{d_2} = 1 - 0.5\,\frac{b}{R} \tag{8-57}$$

令 $\phi_R = \dfrac{b}{R}$，称为锥齿轮传动的齿宽系数，通常取 $\phi_R = 0.25 - 0.35$，最常用的值为$\phi_R = 0.33$。

于是

$$d_m = d(1 - 0.5\phi_R) \tag{8-58}$$

由图 8-61 可找出当量直齿圆柱齿轮的分度圆半径 r_v 与平均分度圆直径 d_m 的关系式为

$$r_v = \frac{d_m}{2\cos\delta} \tag{8-59}$$

现以 m_m 表示当量直齿圆柱齿轮的模数，亦即锥齿轮平均分度圆上轮齿的模数(简称平均模数)，则当量齿数 z_v 为

$$z_v = \frac{d_v}{m_m} = \frac{z}{\cos\delta} \tag{8-60}$$

当量齿轮的齿数比

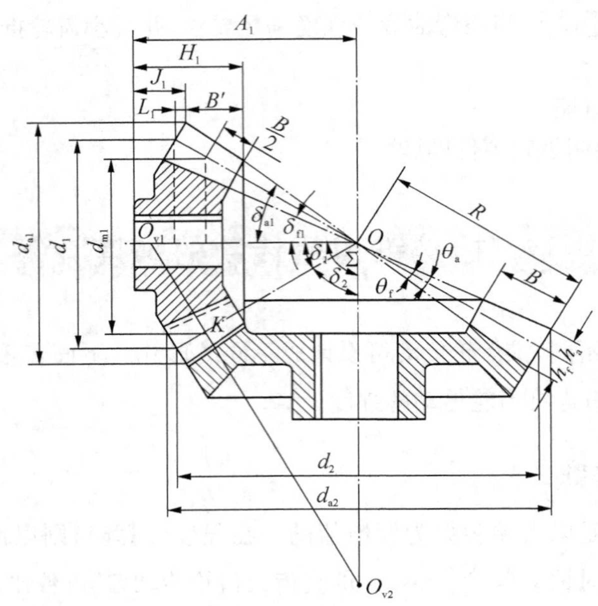

图 8 - 61　直齿锥齿轮传动的几何参数

$$u_v = \frac{z_{v2}}{z_{v1}} = u^2 \tag{8-61}$$

显然，为使锥齿轮不致发生根切，应使当量齿数不小于直齿圆柱齿轮的根切齿数。另外由式(8 - 58)极易得出平均模数 m_m 和大端模数 m 的关系为

$$m_m = m(1 - 0.5\phi_R) \tag{8-62}$$

8.15.2　轮齿的受力分析

直齿锥齿轮齿面上所受的法向载荷 $\boldsymbol{F}_n$ 通常都视为集中作用在平均分度圆上，即在齿宽中点的法向截面 N—N($Pabc$ 平面)内(图 8 - 62)。与圆柱齿轮一样，将法向载荷 $\boldsymbol{F}_n$ 分解为切于分度圆锥面的周向分力(圆周力)$\boldsymbol{F}_t$ 及垂直于分度圆锥母线的分力 $\boldsymbol{F}'$，再将力 $\boldsymbol{F}'$ 分解为径向分力 $\boldsymbol{F}_{r1}$，及轴向分力 $\boldsymbol{F}_{a1}$。小锥齿轮轮齿上所受各力的方向如图所示，各力的大小分别为

$$\left.\begin{aligned} F_t &= \frac{2T_1}{d_{m1}} \\ F_{r1} &= F_t \tan\alpha\cos\delta_1 = F_{a2} \\ F_{a1} &= F_t \tan\alpha\sin\delta_1 = F_{r2} \\ F_n &= \frac{F_t}{\cos\alpha} \end{aligned}\right\} \tag{8-63}$$

式中，F_{r1} 与 F_{a2} 及 F_{a1} 与 F_{r2} 大小相等，方向相反。

8.15.3　齿根弯曲疲劳强度计算

直齿锥齿轮的弯曲疲劳强度可近似地按平均分度圆处的当量圆柱齿轮进行计算。因而可直接沿用式(8 - 37)得

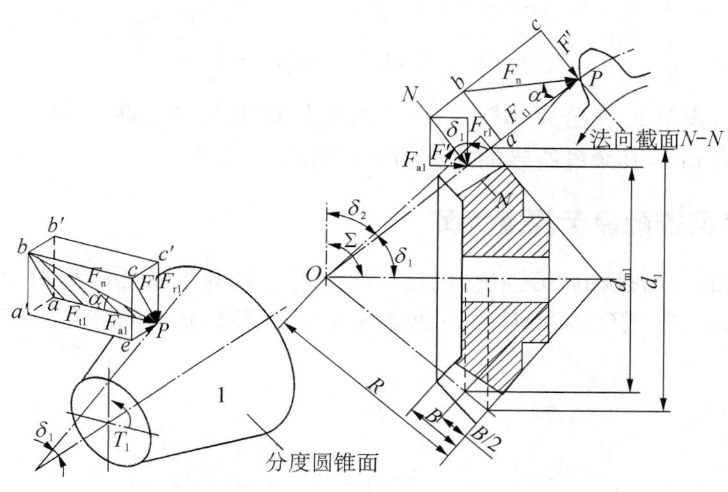

图 8-62 直齿锥齿轮的轮齿受力分析

$$\sigma_F = \frac{KF_t Y_{Fa} Y_{Sa}}{bm_m} \leqslant [\sigma_F]$$

直齿锥齿轮的载荷系数同样为 $K = K_A K_V K_\alpha K_\beta$，其中使用系数 K_A 可由表 8-8 查取；动载系数 K_V 可按图 8-37 中低一级的精度线及 v_m(m/s)查取；齿间载荷分配系数 $K_{H\alpha}$ 及 $K_{F\alpha}$ 可取为 1；齿向载荷分布系数可按下式计算

$$K_{H\beta} = K_{F\beta} = 1.5K_{H\beta be}$$

式中，$K_{H\beta be}$ 是轴承系数，可从表 8-15 中查取。

Y_{Fa}，Y_{Sa} 分别为齿形系数及应力校正系数，按当量齿数 Z_v 查表

引入式(8-62)，得

$$\sigma_F = \frac{KF_t Y_{Fa} Y_{Sa}}{bm(1-0.5\phi_R)} \leqslant [\sigma_F] \tag{8-64}$$

表 8-15 轴承系数 $K_{H\beta be}$

应用	小轮和大轮的支承		
	两者都是两端支承	一个两端支承一个悬臂	两者都是悬臂
飞机	1.00	1.10	1.25
车辆	1.00	1.10	1.25
工业用、船舶用	1.10	1.25	1.50

引入式(8-56)，得

$$b = R\phi_R = d_1\phi_R \frac{\sqrt{u^2+1}}{2} = mz_1\phi_R \frac{\sqrt{u^2+1}}{2}$$

并将 $F_t = \dfrac{2T_1}{d_{m1}} = \dfrac{2T_1}{m_m z_1} = \dfrac{2T_1}{m(1-0.5\phi_R)z_1}$ 代入式(8-36)，可得

$$m \geqslant \sqrt[3]{\frac{4KT_1}{\phi_R(1-0.5\phi_R)^2 z_1^2 \sqrt{u^2+1}} \frac{Y_{Fa}Y_{Sa}}{[\sigma_F]}} \tag{8-65}$$

式(8-65)为设计计算公式;式(8-64)为校核计算公式。两式中 σ_F, $[\sigma_F]$的单位为MPa,m 的单位为mm,其余各符号的意义和单位同前。

8.15.4 齿面接触疲劳强度计算

直齿锥齿轮的齿面接触疲劳强度,仍按平均分度圆处的当量圆柱齿轮计算,工作齿宽即为锥齿轮的齿宽 b。按式(8-39)计算齿面接触疲劳强度时,式中的综合曲率为

$$\frac{1}{\rho_\Sigma} = \frac{1}{\rho_{v1}} + \frac{1}{\rho_{v2}} \tag{8-66}$$

得

$$\frac{1}{\rho_\Sigma} = \left(\frac{2\cos\delta_1}{d_{m1}\sin\alpha}\right)\left(1+\frac{1}{u_v}\right) \tag{8-67}$$

将式(8-67)及 $u_v = u^2$、$\cos\delta_1 = \dfrac{u}{\sqrt{u^2+1}}$、式(8-33)、式(8-63)等代入式(8-39),并令接触线长度 $L = b$,得

$$\begin{aligned}\sigma_H &= \sqrt{\frac{p_{ca}}{\rho_\Sigma}} \cdot Z_E = \sqrt{\frac{KF_t}{b\cos\alpha}\frac{2\cos\delta_1}{d_{m1}\sin\alpha}\left(1+\frac{1}{u^2}\right)} \cdot Z_E \\ &= Z_E Z_H \sqrt{\frac{4KT_1}{\phi_R(1-0.5\phi_R)^2 d_1^3 u}} \leqslant [\sigma_H]\end{aligned}$$

对 $\alpha = 20°$ 的直齿锥齿轮,$Z_H = 2.5$,于是可得

$$\sigma_H = 5Z_E \sqrt{\frac{KT_1}{\phi_R(1-0.5\phi_R)^2 d_1^3 u}} \leqslant [\sigma_H] \tag{8-68}$$

$$d_1 \geqslant 2.92 \sqrt[3]{\left(\frac{Z_E}{[\sigma_H]}\right)^2 \frac{KT_1}{\phi_R(1-0.5\phi_R)^2 u}} \tag{8-69}$$

式(8-69)为设计计算公式;式(8-68)为校核计算公式。两式中 σ_H、$[\sigma_H]$的单位为MPa,d_1 的单位为mm,其余各符合的意义和单位同前。

[例 8-3] 试设计一减速器中的直齿锥齿轮传动。已知小齿轮主动、悬臂,大齿轮从动、简支,其他工作要求与例题8-1相同。

解 1. 选定齿轮类型、精度等级、材料及齿数

(1) 选用标准直齿锥齿轮传动,压力角取 $\alpha = 20°$ 。

(2) 齿轮精度和材料与例8-1同。

(3) 选小齿轮齿数 $z_1 = 24$,大齿轮齿数 $z_2 = uz_1 = 3.2 \times 24 = 76.8$,取77。

2. 按齿面接触疲劳强度设计

(1) 根据 $d_1 \geqslant 2.92 \sqrt[3]{(\frac{Z_E}{[\sigma_H]})^2 \frac{KT_1}{\phi_R\,(1-0.5\phi_R)^2 u}}$ 计算

初选 $K = 1.3$。

计算小齿轮的转矩 T_1

$$T_1 = 9.55 \times 10^6 \frac{P}{n} = 9.55 \times 10^6 \times \frac{10}{960} = 9.948 \times 10^4 \mathrm{N \cdot mm}$$

选择齿宽系数 $\phi_R = 0.3$。

查图得：$Z_H = 2.5$。

查表得：$Z_E = 189.8\ \mathrm{MPa}$。

(2) 计算 $[\sigma_H]$

查图得：$\sigma_{H\lim 1} = 600\ \mathrm{MPa}$，$\sigma_{H\lim 2} = 550\ \mathrm{MPa}$。

计算应力循环次数

$$N_1 = 60njL_h = 60 \times 960 \times 1 \times (2 \times 8 \times 300 \times 15) = 4.147 \times 10^9$$

$$N_2 = \frac{N_1}{u} = \frac{4.147 \times 10^9}{3.2} = 1.296 \times 10^9$$

查得：$K_{HN1} = 0.90$，$K_{HN2} = 0.95$。

取失效概率为1%，安全系数 $S=1$。

$$[\sigma_H]_1 = \frac{K_{HN1}\sigma_{H\lim 1}}{S} = \frac{0.90 \times 600}{1} = 540\ \mathrm{MPa}$$

$$[\sigma_H]_2 = \frac{K_{HN2}\sigma_{H\lim 2}}{S} = \frac{0.95 \times 550}{1} = 523\ \mathrm{MPa}$$

取 $[\sigma_H]_1$ 和 $[\sigma_H]_2$ 中的较小者作为该齿轮副的接触疲劳许用应力，即

$$[\sigma_H] = [\sigma_H]_2 = 523\ \mathrm{MPa}$$

(3) 试算小齿轮分度圆直径

$d_1 \geqslant 2.92\sqrt[3]{\left(\frac{Z_E}{[\sigma_H]}\right)^2 \frac{KT_1}{\phi_R(1-0.5\phi_R)^2 u}}$，将上述参数代入得 $d_1 \geqslant 84.970\ \mathrm{mm}$。

调整小齿轮分度圆直径。

圆周速度 v

$$d_{m1} = d_1(1-0.5\phi_R) = 84.970 \times (1-0.5 \times 0.3) = 72.225\ \mathrm{mm}$$

$$v_m = \frac{\pi d_{m1} n_1}{60 \times 1\,000} = \frac{\pi \times 72.225 \times 960}{60 \times 1000} = 3.63\ \mathrm{m/s}$$

当量齿轮的齿宽系数

$$b = \phi_d d_1 \frac{\sqrt{u^2+1}}{2} = \frac{0.3 \times 84.970 \times \sqrt{\left(\frac{77}{24}\right)^2+1}}{2} = 42.832\ \mathrm{mm}$$

$$\phi_d = \frac{b}{d_{m1}} = \frac{42.832}{72.225} = 0.593$$

(4) 计算实际载荷系数

查表得使用系数 $K_A = 1$。

根据 $v_m = 3.63$ m/s，8 级精度(降低了一级精度)，查得 $K_V = 1.173$。

采用插值法得 7 级精度、小齿轮悬臂时，得齿向载荷分布系数 $K_{H\beta} = 1.345$。

实际载荷 $K = K_A K_V K_{H\alpha} K_{H\beta} = 1.578$

$$d_1 = d_{1t}\sqrt[3]{\frac{K}{K_t}} = 84.97 \times \sqrt[3]{\frac{1.578}{1.3}} = 90.634 \text{ mm}$$

相应的齿轮模数为 $m = \dfrac{d_1}{z_1} = \dfrac{90.634}{24} = 3.776$ mm。

3. 根据齿根弯曲疲劳强度校核(略)

8.16 齿轮的结构设计

通过齿轮传动的强度计算，只能确定出齿轮的主要尺寸，如齿数、模数、齿宽、螺旋角、分度圆直径等，而齿圈、轮辐、轮毂等的结构形式及尺寸大小，通常都由结构设计而定。

齿轮的结构设计与齿轮的几何尺寸、毛坯、材料、加工方法、使用要求及经济性等因素有关。进行齿轮的结构设计时，必须综合考虑上述各方面的因素。通常是先按齿轮的直径大小。选定合适的结构形式，然后再根据荐用的经验数据，进行结构设计。

对于直径很小的钢制齿轮，如图 8-63 所示，当为圆柱齿轮时，若齿根圆到键槽底部的距离 $e < 2m_t$ (m_t 为端面模数)；当为锥齿轮时，按齿轮小端尺寸计算而得的 $e < 1.6m_t$ 时，均应将齿轮和轴做成一体，叫做齿轮轴，如图 8-64 所示。若 e 值超过上述尺寸时，齿轮与轴以分开制造为合理。

当齿顶圆直径 $d_a \leqslant 160$ mm 时，可以做成实心结构的齿轮如图 8-63 及图 8-65 所示。但航空产品中的齿轮，虽 $d_a \leqslant 160$ mm，也有做成腹板式的如图 8-66 所示。当齿顶圆直径 $d_a \leqslant 500$ mm 时，可做成腹板式结构如图 8-66 所示，腹板上开孔的数目按结构尺寸大小及需要而定。

齿顶圆直径 $d_a > 300$ mm 的铸造锥齿轮，可做成带加强肋的腹板式结构，如图 8-67 所示，加强肋的厚度 $C_1 \approx 0.8C$，其他结构尺寸与腹板式相同。

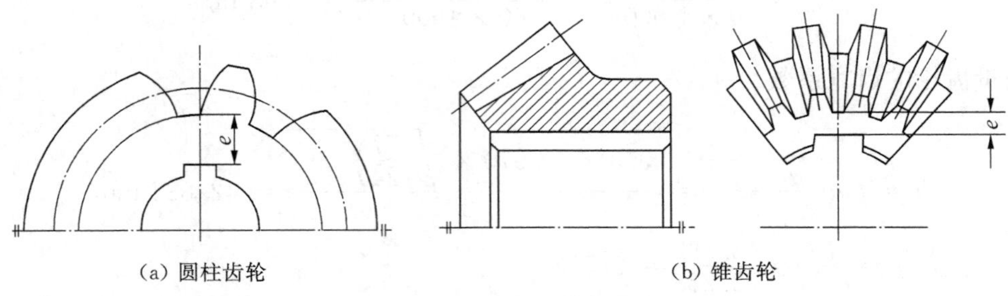

(a) 圆柱齿轮　　(b) 锥齿轮

图 8-63　齿轮结构尺寸 e

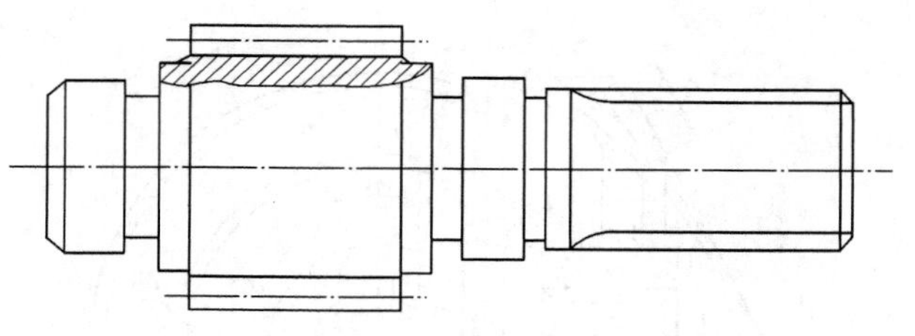

(a) 圆柱齿轮轴

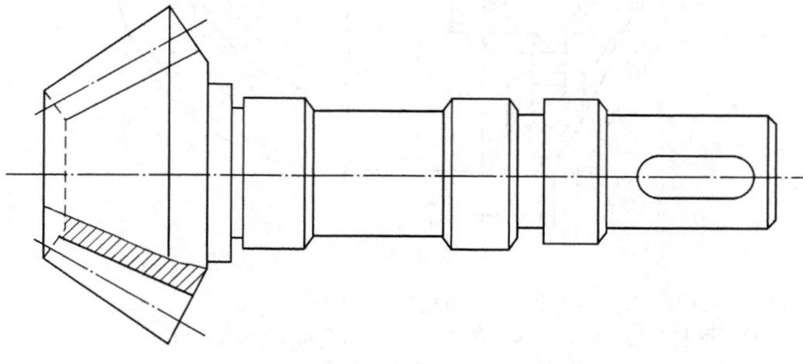

(b) 锥齿轮轴

图 8-64 齿轮轴

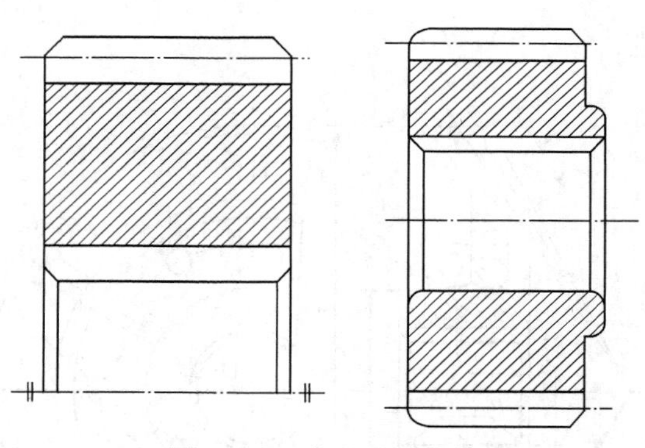

图 8-65 实心结构齿轮

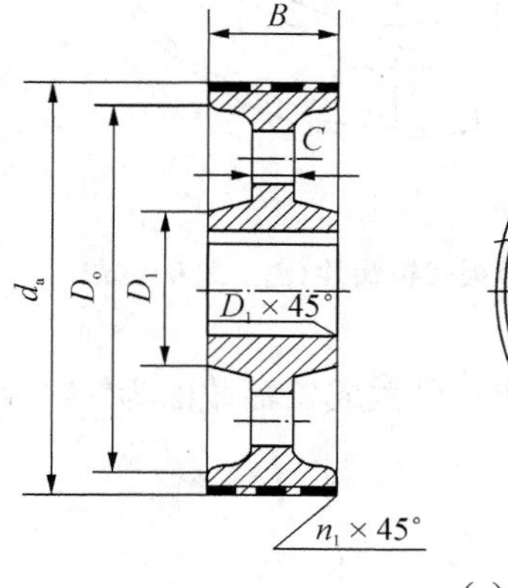

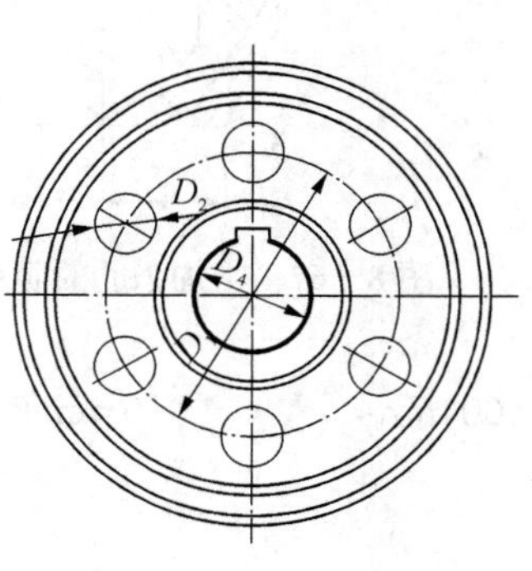

(a)

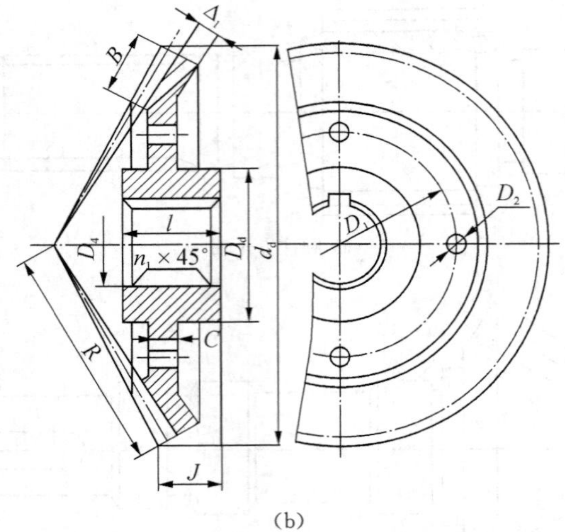

(b)

$D_1\approx(D_0+D_3)/2$；$D_2\approx(0.25\sim0.35)(D_0-D_3)$；
$D_3\approx1.6D_4$（钢材）；$D_3\approx1.7D_4$（铸铁）；$n_1\approx0.5m_n$；$r\approx5$ mm；
圆柱齿轮：$D_0\approx d_a-(10\sim14)m_n$；$C\approx(0.2\sim0.3)B$；
锥齿轮：$l\approx(1\sim1.2)D_4$；$C\approx(3\sim4)m$；尺寸 J 由结构设计而定；$\Delta_1=(0.1\sim0.2)B$；
常用齿轮的 C 值不应小于 10 mm，航空用齿轮可取 $C\approx3\sim6$ mm

图 8-66　腹板式结构的齿轮（$d_a<500$ mm）

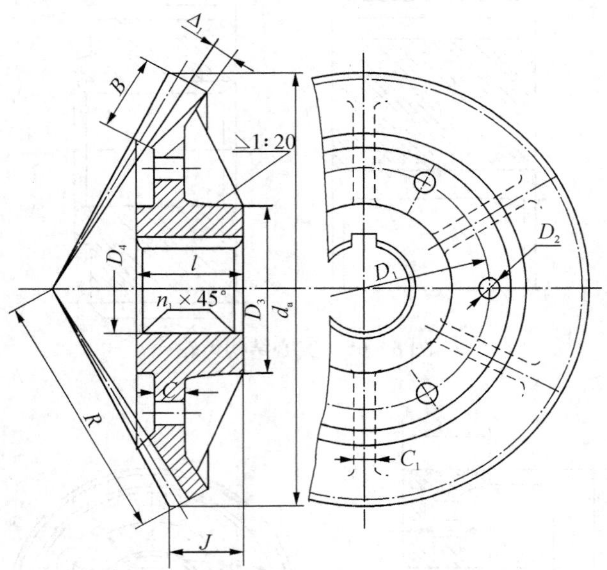

图 8-67　带加强肋的腹板式锥齿轮（$d_a>300$ mm）

当齿顶圆直径 $400\,\text{mm}<d_a<1\,000\,\text{mm}$ 时，可做成轮辐截面为“十”字形的轮辐式结构的齿轮（图 8-68）。

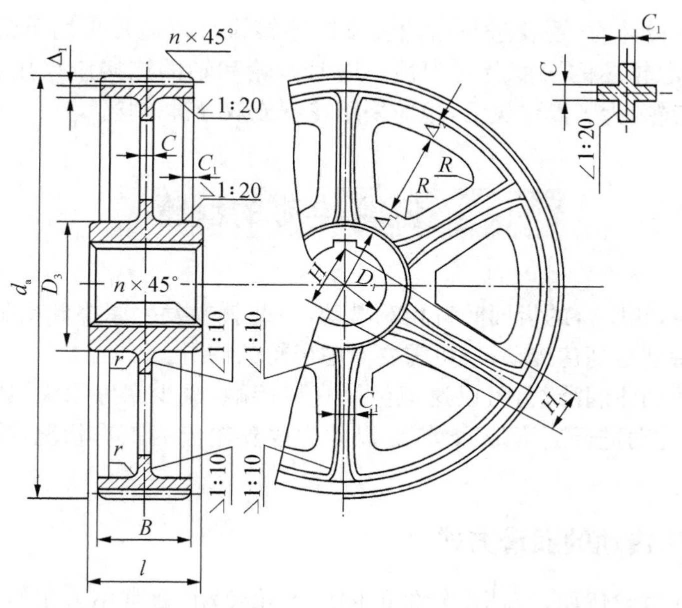

$B<240$ mm；$D_3\approx1.6D_4$（钢材）；$D_3\approx1.7D_4$（铸铁）；$\Delta_1=(3\sim4)m_n$，但不应小于 8 mm；

$\Delta_2=(1\sim1.2)\Delta_1$；$H\approx0.8D_4$（铸钢）；$H\approx0.9D_4$（铸铁）；$H_1\approx0.8H$；$C\approx\frac{H}{5}$；$C\approx\frac{H}{6}$；

$R\approx0.5H$；$1.5D_4>l\geqslant B$；轮辐数常取为 6

图 8-68 轮辐式结构的齿轮（400 mm$<d_a<$1 000 mm）

为了节约贵重金属，对于尺寸较大的圆柱齿轮，可做成组装齿圈式的结构（图 8-69）。齿圈用钢制，而轮芯则用铸铁或铸钢。

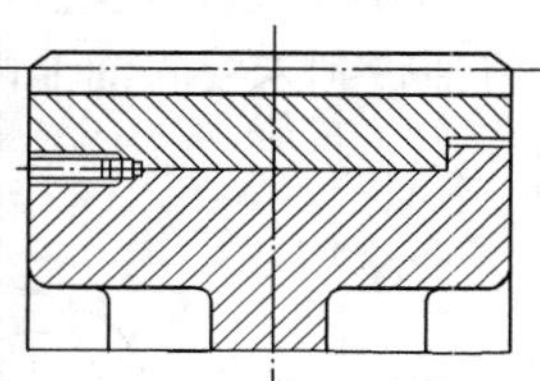

图 8-69 组装齿圈结构

用尼龙等工程塑料模压出来的齿轮，也可参照图 8-65 或图 8-66所示的结构及尺寸进行结构设计。用夹布塑胶等非金属板材制造的齿轮结构如图 8-70 所示。

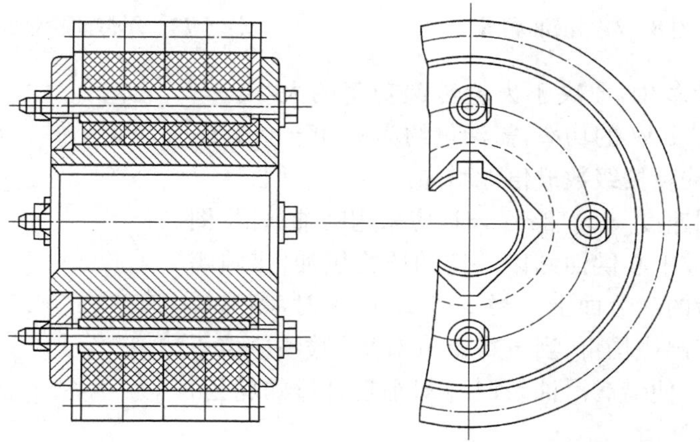

图 8-70 用非金属板材制造的齿轮的组装结构

进行齿轮结构设计时，还要进行齿轮和轴的连接设计。通常采用单键连接。但当齿轮转速较高时，要考虑轮芯的平衡及对中性。这时齿轮和轴的连接应采用花键或双键连接。对于沿轴滑移的齿轮，为了操作灵活，也应采用花键或双导键连接。

8.17 齿轮传动的润滑

齿轮在传动时，相啮合的齿面间有相对滑动，因此就要发生摩擦和磨损，增加动力消耗，降低传动效率。特别是高速传动，就更需要考虑齿轮的润滑。

轮齿啮合面间加注润滑剂，可以避免金属直接接触，减少摩擦损失，还可以散热及防锈蚀。因此，对齿轮传动进行适当地润滑，可以大为改善轮齿的工作状况，确保运转正常及预期的寿命。

8.17.1 齿轮传动的润滑方式

开式及半开式齿轮传动，或速度较低的闭式齿轮传动，通常用人工做周期性加油润滑，所用润滑剂为润滑油或润滑脂。

通用的闭式齿轮传动，其润滑方法根据齿轮的圆周速度大小而定。当齿轮的圆周速度 $v<12$ m/s 时，常将大齿轮的轮齿浸入油池中进行浸油润滑，如图 8－71 所示。这样，齿轮在传动时，就把润滑油带到啮合的齿面上，同时也将油甩到箱壁上，借以散热。齿轮浸入油中的深度可视齿轮的圆周速度大小而定，对圆柱齿轮通常不宜超过一个齿高，但一般亦不应小于 10 mm；对锥齿轮应浸入全齿宽，至少应浸入齿宽的一半。在多级齿轮传动中，可借带油轮将油带到未浸入油池内的齿轮的齿面上（图 8－72）。

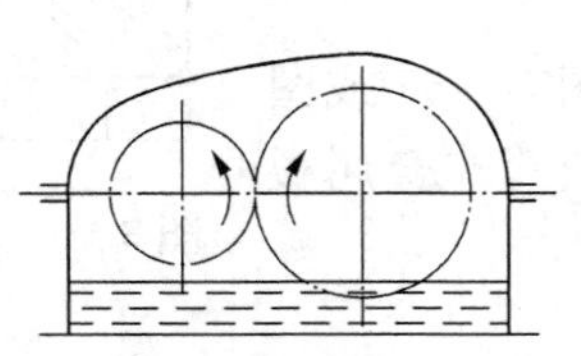

图 8－71　浸油润滑

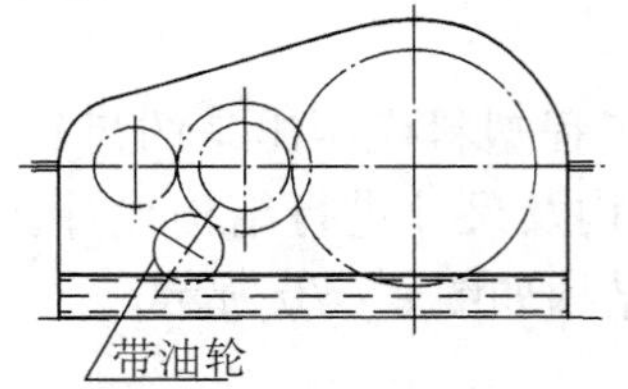

图 8－72　用带油轮带油

油池中的油量多少，取决于齿轮传递功率的大小。对单级传动，每传递 1 KW 的功率，需油量约为 0.35～0.7 L；对于多级传动，需油量按级数成倍地增加。

当齿轮的圆周速度 $v>12$ m/s 时，应采用喷油润滑（图 8－73），即由油泵或中心供油站以一定的压力供油，借喷嘴将润滑油喷到轮齿的啮合面上。当 $v\leqslant 25$ m/s 时，喷嘴位于轮齿啮入边或啮出边均可；当 $v>25$ m/s 时，喷嘴应位于轮齿啮出的一边，以便借润滑油及时冷却刚啮合过的轮齿，同时亦对轮齿进行润滑。

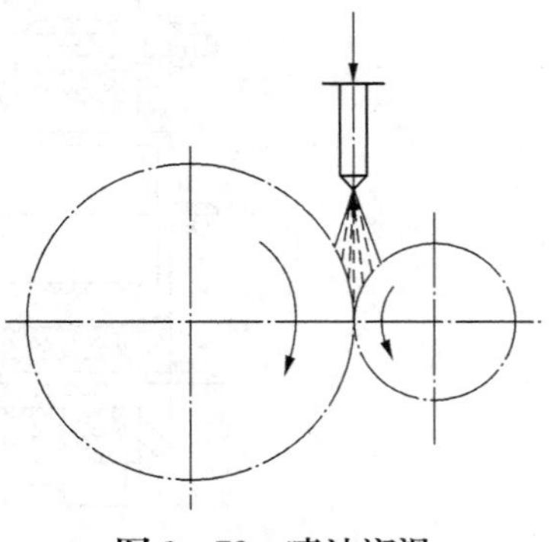

图 8－73　喷油润滑

8.17.2 润滑剂的选择

齿轮传动常用的润滑剂为润滑油或润滑脂。所用的润滑油或润滑脂的牌号按表 8-16 选取；润滑油的黏度按表 8-17 选取。

表 8-16　齿轮传动常用润滑剂

名称	牌号	运动黏度 v/cSt(40℃)	应用
重负荷工业齿轮油 (GB 5903—1995)	100 150 220 320	90～110 135～165 198～242 288～352	适用于工业设备齿轮的润滑
中负荷工业齿轮油 (GB 5903—1995)	68 100 150 220 320 460	61.2～74.8 90～110 135～165 198～242 288～352 414～506	适用于煤炭、水泥和冶金等工业部门的大型闭式齿轮传动装置的润滑
普通开式齿轮油 (SH/T 0363—1992)	68 100 150	100℃ 60～75 90～110 135～165	主要适用于开式齿轮、链条和钢丝绳的润滑
Pimnacle 极压齿轮油	150 220 320 460 680	150 216 316 451 652	用于润滑采用极压润滑剂的各种车用及工业设备的齿轮
钙钠基润滑脂 (SH/T 0368—1992)	1 号 2 号		适用于 80℃～100℃、有水分或较潮湿的环境中工作的齿轮传动，但不适于低温工作情况

注：表中所列仅为齿轮油的一部分，必要时可参阅有关资料。

表 8-17　齿轮传动润滑油黏度荐用值

齿轮材料	强度极限 σ_B/MPa	圆周速度 v/(m/s)						
		<0.5	0.5～1	1～2.5	2.5～5	5～12.5	12.5～25	>25
		运动黏度 v/cSt(50℃)						
塑料、铸铁、青铜	—	117	118	81.5	59	44	32.4	—
钢	450～1 000	266	177	118	81.5	59	44	32.4
	1 000～1 250	266	266	177	118	81.5	59	44
渗碳或表面淬火的钢	1 250～1 580	444	266	266	177	118	81.5	59

注：1. 多级齿轮传动，采用各段传动圆周速度的平均值来选取润滑油黏度；
2. 对于 σ_B>800 MPa 的镍铬钢制齿轮(不渗碳)的润滑油黏度应取高一档的数值。

第九章 蜗杆传动

9.1 蜗杆传动的特点和类型

蜗杆传动是在空间交错的两轴间传递运动和动力的一种传动机构(图 9－1),由蜗杆和蜗轮组成,两轴线交错的夹角可为任意值,常用的为 $\Sigma = \gamma_1 + \beta_2 = 90°$。

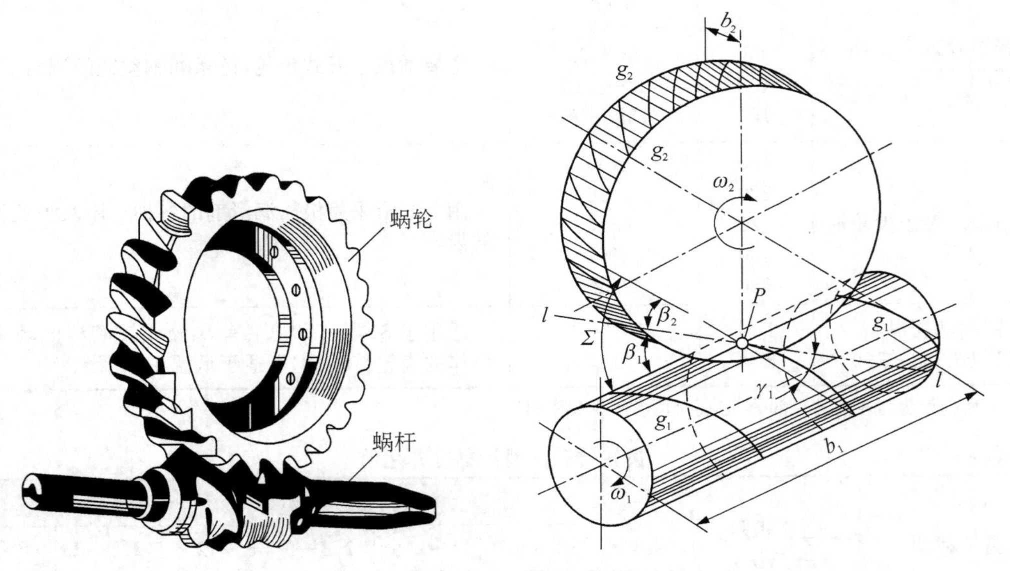

图 9－1 蜗杆传动

蜗杆蜗轮传动是由交错轴斜齿圆柱齿轮传动演变而来的(β_1 不一定等于 β_2)(图 9－1)。在交错角 $\Sigma = \beta_1 + \beta_2 = 90°$ 的交错轴斜齿轮机构中,若小齿轮的螺旋角 β_1 取得很大,其分度圆柱的直径 d_1 取得较小,而且其轴向长度 b_1 也较长,齿数 z_1 很少(一般 $z_1 = 1 \sim 4$),则其轮齿在分度圆柱面上的螺旋线能绕一周以上,使得小齿轮的外形像一根螺杆,称为蜗杆。与蜗杆相啮合的大齿轮的 β_2 较小,分度圆柱的直径 d_2 很大,轴向长度 b_2 也较短,齿数 z_2 很多,其实际上是一个斜齿轮,称为蜗轮。这样的蜗杆蜗轮机构仍是交错轴斜齿轮机构,在啮合传动时,其齿廓间仍为点接触。为了改善接触情况,可将蜗轮分度圆柱面的直母线改为圆弧形,

部分地包住蜗杆(图 9-2),并用与蜗杆相似滚刀(两者的差别仅是滚刀的外径略大,以便加工出顶隙)展成法加工蜗轮,这样加工出来的蜗轮与蜗杆啮合时,其齿廓间的接触为线接触,可传递较大的动力。

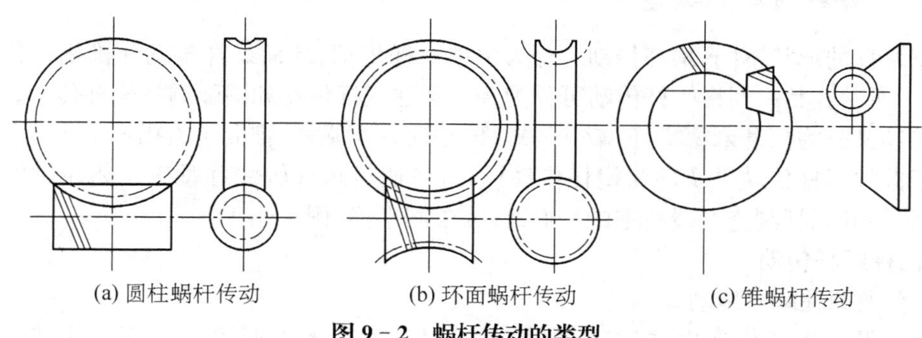

图 9-2 蜗杆传动的类型

蜗杆与螺杆相似,也有左旋、右旋以及单头和多头之分,蜗杆的头数就是其齿数 z_1。蜗杆分度圆柱上螺旋线的导程角 $\gamma = 90° - \beta_1 = \beta_2$。

9.1.1 蜗杆传动的特点和应用

1. 蜗杆传动的特点

(1) 可以得到大的传动比,结构紧凑。在动力传动中一般传动比 $i=5\sim80$;在分度机构或手动机构中,传动比可达 300;若只传递运动,传动比可达 1 000。由于传动比大,零件数目又少,因而结构很紧凑。

(2) 传动平稳,噪声较低。在蜗杆传动中,由于蜗杆齿是连续不断的螺旋齿,它和蜗轮齿是逐渐进入啮合及逐渐退出啮合的,同时啮合的齿对又较多,故冲击载荷小,传动平稳,噪声低。

(3) 蜗杆传动具有自锁性。当蜗杆的螺旋升角(蜗杆的导程角 γ)小于啮合面的当量摩擦角时,蜗杆传动便具有自锁性。但此时只能以蜗杆为主动件带动蜗轮传动,而不能以蜗轮带动蜗杆运动。

(4) 传动效率低,磨损较严重。蜗杆传动与螺旋齿轮传动相似,在啮合处相对滑动速度 v_s 较大,易磨损,易发热,故效率较低。当滑动速度很大,工作条件不够良好时,会产生较严重的摩擦与磨损,从而引起过分发热,使润滑情况恶化。因此摩擦损失较大,效率低;当传动具有自锁性时,效率更低,仅为 0.4 左右。

(5) 成本较高。由于摩擦、磨损及发热严重,蜗轮常需采用价格较昂贵的减摩、耐磨材料(有色金属)来制造,以便与钢制蜗杆配对组成减摩性良好的滑动摩擦副,而且需要良好的润滑装置,故成本较高。

(6) 蜗杆的轴向力较大,致使轴承寿命降低。

2. 蜗杆传动的应用

由于蜗杆传动具有以上的特点,故广泛用于两轴交错、传动比较大、传递功率不太大(传递功率低于 50 kW)或间歇工作的场合,如应用在机床、汽车、仪器、起重运输机械、冶金机械及其他机器或设备中。

蜗杆传动通常用于减速装置，但也有个别机器用作增速装置。由于具有自锁性，故常在卷扬机等起重机械中起安全保护作用。

9.1.2 蜗杆传动的类型

根据蜗杆的形状不同，蜗杆传动可分为圆柱蜗杆传动、环面蜗杆传动和锥蜗杆传动三类如图 9－2 所示。其中圆柱蜗杆传动可分为普通圆柱蜗杆传动和圆弧圆柱蜗杆传动。普通圆柱蜗杆传动又分为阿基米德蜗杆、渐开线蜗杆、法向直廓蜗杆、锥面包络蜗杆。

对于圆柱蜗杆传动以及环面蜗杆传动而言，将通过蜗杆轴线并垂直于蜗轮轴线的平面（或蜗杆轴线和蜗杆副连心线所在的平面）称为中间平面（图 9－4）。

1. 圆柱蜗杆传动

（1）普通圆柱蜗杆传动

在普通圆柱蜗杆传动中，蜗杆根据加工时刀具位置的不同可分为阿基米德蜗杆（ZA 型）、渐开线蜗杆（ZI 型）、法向直廓蜗杆（ZN 型）和锥面包络蜗杆（ZK 型）。现将上述四种普通圆柱蜗杆传动的蜗杆及其配对的蜗轮齿形分别介绍。

① 阿基米德蜗杆（ZA 型）

如图 9－3(a)所示为阿基米德蜗杆，其端面齿廓为阿基米德螺旋线，轴向齿廓为直线，其齿形角为 20°。阿基米德蜗杆一般在车床上用直线刀刃的单刀（导程角≤3°）或双刀（导程角＞3°）加工而成，加工时应使切削刃的顶面通过蜗杆轴线。这种蜗杆加工与测量较容易，应用广泛。但其导程角大时（＞15°），加工困难，齿面磨损较快。因此，一般用于头数小、载荷较小、低速或不太重要的传动。

② 渐开线蜗杆（ZI 型）

如图 9－3(b)所示为渐开线蜗杆，其端面齿廓为渐开线，可用两把直线刀刃的车刀加工而成。刀刃顶面应与基圆柱相切，其中一把车刀高于蜗杆轴线，另一把车刀低于蜗杆轴线。轮齿也可用滚刀加工，可在专用机床上磨削。这种蜗杆加工精度容易保证，传动效率高，利于成批生产，一般用于头数较多、转速较高和要求较精密的传动。

③ 法向直廓蜗杆（ZN 型）

如图 9－3(c)所示为法向直廓蜗杆，亦称延伸渐开线蜗杆。其端面齿廓为延伸渐开线，轴向剖面Ⅰ－Ⅰ上具有外凸曲线，法向齿廓为直线。加工时，其刀刃顶平面置于齿槽中线处螺旋线的法向剖面内，有利于切削导程角＞15°的多头蜗杆。这种蜗杆加工精度容易保证，常用于机床的多头精密蜗杆传动。

④ 锥面包络蜗杆（ZK 型）

如图 9－3(d)所示为锥面包络蜗杆，因其齿廓在各截面均为曲线，故又称曲纹面蜗杆传动。它不能在车床上加工，只能在铣床上铣制并在磨床上磨削。加工时，刀具轴线与蜗杆轴线在空间交错成导程角。这种蜗杆加工容易精度较高，应用广泛。

本章只讨论目前应用较广的阿基米德蜗杆传动。

（2）圆弧圆柱蜗杆传动

圆弧圆柱蜗杆传动和普通圆柱蜗杆传动相似，只是齿廓形状有所区别。这种蜗杆的螺旋面是用刃边为凸圆弧形的刀具切制的，而蜗轮是用展成法制造的。在中间平面（即蜗杆轴线和蜗杆副连心线所在的平面）上，蜗杆的齿廓为凹弧，而与之相配的蜗轮的齿廓则为凸弧形。所以，圆弧圆柱蜗杆传动是一种凹凸弧齿廓相啮合的传动，也是一种线接触的啮合传动。其主要特点为：效率高，一般可达 90%以上；承载能力大，一般可较普通圆柱蜗杆传动高出 50%～150%；体积小；质量轻；结构紧凑。这种传动已广泛应用到冶金、矿山、化工、建筑、起重等机械设备的减速机构中。

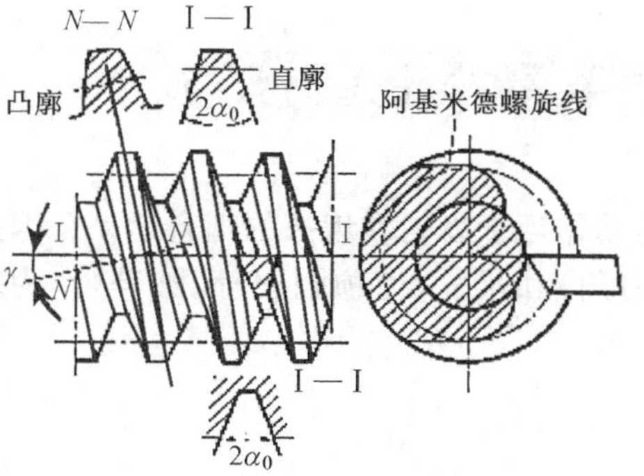

(a) 阿基米德蜗杆

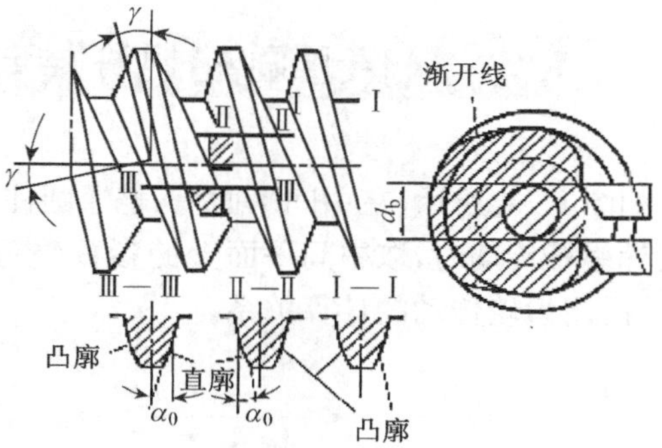

(b) 渐开线蜗杆

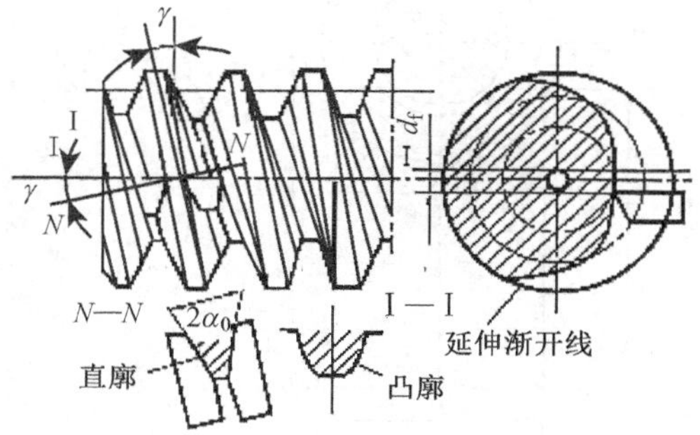

(c) 法向直廓蜗杆

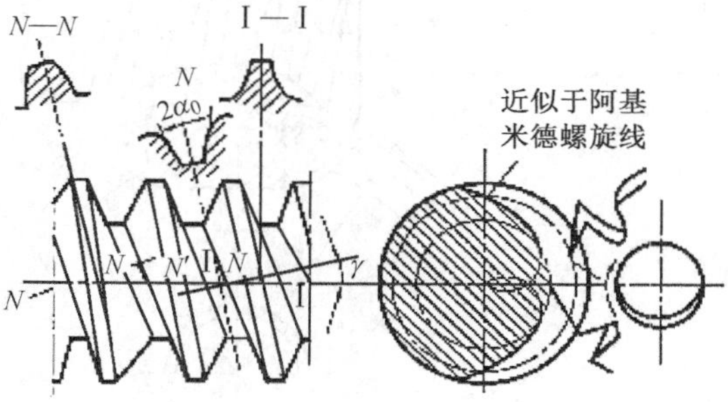

(d) 锥面包络蜗杆

图 9－3　普通圆柱蜗杆传动

2. 环面蜗杆传动

环面蜗杆传动的特征是，蜗杆体在轴向的外形是以凹圆弧为母线所形成的旋转曲面，所以把这种蜗杆传动称为环面蜗杆传动(图 9－2)。在这种传动的啮合带内，蜗轮的节圆位于蜗杆的节弧面上，亦即蜗杆的节弧沿蜗轮的节圆包着蜗轮。在中间平面内，蜗杆和蜗轮都是直线齿廓。由于同时相啮合的齿对多，而且轮齿的接触线与蜗杆齿运动的方向近似于垂直，这就大大改善了轮齿受力情况和润滑油膜形成的条件，因而承载能力为阿基米德蜗杆传动的 2～4 倍，效率一般高 0.85～0.9；但它需要较高的制造和安装精度。

除上述环面蜗杆传动外，还有包络环面蜗杆传动。这种蜗杆传动分为一次包络和二次包络(双包)环面蜗杆传动两种。它们的承载能力和效率较上述环面蜗杆传动均有显著的提高。

3. 锥蜗杆传动

锥蜗杆传动也是一种空间交错轴之间的传动，两轴交错角通常为 90°。锥蜗杆传动的蜗杆是由在节锥上分布的等导程的螺旋所形成的，故称为锥蜗杆。锥蜗杆的螺旋角在节锥上的导程角相同。蜗轮外形类似于曲线齿锥齿轮，它是用与锥蜗杆相似的锥滚刀在普通滚齿机上加工而成的，故称为锥蜗轮。

锥蜗杆传动的特点是:同时啮合的齿数多,重合度大,传动平稳,承载能力和效率高;传动比范围大(10~360);侧隙便于控制和调整;制造和安装简便,工艺性好;能作离合器使用;蜗轮可用淬火钢制成,节约有色金属。但由于结构上的原因,传动具有不对称性,因而正、反转时受力不同,承载能力和效率也不同。

9.2 普通圆柱蜗杆传动的主要参数及几何尺寸

如图 9-4 所示,在中间平面上,普通圆柱蜗杆传动相当于齿轮和齿条的啮合运动。因此在设计蜗杆传动时,取中间平面上的参数(模数、压力角)和尺寸(齿顶圆、分度圆等)作为基准,并沿用齿轮传动的计算关系。

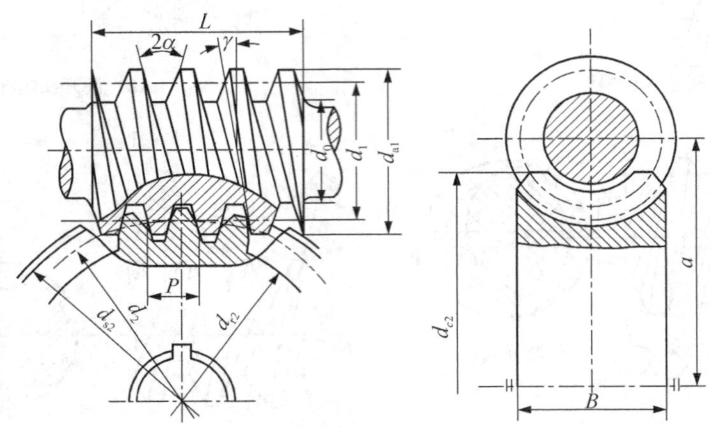

图 9-4 普通圆柱蜗杆传动的基本几何尺寸

9.2.1 普通圆柱蜗杆传动的主要参数及其选择

普通圆柱蜗杆传动的主要参数有模数 m、压力角 α、蜗杆头数 z_1、蜗轮齿数 z_2 及蜗杆的直径 d_1 等。进行蜗杆传动设计时,首先要正确地选择参数。

1. 模数 m 和压力角 α

在中间平面上,蜗杆蜗轮传动的正确啮合条件为:蜗杆的轴向模数 m_{a1}、压力角 α_{a1}应分别与蜗轮的端面模数 m_{t2}、压力角 α_{t2}相等,并且为标准值,即

$$m_{a1}=m_{t2}=m$$

$$\alpha_{a1}=\alpha_{t2}=\alpha$$

ZA 型蜗杆的轴向压力角 α_a 在蜗杆轴平面内,且为标准值(20°),而其余三种(ZN、ZI、ZK)蜗杆的法向压力角 α_n 为标准值(20°)。蜗杆轴向压力角与法向压力角的关系为

$$\tan\alpha_a=\frac{\tan\alpha_n}{\cos\gamma} \tag{9-1}$$

式中,γ 为导程角。

2. 齿顶高系数 h_a^* 和顶隙系数 c^*

一般采用 $h_a^* = 1$ 和 $c^* = 0.2$。

3. 蜗杆的导程角 γ

蜗杆的形成原理与螺旋相同，设其头数为 z_1，螺旋线的导程为 p_z，轴向齿距为 p_a，则有 $p_z = z_1 p_a = z_1 \pi m$ 如图 9-5 所示。而分度圆柱上的导程角 γ 为

$$\tan\gamma = \frac{p_z}{\pi d_1} = \frac{z_1 p_a}{\pi d_1} = \frac{z_1 m}{d_1} \tag{9-2}$$

蜗杆的导程角小，则传动效率低，易自锁；导程角大，则传动效率高，但加工困难。按国家标准，蜗杆的导程角 γ 多数在 3°～31°之间。

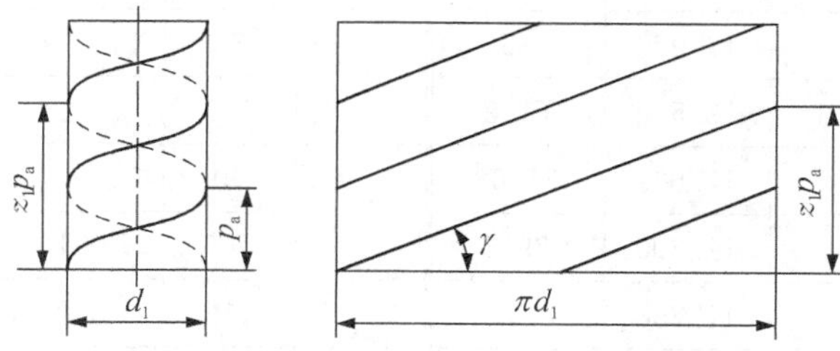

图 9-5　蜗杆的导程角 γ 与导程的关系

4. 蜗杆的分度圆直径 d_1 和直径系数 q

蜗杆的分度圆直径

$$d_1 = \frac{z_1 m}{\tan\gamma} \tag{9-3}$$

在蜗杆传动中，为了保证蜗杆与配对蜗轮的正确啮合，在展成法切制蜗轮时，蜗轮滚刀除了外径稍大一些外，其他尺寸和齿形与相应的蜗杆相同。但从式(9-2)可知，蜗杆的分度圆直径不仅与模数 m 有关，而且还随着 $z_1/\tan\gamma$ 的数值变化，故即使模数 m 相同，也会有很多直径不同的蜗杆，亦即要求备有很多相应的滚刀来适应不同的蜗杆直径，这样很不经济。为了限制蜗轮滚刀的数目及便于滚刀的标准化，就对每一标准模数规定了一定数量的蜗杆分度圆直径，GB/T 10088—1988 将蜗杆分度圆直径 d_1 规定为标准值，而把分度圆直径 d_1 与模数 m 的比值称为直径系数 q，即

$$q = \frac{d_1}{m} \tag{9-4}$$

则分度圆柱的导程角 γ 可写为

$$\tan\gamma = \frac{z_1}{q} \tag{9-5}$$

d_1 与 q 已有标准值，常用的标准模数 m 和蜗杆分度圆直径 d_1 及直径系数 q，见表 9-1。当选用较小的分度圆直径 d_1 时，蜗杆的刚性小，挠度大；蜗轮滚刀为整体结构，强度较低，刀齿数目少，磨损快，齿形和齿形角误差大，导程角大，效率高。当选用较大的分度圆直径 d_1 时蜗杆刚性大，挠度小；蜗轮滚刀可以套装，结构强度大，刀齿数目多，刀齿磨损慢，导程角小，传动效率较低，圆周速度大，容易形成油膜，润滑条件好。

5. 蜗杆头数 z_1 和蜗轮齿数 z_2

蜗杆头数 z_1 可根据要求的传动比 i 和效率 η 来选定。单头蜗杆的传动比大，易自锁，但效率低，不宜用于传递功率较大的场合。对反行程有自锁要求时，z_1 取 1；需要传递功率较大时，z_1 应取 2 或 4。蜗杆的头数过多，导程较大，会给加工带来困难。所以，通常蜗杆头数取为 1，2，4，6。

表 9－1　　普通圆柱蜗杆基本尺寸和参数

m/mm	d_1/mm	z_1	q	m^2d_1/mm^3	m/mm	d_1/mm	z_1	q	m^2d_1/mm^3
1	18	1	18.000	18	6.3	63	1，2，4，6	10.000	2 500
1.25	20	1	16.000	31.25		112	1	17.778	4 445
	22.4	1	17.920	35	8	80	1，2，4，6	10.000	5 120
1.6	20	1，2，4	12.500	51.2		140	1	17.500	8 960
	28	1	17.500	71.68	10	90	1，2，4，6	9.000	9 000
2	22.4	1，2，4，6	11.200	89.6		160	1	16.000	16 000
	35.5	1	17.750	142	12.5	112	1，2，4	8.960	17 500
2.5	28	1，2，4，6	11.200	175		200	1	16.000	31 250
	45	1	18.000	281	16	140	1，2，4	8.750	35 840
3.15	35.5	1，2，4，6	11.270	352		250	1	15.625	64 000
	56	1	17.778	556	20	160	1，2，4	8.000	64 000
4	40	1，2，4，6	10.000	640		315	1	15.750	126 000
	71	1	17.750	1 136	25	200	1，2，4	8.000	125 000
5	50	1，2，4，6	10.000	1 250		400	1	16.000	250 000
	90	1	18.000	2 250					

注：1. 本表取材于 GB/T 10085—1988，本表所列 d_1 数值为国家标准规定的优先使用值；
2. 表中同一模数有两个 d_1 值，当选取其中较大的 d_1 值时，蜗杆导程角 γ 小于 30°，有较好的自锁性。

蜗轮齿数 $z_2 = \mu z_1$ 为保证蜗杆传动的平稳性和效率，一般取 $z_2 = 27 \sim 80$，为了避免用蜗轮滚刀切制蜗轮时产生根切与干涉，理论上应使 $z_{2\min} \geqslant 17$。但当 $z_2 < 26$ 时，啮合区要显著减小，将影响传动的平稳性；而在 $z_2 \geqslant 30$ 时，则可始终保持由两对以上的齿啮合，所以通常规定 $z_2 \geqslant 28$。对于动力传动，z_2 一般不大于 80，这是由于当蜗轮直径不变时，z_2 越大，模数就越小，将削弱轮齿的弯曲疲劳强度；当模数不变时，蜗轮尺寸将要增大，使相啮合的蜗杆支承间距加长，这将降低蜗杆的弯曲刚度，影响蜗轮与蜗杆的啮合。蜗杆头数 z_1 与蜗轮齿数 z_2 选择参见表 9－2。

表 9－2　　蜗杆头数 z_1 与蜗轮齿数 z_2 的荐用值

传动比 i_{12}	7～13	14～27	28～40	＞40
蜗杆头数 z_1	4	2	2、1	1
蜗轮齿数 z_2	28～52	28～54	28～80	＞40

6. 传动比 i 与齿数比 u

传动比

$$i=\frac{n_1}{n_2} \tag{9-6}$$

式中，n_1，n_2 为蜗杆和蜗轮的转速（r/min）。

齿数比

$$u=\frac{z_2}{z_1} \tag{9-7}$$

当蜗杆为主动时

$$i=\frac{n_1}{n_2}=\frac{z_2}{z_1}=u \tag{9-8}$$

7. 蜗杆传动的标准中心距 a

蜗杆传动的标准中心距为

$$a=\frac{1}{2}(d_1+d_2)=\frac{1}{2}(q+z_2)m \tag{9-9}$$

9.2.2 蜗杆传动的几何尺寸计算

蜗杆传动的几何尺寸参见图 9-4，计算公式见表 9-3。

表 9-3　　圆柱蜗杆传动的几何尺寸计算

名称	计算公式	
	蜗杆	蜗轮
蜗杆分度圆直径，蜗轮分度圆直径	$d_1=mq$	$d_2=mz_2$
齿顶高	$h_a=m$	$h_a=m$
齿根高	$h_f=1.2m$	$h_f=1.2m$
蜗杆齿顶圆直径，蜗轮喉圆直径	$d_{a1}=m(q+2)$	$d_{a2}=m(z_2+2)$
齿根圆直径	$d_{f1}=m(q-2.4)$	$d_{f2}=m(z_2-2.4)$
蜗杆轴向齿距，蜗轮端面齿距	$P_{a1}=P_{a2}=P_a=\pi m$	
径向间隙	$c=0.20m$	
中心距	$a=0.5(d_1+d_2)=0.5m(q+z_2)$	

注：蜗杆传动中心距标准系列为：40，50，63，80，100，125，160，(180)，200，(225)，250，(280)，315，(355)，400，(450)，500。

9.3 普通圆柱蜗杆传动承载能力的计算

9.3.1 蜗杆传动的失效形式、计算准则及常用材料

1. 失效形式和计算准则

蜗杆传动的失效形式与齿轮传动相同，有点蚀（齿面接触疲劳破坏）、齿面胶合、过度磨

损、齿根折断等。由于材料和结构上的原因，蜗杆螺旋齿部分的强度总是高于蜗轮轮齿的强度，所以失效经常发生在蜗轮轮齿上。因此，一般只对蜗轮轮齿进行承载能力计算。

与平行轴圆柱齿轮相比，蜗杆和蜗轮齿面间还有沿蜗轮齿方向的滑动，且相对滑动速度大、发热量大，由于蜗杆与蜗轮齿面间有较大的相对滑动，增加了产生胶合和磨损失效的可能性，因而蜗杆传动更容易发生胶合和磨损。尤其在某些条件下(如润滑不良)，蜗杆传动因齿面胶合而失效的可能性更大。因此，蜗杆传动的承载能力往往受到抗胶合能力的限制。

在闭式传动中，蜗杆副多因齿面胶合或点蚀而失效。因此，通常是按齿面接触疲劳强度进行设计，而按齿根弯曲疲劳强度进行校核。此外，闭式蜗杆传动散热不良时会降低蜗杆传动的承载能力，加速失效，还应作热平衡核算。

在开式传动中，蜗轮多发生齿面磨损和齿根折断，因此应以保证齿根弯曲疲劳强度作为开式传动的主要设计准则。

2. 常用材料

由上述蜗杆传动的失效形式可知，蜗杆、蜗轮的材料不仅要求具有足够的强度，更重要的是配对的材料应具有较好的减摩、耐磨、抗胶合、易磨合的特性。实验证明，在蜗杆齿面粗糙度满足技术要求的前提下，蜗杆、蜗轮齿面硬度差越大，抗胶合能力越强，蜗杆的齿面硬度应高于蜗轮，故用热处理的方法提高蜗杆齿面硬度很重要，所以蜗杆材料要具有良好的热处理、切削和磨削性能。

(1) 蜗杆

蜗杆一般采用碳钢或合金钢制造，要求齿面光洁并具有较高硬度。对于高速重载的蜗杆常用 20Cr，20CrMnTi(渗碳淬火到 56～62 HRC)或 40Cr，42SiMn、45 钢(表面淬火到 45～55 HRC)等，并应磨削。一般蜗杆可采用 40、45 等碳钢调质处理(硬度为 220～250 HBS)。在低速或人力传动中，蜗杆可不经热处理，甚至可采用铸铁。

(2) 蜗轮

蜗轮齿面一般采用与蜗杆材料减摩的较软材料制成。常用的蜗轮材料有铸造锡青铜($ZCuSn10P_1$、ZCuSn5Pb5Zn5)、铸造铝青铜(ZCuAl10Fe3)、灰铸铁(HT200、HT250)和球墨铸铁(QT 700—2)等。锡青铜易磨合，耐磨性好，抗胶合能力强，但价格较贵，用于相对滑动速度 $v_s \geqslant 3$ m/s 的场合；铸造铝青铜的硬度比锡青铜高，强度好，但耐磨性、抗胶合能力均不如铸造锡青铜，价格相对便宜，用于相对滑动速度 $v_s \leqslant 4$ m/s的场合；当相对滑动速度 $v_s <$ 2 m/s、对效率要求也不高时，不经常工作的场合可采用灰铸铁。蜗轮材料的力学性能与它的铸造工艺有关，若蜗轮齿圈采用离心浇注和金属型浇注代替砂型浇注，则其力学性能会有大的提高。为了防止变形，常对蜗轮进行时效处理。

蜗轮蜗杆的材料选用时还应注意材料的配对，如蜗轮采用铸造铝青铜时，蜗杆的材料应选用硬齿面的淬火钢。

9.3.2 蜗杆传动的受力分析和计算载荷

1. 受力分析

蜗杆传动的受力分析和斜齿圆柱齿轮传动相似。在进行蜗杆传动的受力分析时，通常不考虑摩擦力的影响。根据蜗杆的螺旋线方向不同，蜗杆传动有左旋和右旋两种，一对啮合的蜗杆与蜗轮的旋向相同。没有特别要求时蜗杆传动采用右旋蜗杆。

如图 9-6 所示是以右旋蜗杆为主动件，并沿图示的方向旋转时，蜗杆螺旋面上的受力情况。设 F_n 为集中作用于节点 C 处的法向载荷，它作用于法向截面 $Cabc$ 内，F_n 可分解为三个互相垂直的分力，即切向力 F_t、径向力 F_r 和轴向力 F_a。显然，在蜗杆与蜗轮间，相互作用着 F_{t1} 与 F_{a2}、F_{r1} 与 F_{r2}、F_{a1} 与 F_{t2}：这三对大小相等、方向相反的力，即 $F_{t1}=-F_{a2}$，$F_{r1}=-F_{r2}$，$F_{a1}=-F_{t2}$。

当不计摩擦力的影响时，各力的大小可按下列各式计算

$$F_{t1}=F_{a2}=\frac{2T_1}{d_1} \tag{9-10}$$

$$F_{r1}=F_{r2}=F_{t2}\cdot\tan\alpha \tag{9-11}$$

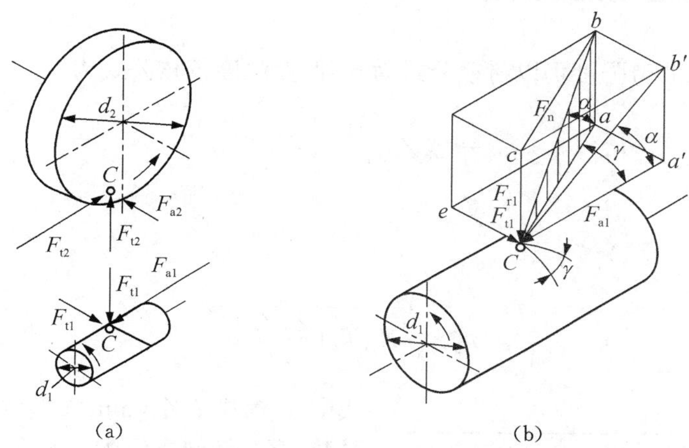

图 9-6　蜗杆传动受力分析

$$F_{a1}=F_{t2}=\frac{2T_2}{d_2} \tag{9-12}$$

式中，T_1，T_2 为蜗杆及蜗轮上的公称转矩(N·mm)，$T_2=iT_1\eta$；d_1，d_2 为蜗杆及蜗轮的分度圆直径(mm)。

当蜗杆主动时，蜗杆上的圆周力的方向与运动方向相反，径向力指向蜗杆的轴心，轴向力的方向根据下面方法判断：蜗杆左旋用左手、蜗杆右旋用右手，握紧的四指表示主动轮的回转方向，大拇指伸直的方向表示主动轮所受轴向力的方向；蜗轮分力的方向根据作用力和反作用力的大小相等、方向相反来判断，即蜗轮的轴向力方向与蜗杆的圆周力方向相反，蜗轮的切向力方向与蜗杆的轴向力方向相反，蜗轮蜗杆的径向力方向相反。

2. 计算载荷

计算载荷 F_{ca} 为

$$F_{nc}=KF_n \tag{9-13}$$

式中，K 为载荷系数，按下式计算

$$K=K_AK_\beta K_v \tag{9-14}$$

式中，K_A 为使用系数，K_A=1.1～1.4，有冲击载荷、环境温度高($t>30°$)、速度较高取值较大；K_β 为齿向载荷分配系数，当蜗杆传动的载荷平稳时，载荷分布不均匀现象将由工作表面良好的磨

合得到改善，取 $K_\beta=1$，当载荷变化较大，或有冲击、振动时 $K_\beta=1.3\sim1.6$；K_v 为动载系数，由于蜗杆传动一般较平稳，动载荷比齿轮传动小得多，故对于精确制造，且蜗轮圆周速度 $v_2\leqslant3$ m/s 时，取 $K_v=1.0\sim1.1$，当蜗轮圆周速度 $v_2>3$ m/s，取 $K_v=1.1\sim1.2$ 。

9.3.3 蜗杆传动强度计算

圆柱蜗杆传动的破坏形式，主要是蜗轮轮齿表面产生胶合、点蚀和磨损，目前在设计时用限制接触应力的办法来解决，而轮齿的弯断现象只有当 $z_2>80$ 时才发生(此时须校核弯曲强度)。对于开式传动，因磨损速度大于点蚀速度，故只需按弯曲强度进行设计计算。此外，还需校核蜗杆的刚度。对于闭式传动，还需进行热平衡计算。

1. 蜗轮齿面接触疲劳强度计算

(1) 计算公式

蜗轮齿面接触疲劳强度仍以赫兹公式为基础，其强度校核公式为

$$\sigma_H=Z_E Z_\rho\sqrt{\frac{K_A T_2}{a^3}}\leqslant[\sigma_H] \tag{9-15}$$

单位为 MPa。

设计公式为

$$a\geqslant\sqrt[3]{K_A T_2\left(\frac{Z_E Z_\rho}{[\sigma_H]}\right)^2} \tag{9-16}$$

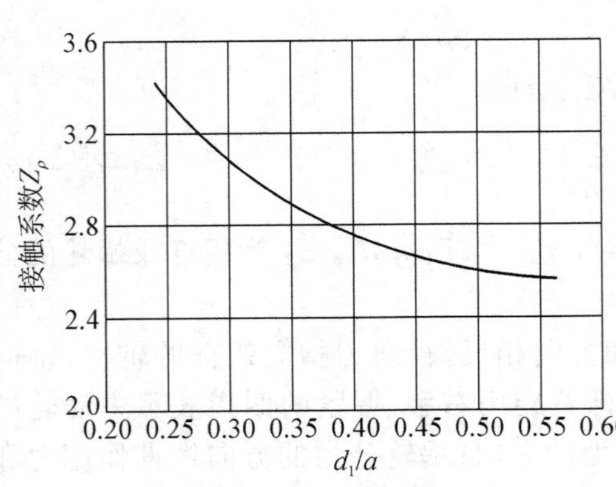

图 9-7 接触系数

式中，a 为中心距(mm)；Z_E 为材料的综合弹性系数，钢与铸锡青铜配对时取 $Z_E=150$，钢与铝青铜或灰铸铁配对时取 $Z_E=160$；Z_ρ 为接触系数，用以考虑当量曲率半径的影响，由蜗杆分度圆直径与中心距之比(d_1/a)查图 9-7 确定，一般 $d_1/a=0.3\sim0.5$，取小值时导角大，因而效率高，但蜗杆刚性较差；K_A 为使用系数，$K_A=1.1\sim1.4$，有冲击载荷、环境温度高($t>35$℃)、速度较高时，K_A 取大值。

(2) 许用接触应力$[\sigma_H]$

对于锡青铜，可由表 9-4 查取；对于铝青铜及灰铸铁，其主要失效形式是胶合而不是接触强度，而胶合与相对速度有关，其值应查表 9-5，上述接触强度计算可限制胶合的产生。

由式(9-16)算出中心距 a 后，可由下列公式粗算出蜗杆分度圆直径 d_1 和模数 m

$$d_1\approx0.68a^{0.875} \tag{9-17}$$

$$m=\frac{2a-d_1}{z_2} \tag{9-18}$$

再由表 9-1 选定标准模数 m 及 q，d_1。

表 9-4　**锡青铜蜗轮的许用接触用力[σ_H]**　单位:MPa

蜗轮材料	铸造方法	适用的滑动速度 v_a/(m/s)	蜗杆齿面硬度	
			≤350 HBS	>45 HRC
10—1 锡青铜	砂　型 金属型	≤12 ≤25	180 200	200 220
5—5—5 锡青铜	砂　型 金属型	≤10 ≤12	110 135	125 150

表 9-5　**铝青铜及铸铁蜗轮的许用接触应力[σ_H]**　单位:MPa

蜗轮材料	蜗杆材料	滑动速度 v_a/(m/s)						
		0.5	1	2	3	4	6	8
10—3 铝青铜	淬火钢[①]	250	230	210	180	160	120	90
HT150、HT200	渗碳钢	130	115	90	—	—	—	—
HT150	调质钢	110	90	70	—	—	—	—

注:蜗杆未经淬火时,需将表中[σ_H]值降低 20%。

2. 蜗轮齿根弯曲疲劳强度计算

蜗轮的齿形比较复杂,且齿根是曲面,要精确计算蜗轮齿根弯曲应力很困难。一般参照斜齿圆柱齿轮作近似计算,其验算公式为

$$\sigma_F = \frac{1.53 K_A T_2}{d_1 d_2 m \cos\gamma} Y_{Fa2} \leqslant [\sigma_F] \tag{9-19}$$

单位为 MPa。

设计公式为

$$m^2 d_1 \geqslant \frac{1.53 K_A T_2}{z_2 \cos\gamma [\sigma_F]} Y_{Fa2} \tag{9-20}$$

式中,γ 为蜗杆导程角,$\gamma = \arctan\frac{z_1}{q}$;[$\sigma_F$]为蜗轮许用弯曲应力(MPa),查表 9-6 确定;Y_{Fa2} 为蜗轮齿形系数,由当量齿数 $z_v = \frac{z_1}{\cos^3\gamma}$,查表 8-11 确定。

表 9-6　**蜗轮的许用弯曲应力[σ_F]**　单位:MPa

蜗轮材料	ZCuSn10P1		ZCuSn5Pb5Zn5		ZCuAl10Fe3		HT150	HT200
铸造方法	砂型铸造	金属型铸造	砂型铸造	金属型铸造	砂型铸造	金属型铸造	砂型铸造	
单侧工作	50	70	32	40	80	90	40	47
双侧工作	30	40	24	28	63	80	25	30

3. 蜗杆的刚度计算

蜗杆较细长,支撑跨距较大,若受力后产生的挠度过大,则会影响正常啮合传动。蜗杆产生的挠度应小于许用挠度[Y]。

由切向力 F_{t1} 和径向力 F_{r1} 产生的挠度分别为

$$Y_{t1}=\frac{F_{t1}l^3}{48EI},\quad Y_{r1}=\frac{F_{r1}l^3}{48EI}$$

合成总挠度为

$$Y=\sqrt{Y_{t1}^2+Y_{r1}^2}\leqslant[Y] \tag{9-21}$$

式中，E 为蜗杆材料的弹性模量，MPa。钢蜗杆 $E=2.06\times10^5$ MPa；I 为蜗杆危险截面惯性矩，$I=\frac{\pi d_1^4}{64}$；l 为支点跨距(mm)，初步计算时可取 $l=0.9d_2$；$[Y]$ 为许用挠度(mm)，$[Y]=d_1/1\,000$。

［例 9-1］　试设计一由电动机驱动的单级圆柱齿轮减速器中的蜗杆传动。电动机 $P_1=5.5$ kW 功率，转速 $n_1=960$ r/min，传动比 $i_{12}=21$，载荷平稳，单向回转。

解　(1) 选择材料并确定许用应力

蜗杆用 45 钢，表面淬火，硬度 45～55 HRC 为；蜗轮用锡青铜 ZCuSn10P1，砂模铸造

① 许用接触应力，查表 9-4 得 $[\sigma_H]=200$ MPa；

② 许用弯曲应力，查表 9-6 得 $[\sigma_F]=50$ MPa。

(2) 选择蜗杆头数并估算传动效率 η

由 $i_{12}=21$ 查表 9-2，取，则 $z_2=i_{12}z_1=21\times2=42$。

由 $z_1=2$ 查表 9-8，估算 $\eta=0.8$。

(3) 确定蜗轮转矩 T_2

$$T_2=9.55\times10^6\frac{P\eta}{n_2}=9.55\times10^6\frac{P\eta i_{12}}{n_1}=9.55\times10^6\times\frac{5.5\times0.8\times21}{960}\text{ N}\cdot\text{mm}$$
$$=919\,188\text{ N}\cdot\text{mm}$$

(4) 确定使用系数 K_A、综合弹性系数 Z_E

取 $K_A=1.2$，取 $Z_E=150$(钢配锡青铜)。

(5) 确定接触系数 Z_ρ

假定 $d_1/a=0.4$，由图 9-7，得 $Z_\rho=2.8$。

(6) 计算中心距

$$a\geqslant\sqrt[3]{K_AT_2\left(\frac{Z_EZ_\rho}{[\sigma_H]}\right)^2}=\sqrt[3]{1.2\times919\,188\left(\frac{150\times2.8}{200}\right)^2}\text{ mm}=169\text{ mm}$$

(7) 确定模数 m、蜗轮齿数 z_2、蜗杆直径系数 q、蜗杆导程角 γ、中心距 a 等参数

由式(9-17)、式(9-18)得

$$d_1\approx0.68a^{0.875}=0.68\times169^{0.875}=61\text{ mm}$$

$$m=\frac{2a-d_1}{z_2}=\frac{2\times169-61}{42}\text{ mm}=6.6\text{ mm}$$

由表 9-1，取 $m=8$ mm，$q=10$，$d_1=80$ mm，$d_2=8\times42$ mm $=336$ mm，由式(9-9)得

$$a=0.5m(q+z_2)=0.5\times8(10+42)=208>169\text{ mm}$$

接触强度足够。

导程角 $$\gamma=\arctan\frac{2}{10}=11.309\,9^\circ$$

(8) 校核弯曲强度

① 蜗轮齿形系数

当量齿数

$$z_v=\frac{z_2}{\cos^3\gamma}=\frac{42}{\cos(11.309\,9^\circ)^3}=45$$

查齿形系数图得 $Y_{Fa2}=2.4$。

② 蜗轮齿根弯曲应力

$$\sigma_F=\frac{1.53K_AT_2}{d_1d_2m\cos\gamma}Y_{Fa2}$$

$$=\frac{1.53\times1.2\times919\,188}{80\times336\times8\times\cos11.309\,9^\circ}\times2.4\ \text{MPa}\approx19.2\ \text{MPa}<[\sigma_F]=50\ \text{MPa}$$

弯曲强度足够。

(9) 蜗杆刚度计算(略)。

9.4 蜗杆传动的效率、润滑和热平衡计算

9.4.1 蜗杆传动的效率

与齿轮传动类似,闭式蜗杆传动的效率包括三部分:轮齿啮合的效率 η_1,轴承效率 η_2 以及考虑搅动润滑油阻力的效率 η_3 其中 $\eta_2\eta_3=0.95\sim0.97$。$\eta_1$ 可根据螺旋传动的效率公式求得。

蜗杆主动时,蜗杆传动的总效率为

$$\eta=(0.95\sim0.97)\frac{\tan\gamma}{\tan(\gamma+\rho')}\tag{9-22}$$

式中,γ 为蜗杆导程角;ρ' 为当量摩擦角,$\rho'=\arctan f'$。当量摩擦系数 f' 主要与蜗杆副材料、表面状况以及滑动速度等有关,见表 9-7。

表 9-7　当量摩擦系数 f' 和当量摩擦角 ρ'

蜗轮材料	锡青铜				无锡青铜	
蜗杆齿面硬度	>45 HRC		其他情况		>45 HRC	
滑动速度 v_a/(m/s)	f'	ρ'	f'	ρ'	f'	ρ'
0.01	0.11	6.28°	0.12	6.84°	0.18	10.2°
0.10	0.08	4.57°	0.09	5.14°	0.13	7.4°
0.50	0.055	3.15°	0.065	3.72°	0.09	5.14°
1.00	0.045	2.58°	0.055	3.15°	0.07	4°
2.00	0.035	2°	0.045	2.58°	0.055	3.15°

续 表

蜗轮材料	锡青铜				无锡青铜	
蜗杆齿面硬度	>45 HRC		其他情况		>45 HRC	
滑动速度 v_a/(m/s)	f'	ρ'	f'	ρ'	f'	ρ'
3.00	0.028	1.6°	0.035	2°	0.045	2.58°
4.00	0.024	1.37°	0.031	1.78°	0.04	2.29°
5.00	0.022	1.26°	0.029	1.66°	0.035	2°
8.00	0.018	1.03°	0.026	1.49°	0.03	1.72°
10.0	0.016	0.92°	0.024	1.37°		
15.0	0.014	0.8°	0.020	1.15°		
24.0	0.013	0.74°				

注：1. 硬度大于 45 HRC 的蜗杆，其 f'，ρ' 值是指经过磨削和跑合并有充分润滑的情况；
2. 蜗轮材料为灰铸铁时，可按无锡青铜查取 f'，ρ'。

由式(9－22)可知，增大导程角 γ 可提高效率，故常采用多头蜗杆。但导程角过大，会引起蜗杆加工困难，而且导程角 $\gamma > 28°$ 时，效率提高很少。

$\gamma \leqslant \rho'$ 时，蜗杆传动具有自锁性，但效率很低($\eta < 50\%$)。必须注意，在振动条件下 ρ' 值的波动可能很大，因此不宜单靠蜗杆传动的自锁作用来实现制动，在重要场合应另加制动装置。

估计蜗杆传动的总效率时，可按表 9－8 选取。

表 9－8　　蜗杆传动总效率 η 的概值

z_1	η	
	闭式传动	开式传动
1	0.7～0.75	0.6～0.7
2	0.75～0.82	
4	0.87～0.92	

9.4.2 蜗杆传动的润滑

蜗杆传动的润滑是个值得注意的问题。如果润滑不良，传动效率将显著降低，并且会使轮齿早期发生胶合或磨损。一般蜗杆传动用润滑油的牌号为 L－CKE，重载及有冲击时用 L－CKE/P。润滑油黏度可按表 9－9 选取。

表 9－9　　蜗杆传动润滑油的黏度和润滑方式

滑动速度 v_a/(m/s)	≤1.5	>1.5～3.5	>3.5～10	>10
黏度 v_{40}/(mm²/s)	>612	414～506	288～352	198～242
润滑方式	$v_a \leqslant 5$ m/s 油浴润滑		$v_a > 5 \sim 10$ m/s 油浴润滑或 喷油润滑	$v_a > 10$ m/s 喷油润滑

用油浴润滑，常采用蜗杆下置式，由蜗杆带油润滑。但当蜗杆线速度 $v_1 > 4$ m/s，为减小搅油损失常将蜗杆置于蜗轮之上，形成上置式传动，由蜗轮带油润滑。

9.4.3 蜗杆传动的热平衡计算

由于蜗杆传动效率低、发热量大，若不及时散热，会引起箱体内油温升高、润滑失效，导致轮齿磨损加剧，甚至出现胶合。因此对连续工作的闭式蜗杆传动要进行热平衡计算。

在闭式传动中，热量通过箱壳散逸，要求箱体内的油温 t(℃)和周围空气温度 t_0(℃)之差不超过允许值，即

$$\Delta t = \frac{1\,000 P_1 (1-\eta)}{\alpha_t A} \leqslant [\Delta t] \tag{9-23}$$

式中，Δt 为温度差，$\Delta t = t - t_0$；P_1 为蜗杆传递功率，kW；η 为传动效率；α_t 为表面传热系数，根据箱体周围通风条件，一般取 $\alpha_t = 10 \sim 17\ \mathrm{W/(m^2 \cdot ℃)}$；$A$ 为散热面积，$\mathrm{m^2}$，指箱体外壁与空气接触而内壁被油飞溅到的箱壳面积，对于箱体上的散热片，其散热面积按 50% 计算；$[\Delta t]$ 为温差允许值，一般为 60℃ ～ 70℃，并应使油温($t = t_0 + \Delta t$) 低于 90℃。

如果超过温差允许值，可采用下述冷却措施：

(1) 增加散热面积　合理设计箱体结构，铸出或焊上散热片；

(2) 提高表面传热系数　在蜗杆轴上装置风扇如图 9－8(a)所示，或在箱体油池内装设蛇形冷却水管如图 9－8(b)所示，或用循环油冷却如图 9－8(c)所示。

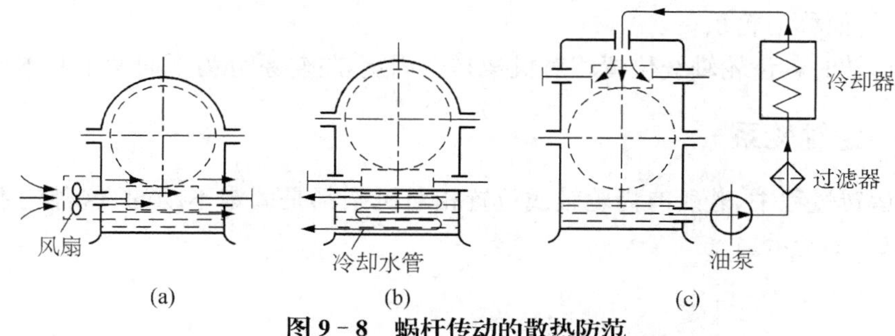

图 9－8　蜗杆传动的散热防范

［**例 9－2**］　试计算例 9－1 蜗杆传动的效率。若已知散热面积 $A = 1.2\ \mathrm{m^2}$，试计算润滑油的温升。

解　(1) 相对滑动速度

$$v_s = \frac{\pi d_1 n_1}{60 \times 1\,000 \cos\gamma} = \frac{\pi \times 63 \times 960}{60 \times 1\,000 \times \cos 11.309\,9^\circ}\ \mathrm{m/s} = 3.23\ \mathrm{m/s}$$

(2) 当量摩擦角

由表 9－7 查得 $\rho' = 1.547^\circ$

(3) 总传动效率

$$\eta = 0.96\,\frac{\tan\gamma}{\tan(\gamma + \rho')} = 0.96 \times \frac{\tan 11.309\,9^\circ}{\tan(11.309\,9^\circ + 1.547^\circ)} = 84\%$$

(4) 散热计算

取 $\alpha_t = 15\ \mathrm{W/(m^2 \cdot ℃)}$，则

$$\Delta t = \frac{1\,000 P_1 (1-\eta)}{\alpha_t A} = \frac{1\,000 \times 5.5 \times (1 - 0.84)}{15 \times 1.2}\ ℃$$

$$= 49℃ < \Delta t = 60℃ \sim 70℃ \text{ 合格}$$

第十章 轮　系

10.1 轮系及其分类

前面已研究了一对齿轮组成的齿轮传动。但是在实际机械中，常常要采用一系列互相啮合的齿轮组成的传动系统，以满足一定功能要求。这种由一系列啮合齿轮组成的传动系统称为齿轮系，简称为轮系。

按轮系运转时各齿轮轴线位置相对机架是否固定，将轮系分为下面两个基本形式。

10.1.1 定轴轮系

在轮系运转过程中，若所有齿轮轴线位置相对机架都是固定不动的，这种轮系称为定轴轮系，如图 10－1 所示。

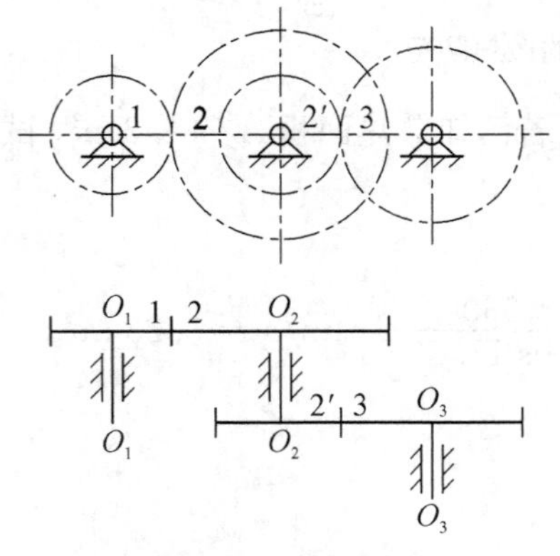

图 10－1　定轴轮系

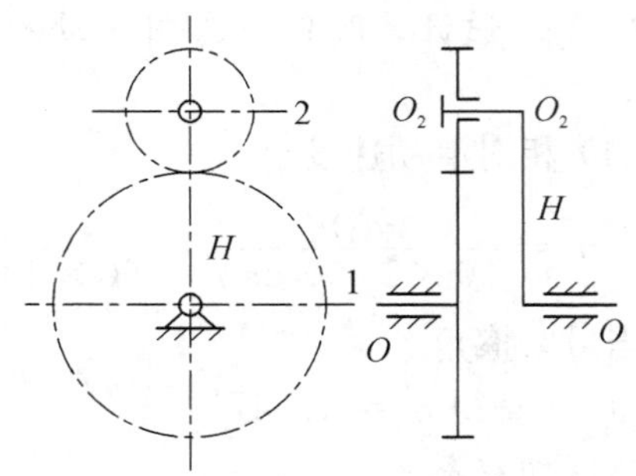

图 10－2　周转轮系

10.1.2 周转轮系

轮系在运转过程中，若其中至少有一个齿轮的几何轴线位置相对于机架不固定，而是绕着其他齿轮的固定几何轴线回转，称这样的轮系为周转轮系。如图 10－2 所示，齿轮 2 的几何轴线 O_2O_2 不固定，而是绕着齿轮 1 的固定轴线 OO 转动的。

根据自由度 F 的值，周转轮系又分为差动轮系[$F=2$，图 10-3(a)]和行星轮系[$F=1$，图 10-3(b)]。

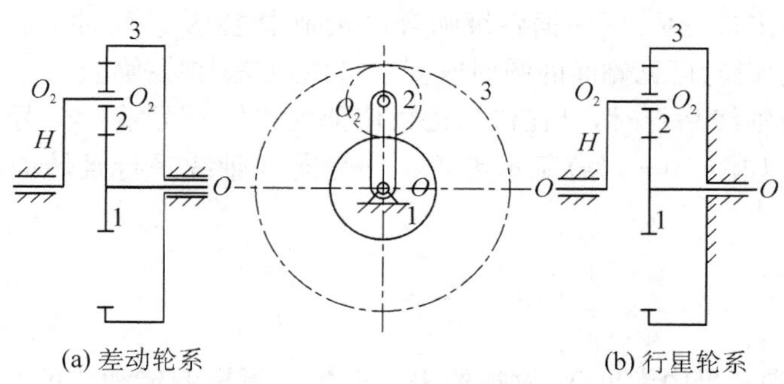

图 10-3 周转轮系及其类型

除上述两种基本轮系之外，在实际机械传动中，还常将定轴轮系和周转轮系组合在一起使用，或将几个基本的周转轮系组合在一起使用。这种组合而成的轮系称为复合轮系。

10.2 定轴轮系的传动比

在轮系中，指定的首、末两构件的角速度(或转速)之比称为轮系传动比。在计算轮系传动比时，既要确定传动比的大小，又要确定首末两构件的转向关系。下面通过具体实例介绍定轴轮系传动比计算方法。

如图 10-4(a)所示的定轴轮系由 4 对啮合齿轮组成，各齿轮齿数已知，求传动比 i_{15}。

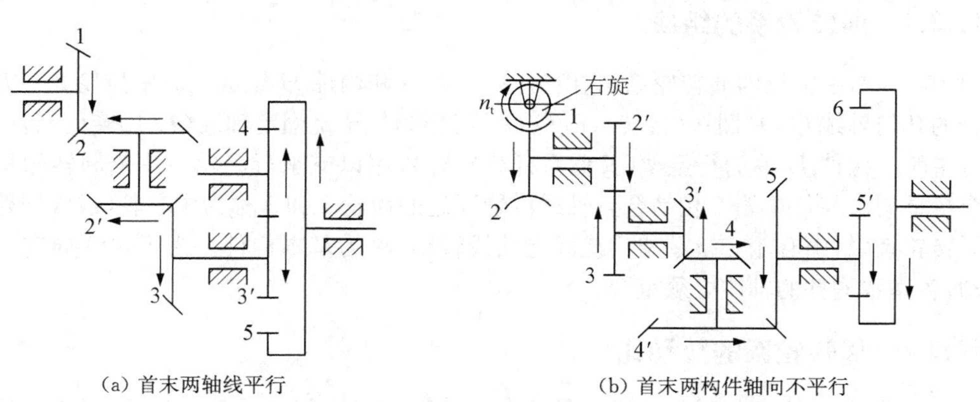

图 10-4 定轴轮系传动比的计算

传动比 i_{15} 的大小为

$$i_{15}=\frac{\omega_1}{\omega_5}=\frac{\omega_1}{\omega_2}\frac{\omega_2}{\omega_3}\frac{\omega_3}{\omega_4}\frac{\omega_4}{\omega_5}=i_{12}i_{23}i_{34}i_{45}=\frac{z_2}{z_1}\frac{z_3}{z_{2'}}\frac{z_4}{z_{3'}}\frac{z_5}{z_4}$$

上式表明，定轴轮系传动比的大小，等于首末两齿轮之间各级啮合齿轮副的传动比之积，也等于各级啮合齿轮副中从动轮齿数的连乘积与各级啮合齿轮副中主动轮齿数的连乘积之比。即 m，n 两齿轮间传动比 i_{mn} 为

$$i_{mn}=\frac{\omega_m}{\omega_n}=\frac{\text{齿轮 }m\text{、}n\text{ 之间所有从动齿轮齿数的连乘积}}{\text{齿轮 }m\text{、}n\text{ 之间所有主动齿轮齿数的连乘积}} \tag{10-1}$$

首末两齿轮的转向关系，可根据各级啮合齿轮副中主、从动轮件的转向关系，通过画箭头(箭头的方向表示齿轮可见侧面的圆周速度方向)的方法加以确定。

当首末两齿轮轴线平行时，可在传动比数值前冠以"+"号或"−"号，以表示首末两轮转向相同或相反。如图 10-4(a)所示齿轮 1 与齿轮 5 轴线平行且转向相反，故其传动比应为

$$i_{15}=\frac{\omega_1}{\omega_5}=-\frac{z_2z_3z_5}{z_1z_{2'}z_{3'}}$$

式中，z_4 因在分子和分母中皆出现，故被约去。齿数 4 不影响传动比的大小，但影响式中首末两轮转向关系。这种齿轮称为过轮(或中介轮)。

当首末两轮轴线不平行时，则不能用正、负号来表示其转向关系，而只能在图中用箭头表示。如图 10-4(b)所示轮系其传动比大小为

$$i_{16}=\frac{\omega_1}{\omega_6}=\frac{z_2z_3z_4z_5z_6}{z_1z_{2'}z_{3'}z_{4'}z_{5'}}$$

轮 1 与轮 6 的转向关系如图 10-4(b)所示。

10.3 周转轮系及其传动比

10.3.1 周转轮系的组成

图 10-3 为一常见的周转轮系，它由齿轮 1、2、3 和构件 H 组成。其中齿轮 2 一方面绕其自身的几何轴线 O_2O_2 回转(自转)，而 O_2O_2 又随构件 H 绕固定轴线 OO 回转(公转)，故称其为行星轮。构件 H 称为行星架(又称系杆或转臂)，用以支承行星轮。一个周转轮系只能有一个行星架。与行星轮 2 相啮合且轴线位置固定的齿轮 1 和 3 称为中心轮(或太阳轮)。

周转轮系中，中心轮和行星架均绕固定轴线转动，称为基本构件。为了保证周转轮系能够运动，各基本构件的轴线必须重合。

10.3.2 周转轮系的传动比

在周转轮系中，由于行星轮的运动是兼有自转和公转的复杂运动，因此不能直接运用定轴轮系传动比计算方法计算周转轮系的传动比。计算周转轮系传动比的方法较多，本节介绍常用的转化轮系法。

周转轮系与定轴轮系的区别就在于存在轴线位置不固定的行星轮。如果设法使其所有齿轮轴线位置相对固定，则可沿用定轴轮系传动比计算方法。

假定给定如图 10-5(a)所示的整个周转轮系加一个与行星架角速度大小相等而方向相反的"$-\omega_H$"，绕 OO 轴线回转，则轮系中各构件之间的相对运动关系保持不变，但行星架的绝对角速度变为零，因而行星轮轴线就转化为"固定轴线"。这样，原周转轮系就转化为假想

的“定轴轮系”如图 10－5(b)所示，并称其为原周转轮系的转化轮系。转化轮系中齿轮 1，2，3 的角速度是相对于行星架 H 的，故记为 ω_1^H，ω_2^H，ω_3^H，其大小及相对转向关系如图 10－5(b)所示。

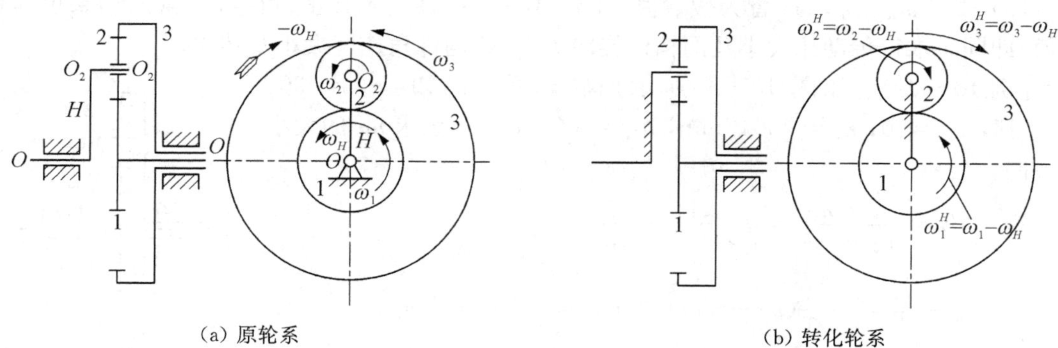

图 10－5 周转轮系传动比

既然周转轮系的转化轮系是“定轴轮系”，因此，由定轴轮系传动比计算方法可得如图 10－5(b)所示的轮系的传动比 i_{13}^H(齿轮 1、3 相对行星架的传动比)为

$$i_{13}^H=\frac{\omega_1^H}{\omega_3^H}=\frac{\omega_1-\omega_H}{\omega_3-\omega_H}=-\frac{z_2z_3}{z_1z_2}=-\frac{z_3}{z_1}$$

式中，齿数比前的“－”号表示在转化轮系中轮 1 与轮 3 的角速度 ω_1^H 与 ω_3^H 的转向相反，而不是指轮 1 与轮 3 在原周转轮系中的角速度 ω_1 与 ω_3 的转向相反。

上式建立了 ω_1，ω_2，ω_H 与各轮齿数之间的关系。在进行轮系传动比计算时，各轮齿数为已知，故在 ω_1，ω_2，ω_H 中已知其中一个角速度，即可求另外两构件间的传动比大小及转向关系(由所求传动比的正、负确定)；或已知其中两构件的角速度大小和转向，求第三个构件的角速度大小和转向。

推而广之，在任一周转轮系中，齿轮 m，n 与行星架 H 回转轴线皆平行时，则其转化轮系传动比的一般计算式为

$$i_{mn}^H=\frac{\omega_m^H}{\omega_n^H}=\frac{\omega_m-\omega_H}{\omega_n-\omega_H}=\pm\frac{\text{转化轮系中齿轮 } m,n \text{ 之间所有从动齿轮齿数的连乘积}}{\text{转化轮系中齿轮 } m,n \text{ 之间所有主动齿轮齿数的连乘积}} \tag{10-2}$$

应用式(10－2)时必须注意：

(1) 公式只适用于齿轮 m，n 和行星架 H 之间的回转轴线相互平行的情况。对于如图 10－6 所示由圆锥齿轮组成的周转轮系，只适用于其基本构件(1，3，H)之间传动比计算，而不适用于行星轮 2。这是因为行星轮 2 的回转轴线不平行，故行星轮相对于行星架的角速度 $\omega_2^H\neq\omega_2-\omega_H$，而应按角速度矢量来进行运算。

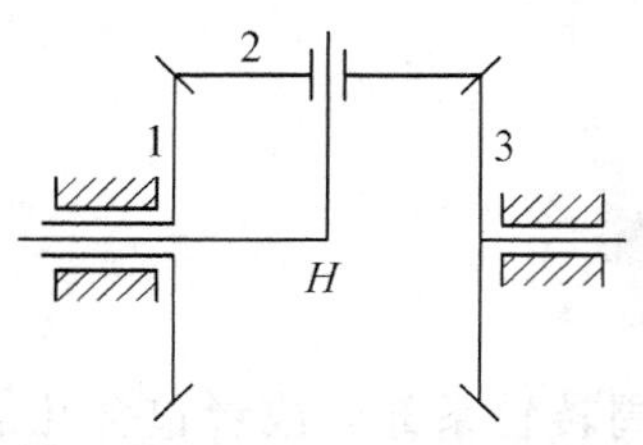

图 10－6 圆锥齿轮周转轮系

(2) 齿数比前的“±”号表示在转化轮系中齿轮 m 与齿轮 n 相对行星架的角速度间的转向关系。它只取决于转化轮系的结构形式，而与齿轮 m 和齿轮在原周转轮系中的实际转向

无关。由于齿轮 m 与齿轮 n 回转轴线一定平行，故齿数比前一定可确定出用“+”号还是“−”号，可用画箭头的方法予以确定。若从齿轮 m 到齿轮 n 的轮系全由圆柱齿轮组成，则也可由 $(-1)^k$（k 为从齿轮 m 到齿轮 n 的外啮合次数）确定。

(3) 式中 ω_m，ω_n，ω_H 皆为代数值，计算时必须同时代入其正、负号，求得的结果也为代数值，即同时求得传动比大小及两构件转向关系，或构件角速度大小及转向。

［**例 10－1**］ 如图 10－7 所示周转轮系。已知：$z_1=30$，$z_2=15$，$z_3=50$，$n_1=250\ \mathrm{r/min}$，$n_3=700\ \mathrm{r/min}$，试求 n_H 的大小和方向。

图 10－7 周转轮系

解 $$i_{13}^H=\frac{n_1-n_H}{n_3-n_H}=-\frac{z_2z_3}{z_1z_2}=-\frac{5}{3}$$

$$n_1-n_H=-\frac{5}{3}(n_3-n_H)\qquad n_H=\frac{3}{8}\left(n_1+\frac{5}{3}n_3\right)$$

当 n_1，n_3 同方向时

$$n_H=\frac{3}{8}\left(n_1+\frac{5}{3}n_3\right)=531.25\ \mathrm{r/min}\qquad n_H\text{ 与 }n_1\text{ 同向}$$

当 n_1，n_3 反方向时（$n_3=-700\ \mathrm{r/min}$）

$$n_H=\frac{3}{8}\left(n_1+\frac{5}{3}n_3\right)=-343.75\ \mathrm{r/min}\qquad n_H\text{ 与 }n_1\text{ 反向}$$

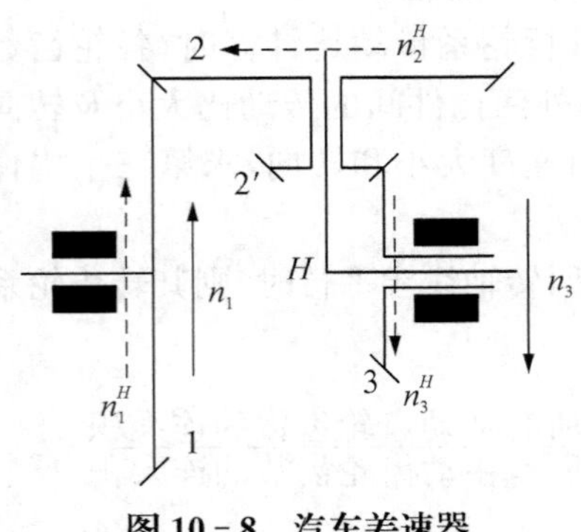

图 10－8 汽车差速器

［**例 10－2**］ 如图 10－8 所示汽车差速器。已知：$z_1=48$，$z_2=48$，$z_{2'}=18$，$z_3=24$，$n_1=250\ \mathrm{r/min}$，$n_3=100\ \mathrm{r/min}$，转向如图，试求 n_H 的大小和方向。

分析：轮系类型——锥齿轮组成的周转轮系。转化机构中各轮转向用虚线箭头判断。

解 $$i_{13}^H=\frac{n_1-n_H}{n_3-n_H}=-\frac{z_2}{z_1}\cdot\frac{z_3}{z_{2'}}=-\frac{48\times24}{48\times18}=-\frac{4}{3}$$

$$\frac{n_1-n_H}{n_3-n_H}=\frac{250-n_H}{-100-n_H}=-\frac{4}{3}$$

$$n_H=\frac{350}{7}=50\ \mathrm{r/min}$$

转向同 n_1。

10.4 复合轮系的传动比

如前所述，在复合轮系中或者既包含定轴轮系部分，又包含周转轮系部分或者包含几部分周转轮系。对于复合轮系，显然不能简单地采用定轴轮系或周转轮系的传动比计算公式计算其传动比，而必须首先搞清复合轮系的组成，即划分复合轮系中包含哪几部分定轴轮系和哪几部分周转轮系。在复合轮系的划分过程中，关键是先找出其轴线位置变动的行星轮，进而找出行星架。因为一个基本周转轮系只能有一个行星架，故以找出的行星架为出发点，找出

其上支承的全部行星轮，与行星轮啮合的且轴线位置固定的齿轮即为中心轮，这样便找出一个基本周转轮系。对其余轮系再进行划分。如果其余多个啮合齿轮其轴线位置皆固定不变，则为定轴轮系。然后针对组成复合轮系的各部分按其类型分别建立其相应的传动比计算公式，并根据它们的组合关系建立运动联系。最后联立求解即可获得所需的传动比或角速度。

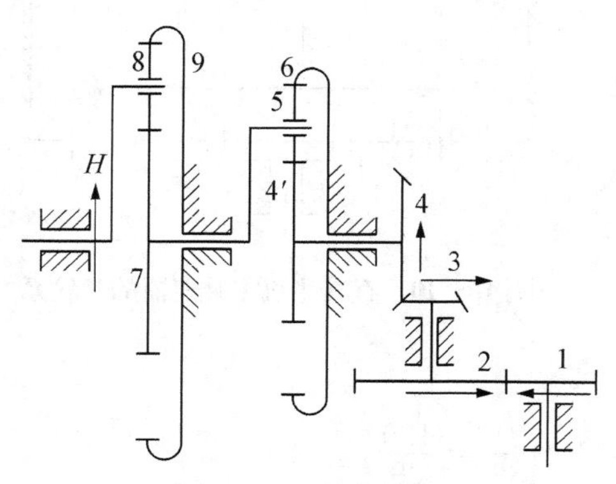

图 10 - 9 复合轮系

［例 10 - 3］ 在图 10 - 9 所示复合轮系中，已知各齿轮齿数为 $z_1 = 36$，$z_2 = 60$，$z_3 = 23$，$z_4 = 49$，$z_{4'} = 69$，$z_5 = 31$，$z_6 = 131$，$z_7 = 94$，$z_8 = 36$，$z_9 = 167$，且已知 $n_1 = 3\,549$ r/min，试求构件 H 的转速 n_H 的大小及方向。

解 此轮系是由 1 - 2(3) - 4 的定轴轮系、4′- 5 - 6 - 7 的行星轮系及 7 - 8 - 9 - H 的行星轮系三部分组成的复合轮系。

在 1 - 2(3) - 4 的定轴轮系中

$$i_{14} = \frac{n_1}{n_4} = \frac{z_2 z_4}{z_1 z_3} = \frac{60 \times 49}{36 \times 23} = 3.551$$

（转向关系见图 10 - 9）

在 4′- 5 - 6 - 7 的行星轮系中

$$\frac{n_{4'} - n_7}{n_6 - n_7} = -\frac{z_6}{z_{4'}} = -\frac{131}{69} = -1.899$$

由于 $n_6 = 0$ 及 $n_{4'} = n_4$，故

$$i_{47} = \frac{n_4}{n_7} = 1 + 1.899 = 2.899 \quad (\text{即 } n_7 \text{ 与 } n_4 \text{ 转向相同})$$

在 7 - 8 - 9 - H 行星轮系中

$$\frac{n_7 - n_H}{n_9 - n_H} = -\frac{z_9}{z_6} = -\frac{167}{94} = -1.777$$

由 $n_9 = 0$ 得

$$i_{7H} = \frac{n_7}{n_H} = 2.777 \quad (\text{即 } n_7 \text{ 与 } n_H \text{ 转向相同})$$

所以 $i_{1H} = i_{14} i_{4'7} i_{7H} = 28.587$，故

$$n_H = n_1 / n_{1H} = 3\,549/28.587(\text{r/min}) = 124.15 \text{ r/min}$$

n_H 转向与齿轮 4 转向相同。

［例 10 - 4］ 直升飞机主减速器的齿轮系如图 10 - 10，发动机直接带动齿轮 1，且已知各轮齿数为 $z_1 = z_5 = 39$，$z_2 = 27$，$z_3 = 93$，$z_{3'} = 81$，$z_4 = 21$，求主动轴Ⅰ与螺旋桨轴Ⅲ之间的传动比 $i_{\text{I}\,\text{III}}$。

解 （1）分解齿轮系

构件 1，2，3，H_1 组成一周转齿轮系；

构件 5，4，3′，H_2 组成另一周转齿轮系。两套周转齿轮系为串联。

(2) 分别列出各单级齿轮系的传动比计算式在由构件 1，2，3，H_1 组成的周转齿轮系中

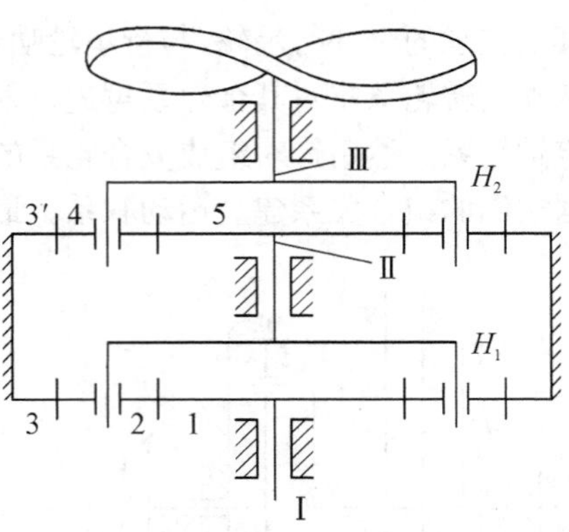

图 10－10　直升飞机主减速器的齿轮系

$$i_{13}^{H_1}=\frac{n_1-n_{H_1}}{n_3-n_{H_1}}=1-\frac{n_1}{n_{H_1}}=-\frac{z_3}{z_1}$$

所以　$i_{1H_1}=\dfrac{n_1}{n_{H_1}}=1+\dfrac{z_3}{z_1}=1+\dfrac{93}{39}=\dfrac{132}{39}$

在由构件 5，4，3′，H_2 组成的周转齿轮系中

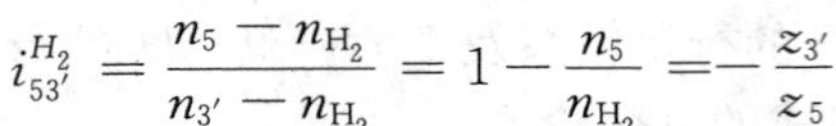

$$i_{53'}^{H_2}=\frac{n_5-n_{H_2}}{n_{3'}-n_{H_2}}=1-\frac{n_5}{n_{H_2}}=-\frac{z_{3'}}{z_5}$$

所以　$i_{5H_2}=\dfrac{n_5}{n_{H_2}}=1+\dfrac{z_{3'}}{z_5}=1+\dfrac{81}{39}=\dfrac{120}{39}$

(3) 找出各齿轮系的转速关系，联立求解。由图知

$$n_{\mathrm{I}}=n_1 \quad n_{\mathrm{III}}=n_{H_2} \quad n_{H_1}=n_5$$

所以　$i_{1H_1}i_{5H_2}=\dfrac{n_1}{n_{H_1}}\dfrac{n_5}{n_{H_2}}=\dfrac{n_1}{n_{H_2}}=\dfrac{n_{\mathrm{I}}}{n_{\mathrm{III}}}$

故　$i_{\mathrm{I\,III}}=\dfrac{n_{\mathrm{I}}}{n_{\mathrm{III}}}=i_{1H_1}i_{5H_2}=\dfrac{132}{39}\times\dfrac{120}{39}=10.41$

传动比为正，表明轴Ⅰ与轴Ⅲ转向相同。

10.5 轮系的功用

轮系广泛应用于各种机械和仪表中，它的主要功用有以下几个方面。

10.5.1 实现大传动比传动

单级齿轮传动的传动比一般不超过 8，单级蜗杆传动的传动比虽然较大，但机械效率较低。因此通常采用轮系获得大的传动比。在相同的传动比下，采用轮系要比采用单级齿轮传动时整体尺寸小得多。

10.5.2 实现变速、变向传动

在主动轴转速和转向不变的情况下，利用轮系可使从动轴获得不同转速和转向。

例如，汽车变速器可以使行驶的汽车方便地实现变速和倒车(变向)，如图 10－11 所示。图中牙嵌离合器的一半 A 和齿轮 1 固联在输入Ⅰ轴上，其另一半 B 则和滑移双联齿轮(4－6)用花键与输出轴Ⅱ动联。齿轮 2，3，5，7 固连在轴Ⅲ上。根据需要，在输入轴转速和转向不变的条件下，输出轴可获得高速(A，B 结合)、中速(3，4 啮合)、低速(5，6 接合)及倒车(6，8 啮合)四种运动状态。

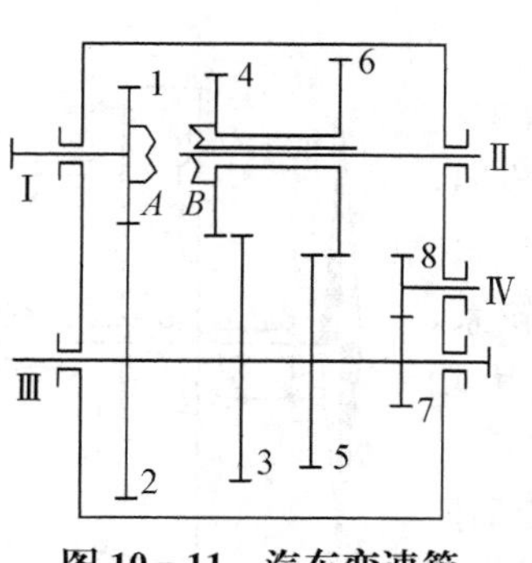

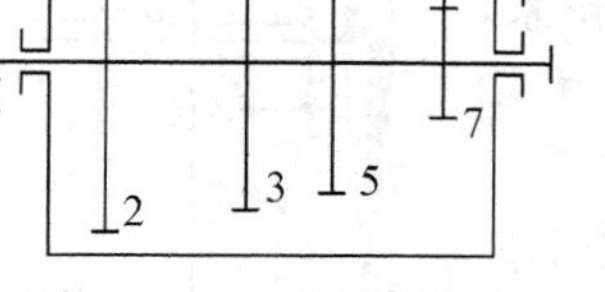

图 10-11 汽车变速箱

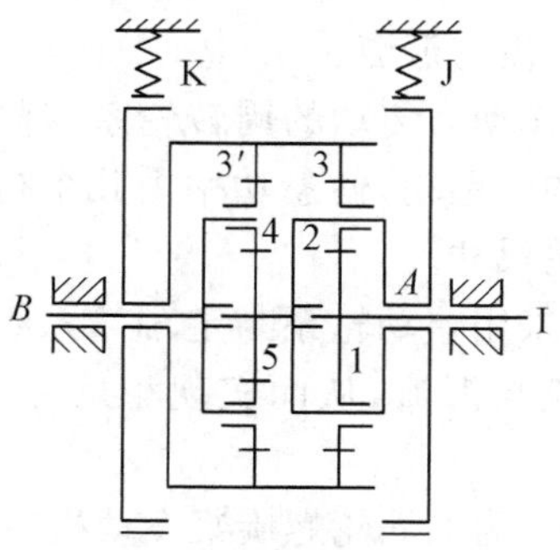

图 10-12 龙门刨床变速器

如图 10-12 所示为龙门刨床工作台的变速器。它是由两个差动轮系 1，2，3，A 和 5，4，3′，B 组成。运动由轴Ⅰ输入，轴 B 输出。当用制动器刹住中心轮 3 时，这时两个差动轮系均成为行星轮系，使得轴 B 慢速转动，且与轴Ⅰ转向相同，刨床工作台实现工作行程；当用制动器 J 刹住行星架 A 时，轮系 1，2，3，A 成为定轴轮系，轮系 5，4，3′，B 仍为行星轮系，使轴 B 反向快速转动，刨床工作台实现空回行程。

10.5.3 实现运动的合成与分解

利用差动轮系具有两个自由度这一特性，可以将两个输入运动合成一个输出运动，也可以将一个输入运动在一定的条件下分解为两个输出运动。

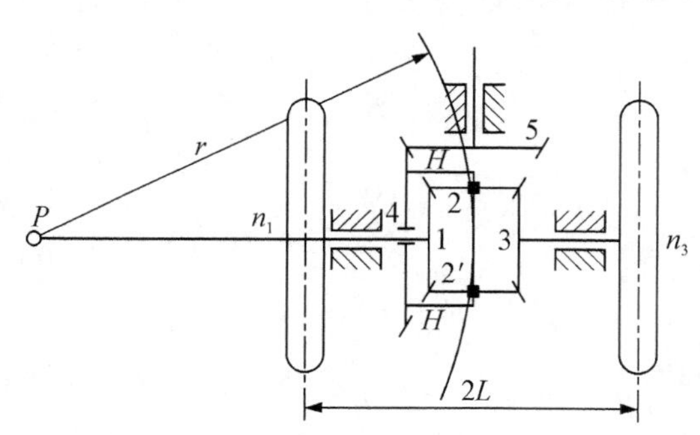

图 10-13 汽车差速器

例 10-2 即为轮系实现运动合成的例子如图 10-8 所示。而如图 10-13 所示汽车后桥上的差速器即为轮系实现运动分解的例子。左右两个后轮分别和圆锥齿轮 1，3 固联。圆锥齿轮 4 空套在左轮轴上，与输入轴上的齿轮 5 啮合，并作为行星轮 2，2′的系杆使用。齿轮 1，2(2′)，3，4 组成一差动轮系。在该差动轮系中 $z_1 = z_3$，则由式(10-2)得

$$\frac{n_1 - n_4}{n_3 - n_4} = -1 \tag{10-3}$$

如设车轮和地面不打滑，当汽车沿直线行驶时，其两后轮的转速应相等(即 $n_1 = n_H$)，此时行星轮 2(2′)无自转。当汽车转弯行驶时(图 10-13 左转弯)，两轮转速应满足如下关系

$$\frac{n_1}{n_3} = \frac{r - L}{r + L} \tag{10-4}$$

式中，r 为弯道平均半径；$2L$ 为后轮距。

这是一个附加的约束条件，联立式(10-3)，式(10-4) 就可求得两后轮转速 n_1 及 n_3。这样就实现了对输入运动的分解。

10.5.4 实现功率的分流与汇流

在希望尺寸小及重量轻的条件下实现大功率传动，如飞行器、航海装置等，常采用轮系

实现功率的分流与汇流。

首先，用作动力传动的周转轮系，都采用多个均布在太阳轮四周的行星轮，使总功率由几个行星轮分流传递，从而减小齿轮尺寸。

此外，常采用差动轮系与定轴轮系组成的复合轮系，通过功率分流与汇流，从而实现小尺寸条件下传递大功率的目的。

图 10－14 为某涡轮螺旋桨发动机主减速器的传动简图。这个轮系的右部是差动轮系，左部是定轴轮系。功率经齿轮 1 轴输入后，在差动轮系中分两路传递，最后汇合在定轴轮系的齿轮 3′轴上输出。传递功率达 2 850 kW，而径向尺寸约为 ϕ430 mm。

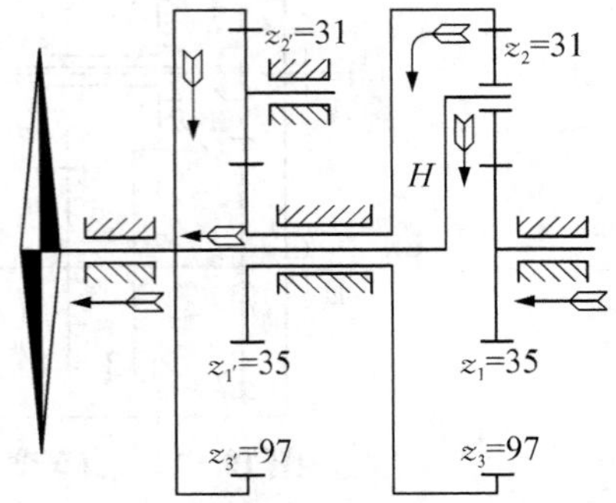

图 10－14　某发动机主减速器传动简图

第十一章 滑动轴承

11.1 概　述

11.1.1 滑动轴承的特点和应用

1. 滑动轴承的特点

滑动轴承与滚动轴承都可用于支承轴及轴上零件，以保持轴的旋转精度，并减少转轴与支承之间的摩擦和磨损。滚动轴承因其摩擦因数低，启动力矩小、轴向尺寸小，特别是已经标准化，使得设计、使用、润滑、维护都很方便，在一般机器中获得了较广泛的应用；滑动轴承在一般情况下摩擦损失较大，使用、润滑、维护也比较复杂，因而在很多场合常被滚动轴承所替代。但滑动轴承具有润滑及承载面大、承载能力高、抗冲击能力强、油膜能起吸振缓冲作用、工作平稳、噪声小、寿命长、结构简单，便于装拆等优点，因此在高速、重载、有剧烈冲击和振动、运转精度和平稳性要求高以及要求轴承剖分场合，仍然有着广泛的应用。

2. 滑动轴承的类型

滑动轴承按其工作表面的摩擦状态分为液体摩擦和非液体摩擦。摩擦表面完全被润滑油隔开的轴承称为液体摩擦滑动轴承。工作时轴承的摩擦阻力来自润滑油的内部摩擦，故摩擦系数小，同时，轴承的工作表面不直接接触，也避免了表面磨损。欲形成液体摩擦，轴承必须满足一定的工作条件，零部件应具有较高的制造、安装精度，因此多用于高速、精度要求较高或低速重载场合。摩擦表面不能被润滑油完全隔开的轴承称为非液体摩擦滑动轴承。工作时，轴承的摩擦系数较大，工作表面磨损，但结构简单，性能与制造成本较高，因此，常用于一般转速、载荷不大及精度要求不高的场合。

对于液体润滑轴承，根据其工作时轴承与轴颈间润滑油膜形成方式之不同，又可分为液体动压滑动轴承和液体静压滑动轴承两大类。

11.2 滑动轴承的类型、结构和材料

11.2.1 滑动轴承的主要类型及结构

滑动轴承的类型较多，按其承受载荷方向的不同，可分为径向滑动轴承（承受径向载荷）和止推滑动轴承（承受轴向载荷）。

1. 径向滑动轴承的结构

径向滑动轴承的结构形式很多，常见的有整体式、剖分式和调心式，具体如下：

（1）整体式径向滑动轴承

整体式径向滑动轴承由轴承座和用减摩材料制成的整体式轴瓦组成，如图 11－1 所示。轴承座上设有安装润滑油杯的螺纹孔。轴瓦上开有轴孔，其内表面开有轴槽。这种轴承结构简单，成本低。缺点是轴瓦磨损后，轴颈与轴瓦之间过大的间隙无法调整，同时，装拆时轴承与轴颈间必须有相对的轴向位移，导致装拆不便，因此，一般只用于低速、轻载或间歇工作的不重要的场合，其标准见 JB/T 2560—1991。

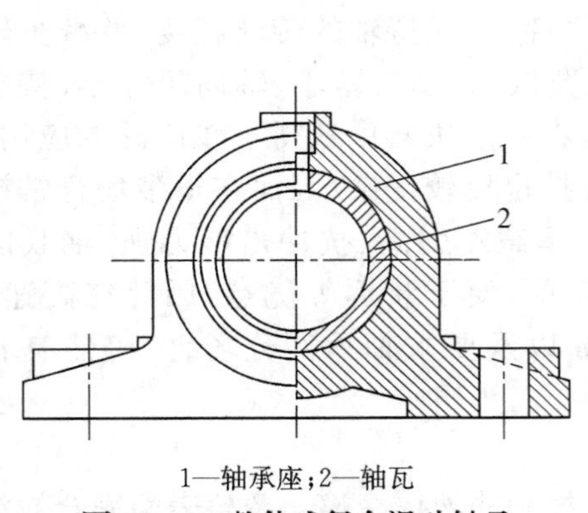

1—轴承座；2—轴瓦

图 11－1　整体式径向滑动轴承

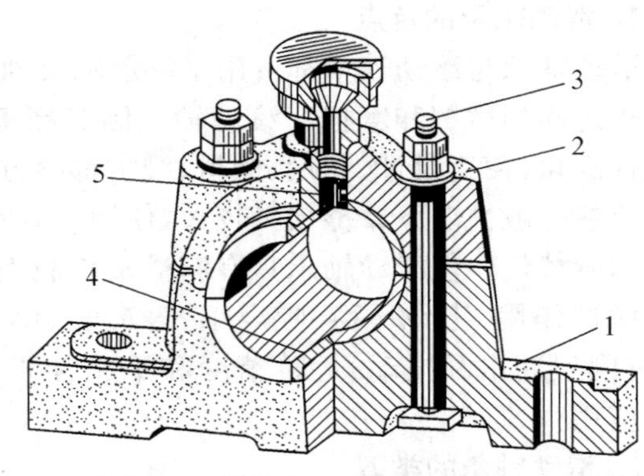

1—轴承座；2—轴承盖；3—螺栓；4—轴瓦；5—套管

图 11－2　剖分式径向滑动轴承

（2）剖分式径向滑动轴承

剖分式径向滑动轴承由轴承座、轴承盖、剖分式轴瓦和双头螺栓或螺栓组成，如图 11－2 所示。套管是为了防止轴瓦的转动；轴承座与轴承盖剖分面作成阶梯形，是为了对中和防止横向错位。在该剖分面上增、减垫片的厚度，即可调整工作后轴颈与轴瓦间的间隙。轴承剖分面应尽可能与载荷方向垂直，故有些轴承的剖分面做成与水平方向呈 45°角。其标准：二螺栓滑动轴承座见 JB/T 2561—1991，四螺栓见 JB/T 2562—1991。

图 11－3　调心式径向滑动轴承

（3）调心式径向滑动轴承

调心式径向滑动轴承的结构原理如图 11－3 所示。将轴瓦的瓦背制成凸球面，支承面制成凹球面，利用这一球面配合，可使轴

瓦在一定角度范围内摆动，用以支承工作时轴的弯曲挠度较大或多支点的长轴结构设计中。为保证球面的加工精度，通常用于宽径比 $B/d>1.5\sim1.75$ 的轴承。

2. 止推滑动轴承的结构

止推滑动轴承的结构型式如图 11－4 所示。它由轴承座、衬套、径向轴瓦和止推轴瓦等组成。轴瓦的底部与轴承座为球面接触，可以自动调整位置，以保证摩擦表面的良好接触。销钉是用来阻止止推轴瓦随轴转动的。润滑油由下部注入，从上部流出，以保证工作面的接触性能。其采用的结构型式与载荷大小直接有关，载荷较小时，可采用图示的空心端面止推轴颈或环形止推轴颈；载荷较大时，通常采用多环形止推轴颈。

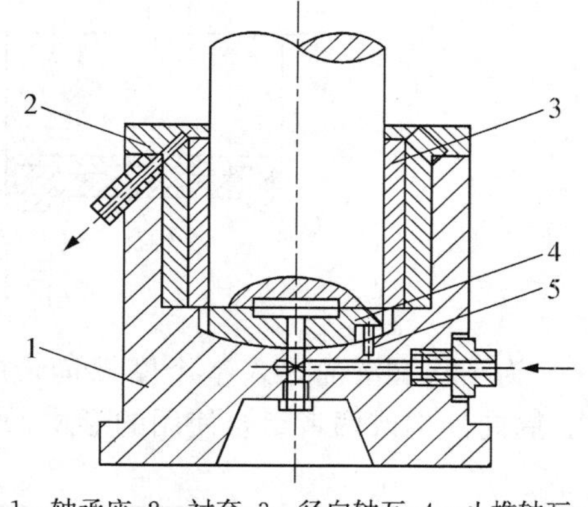

1—轴承座；2—衬套；3—径向轴瓦；4—止推轴瓦；5—销钉

图 11－4　止推滑动轴承的结构

11.2.2　轴瓦的结构及轴承材料

1. 轴瓦的结构

轴瓦是滑动轴承中的重要零件，其结构设计是否合理对轴承性能影响很大。滑动轴承之所以常分解为轴承座体和轴瓦两大部分，除了制造及装配工艺上的考虑外，也是为了节省贵重的轴承材料和便于维护。

一般地，轴瓦是指与轴颈直接接触的部分，有时为了既能改善轴承的摩擦性能，提高其承载能力，又能节省贵重的合金材料，常在轴瓦内表面上再浇铸或轧制一薄层轴承合金。这层轴承合金称作轴承衬。有轴承衬的轴瓦在工作时是轴承衬与轴颈直接接触，轴瓦只起支承作用。

对轴瓦的要求是：有一定的强度和刚度，在轴承中定位可靠，便于输入润滑剂，装拆、调整方便，散热好。为此，轴瓦应在外形结构、定位方式和开设油沟等方面，有不同的形式以适应各种场合。

与滑动轴承的结构类型相对应，常用轴瓦也分为整体式和剖分式两种形式。如图 11－5 所示，整体式轴瓦按材料及制法之不同，分为整体轴套和单层或多层材料的卷制轴套。非金属材料的整体式轴瓦既可以作成整体的非金属套，也可以在钢套内镶衬非金属材料。

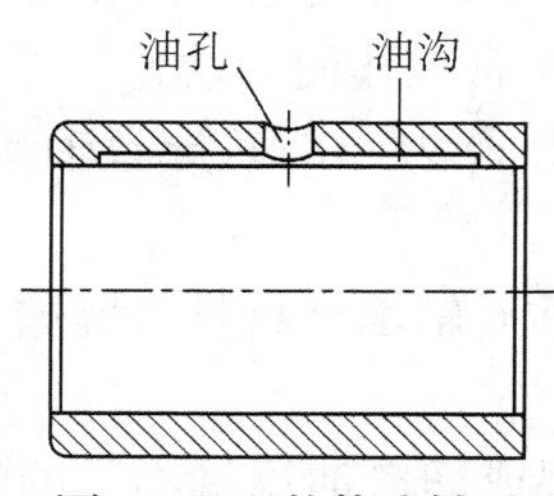

图 11－5　整体式轴瓦

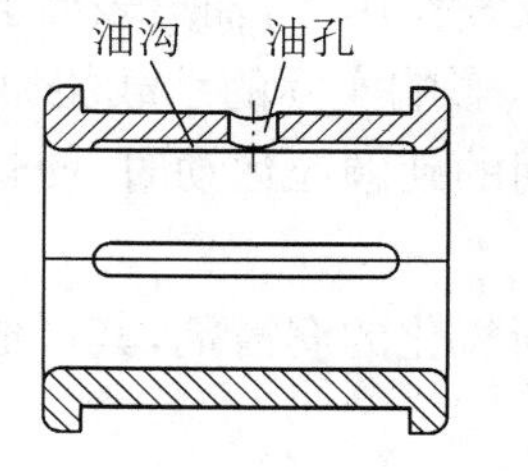

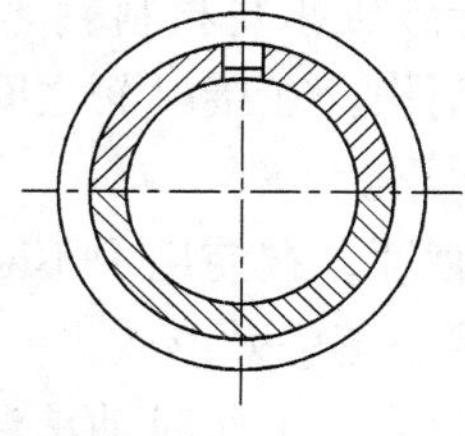

图 11－6　剖分式轴瓦

剖分式轴瓦如图 11－6 所示，主要有厚壁和薄壁之分。前者一般用铸造方法，在内表面浇铸一层减摩性能好、厚度 0.5～6 mm 内的轴承衬。为保证轴承衬与轴瓦基体的可靠结合，在接合面处可制成沟槽（图 11－7）螺纹等连接形式；后者通常采用轧制成形的方法，加工、装配的精度要求较高，成本相对较低。

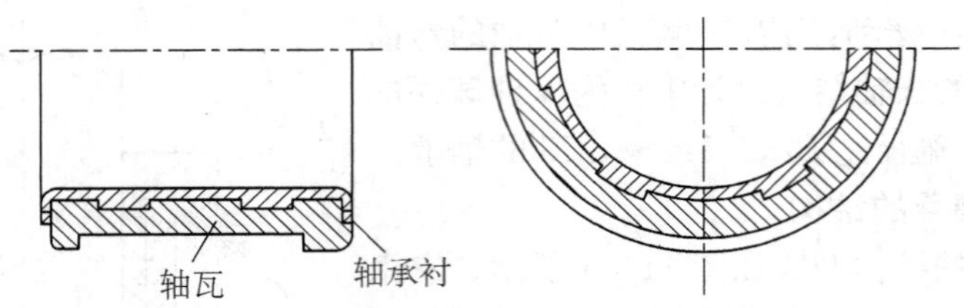

图 11-7　轴瓦与轴承衬

为了将润滑油导入整个摩擦面，在轴瓦或轴颈上须开设油孔、油沟。常见的有轴向油沟、周向油沟或两者组合使用的形式，如图 11-8 所示。

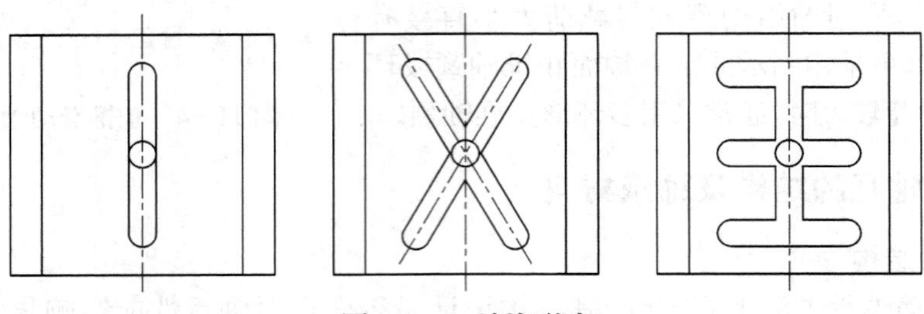

图 11-8　油沟形式

油孔和油沟的位置应设置在不承受载荷的区域内。为保证承载能力和工作精度，油沟必须有足够的长度，通常可取轴瓦轴向长度的 80%。对于非液体摩擦径向滑动轴承，设计时也可以将油沟从非承载区延伸到承载区内。

2. 轴承材料

轴承材料是指与轴颈直接接触的轴瓦或轴承衬的材料。对轴承材料的性能要求，主要是滑动轴承的失效形式来决定的。

(1) 滑动轴承的失效形式

① 磨粒磨损。进入轴承接触面间的硬颗粒(如砂粒)除嵌入轴承表面外，部分游离在间隙中并随轴颈转动，必然会对轴颈和轴承表面起研磨作用，加剧轴承磨损，精度降低，使轴承性能在预期寿命内急剧下降。

② 疲劳剥落。在载荷反复作用下，轴承表面会出现与相对滑动方向垂直的疲劳裂纹，扩展后会导致轴承衬材料剥落，影响实际的承载能力，甚至无法正常工作而失效。

③ 刮伤。在接触面之间的硬颗粒运动时，使轴承内表面形成线状伤痕，导致轴承无法达到设计要求。

④ 腐蚀。在使用中不断氧化的润滑剂，其形成的酸性物质对轴承材料具有腐蚀性，极易形成点状脱落失效形式。

⑤ 胶合。工作时轴承温升过高，载荷过大时，在油膜破裂或润滑油流量不足的情况下，轴颈的相对运动表面材料会发生粘附和迁移，导致轴承损坏。

根据上述的轴承的失效形式，可知轴承材料应具有的性能为：

① 良好的减摩性、耐磨性以及与轴颈材料配偶的抗胶合性能。

② 良好的顺应性、嵌藏性和跑合性。顺应性是指轴瓦材料通过其表面的弹塑性变形，来补偿和适应轴颈的偏斜和变形的能力；嵌藏性是指材料容纳硬质颗粒嵌入、以减轻轴承滑动

表面发生刮伤或磨粒磨损的性能；而跑合性是指轴瓦与轴颈表面只要经过短期轻载运转，就能形成相互吻合的表面粗糙度的性能。

③ 良好的制造工艺性，包括易于浇铸和加工，以获得所需要的光滑摩擦表面。

④ 足够的强度（包括疲劳强度、冲击强度、抗压强度）和抗腐蚀能力。

⑤ 良好的导热性能。

显然在选用时还应考虑材料的来源和价格因素，但是实际上没有一种轴承材料能够同时满足上述全部性能要求，因而需分析具体情况，合理选用。

（2）常用的轴承材料

① 轴承合金

轴承合金（又称巴氏合金）有锡锑合金和铅锑合金两大类。分别以锡、铅为基体，加入适量的锑铜、锑锡制成。由于基体较软，可使材料具有较好的可塑性，硬晶粒合金可起到抗磨损的作用，因此，减摩性、磨合性好、抗胶合能力强的材料适用于高速、重载场合。轴承合金的机械强度较低，价格较贵，故常用来作轴承衬。

② 铜合金

铜合金具有较高的强度、较好的减摩性和耐磨性。由于青铜在这方面性能优于黄铜，因此，青铜合金为首选材料。铜合金材料自身的硬度较高，故相应要求轴颈也应有较高的硬度。

③ 铸铁

灰铸铁和球墨铸铁材料中片状或球状石墨在材料表层覆盖后，均可以形成有润滑作用的石墨层，故具有一定的减摩性和耐磨性。虽然性能不如轴承合金和铜合金，但其成本相对较低，适用于低速、轻载和不受冲击载荷的场合。

④ 其他材料

近年来，轴承采用非金属材料制作的也较多，尤其适用于某些有特殊要求（如无润滑条件等）或工作条件恶劣（如污水处理等）的场合，常见的材料有塑料、尼龙、橡胶和粉末冶金等。

常用轴承材料的性能和应用见表 11-1。

表 11-1　　常用轴承材料的性能和应用

<table>
<tr><th colspan="2" rowspan="2">材料</th><th colspan="2">许用值</th><th rowspan="2">最高工作温度/℃</th><th rowspan="2">最小轴颈硬度/HBS</th><th rowspan="2">应用</th></tr>
<tr><th>[p]/MPa</th><th>[pv]/(MPa·m·s⁻¹)</th></tr>
<tr><td rowspan="4">锡锑轴承合金</td><td rowspan="2">ZSnSb11Cu6</td><td colspan="2">平稳载荷</td><td rowspan="4">150</td><td rowspan="4">150</td><td rowspan="4">用于高速、重载的重要轴承</td></tr>
<tr><td>25</td><td>20</td></tr>
<tr><td rowspan="2">ZSnSb8Cu4</td><td colspan="2">冲击载荷</td></tr>
<tr><td>20</td><td>15</td></tr>
<tr><td rowspan="2">铅锑轴承合金</td><td>ZPbSb 16Sn 16Cu2</td><td>15</td><td>10</td><td rowspan="2">150</td><td rowspan="2">150</td><td rowspan="2">用于中速、中载的轴承，不宜承受显著的冲击载荷</td></tr>
<tr><td>ZPbSb 15Sn 15Cu3</td><td>5</td><td>5</td></tr>
<tr><td rowspan="2">锡青铜</td><td>ZCuSn 10p1</td><td>15</td><td>15</td><td rowspan="2">280</td><td rowspan="2">300～400</td><td>用于中速、重载及受变载荷的轴承</td></tr>
<tr><td>ZCuSn5Pb5Zn5</td><td>5</td><td>10</td><td>用于中速、中载的轴承</td></tr>
</table>

续 表

材料		许用值		最高工作温度/℃	最小轴颈硬度/HBS	应用
		[p]/MPa	[pv]/($\mathrm{MPa \cdot m \cdot s^{-1}}$)			
铅青铜	ZCuPb 30	25	30	250～280	300	用于高速、重载的轴承，能承受变载荷和冲击载荷
铝青铜	ZCuAl 10Fe3	15	12	280	280	用于润滑良好的低速重载轴承
	ZCuAl 10Fe3Mn2	20	15			
灰铸铁	HT150～HT250	0.1～6	0.3～4.5	150	200～250	用于低速、轻载的不重要轴承

11.3 滑动轴承润滑剂的选择

轴承润滑是为了减少摩擦功率损耗，减轻磨损，吸振和防锈等。要保证轴承正常工作和达到预期的工作寿命，对润滑剂及润滑装置的选择必须正确。

11.3.1 润滑剂的选用

滑动轴承的使用条件及重要程度相差较大，加上种类较多，对润滑剂的要求亦不尽相同。

1. 润滑脂

润滑脂可以在相对运动表面形成完全分开的一层油膜。由于其属于半固体润滑剂，流动性很差，故无冷却作用。常用于要求不高、低速重载或仅作往复摆动形式的轴承结构的设计。

润滑脂选用的一般原则如下：

(1) 当压力高而转速较低时，选择针入度较小的品种；反之，应选择针入度较大的品种。

(2) 所选用润滑脂的滴点应高于轴承的工作温度20℃～30℃，以免工作时润滑脂流失过多。

(3) 在潮湿及有水淋的环境下，应选用防水性强的钙基或铅基润滑脂。在工作温度较高的轴承中，应选用钠基或复合钙基润滑脂。

常用润滑脂性能及适用场合见表11-2。

表11-2 常用润滑脂性能及适用场合

名称	牌号	滴点不低于/℃	锥入度	主要用途
极压锂基润滑脂(GB 7323—91)	0	170	355～385	具有良好的机械安定性、抗水性、防锈性、极压抗磨性和泵送性，适用于温度范围为-20℃～120℃，用于压延机、锻造机、减速机等高负荷机械设备及齿轮、轴承润滑，0、1号可用于集中润滑系统
	1		310～340	
	2		265～290	

续 表

名称	牌号	滴点不低于/℃	锥入度	主要用途
通用锂基润滑脂（GB 7324—91）	1	170	310～340	具有良好的抗水性、机械安全性、防锈性和氧化安定性，适用于温度范围为－20℃～120℃的各种机械设备的滚动轴承、滑动轴承及其他摩擦部位的润滑
	2	175	265～295	
	3	180	220～250	
钙钠基润滑脂（SH 0368—92）	ZGN－1	120	250～290	用于工作温度在80℃～110℃、有水分或较潮湿环境中工作的机械润滑，多用于铁路机车、列车、小电动机、发电机滚动轴承（温度较高者）润滑，不适用低温工作
	ZGN－2	135	200～240	
滚珠轴承脂（SH 0368—92）	ZGN69－2	120	250～290 －40℃时为30	用于机车、汽车、电动机及其他机械的滚动轴承润滑
工业凡士林（SH 0039—90）		54	—	当机械的工作温度不同、载荷不大时，可用作减摩润滑脂

2. 润滑油

润滑油是滑动轴承中应用最广泛的润滑剂，液体滑动轴承一般均采用其作润滑剂。一般而言，黏度较低的润滑油适用于转速高、压力较小的场合；反之，则应选用黏度较大的润滑油。

润滑油的黏度随温度的升高而降低，故轴承的工作温度较高时应选用黏度较高的润滑油。

常用润滑油性能及适用场合见表11－3。

表11－3　　常用润滑油性能及适用场合

名称	代号	10℃时的黏度/（mm^2/s）	凝点≤℃	闪点（开式）≥℃	主要用途
全损耗系统用油（GB 443—89）	L－AN7	6.12～7.48	－10	110	用于高速低负荷机械、精密机床、纺织纱锭的润滑和冷却
	L－AN10	9.0～11.0		125	
	L－AN15	13.5～16.5	－15	165	普通机床的液压油，用于一般滑动轴承、齿轮、蜗轮的润滑
	L－AN32	28.8～35.2	－15	170	
	L－AN46	41.4～50.6	－10	180	
	L－AN68	61.2～74.8	－10	190	用于重型机床导轨、矿山机械的润滑
	L－AN100	90.0～110	0	210	
汽轮机油（GB 11120—89）	L－TSA32	28.8～35.2	－7	180	用于汽轮机、发电机等高速高负荷轴承和各种小型液体润滑轴承
	L－TSA46	41.4～50.6			

11.3.2 润滑装置

1. 油润滑轴承

非液体摩擦滑动轴承的润滑装置选用与工况条件有关。

对于低速或间歇工作的不重要的轴承可定期向轴承油孔注油，油孔处应设置防止杂质进入的装置。对于连续工作又较为重要的轴承应连续供油。常用的润滑装置有：

（1）针阀式油杯（图 11－9）。手柄 1 直立时，针阀杆 3 提起，油杯底部油孔打开，润滑油流入轴承；反之，则停止供油。可通过调节螺母 2 改变针阀杆的提升量来控制加油量。

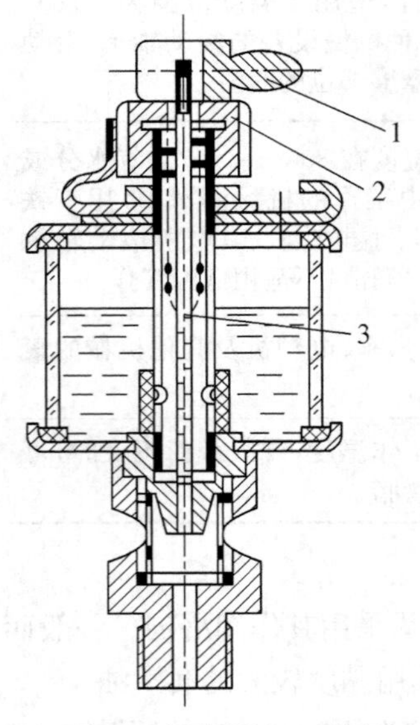

1—手柄；2—调节螺母；3—针阀杆

图 11－9　针阀式油杯

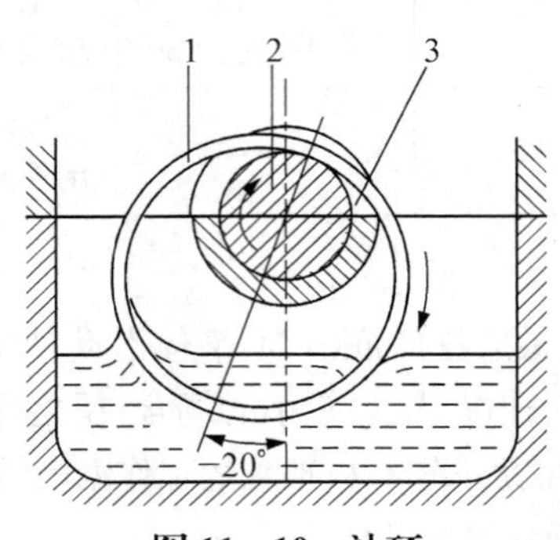

图 11－10　油环

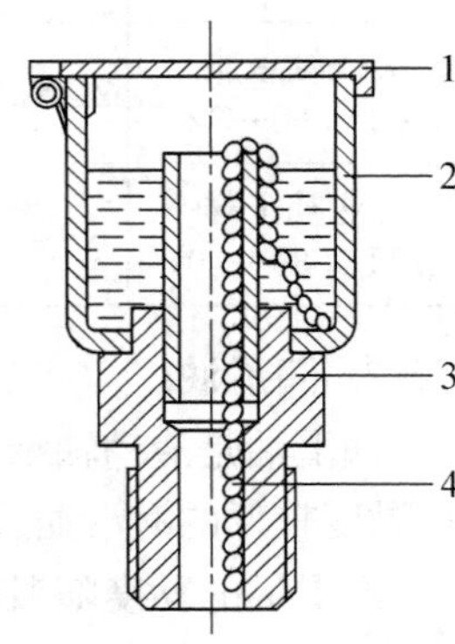

图 11－11　弹簧盖油杯

（2）油环（图 11－10）。套在轴颈上的油环下部浸在大油池中，并置于上轴瓦的开槽处。轴颈旋转时，利用摩擦力带动油环旋转，润滑油通过轴颈进入轴承表面起到润滑作用。一般用于轴水平布置、轴颈以 100～2 000 r/min 转速连续工作的装置中。

（3）弹簧盖油杯（图 11－11）。利用毛细管作用通过芯捻将油滴到轴承内。可连续供油，但不能调节供油量。无论轴承是否工作，均处于供油状态。

2. 脂润滑轴承

脂润滑轴承只能是间歇供油。常用的润滑装置有：

（1）压配式压注油杯。用油枪注入润滑脂。

（2）旋盖式油杯（图 11－12）。转动杯盖 1，即可将杯体中的润滑脂挤入轴承工作面内。

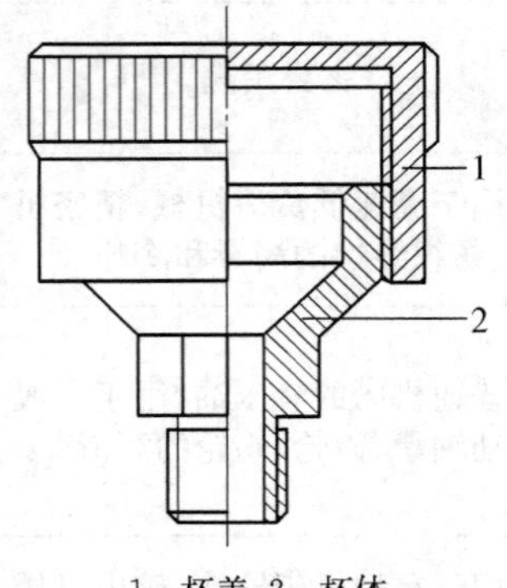

1—杯盖；2—杯体

图 11－12　旋盖式油杯

11.4　非液体摩擦滑动轴承的设计计算

一般采用油杯润滑以及脂润滑的滑动轴承，因得不到充足的润滑剂而只能在混合摩擦润滑状态（或边界润滑状态）下运转，属于非液体润滑滑动轴承。这类轴承的主要失效

形式是磨损和胶合，其次是表面压溃和点蚀。因此，非液体润滑滑动轴承的设计计算准则，应该是保证边界润滑膜不致破裂，尽量维持粗糙表面微腔内有液体润滑存在，以减小轴承的磨损和摩擦功耗；在工程上，一般这类轴承以维持边界油膜不遭破坏作为设计的最低要求。

影响边界润滑膜的因素很复杂，目前还没有一个完善的计算方法，设计中通常采用简化的条件性计算，即限制轴承平均压强 p 以防止轴承发生早期的过量磨损；限制 pv（v 为轴颈圆周速度），以防止轴承温升过高而发生胶合破坏。至于润滑油特性、轴颈和轴瓦的材料及其表面加工质量等因素对边界润滑膜的影响，通常在许用值[p]和[pv]的选取中加以考虑。这种计算方法只适用于一般对工作可靠性要求不高的低速、重载或间歇工作的轴承。

11.4.1 径向滑动轴承的设计计算

通常已知条件有：轴承的载荷、工作情况、安装位置和结构空间、环境条件等；参数有：轴承所受径向载荷 F(N)、轴颈转速 n(r/min)及轴径 d(mm)，设计时以验算为主，如图 11－13 所示。

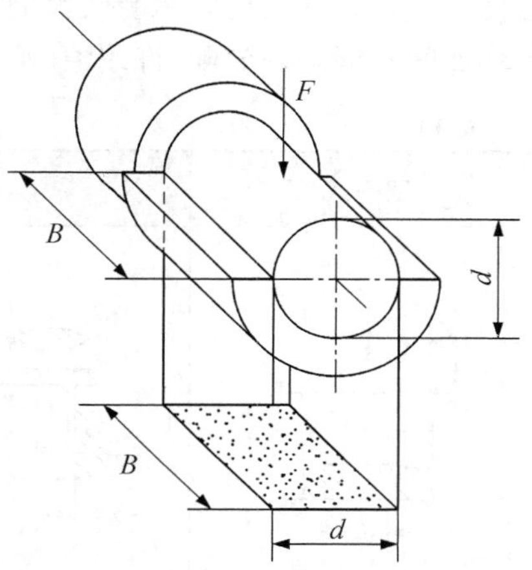

图 11－13 轴承的承压面积

设计过程如下：

(1) 根据工作条件及设计要求，确定轴承的结构形式和轴承材料。

(2) 确定轴承的宽径比 B/d，通常宽径比取值 $B/d=0.5\sim1.5$。

(3) 验算轴承的平均压强 p　为防止由轴承表面过度磨损导致的失效。

$$p=\frac{F}{Bd}\leqslant[p] \tag{11-1}$$

式中，[p]为轴承材料的许用平均压强(MPa)，见表 11－1。

(4) 验算轴承 pv　为了防止轴承在工作时产生过高的发热量而导致接触面的胶合破坏，必须限制轴承单位面积的摩擦功耗 fpv 值。发热量与 fpv（f 为摩擦系数）呈正比关系，限制值 pv，即可降低发热量（f 近似认为是常数）。

$$pv=\frac{F}{Bd}\cdot\frac{\pi nd}{60\times1\,000}=\frac{Fn}{19\,100B}\leqslant[pv] \tag{11-2}$$

式中，v 为轴颈圆周速度(m/s)；[pv]为轴承材料的许用值($\mathrm{MPa\cdot m\cdot s^{-1}}$)，见表 11－1。

(5) 验算圆周速度 v

虽然前两项验算 p 和 pv 都在许可范围之内，但因为 p 只是轴承的平均比压，有时轴承边缘会因轴的弯曲变形和加工装配误差等影响而使局部比压远大于平均值。为使局部的 pv 值不超过许用值，还要对高速、轻载和弹性变形较大的轴承进行圆周速度（亦即滑动速度）验算，即

$$v=\frac{\pi dn}{60\times1\,000}\leqslant[v] \tag{11-3}$$

(6) 确定轴承间隙

验算合格后，通常先根据工作条件和使用要求确定轴承和轴颈间的平均间隙，依据此间隙选择合适的配合，一般可选 H9/f9，H8/f8 或 H7/f6，保证轴承的正常工作。

11.4.2 止推滑动轴承的设计计算

止推轴承常用的结构型式有空心式、单环式和多环式(表 11-4)；通常不采用实心的整个轴端面作为推力轴颈，因其端面上靠近中心处压力很高而滑动速度很低，极不利于润滑。空心式轴颈环形端面上的压力分布比较均匀，润滑条件要好于实心结构。单环式和多环式都是依靠轴环(或轴肩)的定位面做止推面，可以利用轴向油沟输入润滑油，结构简单，润滑方便。只是多环式可以承受较大的载荷，有时还可承受双向轴向载荷；但要注意这时载荷在各环面间不能均匀分配，许用值[p]和[pv]应比单环式的降低 50%左右。

表 11-4　止推滑动轴承形式及尺寸

空心式	单环式		多环式
F_a, d_2, d_1	F_a, d_2, d, d_1	F_a, d_2, h, d, d_1	F_a, d, d_1, h, h_0, d_2
d_2 由轴的结构设计拟定 $d_1=(0.4\sim0.6)d_2$ 若结构上无限制，应取 $d_1=0.5d_2$	d_1，d_2 由轴的结构设计拟定	d 由轴的结构拟定 $d_2=(1.2\sim1.6)d$ $d_2=1.1d$ $h=(0.12\sim0.15)d$ $h_0=(2\sim3)h$	

止推轴承的设计过程如下：

(1) 验算轴承压强 p

$$p=\frac{F_a}{Z\pi(d_2^2-d_1^2)\phi/4}\leqslant[p] \tag{11-4}$$

式中，Z 为轴环的数目；d_1，d_2 为轴颈内、外径；ϕ 为支承面减小系数，有油沟时，$\phi=0.8\sim0.9$，无油沟时 $\phi=1.0$；p 为许用压强，见表 11-5。

(2) 验算轴承的 pv 值

$$pv=\frac{4F_a}{Z\pi(d_2^2-d_1^2)}\times\frac{\pi ndm}{60\times1\,000}\leqslant[pv] \tag{11-5}$$

式中，n 为轴的转速(r/min)；[pv]为许用值，见表 11-5。

表 11－5　　止推轴承的[p]和[pv]值

轴承材料	未淬火钢			淬火钢		
轴瓦材料	铸　铁	青　钢	轴承合金	青　钢	轴承合金	淬火钢
[p]/MPa	2～2.5	4～5	5～6	7.5～8	8～9	12～15
[pv]/(MPa·m·s^{-1})	1～2.5					

注:多环止推滑动轴承许用压强[p]取表值的一半。

第十二章 滚动轴承

12.1 概 述

滚动轴承是现代机器中广泛应用的部件之一，它是依靠主要元件间的滚动接触来支承转动零件的。滚动轴承绝大多数已经标准化，并由专业工厂大量制造及供应。在机械设计中，只需要根据具体的工作条件正确选择轴承类型和尺寸，并合理确定与滚动轴承安装、调整、润滑、密封等有关的组合设计。

滚动轴承的基本结构如图 12-1 所示，它由内圈 1、外圈 2、滚动体 3 和保持架 4 四部分组成。内圈和轴颈装配，外圈和轴承座孔配合。一般情况下，内圈随轴颈回转，外圈固定，但也有外圈回转而内圈不动，或是内、外圈同时回转的场合。当内、外圈相对转动时，滚动体则在内、外圈的滚道之间滚动。常用的滚动体如图 12-2 所示，有球、圆柱滚子、圆锥滚子、球面滚子、非对称球面滚子、滚针等多种类型。轴承内、外圈上的滚道，有限制滚动体沿轴向位移的作用。

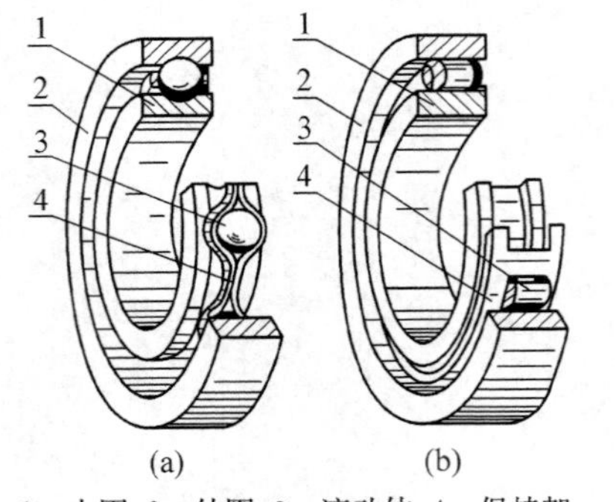

1—内圈；2—外圈；3—滚动体；4—保持架

图 12-1 滚动轴承的基本结构

(a) (b) (c)

(d) (e) (f)

图 12-2 常用滚动体

保持架的主要作用是均匀地将滚动体隔开。如果没有保持架，则相邻滚动体转动时将会由于接触处产生较大的相对滑动速度而引起磨损。保持架有冲压的和实体的两种，冲压保持架一般用低碳钢板冲压制成，它与滚动体间有较大的间隙；实体保持架常用铜合金、铝合金或塑料等材料经切削加工制成，有较好的定心作用。但在某些转速不高的场合，为提高轴承的承载能力，也有采用满滚动体(没有保持架)的结构形式。

轴承的内、外圈和滚动体要求强度高，耐磨性好，一般采用高碳铬轴承钢（如 GCr15）或渗碳轴承钢（如 G 20Cr2Ni4A）制造，热处理后硬度一般不低于 60 HRC，工作表面要求磨削抛光，保持架通常采用钢、黄铜、轻合金、尼龙或酚醛树脂等材料制造。

当滚动体是圆柱滚子或滚针时，在一定情况下，可以没有内圈或外圈，这时的轴颈或轴承座就要起到内圈或外圈的作用，因而工作表面应具备相应的硬度和粗糙度。

12.2 滚动轴承的类型、代号和选择

12.2.1 滚动轴承的主要类型和特点

滚动轴承通常按照其承受载荷的方向（或接触角）和滚动体的形状分类。滚动轴承按照承受外载荷的不同来分类，可以概括地分为向心轴承、推力轴承和向心推力轴承三大类，如图 12－3 所示为它们承载情况的示意图，主要承受径向载荷 F_r 的轴承叫做向心轴承，其中有几种类型可同时承受不大的轴向载荷；只能承受轴向载荷 F_a 的轴承叫做推力轴承，推力轴承中与轴颈配合在一起的元件叫轴圈，与机座孔配合的元件叫做座圈；能同时承受径向载荷和轴向载荷的轴承叫做向心推力轴承。向心推力轴承的滚动体与外圈滚道接触点（线）处的法线 $N-N$ 与半径方向的夹角 α 叫做轴承的接触角。轴承的受力分析和承载能力均与接触角 α 有关，接触角越大，轴承承受轴向载荷的能力也越大。

根据滚动体的形状，滚动轴承还可以分为球轴承和滚子轴承。

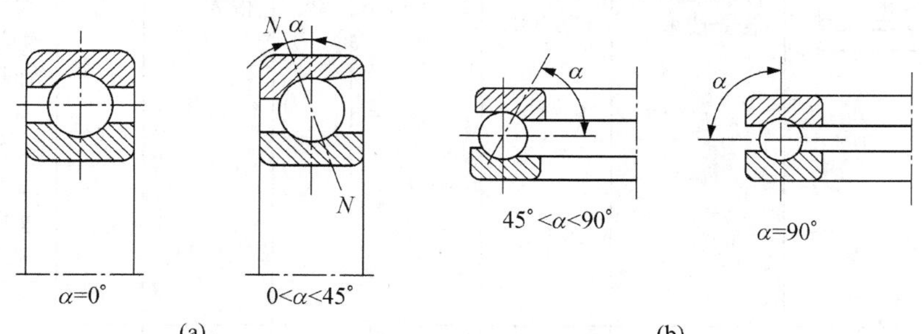

图 12－3 不同类型的轴承的承载情况

滚动轴承的类型很多，常用各类滚动轴承的性能和特点列于表 12－1。

表 12－1 常用滚动轴承的主要性能和特点

类型代号	简图	类型名称	结构代号	基本额定动载荷比①	极限转速比②	轴向承载能力	轴向限位能力③	性能和特点
1		调心球轴承	10000	0.6～0.9	中	少量	Ⅰ	因为外圈滚道表面是以轴承轴线中点为中心的球面，故能自动调心，允许内圈（轴）对外圈（外壳）轴线偏斜量

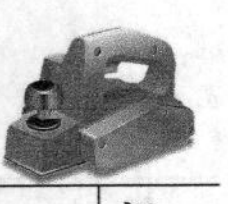

续　表

类型代号	简图	类型名称	结构代号	基本额定动载荷比①	极限转速比②	轴向承载能力	轴向限位能力③	性能和特点
								≤2°～3°。一般不宜承受纯轴向载荷
2		调心滚子轴承	20000	1.8～4	低	少量	Ⅰ	性能、特点与调心球轴承相同，但具有较大的径向承载能力，允许内圈对外圈轴线偏斜量≤1.5°～2.5°
		推力调心滚子轴承	29000 (39000)	1.6～2.5	低	很大	Ⅱ	用于承受以轴向载荷为主的轴向、径向联合载荷，但径向载荷不得超过轴向载荷的55%。运转中滚动体受离心力矩作用，滚动体与滚道间产生滑动，并导致轴圈与座圈分离，为保证正常工作，需施加一定轴向预载荷，允许轴圈对座圈轴线偏斜量≤1.5°～2.5°
3		圆锥滚子轴承 $\alpha=10°\sim18°$	30000	1.5～2.5	中	较大	Ⅱ	可以同时承受径向载荷及轴向载荷（30000型以径向载荷为主，30000B型以轴向载荷为主），外圈可分离，安装时可调整轴承的游隙，一般成对使用
		大锥角圆锥滚子轴承 $\alpha=27°\sim30°$	30000B	1.1～2.1	中	很大		

续 表

类型代号	简图	类型名称	结构代号	基本额定动载荷比①	极限转速比②	轴向承载能力	轴向限位能力③	性能和特点
5		推力球轴承	51000	1	低	只能承受单向的轴向载荷	Ⅱ	为了防止钢球与滚道之间的滑动，工作时必须加有一定的轴向载荷，高速时离心力大，钢球与保持架摩擦，发热严重、寿命降低，故极限转速较低。轴线必须与轴承座底面垂直，载荷必须与轴线重合，以保证钢球载荷的均匀分配
		双向推力球轴承	52000	1	低	能承受双向的轴向载荷	Ⅰ	
6		深沟球轴承	60000	1	高	少量	Ⅰ	主要承受径向载荷，也可同时承受小的轴向载荷，当量摩擦因数最小，在高转速时，可用来承受纯轴向载荷，工作中允许内、外圈轴线偏斜量≤8°～16°，大量生产、价格最低
7		角接触球轴承	70000C (α=15°)	1.0～1.4	高	一般	Ⅱ	可以同时承受径向载荷及轴向载荷，也可以单独承受轴向载荷，能在较高转速下正常工作，由于一个轴承只能承受单向的轴向力，因此，一般成对使用，承受轴向载荷的能力由接触角 α 决定，接触角大的，承受轴向载荷的能力也高
			70000AC (α=25°)	1.0～1.3		较大		
			70000B (α=40°)	1.0～1.2		更大		

续 表

类型代号	简图	类型名称	结构代号	基本额定动载荷比①	极限转速比②	轴向承载能力	轴向限位能力③	性能和特点
N		外圈无挡边的圆柱滚子轴承	N0000	2.5～3	高	无	Ⅲ	外圈(或内圈)可以分离,故不能承受轴向载荷,滚子由内圈(或外圈)的挡边轴向定位,工作时允许内、外圈有少量的轴向滑动,有较大的径向承载能力,但内外圈轴线的允许偏斜量很小(2°～4°),这一类轴承还可以不带外圈或内圈
		内圈无挡边的圆柱滚子轴承	NU0000 (32000)					
		内圈有单挡边的圆柱滚子轴承	NJ0000 (42000)			少量	Ⅱ	
NA		滚针轴承	NA0000	—	低	无	Ⅲ	在同样内径条件下,与其他类型轴承相比,其外径最小,内圈或外圈可以分离,工作时允许内、外圈有少量的轴向滑动。有较大的径向承载能力,一般不带保持架,摩擦因数大

注:1. 基本额定动载荷比:指同一尺寸系列(直径及宽度)各种类型和结构型式的轴承的基本额定动载荷值与单列深沟球轴承(推力轴承则与单向推力球轴承)的基本额定动载荷之比;

2. 极限转速比:指同一尺寸系列0级公差的各类轴承脂润滑时的极限转速与单列深沟球轴承脂润滑时极限转速之比;高、中、低的意义为:高为单列深沟球轴承极限转速的90%～100%;中为单列深沟球轴承极限转速的60%～90%;低为单列深沟球轴承极限转速的60%以下;

3. 轴向限位能力:Ⅰ为轴的双向轴向位移限制在轴承的轴向游隙范围以内;Ⅱ为限制轴的单向轴向位移;Ⅲ为不限制轴的轴向位移。

12.2.2 滚动轴承的代号

在常用的各类滚动轴承中,每一种类型又有几种不同的结构、尺寸和公差等级,以便适

应不同的技术要求。为了统一表征各类轴承的特点，便于组织生产和选用，GB/T 272—1993 规定了轴承代号的表示方法。

滚动轴承代号由基本代号、前置代号和后置代号组成，用字母和数字等表示，轴承代号的构成见表 12 - 2。

表 12 - 2　　滚动轴承代号的构成

<table>
<tr><th>前置代号</th><th colspan="5">基本代号</th><th colspan="8">后置代号</th></tr>
<tr><td rowspan="3">成套轴承分部件代号</td><td>五</td><td>四</td><td>三</td><td>二</td><td>一</td><td rowspan="3">内部结构代号</td><td rowspan="3">密封与防尘结构代号</td><td rowspan="3">保持架及其材料代号</td><td rowspan="3">特殊轴承材料代号</td><td rowspan="3">公差等级代号</td><td rowspan="3">游隙代号</td><td rowspan="3">多轴承配置代号</td><td rowspan="3">其他代号</td></tr>
<tr><td rowspan="2">类型代号</td><td colspan="2">尺寸系列代号</td><td colspan="2" rowspan="2">内径代号</td></tr>
<tr><td>宽度系列代号</td><td>直径系列代号</td></tr>
</table>

1. 基本代号

基本代号用来表明轴承的内径、直径系列、宽度系列和类型，是轴承代号的基础。现分述如下：

(1) 轴承内径代号。用基本代号右起第一、二位数字表示。对常用内径 $d=20\sim480$ mm的轴承，内径一般为 5 的倍数，这两位数字表示轴承内径尺寸被 5 除得的商数，如 04 表示$d=20$ mm，12 表示 $d=60$ mm，等等。内径代号还有一些例外的，如对于内径为 10 mm，12 mm，15 mm 和 17 mm 的轴承，内径代号依次为 00，01，02 和 03。轴承内径为 22 mm，28 mm，32 mm和大于 500 mm 的，则直接用内径尺寸毫米数表示，并与尺寸系列代号用"/"分开。

(2) 尺寸系列代号。尺寸系列代号由轴承的宽度系列代号和直径系列代号组合而成。

直径系列表示类型和结构相同的轴承，内径相同时，轴承在外径和宽度方向上变化的系列。对于内径相同的轴承，其滚动体直径可以不同，因而会使轴承在外径和宽度方向上尺寸有变化，并且随着滚动体直径的增加，轴承的外径和宽度尺寸也增加，相应地轴承的承载能力也提高了。直径系列的尺寸对比如图 12 - 4 所示。直径系列代号在基本代号中用右起第三位数字表示。

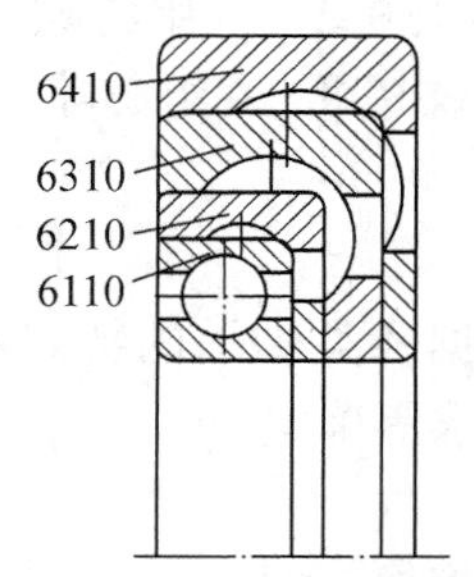

图 12 - 4　直径系列的对比

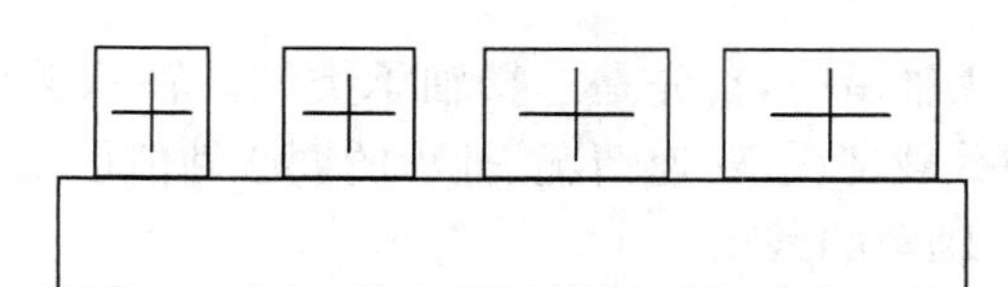

图 12 - 5　宽度系列的对比

宽度系列表示类型、结构相同的轴承，当其内径和外径都相同时，由于滚动体的长度或座圈结构的特殊需要引起轴承宽度方面变化的系列。如图 12 - 5 所示为宽度方面变化示意

图。宽度系列由基本代号右起第四位数字表示。当宽度系列为0系列，即正常系列时，除了调心滚子轴承和圆锥滚子轴承外，其余类型的轴承可省略不标。

(3) 轴承的类型代号。由基本代号右起第五位数字表示，具体表示方法见表12-1。

2. 后置代号

轴承的后置代号是用字母和数字等表示的轴承的结构、公差及材料的特殊要求等。后置代号的内容很多，见表12-2。下面介绍几个常用的代号：内部结构代号、公差等级代号和游隙代号。

(1) 内部结构代号。表示同一类型轴承的不同内部结构，用字母紧跟着基本代号表示。如：接触角为15°，25°和40°的角接触球轴承分别用C，AC和B表示其内部结构的不同。

(2) 公差等级代号。轴承的公差等级分为2级，4级，5级，6X级，6级和0级，共6个级别，精度依次由高级到低级，其代号分别表示为/P2，/P4，/P5，/P6，/P6X和/P0，其中0级为普通级，在轴承代号中可省略下标，6X级仅适用于圆锥滚子轴承。

(3) 游隙代号。常用的轴承径向游隙系列分为1组，2组，0组，3组，4组和5组共6个组别，径向游隙依次由小到大，其中0组游隙常用游隙组别，在轴承代号中不标，其余组别的游隙代号分别用/C1，/C2，/C3，/C4，/C5表示。

3. 前置代号

轴承的前置代号用于表示轴承的分部件，用字母表示。如用L表示可分离轴承的可分离套圈；K表示轴承的滚动体与保持架组件等等。

实际应用中，标准滚动轴承类型是很多的，其中有些轴承的代号也是比较复杂的。以上介绍的代号是轴承代号中最基本、最常用的部分，熟悉了这部分代号，就可以识别和查选常用的轴承。关于滚动轴承详细的代号方法可查阅GB/T 272—1993。

[**例12-1**] 说明下列轴承代号的含义：6308/P6，6021，7211C/P5，32308，N304。

解

6308/P6：深沟球轴承 内径40 mm 尺寸系列03 公差等级6级 0组游隙

6021：深沟球轴承 内径105 mm 尺寸系列10 公差等级0级 0组游隙

7211C/P5：角接触球轴承 内径55 mm 尺寸系列02 公差等级5级 0组游隙 接触角15°

32308：圆锥滚子轴承 内径40 mm 尺寸系列23 公差等级0级 0组游隙

N304：圆柱滚子轴承 内径20 mm 尺寸系列03 公差等级0级 0组游隙

12.2.3 滚动轴承类型的选择

选用轴承时，首先是选择轴承类型。轴承类型的选择应根据各类轴承的特点和轴承工作时的受载情况、转速情况、轴承的调心性能以及装拆和价格要求等确定。

1. 轴承的载荷

轴承所受载荷的大小、方向和性质，是选择轴承类型的主要依据。

根据载荷的大小选择轴承类型时，由于滚子轴承中主要元件间是线接触，宜用于承受较大的载荷，承载后的变形也较小。而球轴承中则主要为点接触，宜用于承受较轻的或中等的载荷。故在载荷较小时，可优先选用球轴承。

根据载荷的方向选择轴承类型时，对于纯轴向载荷，一般选用推力轴承；较小的纯轴向载荷可选用推力球轴承；较大的纯轴向载荷可选用推力滚子轴承。对于纯径向载荷，一般选用深沟球轴承、圆柱滚子轴承或滚针轴承。当轴承在承受径向载荷的同时，还有不大的轴向载荷时，可选用深沟球轴承或接触角不大的角接触球轴承或圆锥滚子轴承；当轴向载荷较大时，可选用接触角较大的角接触球轴承或圆锥滚子轴承，或者选用向心轴承和推力轴承组合在一起的结构，分别承受径向载荷和轴向载荷(如图 12-18 一端固定一端游动支撑方案之三)。

2. 轴承的转速

在一般转速下，转速的高低对类型的选择没什么影响，只有在转速较高时，才会有比较显著的影响。轴承样本中列入了各种类型、各种尺寸轴承的极限转速 n_{lim} 值。这个转速是指载荷不太大(当量动载荷 $P \leqslant 0.1C$, C 为基本额定动载荷)，冷却条件正常，且为 0 级公差轴承时的最大允许转速。但是，由于极限转速主要是受工作时温升的限制，因此，不必认为样本中的极限转速是一个绝对不可超越的界限。从工作转速对轴承的要求看，可以确定以下几点：

(1) 转速高、载荷小、旋转精度要求高时，宜选用球轴承。而转速低、负载大，或有冲击载荷时，应选用滚子轴承。球轴承比滚子轴承有较高的极限转速和旋转精度，但抗冲击能力却弱于滚子轴承。

(2) 高速运转时，滚动体越大，滚动体加在外圈滚道上的离心惯性力越大。因此，对于同一直径系列的轴承，高速运转时，宜选用外径较小的轴承，外径较大的轴承则适宜于低速重载的场合。

(3) 推力轴承工作转速高时，滚动体会受到较大的离心力作用，滚动体与套圈之间的摩擦磨损严重，因此，只适合于轴向载荷大而转速低的场合。

(4) 保持架的材料与结构对轴承的运转速度影响很大。实体保持架比冲压保持架允许的转速高，青铜实体保持架允许的转速更高。

(5) 轴承的公差等级、径向游隙的大小以及润滑和冷却措施都能改善轴承的高速性能。

3. 轴承的调心性能

当轴的中心线与轴承座中心线不相重合有角度偏差，或者由于轴受力而弯曲或倾斜均会使轴承的内、外圈轴线发生偏差，而严重影响轴承的寿命，这时应该选用具有调心性能的轴承。这类轴承在轴与轴承座孔的轴线有不大的相对偏斜时仍能正常工作。

圆柱滚子轴承和滚针轴承对轴承的偏斜最为敏感，这类轴承在偏斜状态下的承载能力可能低于其他轴承。因此，在轴的刚度和轴承座孔的支承刚度较低时，应尽量避免使用这类轴承。

各类轴承内圈轴线相对于外圈轴线的偏斜角均有一定的限制见表 12-1。滚子轴承对轴线偏斜的敏感性比球轴承高。

4. 其他

轴承的安装尺寸、装拆、调整要求以及价格因素等也是选用轴承类型时应该考虑的问题。

12.3 滚动轴承的载荷及应力

轴承类型确定后，就需要进一步确定轴承的尺寸了，尺寸的确定通常是根据轴承受载情况、可能的失效形式确定相应的设计计算准则。

12.3.1 滚动轴承的载荷

1. 轴承工作时轴承元件上的载荷分布

以向心轴承为例。当轴承工作的某一瞬间，滚动体处于如图 12-6 所示的位置时，径向载荷 F_r，通过轴颈作用于内圈，位于上半圈的滚动体不受此载荷作用，而由下半圈的滚动体将此载荷传到外圈上。假设内、外圈除了与滚动体接触处共同产生的局部接触变形外，它们的几何形状并不改变，这时，在载荷 F_r 的作用下，内圈的下沉量 δ_0 就是在 F_r 作用线上的接触变形量。按变形协调关系，不在载荷 F_r 作用线上的其他各点的径向变形量为 $\delta_i = \delta_0\cos(i\gamma)$，$i = 1, 2, \cdots$。也就是说，真实的变形量的分布是中间最大，向两边逐渐减小，如图 12-6 所示。可以进一步判断，接触载荷也是处于 F_r 作用线上的接触点处最大，向两边逐渐减小。各滚动体从开始受载到受载终止所对应的区域叫做承载区。

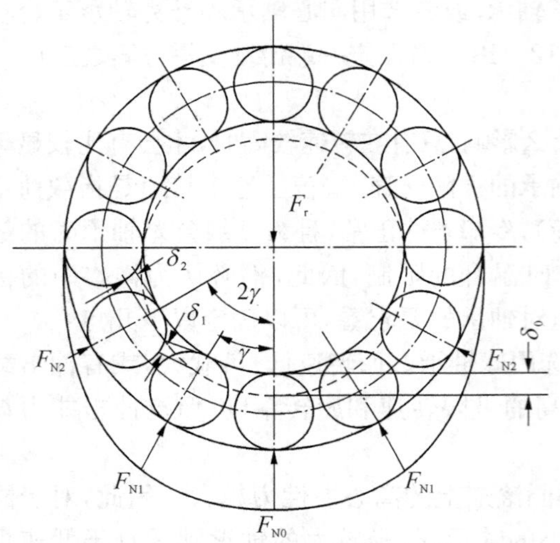

图 12-6 滚动轴承径向载荷分布

根据力平衡原理，所有滚动体作用在内圈上的反力 F_{Ni} 的向量之和必定等于径向载荷 F_r。

对于接触角 $\alpha=0°$ 的向心轴承，经过变形和受力分析，可求出受载最大的滚动体受到的最大载荷为

$$\text{点接触轴承 } F_{max} = 4.37F_r/z \approx 5F_r/z$$
$$\text{线接触轴承 } F_{max} = 4.08F_r/z \approx 4.6F_r/z$$

式中，F_r 为轴承所受到的径向力；z 为轴承滚动体的总数目。

应该指出，实际上由于轴承内部存在游隙，因此由径向载荷 F_r 产生的承载区的范围将小于 180°。也就是说，不是下半圈滚动体全部受载。这时，如果同时作用有一定的轴向载荷，则可以使承载区扩大。

2. 轴承工作时轴承原件上的载荷及应力的变化

轴承工作时，各个元件上所受的载荷及产生的应力是随时变化的。根据上面的分析，当滚动体进入承载区后，所受载荷即由零逐渐增加到 F_{N2}、F_{N1} 直到最大 F_{N0}，然后再逐渐降低到 F_{N1}、F_{N2} 而至零如图 12-6 所示。就滚动体上某一点而言，它的载荷及应力是周期性地不稳定变化的，如图 12-7(a)所示。

滚动轴承工作时，可以是外圈固定、内圈转动，也可以是内圈固定、外圈转动。对于固定套圈，处在承载区内的各接触点，按其所在位置的不同，将受到不同的载荷。处于 F_r 作用线上的点将受到最大的接触载荷。对于每一个具体的点，每当一个滚动体滚过时，便承受一次载荷，其大小是不变的，也就是承受稳定的脉动循环载荷的作用，如图 12-7(b)所示。载荷变动的频率快慢取决于滚动体中心的圆周速度，当内圈固定外圈转动时，滚动体中心的运动速度较大，故作用在固定套圈上的载荷的变化频率也较高。

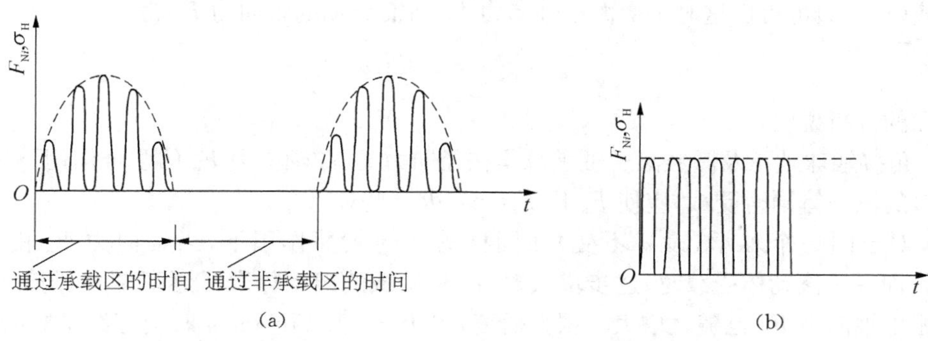

图 12-7　轴承元件上的载荷及应力变化情况

3. 轴向载荷对载荷分布的影响

对于角接触球轴承和圆锥滚子轴承，(现以圆锥滚子轴承为例)承受径向载荷 F_r 时，如图 12-8 所示，由于滚动体与滚道的接触线与轴承轴线之间夹一个接触角 α，因而各滚动体的反力 F'_{Ni} 并不指向半径方向，它可以分解为一个径向分力和一个轴向分力。用 F_{Ni} 代表某一个滚动体反力的径向分力如图 12-8(b)所示，则相应的轴向分力 F_{di} 应等于 $F_{Ni}\tan\alpha$。所有径向分力 F_{Ni} 的向量和与径向载荷 F_r 相平衡；所有的轴向分力 F_{di} 之和组成轴承的派生轴向力 F_d，它迫使轴颈(连同轴承内圈和滚动体)有向右移动的趋势，这应由轴向力 F_a 来平衡。

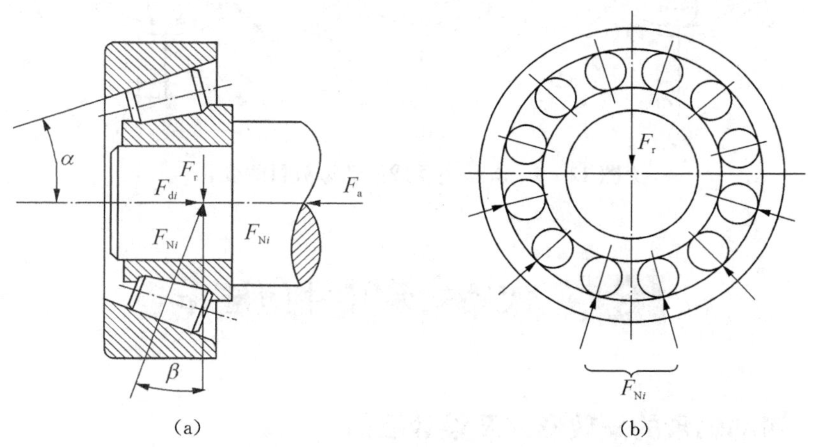

图 12-8　圆锥滚子轴承的受力

当只有最下面一个滚动体受载时

$$F_a = F_d = F_r \tan\alpha \tag{12-1}$$

当受载的滚动体数目增多时，虽然在同样的径向载荷 F_r 的作用下，但派生的轴向力 F_d 将增大，即

$$F_d = \sum_{i=1}^{n} F_{di} = \sum_{i=1}^{n} F_{Ni}\tan\alpha > F_r\tan\alpha \tag{12-2}$$

式中，n 为受载的滚动体数目；F_{di} 为作用于各滚动体上的派生轴向力；F_{Ni} 为作用于各滚动体上的径向分力。

由式(12-2)可得出这时平衡派生轴向力 F_d 所需施加的轴向力 F_a 为

$$F_a = F_d > F_r \tan\alpha \tag{12-3}$$

上面的分析说明：

(1) 角接触球轴承及圆锥滚子轴承总是在径向力 F_r 和轴向力 F_a 的联合作用下工作，为了使较多的滚动体同时受载，应使 F_a 比 $F_r \tan\alpha$ 大一些；

(2) 对于同一个轴承(设 α 不变)在同样的径向载荷作用下，当轴向力 F_a 由最小值($F_r \tan\alpha$,即一个滚动体受载时)逐步增大时，同时受载的滚动体数目逐渐增多，与轴向力 F_a 平衡的派生轴向力 F_d 也随之增大。根据研究，当 $F_a \approx 1.25F_r \tan\alpha$ 时会有约半数的滚动体同时受载(图 12-9(b))；当 $F_a \approx 1.7F_r \tan\alpha$ 时，开始使全部滚动体同时受载[图 12-9(c)]。

应该指出，对于实际工作的角接触球轴承或圆锥滚子轴承，为了保证它能可靠地工作，应使它至少达到下半圈的滚动体全部受载。因此，在安装这类轴承时，不能有较大的轴向窜动量。

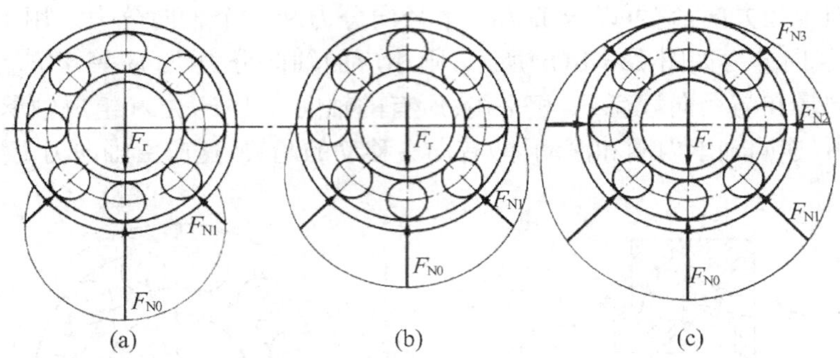

图 12-9　轴承中受载滚动体数目的变化

12.4　滚动轴承尺寸的选择

12.4.1　滚动轴承的失效形式及设计准则

由于滚动轴承工作时内、外套圈间有相对运动，滚动体既要自转，又要绕轴承中心公转，轴承内、外圈及滚动体工作时受到的载荷的大小和方向都是在变化的，因此滚动轴承主要的失效形式是滚动体或内外套圈滚道上的疲劳点蚀破坏和静强度不足的塑性变形。此外，受使用维护保养不当或润滑、密封不良等因素影响，还会发生轴承的磨损、烧伤等失效。

轴承尺寸的计算，是指针对轴承的主要失效形式——点蚀破坏，进行轴承寿命计算及抗塑性变形的静强度计算。

12.4.2　滚动轴承的寿命和基本额定寿命

一个滚动轴承的寿命是指该轴承的一个套圈或滚动体的材料首次出现疲劳点蚀前，一

个套圈相对于另一个套圈所能经历的总的转数，也可以用恒定转速下轴承运转的小时数表示。

对于一批同一型号的滚动轴承，由于制造精度、材料质地的均匀性等的差异，即使是使用相同的材料、热处理制造工艺，结构尺寸完全相同，使用条件相同，轴承的寿命却离散性很大，甚至会相差几十倍。因此，对某一个具体的轴承，是很难预知其确切的寿命的。

经过大量的轴承寿命试验，经统计，表明轴承在同样的工作条件下的可靠性与寿命之间有图 12－10 所示的关系。从图中可以看出，轴承的最长工作寿命与最早破坏的轴承的寿命可相差几倍甚至几十倍。可靠性用可靠度 R 来衡量。可靠度是指一批相同规格的轴承能达到或超过某个规定寿命的百分率。机械设计选择轴承时常以基本额定寿命为依据。

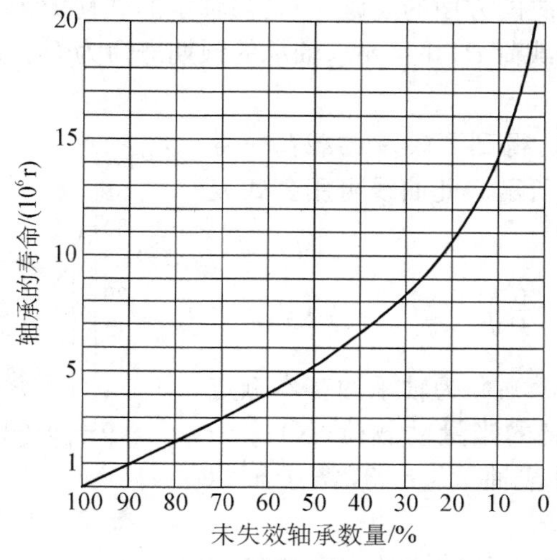

图 12－10　滚动轴承寿命分布曲线

我们规定：一组在相同条件下运转的近乎相同的轴承，将其可靠度为 90％时的寿命作为标准寿命，即按一组轴承中 10％的轴承发生点蚀破坏，而 90％的轴承不发生点蚀破坏前的转数(以 10^6r 为单位)或工作小时数作为轴承的寿命，并把这个寿命叫做基本额定寿命，以 L_{10} 表示。对单个轴承来说，能够达到或超过此寿命的概率为 90％。实际轴承的寿命有 10％是小于此基本额定寿命的，而有 90％的轴承却大于或等于此寿命。

12.4.3　基本额定动载荷

轴承的寿命与所受载荷的大小有关，工作载荷越大，引起的接触应力也就越大，因而在发生点蚀破坏前所能经受的应力变化次数也就越少，亦即轴承的寿命越短。为了比较不同类型和规格尺寸轴承的承载能力，轴承国家标准中规定了轴承的基本额定动载荷的概念。

基本额定动载荷就是使轴承的基本额定寿命恰好是 10^6 转时，轴承所能承受的载荷值，用字母 C 表示。也就是说，在基本额定动载荷作用下，轴承可以工作 10^6 转而不发生点蚀破坏，且其可靠度为 90％。对向心轴承，其基本额定动载荷指的是纯径向载荷，并称为径向基本额定动载荷，常用字母 C_r 表示；对推力轴承，指的是纯轴向载荷，并称为轴向基本额定动载荷，常用字母 C_a 表示；而对于角接触球轴承和圆锥滚子轴承，则指的是使其套圈间产生纯径向位移的载荷的径向分量。

不同类型和型号的轴承有不同的基本额定动载荷值，它表征了不同型号轴承的承载特性。在轴承样本中，对每个型号的轴承都给出了它的基本额定动载荷值。需要时可以直接从轴承样本手册中查取。轴承的基本额定动载荷是在大量的试验研究的基础上，通过理论分析而得出来的。

12.4.4 滚动轴承的寿命计算

具有基本额定动载荷 C 的轴承，当它承受的载荷 P（指当量动载荷）恰好是 C 时，其基本额定寿命 L_{10} 就是 10^6 r。但是实际轴承的载荷 P 往往不一定就等于 C，当载荷增大时，其基本额定寿命 L_{10} 就减少；而载荷减小时，基本额定寿命 L_{10} 就提高。

轴承的寿命计算要解决两方面的问题：一是当轴承的载荷 $P \neq C$ 时，轴承的寿命是多少？另一个问题是已知轴承的载荷 P，并且要求轴承的预期寿命为 L_{10}，这时应该选用具有多大基本额定动载荷值的轴承？

经过大量的试验研究，得到了轴承的载荷—寿命曲线规律，如图 12-11 所示。此曲线可用公式表达为

$$L_{10} = \left(\frac{C}{P}\right)^{\varepsilon} \qquad (12-4)$$

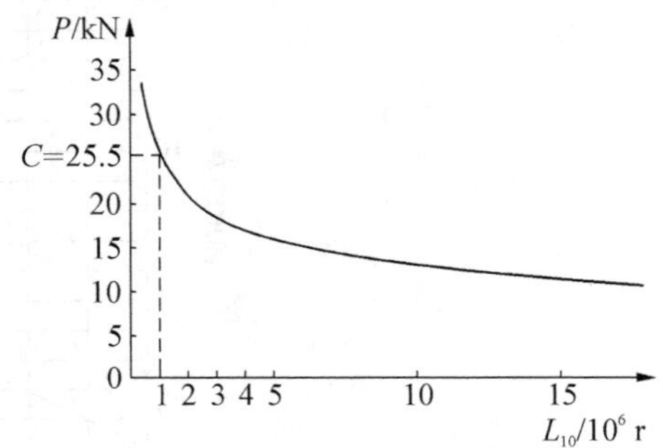

图 12-11 轴承的载荷—寿命曲线

式中，L_{10} 为轴承的寿命，10^6 r；C 为轴承的基本额定动载荷(N)；P 为轴承受到的当量动载荷(N)；ε 为轴承寿命计算的指数，对球轴承 $\varepsilon = 3$，滚子轴承 $\varepsilon = 10/3$。

实际计算时，用小时数表示轴承的寿命比较方便，用 n 表示轴承的转速，可将式(12-4)改写为

$$L_{\mathrm{h}} = \frac{10^6}{60n}\left(\frac{C}{P}\right)^{\varepsilon} \qquad (12-5)$$

如果载荷 P 和转速 n 已知，预期寿命 L'_{h} 见表 12-3 又已经取定，则所需轴承应具有的基本额定动载荷 C，可将上述两个公式作适当的变形，也就可以解决轴承寿命计算的第二个问题了。

$$C = P\sqrt[\varepsilon]{\frac{60nL'_{\mathrm{h}}}{10^6}} \qquad (12-6)$$

表 12-3 轴承预期寿命值 L'_{h}

机器类型	预期使用寿命 L'_{h}/h
不经常使用的仪器或设备，如闸门开闭装置等	300～3 000
短期或间断使用的机械，中断使用不致引起严重后果，如手动机械等	3 000～8 000
间断使用的机械，中断使用后果严重，如发动机辅助设备、流水作业线自动传送装置、升降机、车间吊车、不常使用的机床等	8 000～12 000

续 表

机器类型	预期使用寿命 L'_h/h
每日8小时工作的机械(利用率不高),如一般的齿轮传动、某些固定电动机等	12 000～20 000
每日8小时工作的机械(利用率较高),如金属切削机床、连续使用的起重机、木材加工机械、印刷机械等	20 000～30 000
24小时连续工作的机械,如矿山升降机、纺织机械、泵、电动机等	40 000～60 000
24小时连续工作的机械,中断使用后果严重,如纤维生产或造纸设备、发电站主电机、矿井水泵、船舶螺旋桨轴等	100 000～200 000

在轴承样本中列出的基本额定动载荷值 C 是对一般轴承而言,考虑到有些轴承在温度高于120℃的条件下工作,轴承材料的硬度会下降,轴承的基本额定动载荷值也会有所下降。因此引入温度系数 f_t 对 C 值进行修正,其值可参考表12-4。修正后的轴承寿命计算式为

$$L_{10} = \left(\frac{f_t C}{P}\right)^{\varepsilon} \tag{12-7}$$

$$L_h = \frac{10^6}{60n}\left(\frac{f_t C}{P}\right)^{\varepsilon} \tag{12-8}$$

$$C = \frac{P}{f_t}\sqrt[\varepsilon]{\frac{60nL'_h}{10^6}} \tag{12-9}$$

表12-4 温度系数 f_t

轴承工作温度/℃	≤120	125	150	175	200	225	250	300	350
温度系数 f_t	1.00	0.95	0.90	0.85	0.80	0.75	0.70	0.60	0.50

[例12-2] 试求N207E轴承允许的最大径向载荷。已知轴工作转速 $n=200$ r/min,工作温度 $t<120$℃,预期寿命 $L'_h=10\ 000$ h。

解 N207E为圆柱滚子轴承,属于向心轴承,承受纯径向力,由公式 $L_h = \frac{10^6}{60n}\left(\frac{f_t C}{P}\right)^{\varepsilon}$ 可得

$$P = f_t C\sqrt[\varepsilon]{\frac{10^6}{60nL'_h}}$$

有机械设计手册查得N207E轴承标准(GB/T 283—2007)得 $C=C_r=46.5$ kN

查表12-4得温度系数

$$f_t = 1,\ \varepsilon = 10/3$$

将数据代入上式可得

$$P = f_t C\sqrt[\varepsilon]{\frac{10^6}{60nL'_h}} = 1\times 46.5\sqrt[\frac{10}{3}]{\frac{10^6}{60\times 200\times 10\ 000}} = 10.8\ \text{kN}$$

故N207E轴承可承受的最大载荷为10.8 kN。

12.4.5 滚动轴承的当量动载荷

滚动轴承的基本额定动载荷是在一定的运转条件下确定的。如载荷条件为:向心轴承仅承受纯径向载荷 F_r,推力轴承仅承受纯轴向载荷 F_a,实际上,轴承在许多应用场合,常常同时承受径向载荷 F_r 和轴向载荷 F_a。因此,在进行轴承寿命计算时,必须把实际载荷转换为与确定基本额定动载荷的载荷条件相一致的当量动载荷(用字母 P 表示)。这个当量动载荷,对于以承受径向载荷为主的轴承,称为径向当量动载荷,具体用 P_r表示;对于以承受轴向载荷为主的轴承,称为轴向当量动载荷,具体用 P_a表示。当量动载荷 P(P_r或 P_a)的一般计算公式为

$$P = XF_r + YF_a \tag{12-10}$$

式中,X 为径向载荷系数,见表 12-5;Y 为轴向载荷系数,见表 12-5。

对于只能承受纯径向载荷的轴承:$P = F_r$

对于只能承受纯轴向载荷的轴承:$P = F_a$

表 12-5　　径向载荷系数 X 和轴向载荷系数 Y

轴承类型		相对轴向载荷	$F_a/F_r \leqslant e$		$F_a/F_r > e$		判断系数 e
名称	代号	F_a/C_0	X	Y	X	Y	
调心球轴承	10000	—	—	1	(Y_1)	0.65	(Y_2)
调心滚子轴承	20000	—	—	1	(Y_1)	0.67	(Y_2)
圆锥滚子轴承	30000	—	1	0	0.40	(Y)	(e)
深沟球轴承	60000	0.025 0.040 0.070 0.130 0.250 0.500	1	0	0.56	2.0 1.8 1.6 1.4 1.2 1.0	0.22 0.24 0.27 0.31 0.37 0.44
角接触球轴承	70000C α=15°	0.015 0.029 0.058 0.087 0.120 0.170 0.290 0.440 0.580	1	0	0.44	1.47 1.40 1.30 1.23 1.19 1.12 1.02 1.00 1.00	0.38 0.40 0.43 0.46 0.47 0.50 0.55 0.56 0.56
	70000AC α=25°	—	1	0	0.41	0.87	0.68
	70000B α=40°	—	1	0	0.35	0.57	1.14

对同时承受径向载荷 F_r 和轴向载荷 F_a 作用的轴承，当量动载荷 P 按式(12－10)计算，这时需要确定径向载荷系数 X 和轴向载荷系数 Y。计算确定步骤如下：

(1) 根据轴承的实际载荷 F_r 和 F_a，求比值 F_a/F_r。

(2) 确定判断系数 e。参数 e 反映的是轴承轴向承载能力的大小，其值大小与轴承类型及 F_a/C_0 值有关，由轴承行业的研究部门制订，见表 12－5。C_0 是轴承的基本额定静载荷，可由轴承手册查得。

(3) 比较判定是 $F_a/F_r>e$ 还是 $F_a/F_r\leqslant e$，则可继续按表 12－5 的相应列确定系数 X 和 Y。表中未直接给出的 y 和 e 值，可以到相应的轴承标准中查表。

(4) 计算得当量动载荷值 $P = XF_r + YF_a$。

上述求得的轴承的当量动载荷均是按照理想工作条件获得的，而机械在实际工作中会受到一些冲击、振动、惯性以及轴和轴承座的变形等附加力的影响，因而引入载荷系数 f_P 对轴承载荷进行修正，这时

$$P = f_P(XF_r + YF_a) \tag{12-11}$$

式中，f_P 为与机械运转平稳性有关的载荷系数，见表 12－6。

对于只能承受纯径向载荷的轴承：$P = f_P F_r$

对于只能承受纯轴向载荷的轴承：$P = f_P F_a$

表 12－6　载荷系数 f_P

载荷性质	f_P	举　例
无冲击或轻微冲击	1.0～1.2	电动机、汽轮机、通风机、水泵等
中等冲击或中等惯性冲击	1.2～1.8	车辆、动力机械、起重机、造纸机、冶金机械、选矿机、卷扬机、机床等
强大冲击	1.8～3.0	破碎机、轧钢机、钻探机、振动筛等

12.4.6 角接触球轴承和圆锥滚子轴承的径向载荷 F_r 及轴向载荷 F_a 的计算

1. 安装方式

当角接触球轴承和圆锥滚子轴承承受纯径向载荷 F_{re} 时，由于它们的结构特点，要产生内部派生轴向力 F_d，因此这类轴承在工作时总存在轴向力。为了使这类轴承的轴向力得到平衡，保证轴承正常工作，这两种轴承必须成对使用，对称安装，其安装有两种方式，如图 12－13 所示。

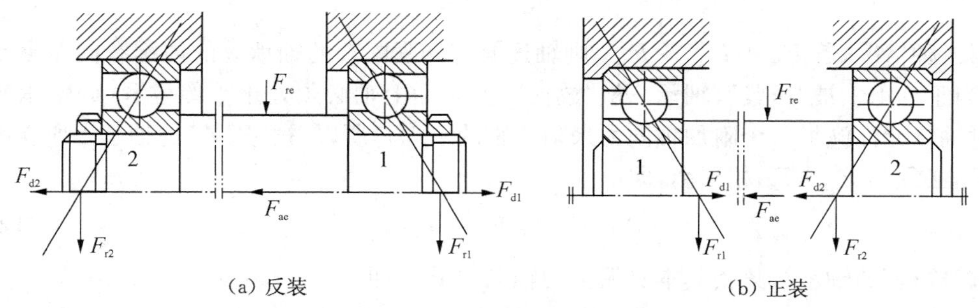

(a) 反装　　(b) 正装

图 12－13　角接触球轴承的安装方式

两轴承外圈宽边相对，内部派生轴向力 F_{d1} 和 F_{d2} 的方向相背离，称为轴承反装或背靠背安装，结构如图 12－13(a)所示。

两轴承外圈窄边相对，内部派生轴向力 F_{d1} 和 F_{d2} 的方向面对面，称为轴承正装或面对面安装，结构如图 12－13(b)所示。

2. 轴承径向力 F_{r1} 和 F_{r2} 的确定

若轴上有径向力 F_{re} 作用，根据力平衡条件可以计算出两个轴承上的径向载荷 F_{r1} 和 F_{r2}，如果 F_{re} 的大小及作用位置确定时，径向载荷也就随之确定了。

3. 轴承轴向力 F_{a1} 和 F_{a2} 的确定

计算角接触球轴承和圆锥滚子轴承的轴向力时，除了要考虑轴向外载荷 F_{ae} 的作用，还必须将轴承的内部派生轴向力 F_d 考虑进去，即必须考虑轴承受到的轴向外载荷和内部载荷。

一对轴承的内部派生轴向力的大小可根据轴承的类型和该对轴承受到的径向载荷 F_{r1} 和 F_{r2} 的大小计算得到，派生的轴向力 F_{d1} 和 F_{d2} 可根据表 12－7 中的公式进行计算。

表 12－7　　角接触轴承派生轴向力 F_d 的计算公式

圆锥滚子轴承	角接触球轴承		
	70000C($\alpha=15°$)	70000AC($\alpha=25°$)	70000B($\alpha=40°$)
$F_d=\frac{F_r}{2Y}$[①]	$F_d=eF_r$[②]	$F_d=0.68F_r$	$F_d=1.14F_r$

注：1. Y 是对应表 12－5 中 $F_a/F_r>e$ 的 Y 值；
2. e 值由表 12－5 查出。

一对轴承的内部派生轴向力 F_{d1} 和 F_{d2} 的方向，则可根据轴承的正、反装判定，如图 12－13 所示。

一对轴承受到的轴向力 F_{a1} 和 F_{a2} 的大小，要根据轴上外载荷 F_{ae} 及该对轴承的内部派生轴向力 F_{d1} 和 F_{d2} 的大小和方向确定。如图 12－13(b)所示的正装轴承为例，计算步骤如下：

(1) 画轴承结构安装和受力简图，判断 F_{ae}、F_{d1} 和 F_{d2} 的方向。这里，F_{ae} 和 F_{d2} 方向相同，F_{d1} 与它们的方向相反。

(2) 计算 F_{ae} 与 F_{d2} 的和，并比较其与 F_{d1} 的大小。

将轴和内圈视为一体，并以它为脱离体考虑轴系的轴向平衡，就可确定各轴承承受的轴向载荷。根据如图 12－13 所示中，可能的情况有三种，即：

第一种情况，若 $F_{ae}+F_{d2}=F_{d1}$，则轴系平衡，轴承受到的轴向力为

$$F_{a1}=F_{d1} \tag{12-12}$$

$$F_{a2}=F_{d2} \tag{12-13}$$

第二种情况，若 $F_{ae}+F_{d2}>F_{d1}$，则轴连同与其紧配合的轴承 2 的内圈有向左窜动的趋势，相当于轴承 1 被“压紧”，轴承 2 被“放松”，但实际上轴必须处于平衡位置(即轴承座必然要通过轴承元件施加一个附加轴向力来阻止轴的窜动)，所以，被“压紧”的轴承 1 所受的总轴向力 F_{a1} 必须与 $F_{ae}+F_{d2}$ 相平衡，即

$$F_{a1}=F_{ae}+F_{d2} \tag{12-14}$$

被“放松”的轴承 2 只受其本身派生的轴向力 F_{d2}，即

$$F_{a2}=F_{d2} \tag{12-15}$$

第三种情况，$F_{ae}+F_{d2}<F_{d1}$，根据前述可知，轴承1被“放松”，轴承2被“压紧”，也就是说，被“放松”的轴承1受到自身派生轴向力，即

$$F_{a1}=F_{d1} \tag{12-16}$$

而被压紧的轴承2所受的总轴向力为

$$F_{a2}=F_{d1}-F_{ae} \tag{12-17}$$

轴承反装时的计算方法与正装时的一样，在此不再赘述。

(3) 结论。

一对角接触球轴承(或一对圆锥滚子轴承)正装或反装，受载后，被“放松”端轴承的轴向载荷等于它本身的内部轴向力，被“压紧”端轴承的轴向载荷等于除本身内部轴向力外其余轴向力的代数和。

12.4.7 滚动轴承的静载荷

前面我们知道，轴承的正常失效形式是点蚀破坏。但是，对于那些在工作载荷下基本上不旋转的轴承(例如起重机吊钩上用的推力轴承)，或者缓慢地摆动以及转速极低的轴承，如果还是按照点蚀破坏来选择轴承的尺寸，那就不符合轴承的实际失效形式了。因为在这些情况下，滚动接触面上的接触应力过大，而使材料表面引起不允许的塑性变形才是轴承的失效形式。这时应按轴承的静强度来选择轴承的尺寸。为此，必须对每个型号的轴承规定一个不能超过的外载荷界限。GB/T 4662—1993 规定，使受载最大的滚动体与滚道接触中心处引起的接触应力达到一定值(对于向心球轴承为 4 200 MPa)的载荷，作为轴承静强度的界限，称为基本额定静载荷，用 C_0 表示。实践证明，在上述接触应力作用下所产生的永久接触变形量，除了对那些要求转动灵活性高和振动低的轴承外，一般不会影响其正常工作。

轴承样本中列有各型号轴承的基本额定静载荷值，以供选择轴承时查用。

轴承上作用的径向载荷 F_r 和轴向载荷 F_a，应折合成一个当量静载荷 P_0，即

$$P_0=X_0F_r+Y_0F_a \tag{12-18}$$

式中，X_0 和 Y_0 分别为当量静载荷的径向载荷系数和轴向载荷系数，其值可查轴承手册。

按轴承静载能力选择轴承的公式为

$$C_0\geqslant S_0P_0 \tag{12-19}$$

式中，S_0 为静强度安全系数，其值可查表 12-8。

表 12-8　静强度安全系数 S_0

旋转条件	载荷条件	S_0	使用条件	S_0
连续旋转轴承	普通载荷	1～2	高精度旋转场合	1.5～2.5
	冲击载荷	2～3	振动冲击场合	1.2～2.5
不常旋转及作摆动运动的轴承	普通载荷	0.5	普通旋转精度场合	1.0～1.2
	冲击及不均匀载荷	1～1.5	允许有变形量	0.3～1.0

[例 12-3] 某传动装置轴，选用两只单列深沟球轴承，轴颈直径 $d=35$ mm，轴的转速

$n=1\,800$ r/min，预期寿命 $L'_h=8\,000$ h。若作用在轴上的径向力 $F_{r1}=1\,500$ N，$F_{r2}=2\,500$ N，中等冲击，试确定轴承型号。

解 (1) 要求计算该轴承应具有的基本额定动载荷值 C，首先要确定轴承的当量动载荷 $P=f_P(XF_r+YF_a)$；因为选用深沟球轴承，$\varepsilon=3$，且不受轴向力，因此 $X=1$、$Y=0$；工作受中等冲击，由表 12-6 查得 $f_P=1.6$。

因此，两轴承的当量动载荷为

$$P_1=f_P(X_1F_{r1}+Y_1F_{a1})=1.6\times(1\times1\,500)=2\,400\text{ N}$$
$$P_2=f_P(X_2F_{r2}+Y_2F_{a2})=1.6\times(1\times2\,500)=4\,000\text{ N}$$

一般来说，两个轴承采用同一型号时，可按当量动载荷较大的一个轴承计算其基本额定动载荷值，则

$$C'=P_2\sqrt[\varepsilon]{\frac{60nL'_h}{10^6}}=4\,000\times\sqrt[3]{\frac{60\times1\,800\times8\,000}{10^6}}=38\,097\text{ N}$$

(2) 选择轴承型号。根据 $d=35$ mm，$C>C'$ 查轴承标准(GB/T 276—1994)，应选用 6407 型轴承，其值 $C=42\,630$ N。

[**例 12-4**] 一转轴上安装一对角接触球轴承，如图 12-13(b)所示。已知两个轴承所受的径向力分别为 $F_{r1}=1\,580$ N，$F_{r2}=1\,980$ N，轴向外载荷 $F_{ae}=880$ N，有轻微冲击，常温下工作，要求轴承的使用寿命 $L'_h=5\,000$ h。试选出轴承的型号。

解 (1) 预选轴承型号。

考虑轴承的载荷速度及工作条件，预选单列角接触球轴承 7209AC。查手册(GB/T 292—2007)，得 $C=36\,800$ N。

(2) 计算轴承的轴向力 F_{a1}，F_{a2}。

7209AC 轴承受径向力时会产生派生轴向力，查表 12-7，可知 $F_d=0.68F_r$，所以

$$F_{d1}=0.68F_{r1}=0.68\times1\,580=1\,074.4\text{ N}$$
$$F_{d2}=0.68F_{r2}=0.68\times1\,980=1\,346.4\text{ N}$$

如图 12-13(b)所示，这一对轴承正装，则 F_{d2} 与 F_{ae} 同向

$$F_{ae}+F_{d2}=880+1\,346.4=2\,226.4\text{ N}>F_{d1}=1\,074.4\text{ N}$$

因此，轴承 1 被“压紧”，轴承 2 被“放松”。则有

$$F_{a2}=F_{d2}=1\,346.4\text{ N}$$
$$F_{a1}=F_{ae}+F_{d2}=880+1\,346.4=2\,226.4\text{ N}$$

(3) 计算轴承的当量动载荷 P_1 和 P_2。

查表 12-5 得 $e=0.68$，查表 12-6 得 $f_P=1.0$。

轴承 1：$\dfrac{F_{a1}}{F_{r1}}=\dfrac{2\,226.4}{1\,580}=1.409>e$。

查表 12-5 得 $X_1=0.41$，$Y_1=0.87$。

故 $P_1=f_P(X_1F_{r1}+Y_1F_{a1})=1.0\times(0.41\times1\,580+0.87\times2\,226.4)=2\,584.4$ N。

轴承 2：$\frac{F_{a2}}{F_{r2}} = \frac{1\,346.4}{1\,980} = 0.68 = e$。

查表 12－5 得 $X_2 = 1$，$Y_2 = 0$。

故 $P_2 = f_P(X_2F_{r2} + Y_2F_{a2}) = 1.0 \times (1 \times 1\,980 + 0 \times 1\,954.4) = 1\,980\ \text{N}$。

(4) 计算轴承 7209AC 在给定工作条件下能承受的载荷 P，即

$$P = \frac{C}{\sqrt[\varepsilon]{\frac{60nL'_h}{10^6}}} = \frac{36\,800}{\sqrt[3]{\frac{60 \times 2\,900 \times 5\,000}{10^6}}} = 3\,854.8\ \text{N}$$

因为 $P > P_1$，$P > P_2$，所以，预选的轴承合适。

12.5 滚动轴承的组合设计

为了保证轴承在机器中正常工作，在机械设计时除了合理选择轴承类型，确定轴承尺寸之外，还应正确合理地进行轴承的组合结构设计，处理好轴承与其周围零件之间的关系，也就是说，要解决轴承的定位、固定、轴承与其他零件的配合、间隙调整等问题。

12.5.1 轴承的支承结构形式

一般来说，一根轴需要两个支点，每个支点可以由一个或者一个以上的轴承组成。为了保证轴系的正常转动，传递轴向力时不发生窜动以及轴受热膨胀后不致将轴承卡死等，除了要确保轴上零件的定位和固定，还必须合理地设计轴系支点的轴向固定结构。典型的轴承的支承结构形式主要有三种：

1. 两端单向固定

这种轴系结构，在轴系的两个支点上的轴承，每一个支点轴承都只限制轴的一个方向的轴向位移，则两个支点合起来就能够限制轴的双向位移了。这种轴承固定方式称为两端单向固定。如图 12－14，图 12－15 和图 12－16 所示。它们适用于工作温度变化不大的短轴。

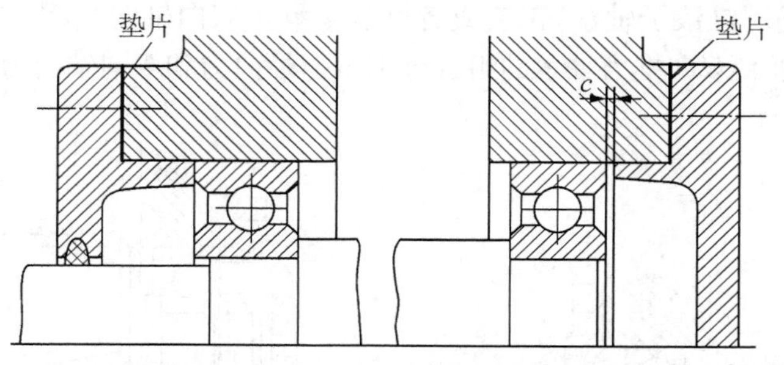

图 12－14 深沟球轴承两端单向固定

如图 12－14 所示为深沟球轴承两端单向固定的支承，这种轴承在安装时，通过调整轴承端面与机座端面之间垫片的厚度，使轴承外圈与端盖之间留有很小的轴向间隙 c，以适当补偿轴受热伸长。由于轴向间隙的存在，这种支承不能做精确的轴向定位。由于轴向间隙不能过大(避免在交变的轴向力作用下轴来回窜动)，因此，这种支承不能用于工作温度较高的场合。

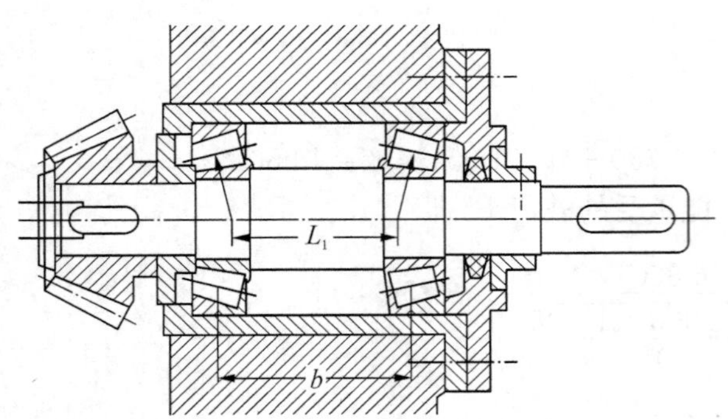

图 12-15　小锥齿轮轴支承结构之一　　图 12-16　小锥齿轮轴支承结构之二

两端单向固定还用于各个反向安装的角接触球轴承或圆锥滚子轴承，两个轴承各限制轴在一个方向的轴向移动，如图 12-15 和图 12-16 所示。安装时，通过调整轴承外圈(图 12-15)或内圈(图 12-15)的轴向位置，可使轴承达到理想的游隙或所要求的预紧程度。如图 12-15 和图 12-16 所示的结构均为悬臂支承的锥齿轮轴，从图中可看出，在支承距离 b 相同的条件下，压力中心间的距离，图 12-15 中为 L_1，图 12-16 中为 L_2，且 $L_1 < L_2$，故前者悬臂较长，支承刚性较差。在受热变形方面，因运转时轴的温度一般高于外壳的温度，轴的轴向和径向热膨胀将大于外壳的热膨胀，这时如图 12-15 所示的结构中减小了预调的间隙，可能导致卡死，而如图 12-16 所示的结构可以避免这种情况发生。

2. 一端固定，一端游动

在轴系的两个支点中，一个支点上的轴承相对于机座双向固定，可以承受双向轴向力，是固定端，当轴系因受热而伸长时，另一个支点则可沿轴向自由移动而不会使轴系卡死，称为游动端，不承受轴向力，轴承的这种支承结构形式称为一端固定，一端游动，如图 12-17，图 12-18 和图 12-19 所示。该轴系结构较为复杂，旋转精度也较高，适用于温度变化较大的长轴。

轴承的固定端应该选用具有双向轴向承载能力的轴承或者轴承组合。如图 12-17 和图 12-18 所示轴系的左端均采用深沟球轴承作为固定支承，轴承内、外圈的两侧均固定，此轴系两个方向上的轴向载荷都通过这个支点传递给机座。如图 12-20 所示为采用了一对角接触球轴承(也可以是圆锥滚子轴承)正装或者反装来承担双向轴向力，而如图 12-20 所示轴系的右端利用向心轴承和双向推力轴承的组合分别承担径向力和双向轴向力，也是一个固定端。

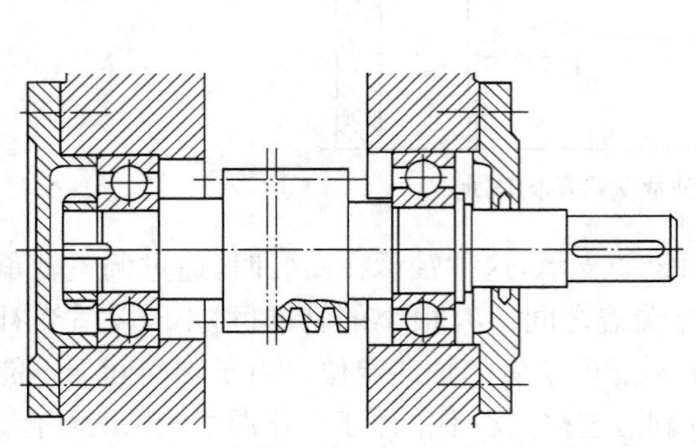

图 12-17　一端固定、一端游动支承方案一

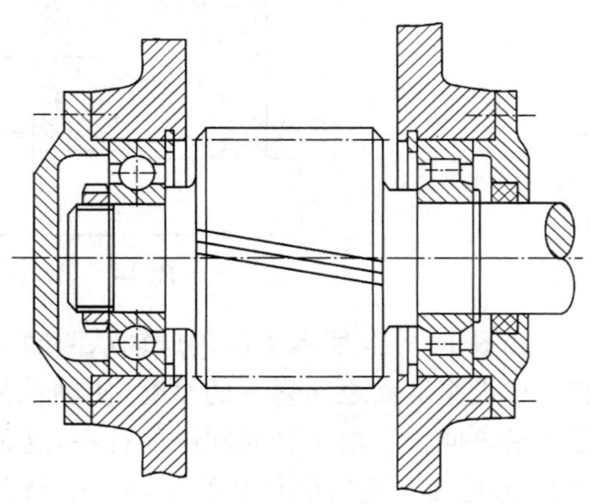

图 12-18　一端固定、一端游动支承方案二

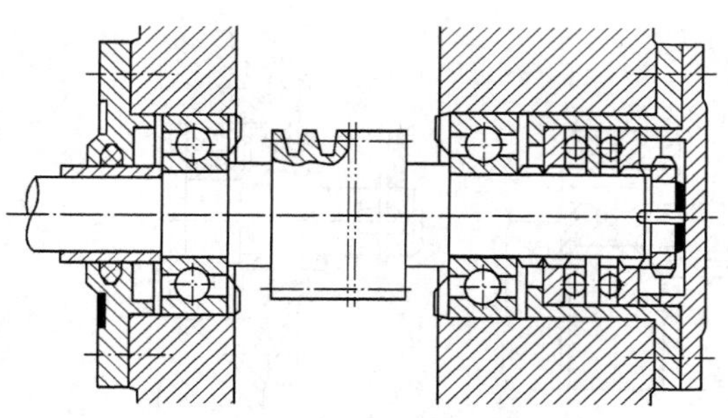

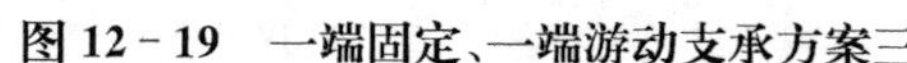

图 12-19　一端固定、一端游动支承方案三

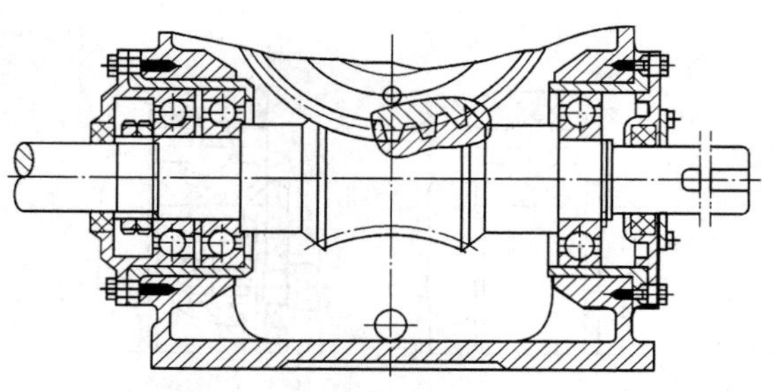

图 12-20　一端固定、一端游动支承方案四

如图 12-17,图 12-19 和图 12-20 所示的轴系右端都采用深沟球轴承做游动支承,这时轴承的外圈在轴向没有固定,因此,它不能承受轴向力。当轴因受热伸长时,轴承的外圈就可沿轴承座孔作轴向游动。如图 12-18 所示的轴系右端采用一个圆柱滚子轴承,此轴承是内外圈可分离的向心轴承,不能承受轴向力,因此可作为游动端。

3. 两端游动

如图 12-21 所示为一个两端游动的支承结构。对于一对人字齿轮轴,由于人字齿轮本身的相互轴向限位作用,它们的轴承内外圈的轴向紧固应设计成只保证其中一根轴相对机座有固定的轴向位置,而另一根轴上的两个轴承都必须是游动的,以防止齿轮卡死或人字齿的两侧受力不均匀。

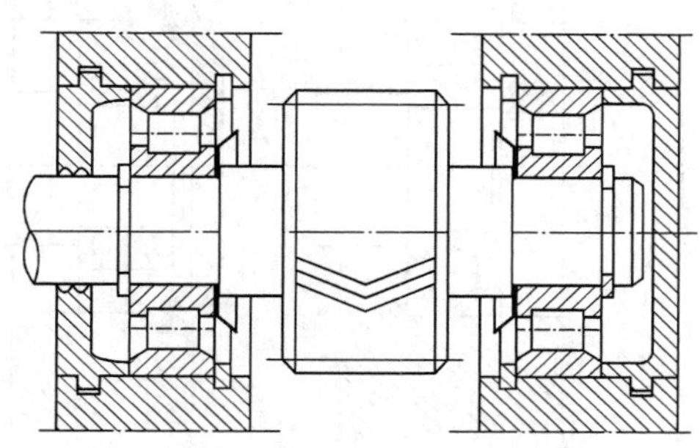

图 12-21　两端游动支承结构

12.5.2　滚动轴承的轴向固定

滚动轴承的轴向固定方法很多,现分述如下:

1. 内圈常用的轴向定位和固定方法

轴承内圈的定位通常采用轴肩或套筒。为保证轴承能顺利地进行拆卸,轴肩的高度不能超过轴承内圈高度的 3/4。

轴承内圈的另一端的轴向固定应根据轴向载荷及其转速的高低确定。

(1) 嵌入轴的沟槽内的轴用弹性挡圈,主要用于深沟球轴承及轴向力不大、转速不高的场合,如图 12-22(a)所示。

(2) 用螺钉固定轴端挡圈,可用于高转速下承受大的轴向力以及切制螺纹有困难的场合,如图 12-22(b)所示。

(3) 用圆螺母和止动垫片,也可以用于高转速下承受较大轴向力的场合,如图 12-22(c)所示。

(4) 用紧定衬套、止动垫圈和圆螺母紧固,用于光轴上的、轴向力和转速都不大的、内圈为圆锥孔的轴承,如图 12-22(d)所示。

2. 外圈常用的轴向固定方法

(1) 用嵌入外壳沟槽内的孔用弹性挡圈紧固,用于轴向力不大且需减小轴承装置的尺寸时如图 12-23(a)所示。

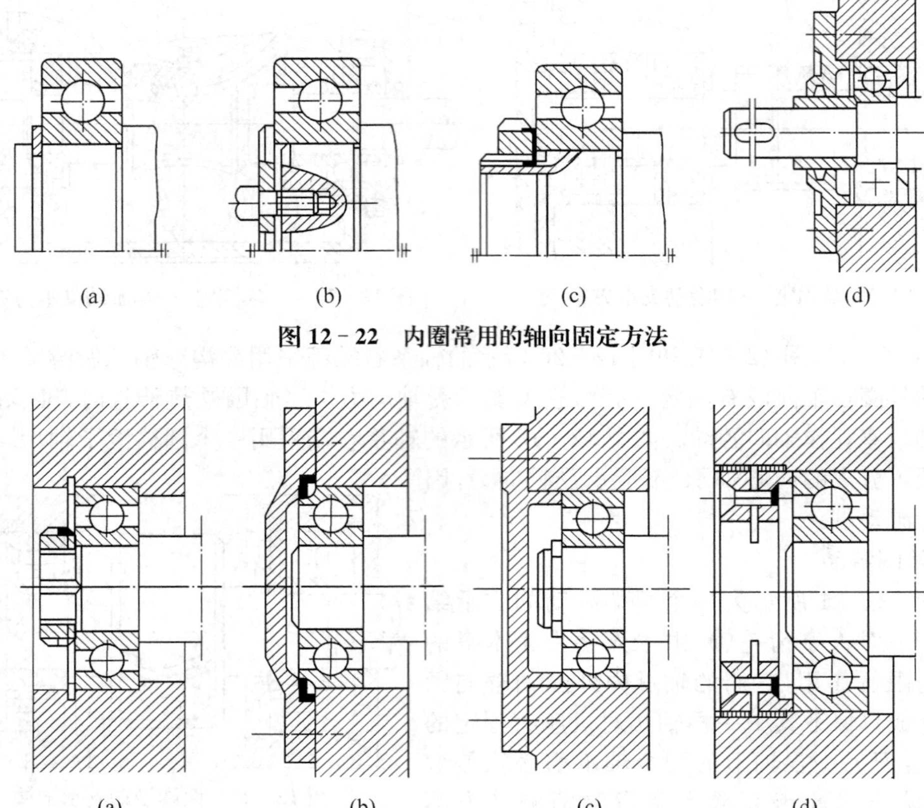

图 12-22　内圈常用的轴向固定方法

图 12-23　外圈常用的固定方法

(2) 用轴用弹性挡圈嵌入轴承外圈的止动槽内紧固，用于带有止动槽的深沟球轴承，当外壳不便设凸肩或外壳为剖分式结构，如图 12-23(b)所示。

(3) 用轴承盖紧固，用于高转速及很大轴向力时的各类向心、推力和向心推力轴承，如图 12-23(c)所示。

(4) 用螺纹环紧固，用于轴承转速高、轴向载荷大，而不适于使用轴承盖紧固的情况，如图 12-23(d)所示。

12.5.3　轴承游隙及轴上零件位置的调整

前面如图 12-18 和图 12-19 所示中的右支点及图 12-20 所示中的左支点，轴承的游隙和预紧是靠端盖下的垫片来调整的，这样比较方便。而图 12-20 所示中的结构，轴承的游隙是靠轴上的圆螺母来调整的，操作不甚方便；更为不利的是必须在轴上制出应力集中严重的螺纹，削弱了轴的强度。

锥齿轮或蜗杆在装配时，通常需要进行轴向位置的调整，为了便于调整，可将确定其轴向位置的轴承装在一个套杯中(参看图 12-15 和图 12-16 所示中的圆锥滚子轴承，图12-19 所示中的双向推力球轴承，图 12-20 所示中的两个角接触球轴承)，套杯则装在外壳孔中，通过增减套杯端面与外壳之间垫片的厚度，即可调整锥齿轮或蜗杆的轴向位置。

12.5.4 滚动轴承的配合

滚动轴承的配合是指轴承内圈与轴以及轴承外圈与机座孔之间的配合。因为滚动轴承为标准件，为了便于轴承互换和批量生产，选择配合时，应以轴承为基准件，即轴承内圈与轴的配合采用基孔制，即以轴承内孔的尺寸为基准；轴承外圈与机座孔的配合采用基轴制，即以轴承的外径尺寸为基准。

国家标准规定，滚动轴承内、外圈的尺寸公差均采用上偏差为零、下偏差为负的分布，如图 12-24 所示。因此，轴承内圈与轴的配合比圆柱公差标准中规定的基孔制同类配合要紧得多。轴承外圈与机座孔的配合与圆柱公差标准中规定的基轴制同类配合情况基本一致，只是由于轴承外径的公差值较小，因而配合也较紧。如图 12-25 所示为滚动轴承配合和它的基准面（内圈内径、外圈外径）偏差与轴颈或座孔尺寸偏差的关系。

正确地选择轴承的配合应保证轴承正常运转，防止轴承内圈与轴、外圈与机座孔在工作时产生相对运动。具体选择配合时，应考虑轴承载荷的大小、方向和性质以及轴承类型、转速和使用条件等因素。一般来说，轴承转速越高，载荷越大和振动越强烈时，则应选用越紧一些的配合。外载荷方向不变时，转动套圈应比固定套圈的配合紧一些。

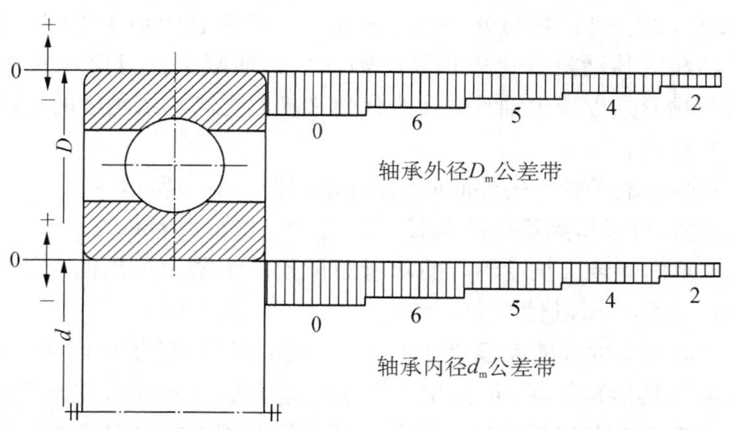

图 12-24 滚动轴承内、外径公差带分布

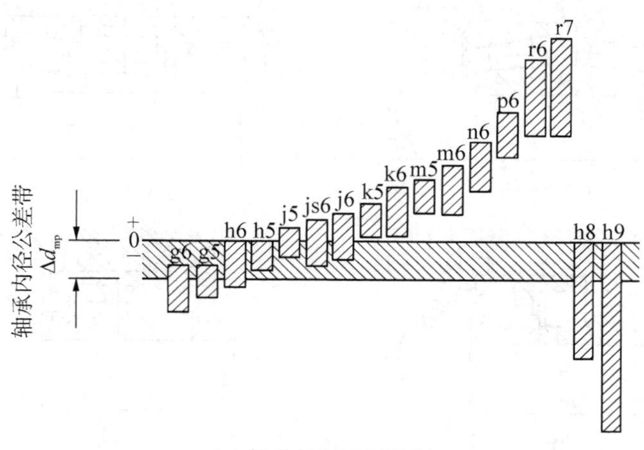

(a) 轴承内孔与轴的配合

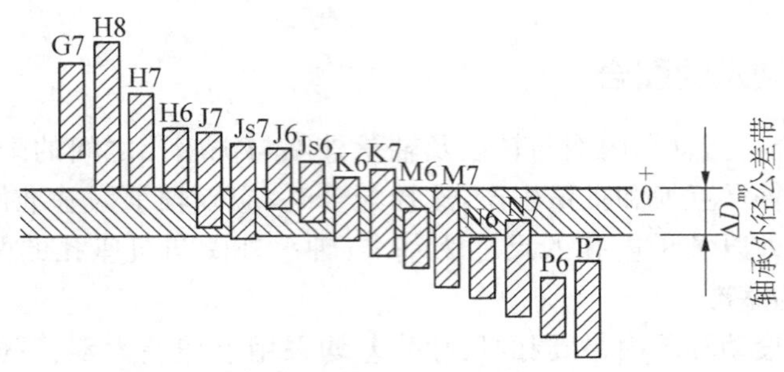

(b) 轴承外径与机座孔的配合

图 12-25　滚动轴承与轴及外壳孔的配合

各类机器中使用的轴承的具体配合要求，需要查有关资料和手册。

12.5.5　滚动轴承的预紧

为了提高轴承的旋转精度，增加轴承装置的刚性，减小机器工作时轴的振动，常采用预紧的滚动轴承。例如机床的主轴轴承，常用预紧来提高其旋转精度与轴向刚度。

预紧就是在安装时用某种方法在轴承中产生并保持一定的轴向力，以消除轴承中的轴向游隙，并在滚动体和内、外圈接触处产生初始变形。预紧后的轴承受到工作载荷时，其内、外圈的径向及轴向相对移动量要比未预紧的轴承大大地减少。但预紧的轴承，其工作寿命却大为降低，所以，预紧是以减少轴承寿命为代价来换取提高轴系刚度的一种措施。

常用的预紧装置有：

(1) 夹紧一对圆锥滚子轴承的外圈而预紧如图 12-26(a)所示。

(2) 用弹簧预紧，可以得到稳定的预紧力如图 12-26(b)所示。

(3) 在一对轴承中间装入长度不等的套筒而预紧。预紧力可用两套筒的长度差控制如图 12-26(c)所示，这种装置刚性较大。

(4) 夹紧一对磨窄了的外圈而预紧如图 12-26(d)所示；反装时可磨窄内圈并夹紧。这种特制的成对安装角接触球轴承，可由生产厂选配组合成套提供。在滚动轴承样本中可以查到不同型号的成对安装角接触球轴承的预紧载荷值及相应的内圈或外圈的磨窄量。

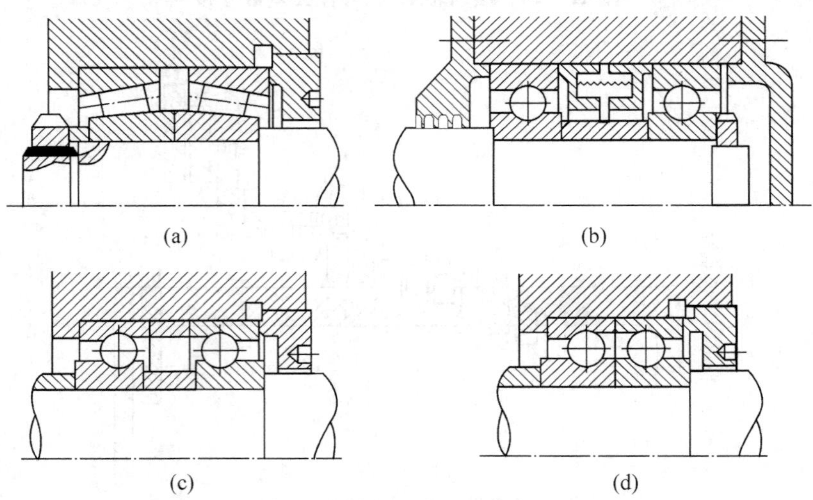

(a)　(b)　(c)　(d)

图 12-26　轴承的预紧结构

12.6 滚动轴承的润滑和密封

12.6.1 滚动轴承的润滑

滚动轴承润滑的目的主要是为了降低摩擦阻力和减轻磨损，润滑还可起到一定的吸振、冷却、防锈和密封等作用。合理的润滑对提高轴承性能，延长轴承的使用寿命具有重大意义。

一般情况，滚动轴承高速时采用油润滑，低速时采用脂润滑。某些特殊环境，如高温和真空条件下采用固体润滑剂。

滚动轴承的润滑方式可根据速度因素 dn 值，参考表 12－9 选择，d 为滚动轴承内径(mm)，n 为轴承转速(r/min)。

表 12－9　适用于脂润滑和油润滑的 dn 值界限（表值×10^4 mm · r/min）

轴承类型	脂润滑	油润滑			
		油浴	滴油	循环油（喷油）	油雾
深沟球轴承	16	25	40	60	>60
调心球轴承	16	25	40	50	
角接触球轴承	16	25	40	60	>60
圆柱滚子轴承	12	25	40	60	>60
圆锥滚子轴承	10	16	23	30	
调心滚子轴承	8	12	20	25	
推力球轴承	4	6	12	15	

1. 脂润滑

润滑脂的润滑膜强度高，承载能力强，不易流失，容易密封，一次加脂可以维持相当长的工作时间，适用于不便经常添加润滑剂的地方，或那些不允许由于润滑油流失而导致产品受污染的工业机械中。但是脂润滑发热量大，因此，只适用于较低的 dn 值的场合。采用脂润滑时装脂量不应过多，一般填充量不超过轴承内部空间容积的 1/3～2/3。

2. 油润滑

高速高温的条件下，通常采用油润滑。转速越高，应选用黏度越低的润滑油。载荷越大，应选用黏度越高的润滑油。根据工作温度及 dn 值，可选择润滑油应具有的黏度值，然后按黏度值从润滑油产品目录中选出相应的润滑油牌号。

油润滑时，常用的润滑方法有以下几种：

(1) 油浴润滑

采用油浴润滑时是把轴承局部浸入润滑油中，当轴承静止时，油面应不高于最低滚动体的中心如图 12－27 所示。这个方法不适于高速，因为搅动油液剧烈时要造成很大的能量损失，以致引起油液和轴承的严重过热。

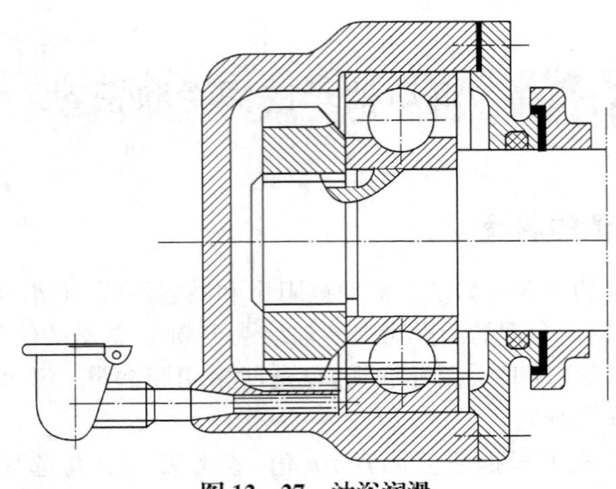

图 12－27　油浴润滑

(2) 滴油润滑

适用于需要定量供应润滑油的轴承部件，滴油量应适当控制，过多的油量将引起轴承温度的增高。

(3) 飞溅润滑

这是一般闭式齿轮传动装置中的轴承常用的润滑方法，即利用齿轮的转动把润滑齿轮的油甩到四周壁面上，然后通过适当的沟槽把油引入轴承中去。这类方法所用的轴承装置的结构形式较多，可参考现有机器的使用经验来进行设计。

(4) 喷油润滑

适用于转速高、载荷大、要求润滑可靠的轴承。用油泵将润滑油增压，通过油管或机体上特制的油孔，经喷嘴将油喷射到轴承中去；流过轴承后的润滑油，经过过滤冷却后再循环使用。为了保证油能进入高速转动的轴承，喷嘴应对准内圈和保持架之间的间隙。

(5) 油雾润滑

当轴承滚动体的线速度很高($dn \geqslant 6\times10^5$ mm・r/min)时，常采用油雾润滑，以避免其他润滑方法由于供油过多，油的内摩擦增大而增高轴承的工作温度。润滑油在油雾发生器中变成油雾，其温度较液体润滑油的温度低，这对冷却轴承来说也是有利的。但润滑轴承的油雾，可能部分地随空气散逸，会污染环境，故在必要时，宜用油气分离器来收集油雾，或者采用通风装置来排除废气。

12.6.2　滚动轴承的密封

滚动轴承的密封装置是为了阻止润滑剂从轴承中流失，同时也是为了防止外界的灰尘、水分和其他杂质侵入轴承而设置的。

密封装置按照其工作原理不同可分为接触式密封和非接触式密封。接触式密封只能用于线速度较低的场合。非接触式密封则不受速度的限制。

1. 接触式密封

在轴承盖内放置软质材料(毛毡、橡胶、皮革等)或减摩性好的硬质材料(加强石墨、青铜、耐磨铸铁等)，与转动轴直接接触而实现密封。

常用的结构形式有：

(1) 毡圈密封

在轴承盖上开出梯形槽如图 12－28(a)所示或开式梯形槽如图 12－28(b)所示，将按标准制成环形或带形(尺寸较大时)的细毛毡放置于槽中，以与轴密合接触。放置于开式槽中的毡圈需用盖板压上，以调整其与轴的密合程度，提高密封效果。这种密封结构简单，但毡圈易磨损，只用于轴表面圆周速度 $v<5$ m/s 的场合。

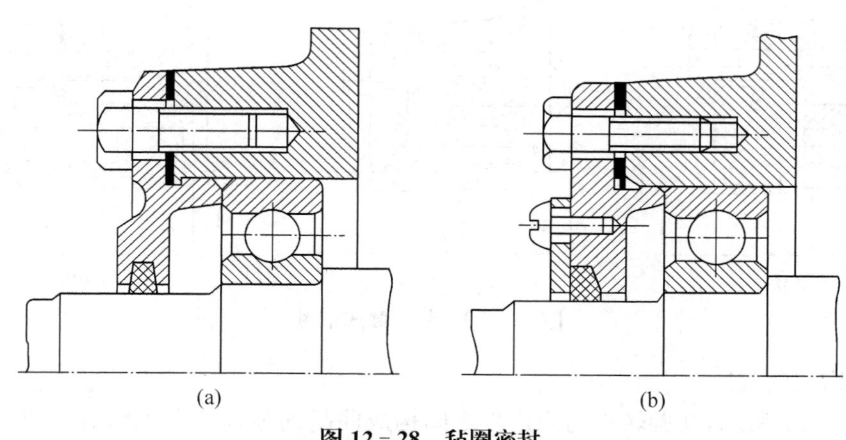

(a)　　(b)

图 12－28　毡圈密封

(2) 唇形密封圈密封

密封圈由皮革或耐油橡胶等材料制成，具有唇形结构，形式很多。将其装入轴承盖中，靠材料的弹力和环形螺旋弹簧的扣紧作用与轴紧密接触。装入时，若主要为防异物侵入，则密封唇应背着轴承如图 12－29(a)所示；若主要为封油，则密封唇应朝向轴承；若两个作用都要有，则最好相背放置两个唇形密封圈如图 12－29(b)所示。这种密封安装方便，效果优于毡圈密封，一般可用于轴颈圆周速度 $v<10$ m/s 的场合。

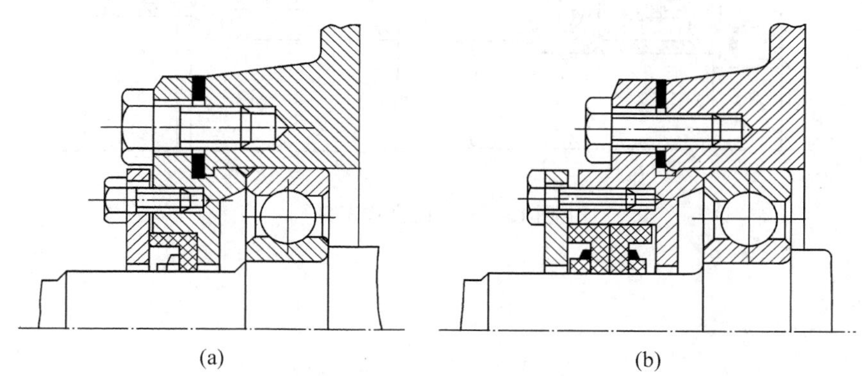

(a)　　(b)

图 12－29　唇形密封圈密封

2. 非接触式密封

使用接触式密封，总要在接触处产生滑动摩擦。使用非接触式密封，就能避免此缺点，因此，用于速度较高的场合。常用的非接触式密封有以下几种：

(1) 间隙式密封

如图 12－30(a)所示，在轴表面与轴承盖通孔壁之间形成有一定轴向宽度的环形隙缝，

半径间隙约为 0.1～0.3 mm，依靠间隙流体阻力效应密封，或在间隙中填以润滑脂来密封。为了提高密封效果，可在轴承盖通孔内车出环形沟槽并填以润滑脂如图 12－30(b)所示，称之为油沟密封；或进一步在轴上安装甩油环如图 12－30(c)所示，可起回油作用，与间隙式组合，尤其在高速时密封效果好。

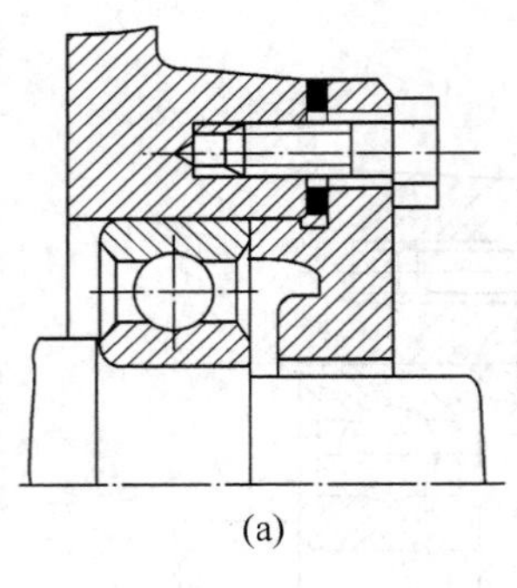

(a)

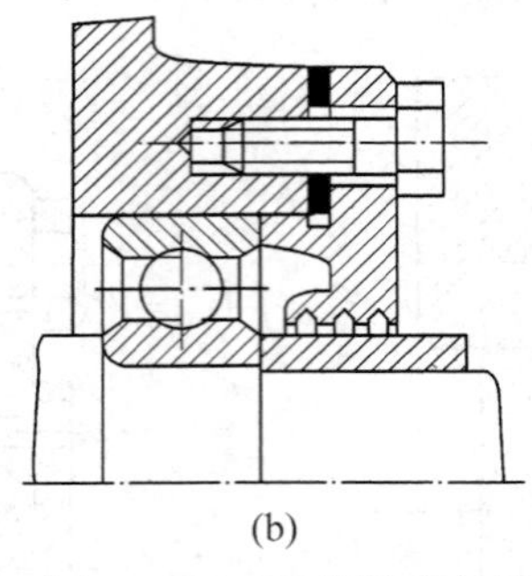

(b)

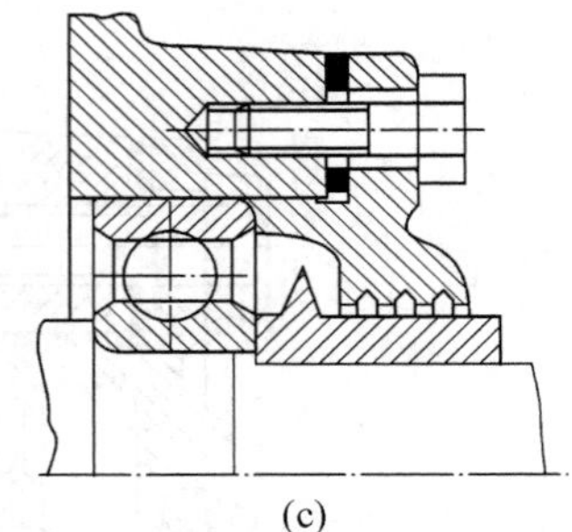

(c)

图 12－30　非接触式密封

(2) 迷宫式密封

如图 12－31 所示，在旋转件与固定件之间构成曲折的隙缝来实现密封。隙缝中填以润滑脂以提高密封效果。这种密封形式对脂润滑和油润滑都很有效，允许轴表面圆周速度达 30 m/s 以上，但结构较复杂，制造、安装不太方便。当采用如图 12－31(b)所示的结构形式时，轴承盖应为剖分式。设计时还应考虑轴的摆动(如用调心轴承支承时)或轴因温度变化而伸缩时，可能发生旋转件与固定件相接触的问题。

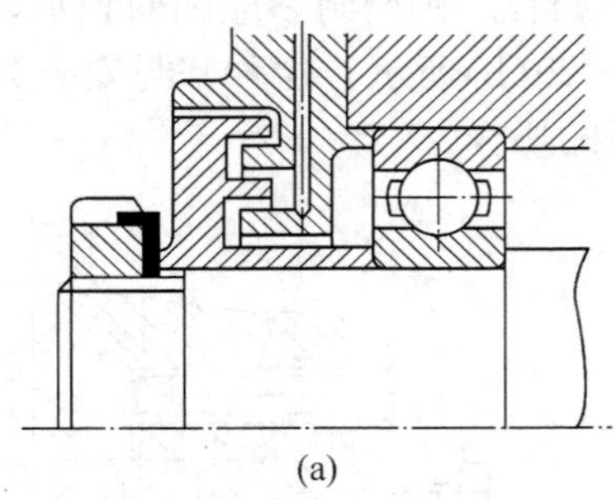

(a)

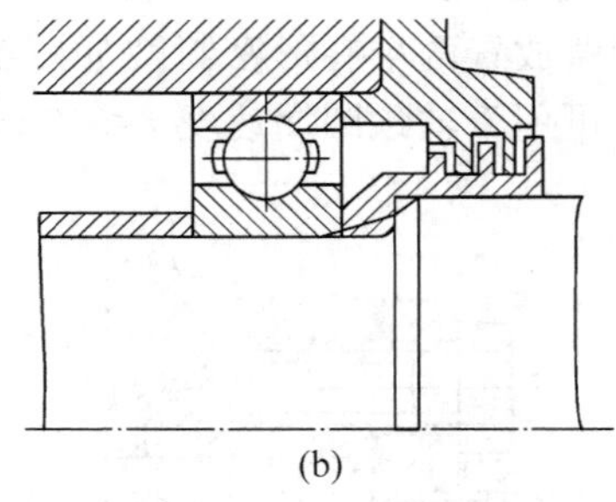

(b)

图 12－31　迷宫式密封

第十三章 轴

13.1 轴的功用和分类

13.1.1 轴的功用

轴是组成机器的主要零件之一。如机床的主轴，自行车的轮轴等。一切作回转运动的传动零件(例如齿轮、蜗轮等)，都必须安装在轴上才能进行运动及动力的传递。因此，轴的主要功用是支承回转零件及传递运动和动力。

按照轴在工作中承受载荷的性质不同，轴可分为转轴、心轴和传动轴三类。工作中既承受弯矩又承受扭矩的轴称为转轴。这类轴在各种机器中最为常见，如减速器中安装齿轮的轴。只承受弯矩而不承受扭矩的轴称为心轴。心轴又分为转动心轴和固定心轴两种。只承受扭矩而不承受弯矩(或弯矩很小)的轴称为传动轴。

轴的应用举例及特点见表 13 - 1。

表 13 - 1　轴的应用举例及特点

分类	转轴	心轴		传动轴
		轴转动	轴不转	
举例	装齿轮的轴	滑轮轴	滑轮轴	万向联轴器的中间轴

续 表

分类	转轴	心轴		传动轴
		轴转动	轴不转	
受力简图				
特点	转轴同时承受扭矩和弯矩	心轴只受弯矩，不受扭矩。转动的心轴受变应力，不转动的心轴受静应力		传动轴主要受扭矩，不受弯矩或弯矩很小

轴还可按照轴线形状的不同，分为曲轴（图 13－1）和直轴两大类。曲轴通过连杆可以将旋转运动改变为往复直线运动，或作相反的运动变换。直轴根据外形的不同，可分为光轴和阶梯轴两种。光轴形状简单，加工容易，应力集中少，但轴上的零件不易装配及定位；阶梯轴则正好与光轴相反。因此，光轴主要用于心轴和传动轴；阶梯轴则常用于转轴。

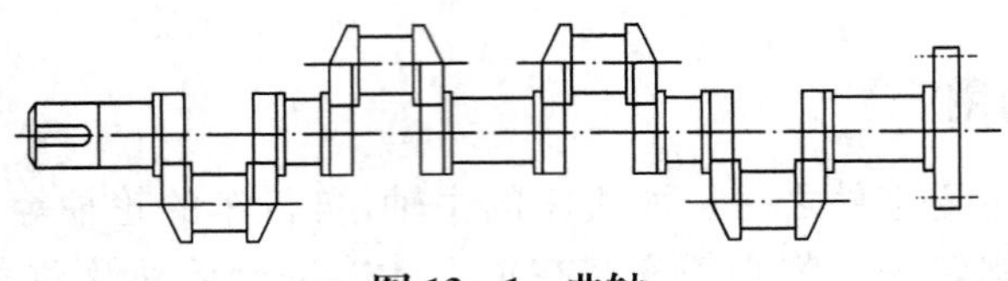

图 13－1　曲轴

直轴一般都制成实心的。在那些由于机器结构的要求而需在轴中装设其他零件或者减小轴的质量具有特别重大作用的场合，则将轴制成空心的，如图 13－2 所示。空心轴内径与外径的比值通常为 0.5～0.6，以保证轴的刚度及扭转稳定性。

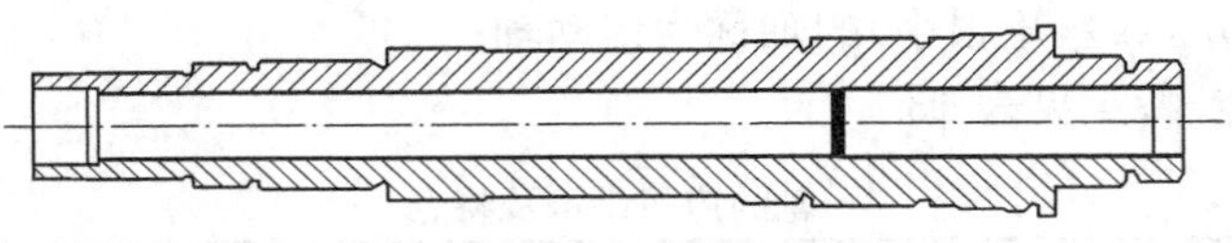

图 13－2　空心轴

此外，还有一种钢丝软轴，又叫钢丝挠性轴；它是由多组钢丝分层卷绕而成的，如图 13－3所示具有良好的挠性，可以把回转运动灵活地传到不开敞的空间位置（图 13－4）。

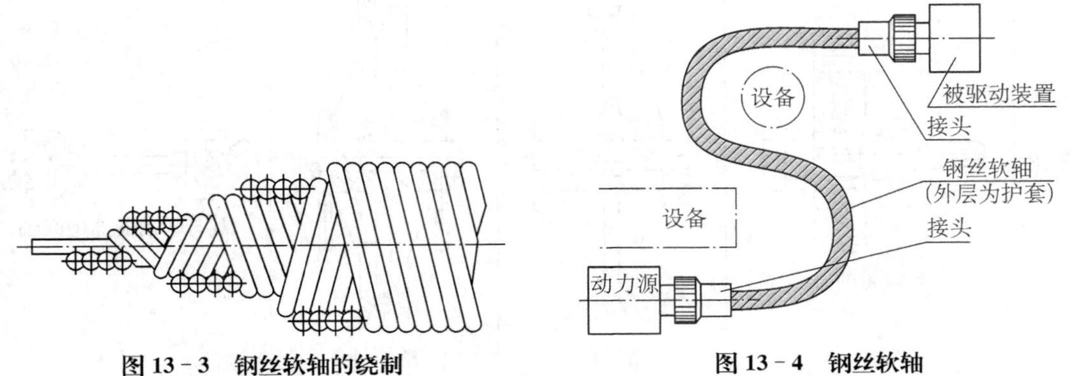

图 13－3　钢丝软轴的绕制　　**图 13－4　钢丝软轴**

13.2 轴的材料

轴的材料首先应有足够的强度，对应力集中敏感性低；还须能满足刚度、耐磨性、耐腐蚀性要求；并具有良好的加工性能，且价格低廉，易于获得。

轴的常用材料主要是碳钢和合金钢，其次是球墨铸铁和高强度铸铁。

碳钢有足够高的强度，对应力集中的敏感性较低，便于进行各种热处理及机械加工，价格低廉，应用最广。

合金钢比碳钢具有更优越的机械性能和热处理性能，但价格较贵，常用于制造强度、耐磨性要求高或有其他特殊要求的轴，如高速、重载的轴；受力大而又要求尺寸小和重量轻的轴；在高温、低温或腐蚀介质中工作的轴。应注意的是，合金钢对应力集中较敏感，故设计合金钢轴时，尤其要从结构上尽量减小应力集中，并要求表面粗糙度低。此外，若为了提高轴的刚度而用合金钢代替碳钢是不可行的，因为在一般温度下，两者的弹性模量几乎相同。

用优质碳钢或合金钢制造的轴一般应进行热处理、化学处理及表面强化处理，以进一步提高其强度、耐磨性和耐蚀性。特别是合金钢，只有经过热处理才能充分显示其优越的机械性能。

球墨铸铁和高强度铸铁的韧性较低，但强度较高。因其铸造性能好，易于得到复杂的外形，吸振性、耐磨性好，对应力集中敏感性低，价廉，故应用日趋增多，适于制造外形复杂的轴，如曲轴、凸轮轴等。

轴的毛坯可用轧制圆钢材、锻造、焊接、铸造等方法获得。对要求不高的轴或较长的传动轴，当毛坯直径小于 150 mm 时，可用轧制圆钢材；受力大、生产批量大的重要轴的毛坯采用锻件；直径特大而件数很少的轴可用焊接毛坯；外形复杂、生产批量大、尺寸较大的轴，可用铸造毛坯。

表 13-2　轴常用材料及其主要力学性能

材料牌号	热处理	毛坯直径 /mm	硬度 /HBS	抗拉强度极限 σ_b	屈服强度极限 σ_s	弯曲疲劳极限 σ_{-1}	剪切疲劳极限 τ_{-1}	许用弯曲应力 $[\sigma_{-1}]$	备注
				MPa					
Q235-A	热轧或锻后空冷	≤100		400～420	225	170	105	40	用于不重要及受载荷不大的轴
		>100～250		375～390	215				
45	正火	≤100	170～217	590	295	255	140	55	应用最广泛
	回火	>100～300	162～217	570	285	245	135		
	调质	≤200	217～255	640	355	275	155	60	
40Cr	调质	≤100	241～286	735	540	355	200	70	用于载荷较大，而无很大冲击的重要轴
		>100～300		685	490	335	185		

续　表

材料牌号	热处理	毛坯直径/mm	硬度/HBS	抗拉强度极限 σ_b	屈服强度极限 σ_s	弯曲疲劳极限 σ_{-1}	剪切疲劳极限 τ_{-1}	许用弯曲应力 $[\sigma_{-1}]$	备注
				MPa					
40CrNi	调质	≤100	270～300	900	735	430	260	75	用于很重要的轴
		>100～300	240～270	785	570	370	210		
38SiMnMo	调质	≤100	229～286	735	590	365	210	70	用于重要的轴，性能近于40CrNi
		>100～300	217～269	685	540	345	195		
38CrMoAlA	调质	≤60	293～321	930	785	440	280	75	用于要求高耐磨性，高强度且热处理（氮化）变形很小的轴
		>60～100	277～302	835	685	410	270		
		>100～160	241～277	785	590	375	220		
20Cr	渗碳淬火回火	≤60	渗碳 56～62 HRC	640	390	305	160	60	用于要求强度及韧性均较高的轴
3Cr 13	调质	≤100	≥241	835	635	395	230	75	用于腐蚀条件下的轴
1Cr 18Ni 9Ti	淬火	≤100	≤192	530	195	190	115	45	用于高、低温及腐蚀条件下的轴
		>100～200		490		180	110		
QT600－3			190～270	600	370	215	185		用于制造复杂外形的轴
QT800－2			245～335	800	480	290	250		

注：1. 表中所列疲劳极限σ_{-1}值是按下列关系式计算的，供设计时参考。碳钢：$\sigma_{-1}\approx 0.43\sigma_b$；合金钢：$\sigma_{-1}\approx 0.2(\sigma_b+\sigma_s)+100$；不锈钢：$\sigma_{-1}\approx 0.27(\sigma_b+\sigma_s)$；$\tau_{-1}=0.156(\sigma_b+\sigma_s)$；球墨铸铁：$\sigma_{-1}=0.36\sigma_b$，$\tau_{-1}=0.31\sigma_b$。

2. 1Cr 18Ni9Ti(GB 1221—92)可选用，但不推荐。

13.3　轴的结构设计

轴应该具有合理的外形和尺寸，决定各轴段的长度、直径以及其他细小尺寸在内的全部结构尺寸的过程就是轴的结构设计。轴的结构设计包括定出轴的合理外形和全部结构尺寸。

轴的结构主要取决于以下因素：轴在机器中的安装位置及形式；轴上安装的零件的类型、尺寸、数量以及和轴连接的方法；载荷的性质、大小、方向及分布情况；轴的加工工艺等。由于影响轴的结构的因素较多，且其结构形式又要随着具体情况的不同而异，所以轴没有标准的结构形式。设计时，必须针对不同情况进行具体的分析。但是，不论何种具体条件，轴的结构都应满足：轴和装在轴上的零件要有准确的工作位置；轴上的零件应便于装拆和调整；轴应具有良好的制造工艺性等。

由于轴的结构受上述诸多方面因素的影响，因此，处理轴的结构具有较大的灵活性。下面以单级减速器输入轴为例介绍轴的结构设计。

从节约材料及减轻质量来说，轴应沿轴线设计成等强度的结构。但是，考虑轴的制造、轴上零件的装拆、调整及固定等因素，轴一般制成阶梯轴。

13.3.1 拟定轴上零件的装配方案

所谓装配方案，就是预定出轴上主要零件的装配方向、顺序和相互关系。拟定轴上零件的装配方案是进行轴的结构设计的前提，它决定着轴的基本形式。例如图 13－5 中的装配方案是：齿轮、套筒、右端轴承、轴承端盖、半联轴器依次从轴的右端向左安装。左端只装轴承及其端盖。这样就对各轴段的粗细顺序做了初步安排。拟定装配方案时，一般应考虑几个方案，可以进行比较与选择。

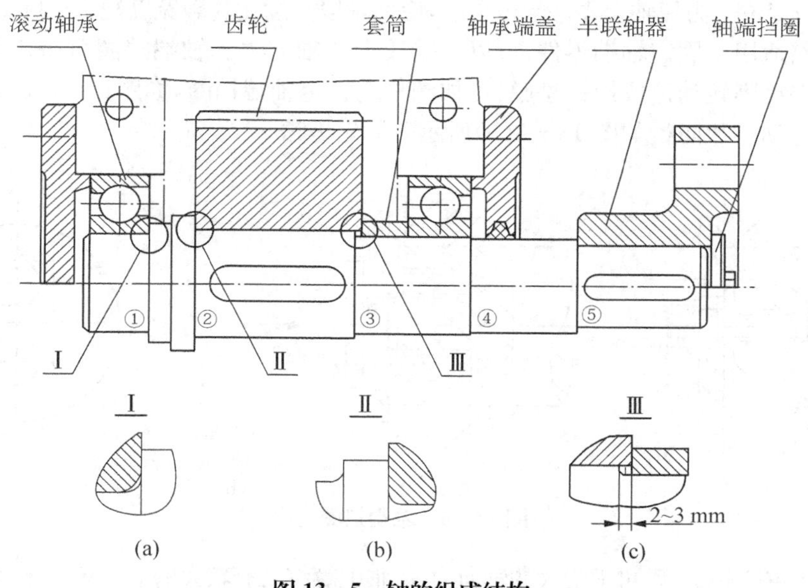

图 13－5 轴的组成结构

13.3.2 轴上零件的定位和固定

为了保证零件在轴上安装时位置准确可靠，防止轴上零件受力时发生沿轴向或周向的相对运动，除了有游动或空转的要求外，都必须进行轴向和周向定位，以保证其准确的工作位置。

1. 零件在轴上的轴向定位和固定

轴上零件的轴向定位是以轴肩、套筒、轴端挡圈、轴承端盖（图 13－5）和圆螺母等来实现的。

阶梯轴上截面尺寸变化之处称为轴肩。轴肩分为定位轴肩和非定位轴肩。利用轴肩定位是非常可靠方便的办法，但是用轴肩定位会使轴的直径加大，而且轴肩处会因轴的截面突然变化而引起应力集中，另外，轴肩过多时也不利于加工。因此，轴肩定位多用于轴向力较大的场合。

定位轴肩的高度 h 一般取为 $h=(0.07\sim0.1)d$，d 为与零件相配处的轴的直径，滚动轴承的定位轴肩如图 13－5 所示中的轴肩Ⅰ高度必须低于轴承内圈端面的高度，以便拆卸轴承，轴肩的高度可查手册中轴承的安装尺寸。为了使零件能靠紧轴肩而得到准确可靠的定

位，轴肩处的过渡圆角半径 r 必须小于与之相配的零件毂孔端部的圆角半径 R 或倒角尺寸 C 如图 13-5(a)和图 13-5(b)所示。轴和零件上的倒角和圆角尺寸的常用范围见表 13-3。非定位轴肩是为了加工和装配方便而设置的，其高度没有严格的规定，一般取为 1～2 mm。

轴环功能与轴肩相同，轴环宽度为 $b \geqslant 1.4h$。

表 13-3　零件倒角 C 与圆角半径 R 的推荐值

直径 d	>6～10		>10～18	>18～30	>30～50		>50～80	>80～120	>120～180
C 或 R	0.5	0.6	0.8	1.0	1.2	1.6	2.0	2.5	3.0

套筒定位(图 13-5)，结构简单，定位可靠，轴上不需开槽、钻孔和切制螺纹，因而不影响轴的疲劳强度，一般用于轴上两个零件之间的定位。如两零件的间距较大时，不宜采用套筒定位，以免增大套筒的质量及材料用量。因套筒与轴的配合较松，两者难以同心，轴的转速很高时，也不宜采用套筒定位。为使轴上零件定位可靠，应使轴段长度比轮毂宽度短 2～3 mm。

轴端挡圈适用于固定轴端零件，可以承受较大的轴向力。轴端挡圈可采用单螺钉固定，为了防止轴端挡圈转动造成螺钉松脱，可加圆柱销锁定轴端挡圈，如图13-6(a)所示，也可采用双螺母加止动垫片防松如图 13-6(b)所示等固定方法。

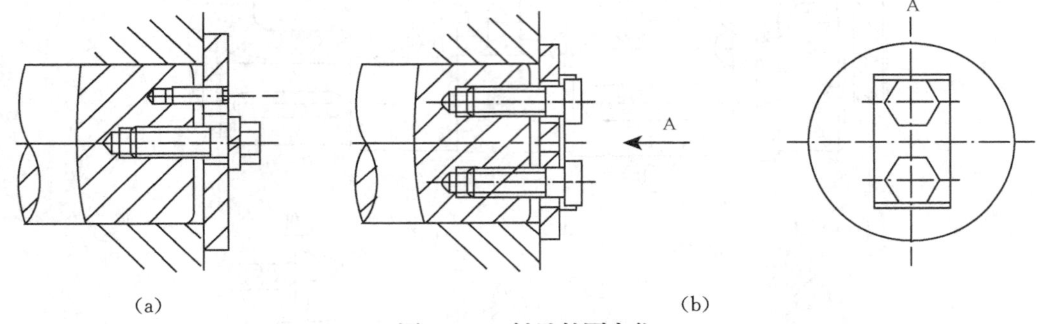

(a)　　(b)

图 13-6　轴端挡圈定位

圆螺母定位(图 13-7)可承受大的轴向力，但轴上螺纹处有较大的应力集中，会降低轴的疲劳强度，故一般用于固定轴端的零件。定位方式一般有双圆螺母[图 13-7(a)]和圆螺母与止动垫圈[图 13-7(b)]两种形式。当轴上两零件间距离较大不宜使用套筒定位时，也常采用圆螺母定位。

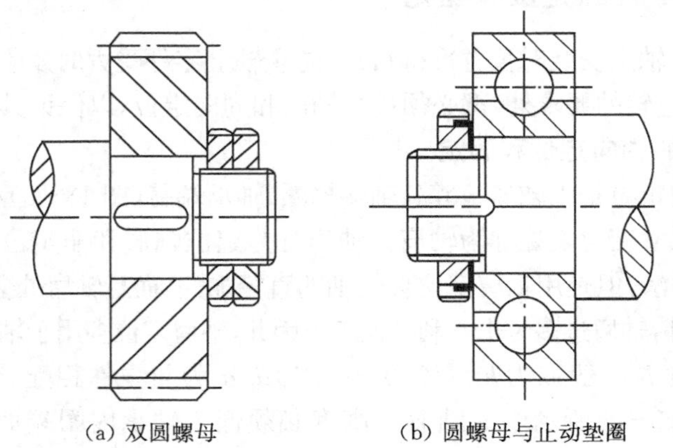

(a) 双圆螺母　　(b) 圆螺母与止动垫圈

图 13-7　圆螺母定位

轴承端盖用螺钉或榫槽与箱体连接而使滚动轴承的外圈得到轴向定位。在一般情况下，整个轴的轴向定位也常利用轴承端盖来实现如图 13－5 所示。

利用弹性挡圈（图 13－8）、紧定螺钉和锁紧挡圈（图 13－9）等进行轴向定位，只适用于零件上的轴向力不大的场合。将弹性挡圈嵌入轴上切除的环槽内，利用它的侧面压紧被定位零件的端面。这种定位方法工艺性好、装拆方便，但对轴的削弱较大。紧定螺钉和锁紧挡圈常用于光轴上零件的定位。此外，对于承受冲击载荷和同心度要求较高的轴端零件，也可采用圆锥面定位如图 13－10 所示。

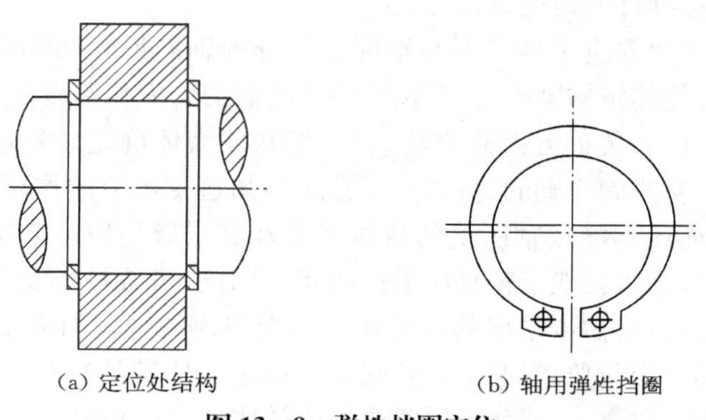

（a）定位处结构　　（b）轴用弹性挡圈

图 13－8　弹性挡圈定位

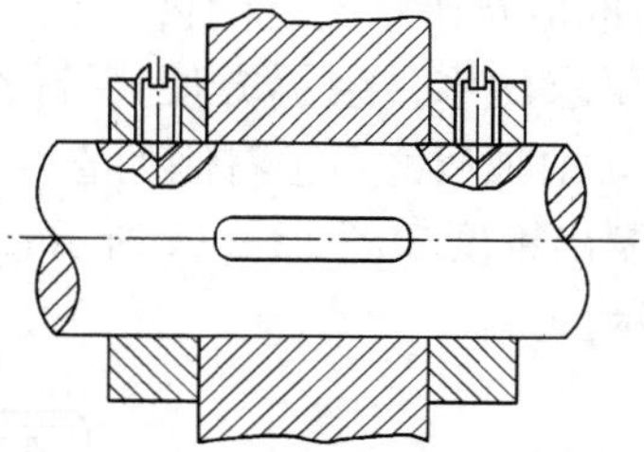

图 13－9　紧定螺钉与锁紧挡圈定位

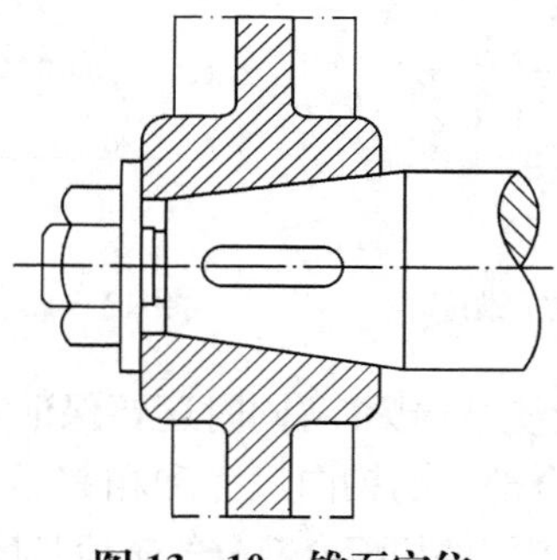

图 13－10　锥面定位

2. 零件在轴上的周向定位和固定

周向定位和固定的目的是限制轴上零件与轴发生相对转动。常用的周向定位方法有键连接、花键连接、成型连接、销连接和过盈配合等。

一般的轴毂连接中，键连接最为常见，其对中精度可借助轴与零件毂孔间配合的松紧程度来满足；载荷大、有冲击或振动时，可用过盈配合加键连接；传递转矩大，零件需轴向移动、对中性要求高，而又有大量生产条件（如汽车、机床变速箱的齿轮轴）时，可采用花键连接。

13.3.3 确定各轴段的直径和长度

各轴段的直径是在由扭转强度计算而得的最小直径的基础上，考虑轴上零件的轴向定位及装拆等要求，由轴端起逐段加以确定的。安装滚动轴承、联轴器、密封圈等标准件的轴段，其直径应取相应标准件的内径、孔径值。

各轴段的长度，主要取决于各零件与轴配合部分的轴向尺寸和零件间必要的轴向间隔距离。确定时应尽可能使结构紧凑，又要保证零件所需的装配和调整空间。

零件在轴上的定位和装拆方案确定后，轴的形状便大体确定。各轴段所需的直径与轴上的载荷大小有关。初步确定轴的直径时，通常还不知道支反力的作用点，不能决定弯矩的大小与分布情况，因而还不能按轴所受的具体载荷及其引起的应力来确定轴的直径。但在进行轴的结构设计前，通常已能求得轴所受的扭矩。因此，可按轴所受的扭矩初步估算轴所需的直径，由式(13－2)；将初步求出的直径作为承受扭矩的轴段的最小直径 d_{min}，然后再按轴上零件的装配方案和定位要求，从 d_{min} 处起逐一确定各段轴的直径。在实际设计中，轴的直径亦可凭设计者的经验取定，或参考同类机器用类比的方法确定。

有配合要求的轴段，应尽量采用标准直径。安装标准件（如滚动轴承、联轴器、密封圈等）部位的轴径，应取为相应的标准值及所选配合的公差。

为了使齿轮、轴承等有配合要求的零件装拆方便，并减少配合表面的擦伤，在配合轴段前应采用较小的直径（如图 13－5 中轴肩②、④右侧的直径）。为了使与轴过盈配合的零件易于装配，相配轴段的压入端应制出锥度如图 13－11 所示；或在同一轴段的两个部位上采用不同的尺寸公差如图 13－12 所示。

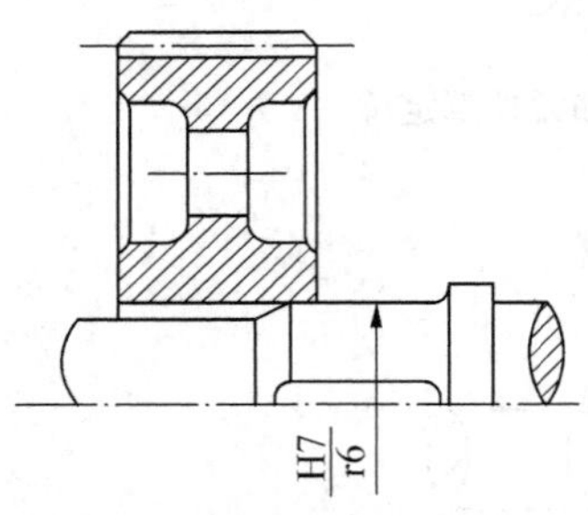

图 13－11　轴的装配锥度

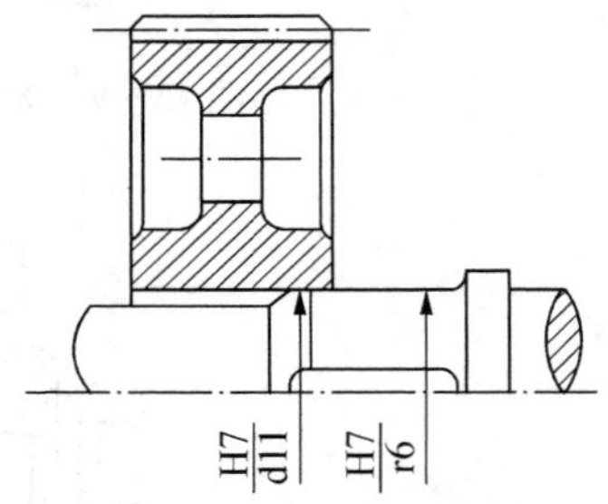

图 13－12　采用不同的尺寸公差

确定各轴段长度时，应尽可能使结构紧凑，同时还要保证零件所需的装配或调整空间，轴的各段长度主要根据各零件与轴配合部分的轴向尺寸和相邻零件间必要的空隙来确定的，为了保证轴向定位可靠，与齿轮和联轴器等零件相配合部分的轴段长度一般应比轮毂长度短 2～3 mm。

13.3.4 提高轴的强度的措施

轴和轴上零件的结构、工艺以及轴上零件的安装布置等对轴的强度都有很大影响，因此，应从这些方面进行考虑，以提高轴的承载能力，减小轴的尺寸和减轻机器的质量，降低制造成本。

1. 合理布置轴上零件以减小轴的载荷

为了减小轴所承受的弯矩，传动件应尽量靠近轴承，并尽可能不采用悬臂的支承形式，力求缩短支承跨距及悬臂长度等。

当转矩由一个传动件输入，而由几个传动件输出时，为了减小轴上的扭矩，应将输入件放在中间，而不要置于一端。如图 13-13 所示，输入转矩为 $T_1 = T_2 + T_3 + T_4$，轴上各轮按图 13-13(a) 所示的布置方式，轴所受最大扭矩为 $T_2 + T_3 + T_4$，如改为图 13-13(b) 所示的布置方式，最大扭矩仅为 $T_3 + T_4$。

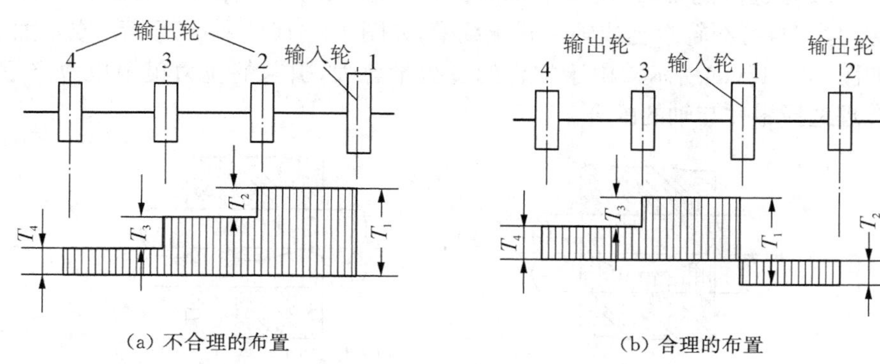

图 13-13　轴上零件的布置

2. 改进轴上零件的结构以减小轴的载荷

通过改进轴上零件的结构也可以减小轴上的载荷。

例如图 13-14 所示起重卷筒的两种安装方案中，如图 13-14(a)所示的方案是大齿轮和卷筒连在一起，转矩经大齿轮直接传给卷筒，卷筒轴只受弯矩而不受扭矩；而如图 13-14(b)所示的方案是大齿轮将转矩通过轴传到卷筒，因而卷筒轴既受弯矩又受扭矩，在同样的载荷 F 作用下，图 13-14(a)所示轴的直径显然比图 13-14(b)所示中的轴径小。

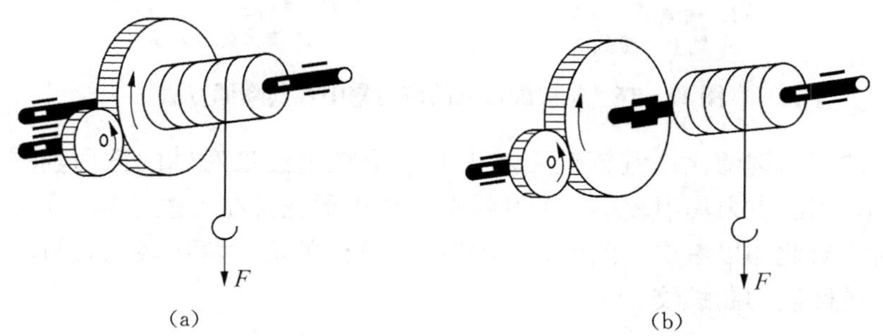

图 13-14　起重卷筒的两种安装方案

3. 改进轴的结构以减小应力集中

轴通常是在变应力条件下工作的，轴的截面尺寸发生突变处要产生应力集中，轴的疲劳破坏往往在此处发生。为了提高轴的疲劳强度，应尽量减少应力集中源和降低应力集中的程度。为此，轴肩处应采用较大的过渡圆角半径 r 来降低应力集中。但对定位轴肩，还必须保证零件得到可靠的定位。当靠轴肩定位的零件的圆角半径很小时(如滚动轴承内圈的圆角)，为了增大轴肩处的圆角半径，可采用内凹圆角如图 13-15(a)所示或加装隔离环如图 13-15(b)所示。

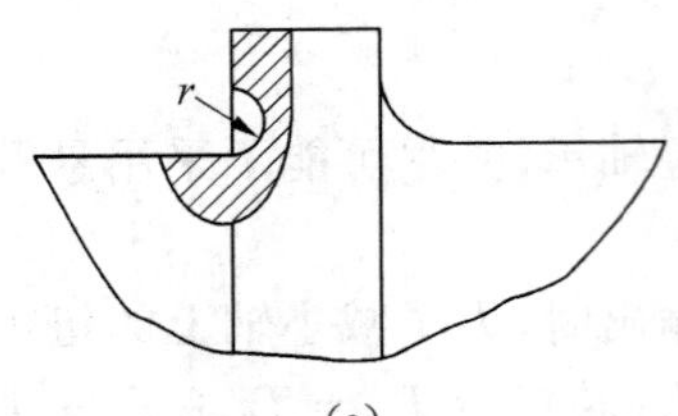

(a)

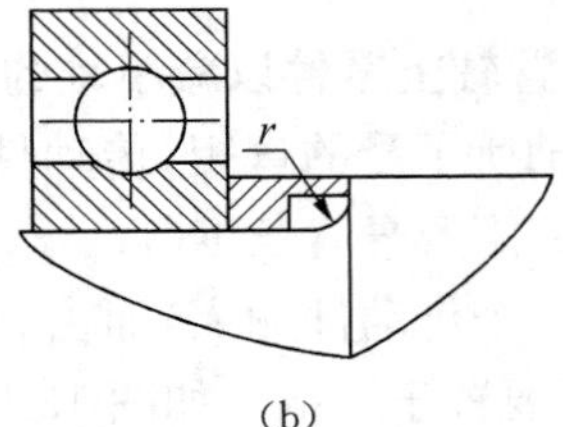

(b)

图 13－15　轴肩过渡结构

当轴与轮毂为过盈配合时，配合边缘处会产生较大的应力集中，如图 13－16(a)所示。为了减小应力集中，可在轮毂上或轴上开减载槽，如图 13－16(b)，(c)所示，或者加大配合部分的直径如图 13－16(d)所示。由于配合的过盈量愈大，引起的应力集中也愈严重，因而在设计中应合理选择零件与轴的配合。

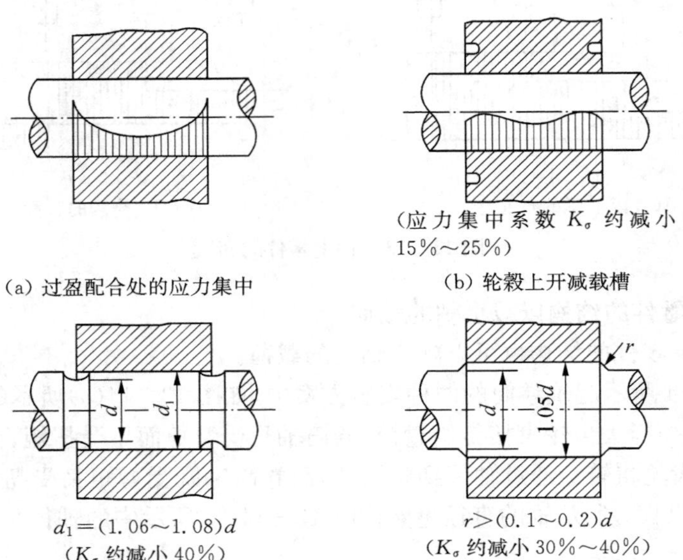

(a) 过盈配合处的应力集中

(应力集中系数 K_σ 约减小 15%～25%)
(b) 轮毂上开减载槽

$d_1=(1.06\sim1.08)d$
(K_σ 约减小 40%)
(c) 轴上开减载槽

$r>(0.1\sim0.2)d$
(K_σ 约减小 30%～40%)
(d) 增大配合处直径

图 13－16　轴毂配合处的应力集中及其降低方法

用盘铣刀加工的键槽比用键槽铣刀加工的键槽在过渡处对轴的截面削弱较为平缓，如图 13－17 所示，因而应力集中较小。渐开线花键比矩形花键在齿根处的应力集中小，在做轴的结构设计时应对此加以考虑。此外，由于切制螺纹处的应力集中较大，故应尽可能避免在轴上受载较大的区段切制螺纹。

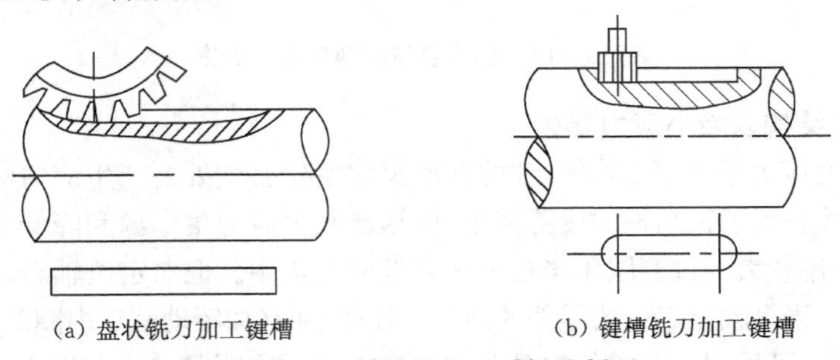
(a) 盘状铣刀加工键槽　　(b) 键槽铣刀加工键槽

图 13－17　键槽的加工对轴的削弱

4. 改进轴的表面质量以提高轴的疲劳强度

轴的表面粗糙度和表面强化处理方法也会对轴的疲劳强度产生影响。轴的表面愈粗糙，疲劳强度也愈低。因此，应合理减小轴的表面及圆角处的加工粗糙度值。当采用对应力集中甚为敏感的高强度材料制作轴时，表面质量尤应予以注意。

表面强化处理的方法有：表面高频淬火等热处理；表面渗碳、氰化、氯化等化学热处理；碾压、喷丸等强化处理。通过碾压、喷丸进行表面强化处理时，可使轴的表层产生预压应力，从而提高轴的抗疲劳能力。

13.3.5 轴的结构工艺性

轴的结构工艺性是指轴的结构形式应便于加工和装配轴上的零件，并且生产率高，成本低。因此，在满足使用要求的前提下，轴的结构形式应尽量简化。

为了便于加工，轴的结构形状应力求简单，阶梯数尽可能少；螺纹轴段要有退刀槽、磨削段要有砂轮越程槽如图 13－18 所示；设置必要的中心孔；圆角半径、倒角尺寸尽可能统一；同一轴上各轴段的键槽尽可能布置在同一母线上。为了便于装配，轴端应有倒角；过盈配合的轴段，在零件装入端应有导向锥面；定位轴肩的高度不能妨碍零件的拆卸；任一零件装配时，不应触及其他零件的配合表面。

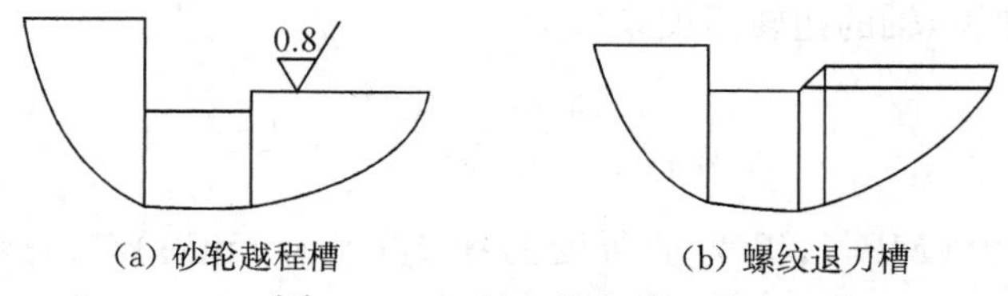

(a) 砂轮越程槽　　(b) 螺纹退刀槽

图 13－18　越程槽和退刀槽

通过上面的讨论也可进一步说明，轴上零件的装配方案对轴的结构形式起着决定性的作用。为了强调同时拟定不同的装配方案进行分析对比与选择的重要性，现以圆锥-圆柱齿轮减速器输出轴(图 13－19)的两种装配方案(图 13－20)为例进行对比。很显然，如图 13－20(b)所示中的轴向定位套筒长，质量大。相比之下，可知如图 13－20(a)所示中的装配方案比较合理。

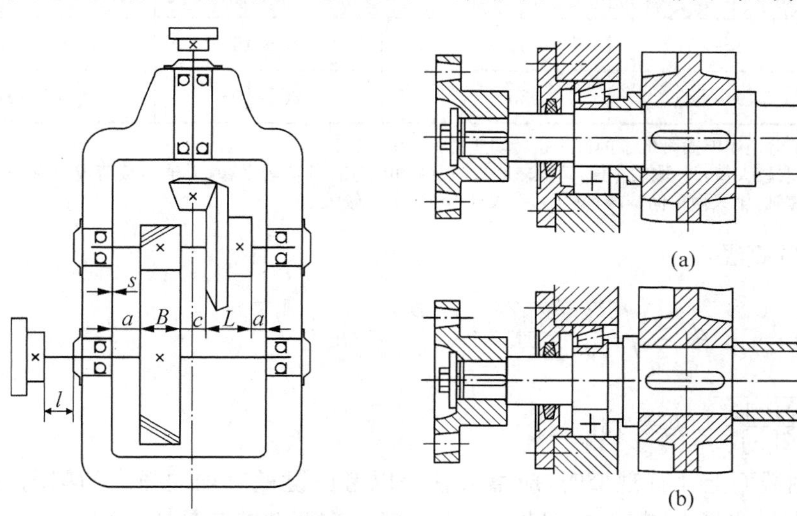

图 13－19　圆锥-圆柱齿轮减速器

图 13－20　输出轴的两种方案

13.4 轴的强度计算

轴的计算通常是在初步完成结构设计后进行校核计算。根据轴的失效形式，其计算准则是满足轴的强度或刚度要求，必要时还应校核轴的振动稳定性，即轴的临界转速。

13.4.1 轴的强度计算

轴的强度计算方法主要有四种：按扭转强度条件计算，按弯扭合成强度条件计算，按疲劳强度条件(安全系数校核)计算及按静强度条件计算。根据轴的具体承载及应力情况不同，轴的强度计算可采用相应的计算方法。

1. 按扭转强度条件计算

按扭转强度条件计算的方法，只需要知道转矩的大小，方法简便，但计算精度低。这种方法只是按轴所受的扭矩来计算轴的强度；如果还受不大的弯矩时，则用降低许用扭转切应力的办法予以考虑。在做轴的结构设计时，通常用这种方法初步估算轴径。对于不大重要的轴，也可作为最后计算结果。

根据材料力学知识，轴的扭转强度条件为

$$\tau=\frac{T}{W_{\mathrm{T}}}=\frac{9.55\times10^{6}P}{0.2d^{3}n}\leqslant[\tau] \tag{13-1}$$

式中，τ 为扭转切应力(MPa)；T 为轴所受的扭矩(N·mm)；W_{T} 为轴的抗扭截面系数(mm^3)；n 为轴的转速(r/min)；P 为轴传递的功率(kW)；d 为计算截面处轴的直径(mm)；$[\tau]$为许用扭转切应力(MPa)，见表 13-4。

表 13-4　轴常用几种材料的$[\tau]$及A_0值

轴的材料	Q235-A、20	Q275、35 (1Cr 18Ni9Ti)	45	40Cr、35SiMn 38SiMnMo、3Cr 13
$[\tau]$/MPa	15～25	20～35	25～45	35～55
A_0	149～126	135～112	126～103	112～97

注：1. 表中$[\tau]$值是考虑了弯矩影响而降低了的许用扭转切应力；
2. 在下述情况时，$[\tau]$取较大值，A_0 取较小值：弯矩较小或只受扭矩作用，载荷较平稳，无轴向载荷或只有较小的轴向载荷，减速器的低速轴，轴只做单向旋转；反之，$[\tau]$取较小值，A_0 取较大值。

由上式可得轴的直径

$$d\geqslant\sqrt[3]{\frac{9.55\times10^{6}}{0.2[\tau]}}\cdot\sqrt[3]{\frac{P}{n}}\geqslant A_0\cdot\sqrt[3]{\frac{P}{n}} \tag{13-2}$$

式中，$A_0=\sqrt[3]{\dfrac{9.55\times10^{6}}{0.2[\tau]}}$，见表 13-4。

应当指出，当轴截面上开有键槽时，应增大轴径以考虑键槽对轴的强度的削弱：对于直径 $d\leqslant100$ mm 的轴，有一个键槽时，轴径增大 5%～7%；有两个键槽时，应增大 10%～15%；

对于直径 $d>100$ mm 的轴，有一个键槽时，轴径增大 3%；有两个键槽时，应增大 7%。然后将轴径调整为标准直径。应当注意，这样求出的直径，只能作为承受扭矩作用的轴段的最小直径 d_{min}。

2. 按弯扭合成强度条件计算

对同时承受弯矩和扭矩的转轴，通过轴的结构设计，轴的主要结构尺寸，轴上零件的位置，以及外载荷和支反力的作用位置均已确定，这时，轴上的载荷（弯矩和扭矩）便可以求得，因而可按弯扭合成强度条件对轴进行强度校核计算。一般的轴用这种方法计算即可。其计算步骤如下：

(1) 作出轴的计算简图（即力学模型）

轴所受的载荷是从轴上零件传来的。计算时，常将轴上的分布载荷简化为集中力，其作用点取为载荷分布段的中点。作用在轴上的转矩，一般从传动件轮毂宽度的中点算起。通常把轴认为是置于铰链支座上的梁，支反力的作用点与轴承的类型和布置方式有关，可按图 13-21 所示来确定。如图 13-21(b)所示中的 a 值可查相关轴承样本或手册获取。如图 13-21(d)所示中 e 值与滑动轴承的宽径比 B/d 有关系：$B/d \leqslant 1$ 时，取 $e=0.5B$；当 $B/d>1$ 时，取 $e=0.5d$，但不小于 $(0.25\sim0.35)B$，而调心轴承，$e=0.5B$。

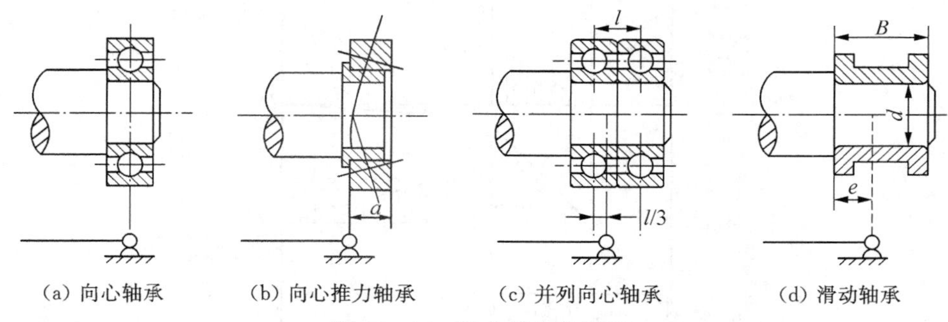

图 13-21 轴支反力作用点

在作计算简图时，应先求出轴上受力零件的载荷（若为空间力系，应把空间力分解为圆周力、径向力和轴向力，然后把它们全部转化到轴上），并将其分解为水平分力和垂直分力，如图 13-22 所示。然后求出各支承处的水平反力 F_{NH} 和垂直反力 F_{NV}（轴向反力可表示在适当的面上，如图 13-22(a)所示是表示在垂直面上，故标以 F'_{NV1}）。

(2) 作出弯矩图

根据上述简图，分别按水平面和垂直面计算各力产生的弯矩，并按计算结果分别做出水平面上的弯矩图 M_H 如图 13-22(b)所示和垂直面上的弯矩 M_V 如图 13-22(c)所示，然后按下式计算总弯矩并作出 M，如图 13-22(d)所示。

$$M=\sqrt{M_H+M_V} \tag{13-3}$$

(3) 作出扭矩图

扭矩图如图 13-22(e)所示。

(4) 校核轴的强度

已知轴的弯矩和扭矩后，可针对某些危险截面（即弯矩和扭矩大而轴径可能不足的截

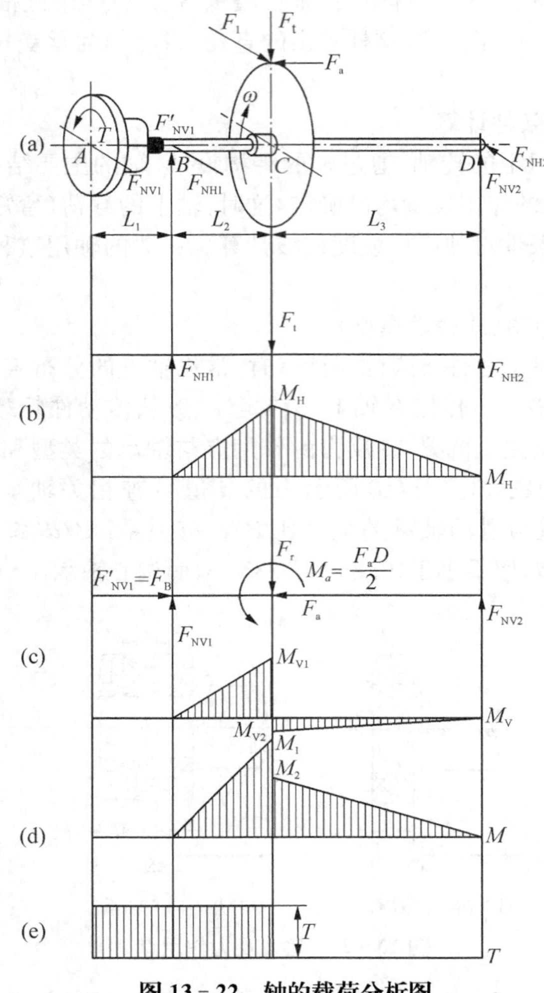

图 13-22 轴的载荷分析图

面)做弯扭合成强度校核计算。按第三强度理论，计算应力

$$\sigma_{ca} = \sqrt{\sigma^2 + 4\tau^2} \tag{13-4}$$

通常由弯矩所产生的弯曲应力 σ 是对称循环变应力，而由扭矩所产生的扭转切应力 τ 则通常不是对称循环变应力。为了考虑两者循环特性不同的影响，引入折合系数 α，则强度条件式(13-4)修正为

$$\sigma_{ca} = \sqrt{\sigma^2 + 4(\alpha\tau)^2} \tag{13-5}$$

式中，α 为根据转矩性质而定的折合系数。当扭转切应力为静应力时，取 $\alpha = 0.3$，当扭转切应力为脉动循环变应力时，取 $\alpha = 0.6$，若扭转切应力也为对称循环变应力时，$\alpha = 1$。

对于直径为 d 的圆轴，弯曲应力 $\sigma = \dfrac{M}{W}$，扭转切应力 $\tau = \dfrac{T}{W_T} = \dfrac{T}{2W}$。将 σ 和 τ 代入式(13-4)，

则轴的弯扭合成强度条件为

$$\sigma_{ca}=\sqrt{\left(\frac{M}{W}\right)^2+4\left(\frac{\alpha T}{2W}\right)^2}=\frac{\sqrt{M^2+(\alpha T)^2}}{W}\leqslant[\sigma_{-1}] \tag{13-6}$$

式中，σ_{ca}为轴的计算应力（MPa）；M 为轴所受的弯矩（N・mm）；T 为轴所受的扭矩（N・mm）；W 为轴的抗弯截面系数（mm^3），计算公式见表 13-5。$[\sigma_{-1}]$为对称循环变应力时轴的许用弯曲应力，见表 13-2。

表 13-5　　抗弯、抗扭截面系数计算公式

截面	W	W_T	截面	W	W_T
d	$\frac{\pi d^3}{32}\approx0.1d^3$	$\frac{\pi d^3}{16}\approx0.2d^3$	b, t, d	$\frac{\pi d^3}{32}-\frac{bt(d-t)^2}{d}$	$\frac{\pi d^3}{16}-\frac{bt(d-t)^2}{d}$
d, d_1	$\frac{\pi d^3}{32}(1-\beta^4)\approx0.1d^3(1-\beta^4)$　$\beta=\frac{d_1}{d}$	$\frac{\pi d^3}{16}(1-\beta^4)\approx0.2d^3(1-\beta^4)$　$\beta=\frac{d_1}{d}$	d_1, d	$\frac{\pi d^3}{32}\left(1-1.54\frac{d_1}{d}\right)$	$\frac{\pi d^3}{16}\left(1-\frac{d_1}{d}\right)$
b, t, d	$\frac{\pi d^3}{32}-\frac{bt(d-t)^2}{2d}$	$\frac{\pi d^3}{16}-\frac{bt(d-t)^2}{2d}$	b, D, d	$[\pi d^4+(D-d)(D+d)^2zb]/32D$　z— 花键齿数	$[\pi d^4+(D-d)(D+d)^2zb]/16D$　z— 花键齿数

注：近似计算时，单、双键槽一般可忽略，花键轴截面可视为直径等于平均直径的圆截面。

3. 按疲劳强度条件进行精确校核

这种校核计算的实质在于确定变应力情况下轴的安全程度。在已知轴的外形、尺寸及载荷的基础上，即可通过分析确定出一个或几个危险截面（这时不仅要考虑弯曲应力和扭转切应力的大小，而且要考虑应力集中和绝对尺寸等因素影响的程度），求出计算安全系数 S_{ca} 并应使其稍大于或至少等于设计安全系数 S，即

$$S_{ca}=\frac{S_\sigma S_\tau}{\sqrt{S_\sigma^2+S_\tau^2}}\geqslant S \tag{13-7}$$

仅有法向力时，应满足

$$S_\sigma = \frac{\sigma_{-1}}{K_\sigma \sigma_a + \psi_\sigma \sigma_m} \geqslant S \tag{13-8}$$

仅有扭转切应力时，应满足

$$S_\tau = \frac{\tau_{-1}}{K_\tau \tau_a + \psi_\tau \tau_m} \geqslant S \tag{13-9}$$

需要指出，当一个截面处有多个应力集中源时，则取其中最严重的一个加以考虑。

如果校核结果是 $S_{ca} < S$，则应通过增大轴径、改用强度更高的材料，或采用结构和工艺上的改进措施提高轴的疲劳强度等途径加以解决。

4. 轴的静强度安全系数校核

轴的静强度安全系数校核是根据轴上的最大瞬时载荷（包括动载荷和冲击载荷）和轴材料的屈服极限，计算并判断轴危险截面的静强度安全系数是否满足，其目的是检验轴对塑性变形的抵抗能力。校核公式为

$$S_{S_{ca}} = \frac{S_{s\sigma} S_{s\tau}}{\sqrt{S_{s\sigma}^2 + S_{s\tau}^2}} \geqslant S_S \tag{13-10}$$

式中，$S_{S_{ca}}$ 为危险截面静强度的计算安全系数；S_S 为按屈服强度的设计安全系数；$S_{s\sigma}$ 为只考虑弯矩和轴向力时的安全系数，见式（13－11）；$S_{s\tau}$ 为只考虑扭转时的安全系数，见式(13－12)。

$$S_{s\sigma} = \frac{\sigma_S}{\left(\frac{M_{max}}{W} + \frac{F_{amax}}{A}\right)} \tag{13-11}$$

$$S_{s\tau} = \frac{\tau_S}{T_{max}/W_T} \tag{13-12}$$

式中，σ_S，τ_S 为材料的抗弯和抗扭屈服极限(MPa)；M_{max}、T_{max} 为轴的危险截面上所受的最大弯矩和最大扭矩(N·mm)；F_{amax} 为轴的危险截面上所受的最大的轴向力(N)；A 为危险截面的面积(mm^2)；W，W_T 分别为危险截面的抗弯和抗扭截面系数(mm^3)，见表 13－5。

13.5 轴的刚度计算

轴在载荷作用下会产生弯曲变形或扭转变形，前者用轴的挠度 y 和偏转角 θ 度量，后者用轴的扭转角 φ 度量如图 13－23 所示。若上述变形量过大，即轴的刚度不足，则会恶化轴上零件的工作条件，甚至可能导致机器丧失应有的工作性能。

例如，装有齿轮的轴若刚度不足，将影响齿轮的正确啮合，使轮齿接触不良而造成载荷沿接触线分布严重不均；轴的刚度不足会使滑动轴承中轴颈偏斜过大而导致边缘接触，造成不均匀磨损和过度发热，或者使滚动轴承内、外圈相互偏斜过量而影响灵活运转，甚至发生滚动体卡死；机床主轴的刚度不足会降低机床加工工件精度；桥式起重机、门式起重机中驱

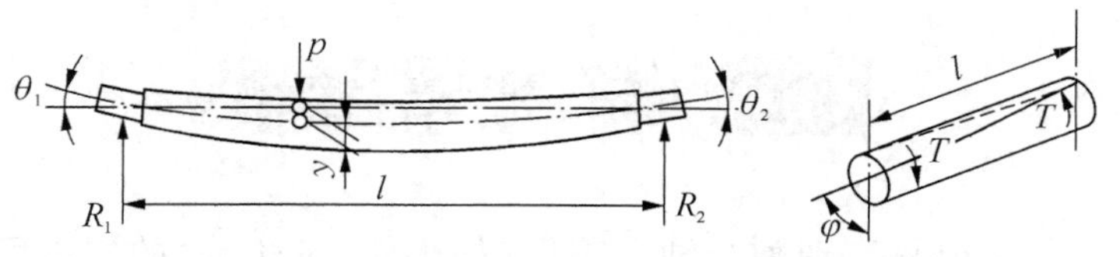

图 13-23 轴的挠度、偏转角和扭转角

动大车车轮的传动轴若刚度不足，则可能引起车轮出轨等。另外，在高转速情况下，轴的刚度直接关系到轴的振动稳定性。因此，在设计对刚度有要求的轴或涉及轴的振动稳定性问题时，必须进行轴的刚度计算。

轴的刚度计算就是计算轴在受载时的变形量，并检验其是否满足相应的刚度条件或符合所要求的数值，即

弯曲刚度条件
$$y \leqslant [y] \tag{13-13}$$

$$\theta \leqslant [\theta] \tag{13-14}$$

扭转刚度条件
$$\varphi \leqslant [\varphi] \tag{13-15}$$

式中，$[y]$，$[\theta]$，$[\varphi]$分别为轴的许用挠度、许用偏转角和许用扭转角，其值根据各类机器的实际要求确定，见表 13-6。轴的变形量（y、θ、φ）则可按材料力学中的公式和方法计算。

表 13-6 轴的变形允许值

变形种类	度量参数	名称	变形允许值	说明
弯曲变形	挠度 y	一般用途的轴 刚度要求高的轴 （例如机床的轴） 安装齿轮的轴 安装蜗轮的轴 感应电动机轴	$[y]=(0.0003\sim0.0005)L$ $[y]=0.0002L$ $[y]=(0.01\sim0.03)m_n$ $[y]=(0.02\sim0.05)m_t$ $[y]\leqslant0.1\delta$	L——支承间跨度； δ——电动机定子与转子间的气隙； m_n——齿轮法面模数； m_t——蜗轮端面模数
	偏转角 θ/rad	装齿轮处 滑动轴承处 深沟球轴承 调心轴承 圆柱滚子轴承 圆锥滚子轴承	$[\theta]=0.001\sim0.002$ $[\theta]=0.001$ $[\theta]=0.005$ $[\theta]=0.05$ $[\theta]=0.0025$ $[\theta]=0.0016$	
扭转变形	扭转角 φ	一般轴 精密传动轴 对于要求不严的轴 重型机床走刀轴 起重机传动轴	$[\varphi]=0.5°\sim1°$ 1/m $[\varphi]=0.25°\sim0.5°$ 1/m $[\varphi]\geqslant1°$ 1/m $[\varphi]=5'$ 1/m $[\varphi]=15'\sim20'$ 1/m	

13.6 轴毂连接

轴毂连接的功能主要是实现轴与轴上零件(如齿轮、带轮等)的周向固定并传递转矩。轴毂连接的形式很多,如键连接、花键连接、销连接等。本章将主要对其类型、特点、应用及选择与计算作以介绍。

13.6.1 键连接

键是标准件,键设计的主要内容是:选择键的类型;确定键的尺寸;必要时校核键连接的强度。

1. 普通平键

普通平键用于静连接,即轴与轮毂间无相对轴向位移的连接,如图 13-24 所示。

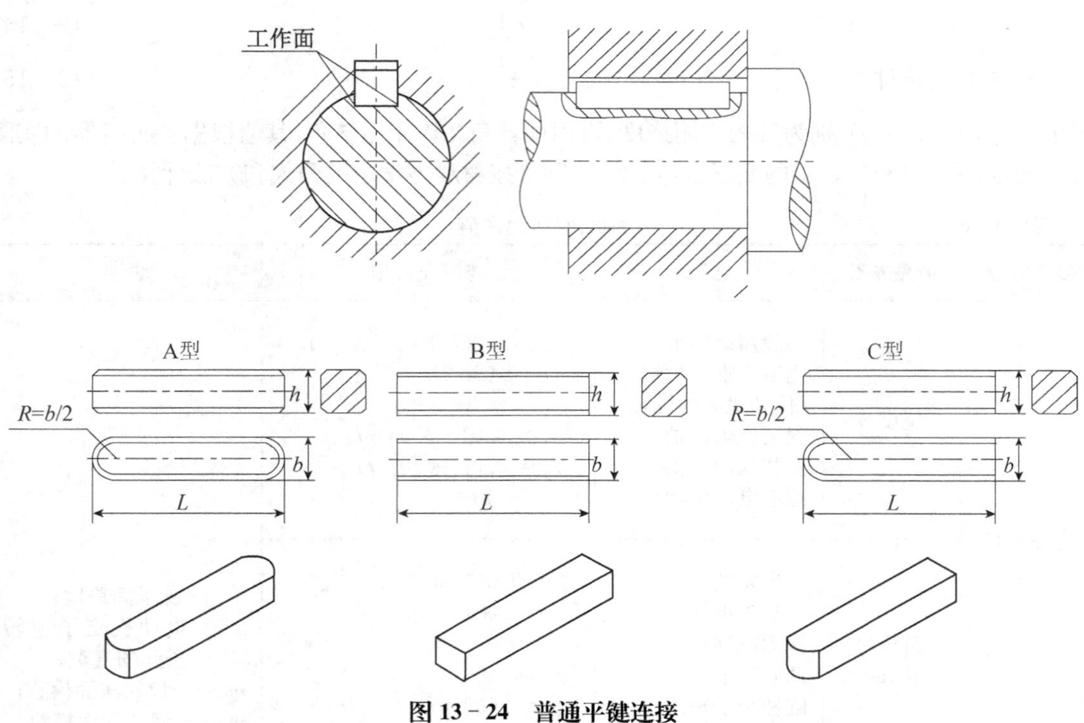

图 13-24 普通平键连接

(1) 类型和特点

普通平键按端部形状不同可分 A 型(圆头)、B 型(方头)、C 型(单圆头)三种。圆头键的轴槽用指状铣刀加工,轴槽两端具有与键相同的形状,故键在槽中固定良好,但槽对轴引起的应力集中较大。方头键的轴槽用盘形铣刀加工,轴的应力集中较小,但需用紧定螺钉将其固定在键槽中。单圆头键常用于轴端。

普通平键是靠侧面传递转矩,侧面是工作面,而键的上表面和轮毂槽底之间留有间隙。普通平键结构简单、对中良好、装拆方便、加工容易,故应用广泛,但它不能实现轴上零件的轴上固定。

(2) 尺寸选择

键的剖面尺寸($b\times h$)根据键槽所在轴段直径 d 由标准选取;键长 L 一般略小于零件轮毂的长度,且须符合键长标准系列,键的尺寸确定见表 13-7。

表 13-7　键的尺寸　单位:mm

轴的直径 d	6~8	>8~10	>10~12	>12~17	>17~22	
键宽 b ×键高 h	2×2	3×3	4×4	5×5	6×6	
轴的直径 d	>22~30	>30~38	>38~44	>44~50	>50~57	
键宽 b ×键高 h	8×7	10×8	12×8	14×9	16×10	
轴的直径 d	>58~65	>65~75	>75~85	>85~95	>95~110	>110~130
键宽 b ×键高 h	18×11	20×12	22×14	25×14	28×16	32×18
键的长度系列 L	6,8,10,12,14,16,18,20,22,25,28,32,36,40,45,50,56,63,70,80,90,100,110,125,140,180,200,220,250,…					

(3) 强度验算

如图 13-25 所示为平键连接时的受力情况。在切向力 F_t 的作用下,键和键槽的两侧面受挤压,键的 $a-a$ 截面受剪切。因此,键连接的主要失效形式是较弱零件(通常是轮毂)的工作面被压溃,其强度条件如下

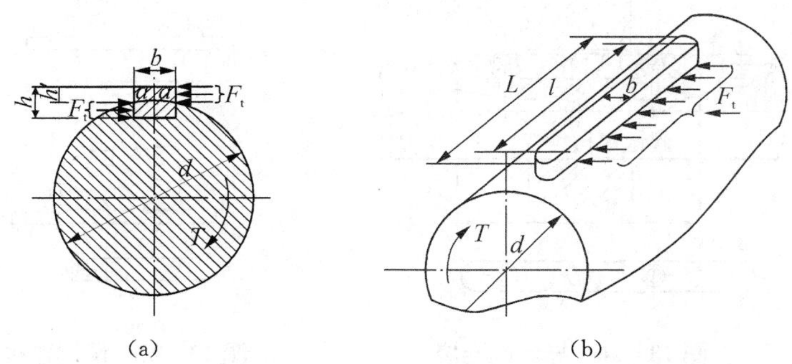

图 13-25　平键连接时的受力情况

$$\sigma_p = \frac{2T}{dh'l} \approx \frac{4T}{dhl} \leqslant [\sigma]_p \qquad (13-16)$$

式中，σ_p 为挤压应力(MPa)；T 为轴传递的转矩(N・mm)；d 为轴的直径(mm)；h 为键的高度(mm)；h'为键与轮毂的接触高度，取 $h' \approx h/2$，mm；l 为键的工作长度(mm)，A 型键：$l = L - b$，B 型键：$l = L$，C 型键：$l = L - b/2$ ；$[\sigma]_p$ 为许用挤压应力(MPa)，见表 13-8。

表 13-8　　键连接的许用挤压应力$[\sigma]_p$ 和许用压强$[p]$

许用值	连接方式	连接零件中较弱零件的材料	载荷性质		
			静载荷	轻微冲击	冲击
$[\sigma]_p$	静连接	钢	125～150	100～120	60～90
		铸铁	70～80	50～60	30～45
$[p]$	动连接	钢	50	40	30

注：动连接时，如工作表面经过淬火，则$[p]$可提高 2～3 倍。

如果一个键不能满足强度要求时，可采用两个平键，两键应相隔 180° 布置。考虑到载荷分配不均，其强度按 1.5 个键计算。也可适当增加键长，但键长一般不宜超过(1.6～1.8)d，否则载荷沿键长的分布严重不均。

2. 导向键和滑键

导向键和滑键用于动连接，即轴与轮毂之间用有相对轴向移动的连接。导向键如图 13-26 所示用螺钉固定在轴槽中，轴上零件能沿键作少量轴向滑移；为拆装方便，设有起键螺孔。滑键如图 13-27 所示固定在轮毂上，轴上零件带着键作轴向移动；滑键用于轴上零件轴向移动量较大的场合。由于导向键和滑键连接是动连接，所以其主要失效形式是工作面的磨损，强度条件如下

$$p \approx \frac{4T}{d \cdot h \cdot l} \leqslant [p] \tag{13-17}$$

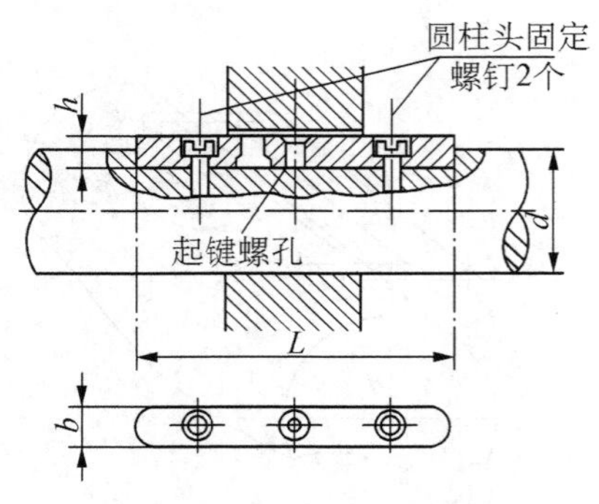

图 13-26　导向键连接

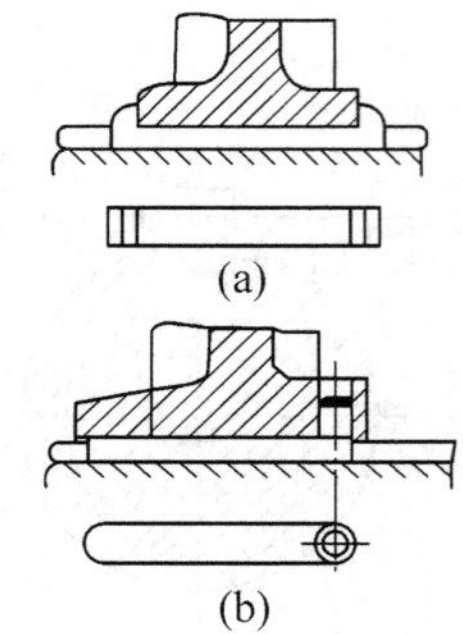

图 13-27　滑键连接

式中，p 为压强(MPa)；$[p]$为许用压强(MPa)，见表 13-8。

3. 半圆键

半圆键只用于静连接，与平键一样也是以两侧面为工作面[图 13－28(a)]。轴上键槽用与半圆键尺寸相同的铣刀铣出，半圆键可在槽中绕键的几何中心摆动，以适应于毂槽底面的斜度。

这种键连接定心较好，装配方便，但轴上键槽较深，对轴的强度削弱较大，主要用于载荷较小的连接及锥形轴端与轮毂的连接[图 13－28(b)]。若强度不足需装两个半圆键时，两键应布置在轴的同一母线上，以免轴的强度削弱过大。

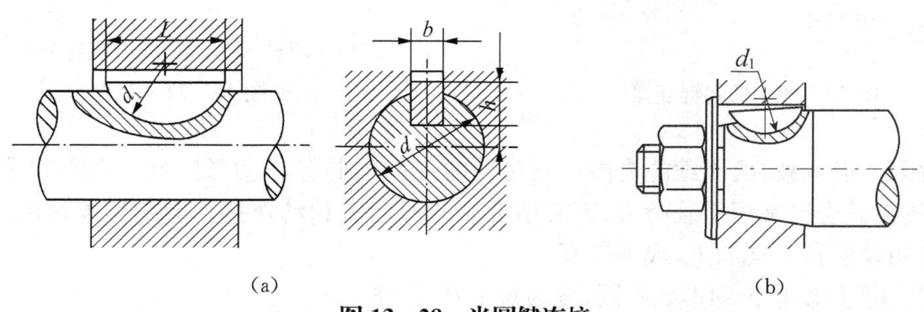

图 13－28 半圆键连接

4. 楔键和切向键

楔键和切向键用于静连接。

楔键如图 13－29 所示，上、下面是工作面，键的上表面和轮毂键槽底面的斜度均具有 1∶100的锥度。装配后，键楔紧在轴毂之间。工作时，靠键、轴毂之间的摩擦力传递转矩，并能承受单方向的轴向力，但定心精度不高，主要用于载荷平稳和低速的场合。

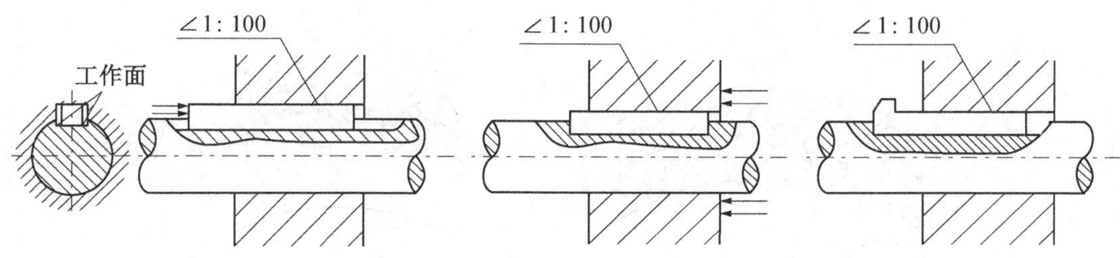

图 13－29 楔键连接

切向键如图 13－30 所示由两个斜度为 1∶100 的楔键组成，其上、下两面(窄面)为工作面，其中之一的工作面通过轴心线的平面，使工作面上压力沿轴的切向作用，能传递很大转矩。当传递双向转矩时，需用两个切向键并分布成 120°～130°。切向键主要用于轴径大于 100 mm、对中要求不严而载荷很大的重型机械中。

5. 花键连接

花键在轴上加工出多个键齿，称为花键轴，在轮毂孔上加工出多个键槽，称为花键孔，二者组成的连接称为花键连接如图 13－31 所示。花键齿的侧面为工作面，靠轴与毂的齿侧面的挤压传递转矩，可用于动连接和静连接。

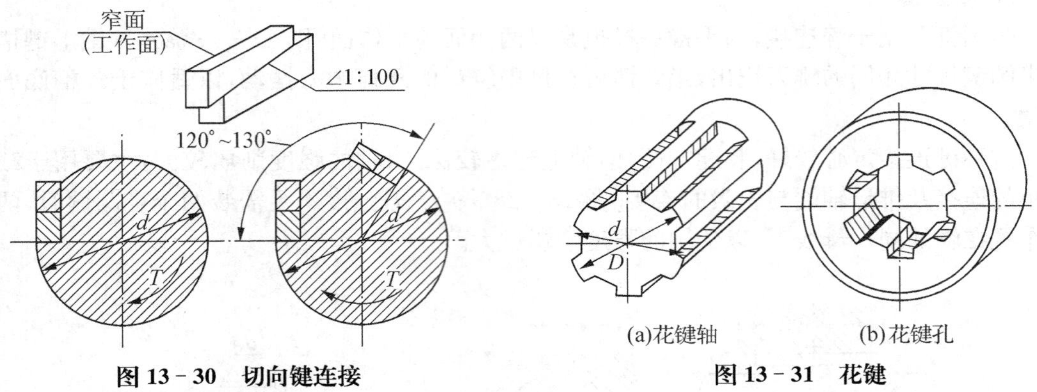

图 13－30　切向键连接

图 13－31　花键

花键因多齿承载，故承载能力高。它对轴的强度削弱轻，应力集中小，定心精度高，导向性能好，故花键连接常用于载荷大、定心精度高的静连接和动连接。但花键连接的花键轴和孔需用专用设备和工具加工，成本较高。

花键已标准化，按齿廓形状不同，分为矩形花键(图 13－32)和渐开线花键(图 13－33)。矩形花键因加工方便而应用最广泛，它分为轻、中两个系列，轻系列用于载荷较轻的静连接，中系列用于中等载荷的静连接和动连接。矩形花键采用小径定心。渐开线花键采用齿形定心，其加工方法与齿轮相同，压力角有 30°和 45° 两种，易获得较高的精度，与矩形花键相比较，它齿根厚、齿根圆角大、强度高，且具有自动定心作用。

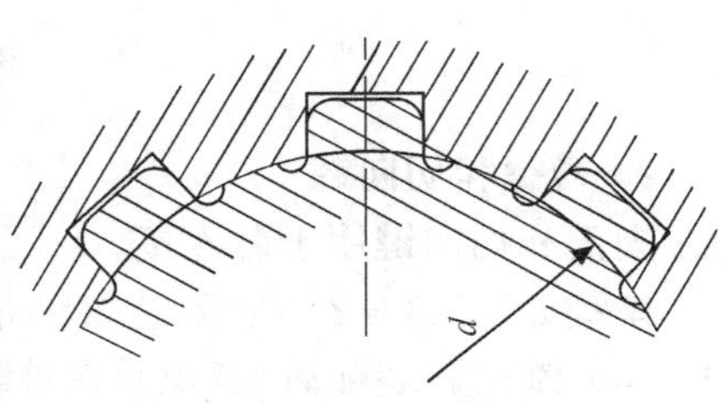

图 13－32　矩形花键

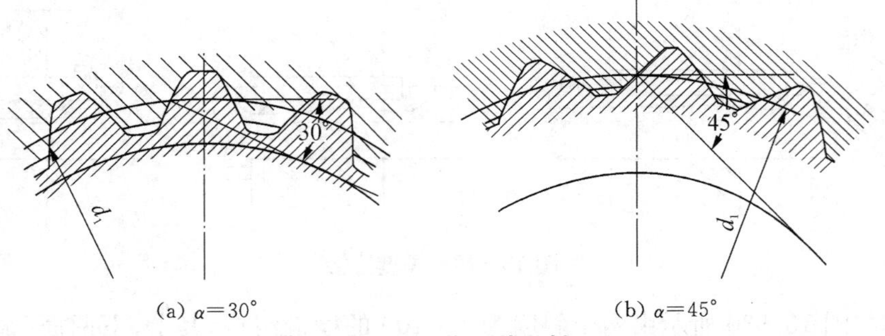

(a) $\alpha=30°$　　(b) $\alpha=45°$

图 13－33　渐开线花键

6. 销连接

销主要用来固定零件之间的相对位置的称为定位销(图 13－34)，它是组合加工和装配时的重要辅助零件；也可用于连接，称为连接销(图 13－35)，可传递不大的载荷；还可作为安全装置中的过载剪断元件，称为安全销(图 13－36)。

销的材料一般用强度极限不低于 500～600 MPa 的碳素钢，例如 35，45 钢，许用剪应力为 800 MPa。

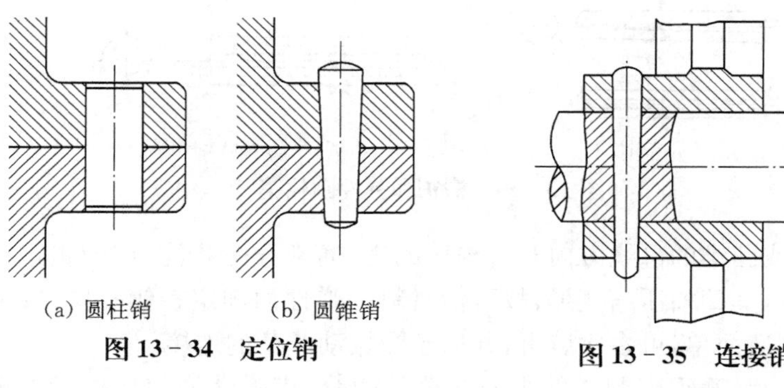

(a) 圆柱销　(b) 圆锥销

图 13-34　定位销

图 13-35　连接销

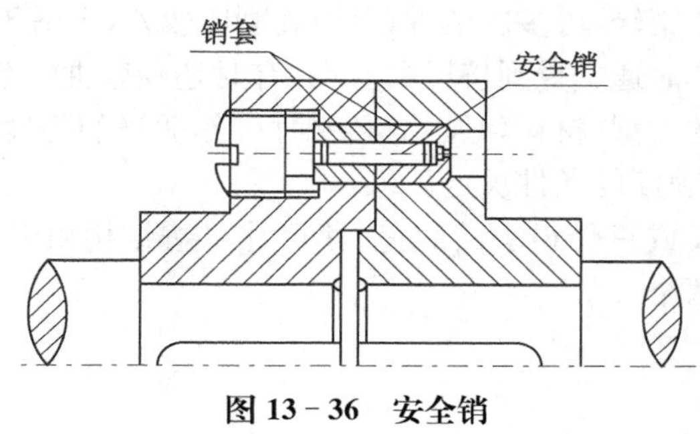

图 13-36　安全销

销的主要类型有圆柱销[图 13-34(a)]、圆锥销[图 13-34(b)]、槽销如图 13-38(a)所示和弹性圆柱销如图 13-38(b)所示，除槽销外均已标准化。

圆柱销利用微量过盈固定在铰光的销孔中，这种销经过多次拆装会损坏连接的紧固性和定位的精确性。

圆锥销具有 1∶50 的锥度，在受横向力时能自锁；靠锥挤作用固定在铰光的锥孔中，定位精度比圆柱销高，多次拆装而定位精度影响较小。圆锥销比圆柱销应用较广。

内螺纹圆锥销如图 13-37(a)所示、螺尾圆锥销如图 13-37(b)所示可用于销孔没有开通或装拆困难的场合，开尾圆锥销如图 13-37(c)所示可保证销在冲击、振动或变载荷情况下不松脱。

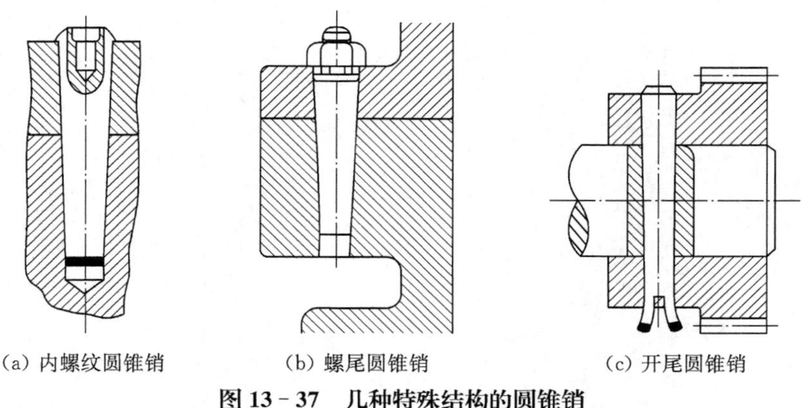

(a) 内螺纹圆锥销　(b) 螺尾圆锥销　(c) 开尾圆锥销

图 13-37　几种特殊结构的圆锥销

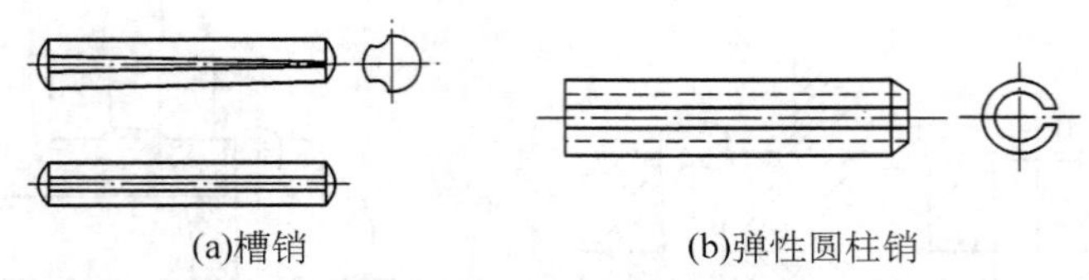

图 13－38　槽销和弹性圆柱销

槽销为沿圆柱或圆锥的母线方向开有沟槽的销，通常开三条沟，用弹簧钢滚压或模锻而成，槽销压入销孔后，其凹槽压缩变形，故可借材料的弹性而固定在销孔中，安装槽销的孔不需精确加工，槽销制造简单，可多次装拆，并适于受振动载荷的连接。

弹性圆柱销是由弹簧钢带制成的纵向开缝的圆管，借弹性均匀地挤紧在销孔中。销孔无须铰光。这种销比实心销轻，可多次装拆，但因其刚度较差，不适于高精度定位。

用作连接的销在工作时通常受到挤压和剪切，有时还受弯曲。设计时，可先根据连接的构造和工作要求选择销的类型、材料和尺寸，必要时可作适当的强度验算。用作安全装置的销，其尺寸须按过载时被剪断的条件决定。

定位销通常不受载荷或只受很小的载荷，其尺寸可按结构由经验确定。同一接合面上的定位销数目至少要用两个。

第十四章 联轴器和离合器

14.1 概 述

一般的机器或机械系统，常常要分解为若干个子系统(部件)，由各个专业厂家(或车间)去分别制造，然后再经过总装配而成为整机。如图 14-1 所示的搅拌机 3 是由电动机 1、减速器 2 和工作机(执行机构)——搅拌器构成的一个整机系统。在电动机轴与减速器输入轴之间，减速器输出轴与搅拌器输入轴之间分别加入联轴器，使它们一起转动以实现运动和动力的传递。

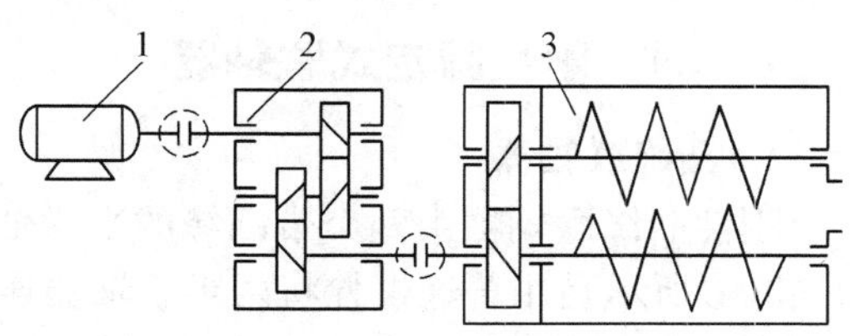

图 14-1 搅拌机系统

如果搅拌机工作过程中还需要在电机不停止转动条件下改变搅拌速度、转动方向或停止工作，则减速器 2 应改用可输出数种转速(转矩)的变速机构——例如滑移齿轮机构(参见轮系部分内容)；而这类变速装置中不同传动路线(对应于不同的转速或转向)的接合与断开则要由离合器来控制。

如上所述，在机械系统中联轴器和离合器起着连接轴与轴(或者联接轴与其他转动件——齿轮、带轮等)，以传递运动和转矩的作用；有时也可作为一种安全装置用来防止被连接机件承受过大的载荷，起到过载保护作用。联轴器和离合器的主要区别是：用联轴器连接的两根轴，只有在机器停车后通过拆卸才能把它们分离；而用离合器连接的两根轴，则可在机器工作过程中根据需要随时而方便地使之接合或分离，不必使机器停车。

由于加工、装配的误差以及工作中的温度变化、零件的受载变形、地基局部下沉等原因，将导致用联轴器连接的两根轴之间产生相位置偏移而不能严格对中，如图 14-2 所示。这就要求在设计联轴器时应从结构上采取各种不同的措施，使之具有一定的位移补偿能力，以适应两轴之间相对位移的变化，从而避免连接时在两轴间引起较大的附加应力，导致机器工作情况恶化；同时还应使联轴器具有吸收振动及缓和冲击的能力。

实际应用的联轴器类型很多。一般从联轴器中是否有弹性元件出发将其分为弹性联轴器和刚性联轴器两大类；进而刚性联轴器又可分成固定式和可移式；由于弹性联轴器和刚性可移式联轴器具有位移补偿能力，有时也将这二者统称为挠性联轴器。

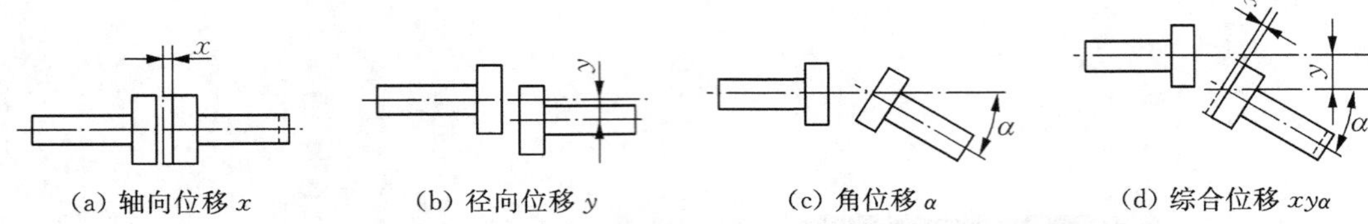

图 14-2　联轴器所连接的两周的相对位移

联轴器和离合器是机械传动中的常用部件，它们大多已标准化和系列化；本章只对几种较典型的常用类型予以介绍，其他类型可参见各种设计手册。对于已经标准化的联轴器和离合器，设计时只需根据工作要求正确地选择其类型、型号和尺寸即可；必要时还须对其重要零件和易损零件作强度验算。对于尚未标准化的联轴器和离合器，则可参阅有关资料和手册。

14.2　常用联轴器的类型及选择

14.2.1　刚性固定式联轴器

1. 凸缘联轴器

刚性凸缘联轴器由两个带凸缘的半联轴器和一组螺栓组成，如图 14-3 所示。其中如图 14-3(a)所示是用普通螺栓将两半联轴器连接在一起，两根轴的对中是通过两个半联轴器上分别设置的凸台和凹槽的嵌合来实现的；如图 14-3(b)所示是采用铰制孔用螺栓来连接两半联轴器并由螺栓与孔的过渡配合来实现两轴的对中的。在尺寸和材料相同的条件下，后者可传递较大的转矩，而且在装拆时不需要使轴作轴向移动，但铰孔加工较麻烦。为了运行安全，有时将凸缘联轴器作成带保护缘的形式，如图 14-3(c)所示。

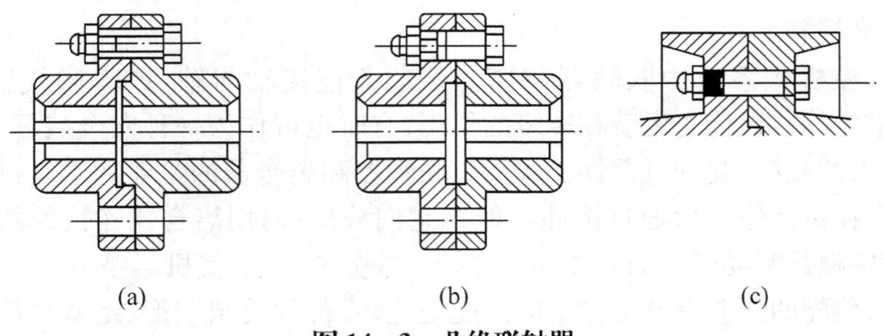

图 14-3　凸缘联轴器

凸缘联轴器具有结构简单、成本低、传递转矩较大的特点，且可用于连接直径不同的轴，因而获得广泛应用；但由于它没有缓冲吸振的弹性元件，对所连两轴的相对位移没有补偿能力，只能适用于两轴刚度大、对中性好且转速较低、载荷平稳的场合。这种联轴器已经标准化(GB 5843—86)，可按轴伸尺寸和许用转矩选用。重要场合或载荷较大时，常需对螺栓的强度进行计算。

凸缘联轴器的材料常采用灰铸铁，重载或圆周速度较大(≥30 m/s)时应用铸钢或锻钢。

2. 套筒联轴器

套筒联轴器是利用一个公用套筒，以键或销的连接方式将两根轴联结在一起作同步转动的，如图 14－4 所示。其优点是结构简单、易于制造、径向尺寸小；缺点是装拆时轴需作较大的轴向移动，对两轴线的偏移较敏感。套筒联轴器适用于两轴能严格对中、载荷不大且较为平稳、并要求联轴器径向尺寸小的场合(例如机床)。这类联轴器目前尚无标准；其强度计算可参照键连接或销连接的方法进行。

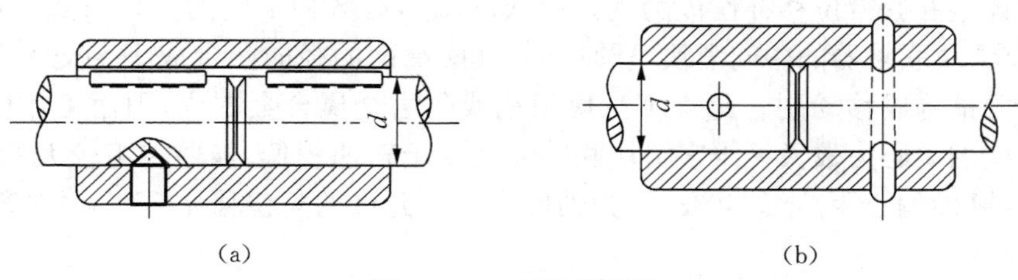

图 14－4　套筒联轴器

14.2.2　刚性可移式联轴器

这类联轴器利用自身具有相对可动元件或间隙，而允许两轴间存在一定的相对位移，故具有一定的位移补偿能力，但由于它仍属于刚性联轴器(即不包含弹性元件)，无缓冲减振作用。

1. 齿轮联轴器

如图 14－5 所示，齿轮联轴器由两个带有内齿和凸缘的外套筒 3 以及两个带有外齿的内套筒 1 组成。两个内套筒分别用键与两轴相连接，两个外套筒在其凸缘处用螺栓 5 联结成一体，利用内外齿的啮合传递转矩。内外齿的齿廓为渐开线，啮合角一般为 20°，齿数常为 30～80。为减轻轮齿在啮合时的磨损，可由油孔 4 向内套筒间注入润滑油，并在内外套筒间装有密封圈 6 以防止润滑油泄漏。为使齿轮联轴器具有良好的补偿两轴综合位移的能力，特将外齿的齿顶加工成球面(球面中心位于轴线上)，并使之与内齿啮合时有较大的顶隙和侧隙，还可将外齿作成鼓形齿以增大补偿两轴角位移的能力。

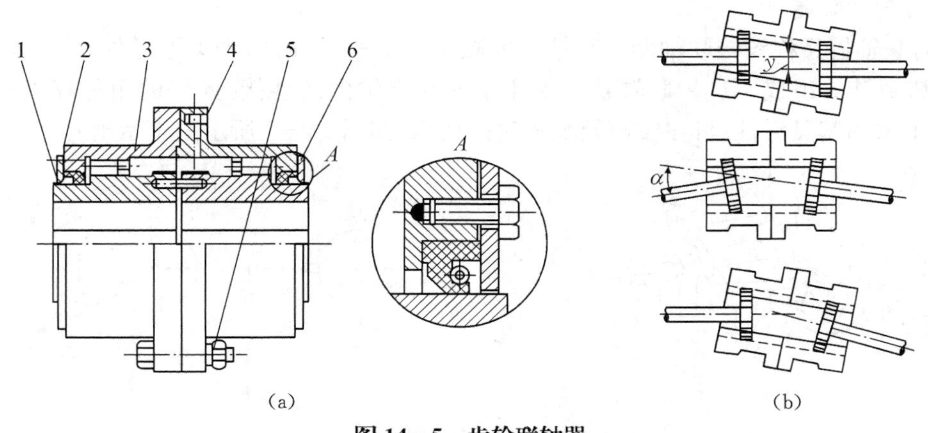

图 14－5　齿轮联轴器

齿轮联轴器承载能力大，可在高速重载下可靠地工作，又具有较大的综合位移补偿能力

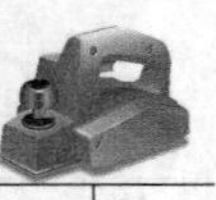

允许的径向位移 $y \leqslant 0.4 \sim 6.3$ mm,(当两轴线无径向位移时允许的角位移 $\alpha \leqslant 30'$),且使用的工作速度范围广,因而被广泛应用于重载(如起重机、轧钢机)或高速运转(如汽轮机、透平压缩机)的水平传动轴的连接,是用途最广的刚性可移式联轴器。这种联轴器的主要缺点是制造困难,成本较高。齿轮联轴器已经标准化(ZBJ 19012—89)。

2. 滑块联轴器

这种联轴器是利用中间滑块在其两侧半联轴器端面的相应径向槽内的滑动,来实现两半联轴器的连接并获得位移补偿能力的。滑块联轴器有数种不同的结构形式。如图 14-6(a)所示十字滑块联轴器的中间滑块呈圆环形,其两端面的径向凸台成十字交叉并与两半联轴器上的端面槽构成移动副。此十字滑块用钢或耐磨金属合金制成,因而工作中滑块的偏心运动所产生的离心力较大。十字滑块联轴器适用于转速较低、传递转矩较大的传动;它允许的径向位移(即偏心距)$y \leqslant 0.04d$(d 为轴的直径),允许的角位移 $\alpha \leqslant 30'$,轴的转速一般不超过 300 r/min。

如图 14-6(b)所示的滑块联轴器又称作 NZ 挠性爪型联轴器,其两半联轴器上的端面槽要比十字滑块联轴器的端面槽更宽,这样中间滑块就改为不带端面凸台的方形;滑块常用夹布胶木或尼龙(配制时加入少量石墨或二硫化钼,以使之具有自润滑作用)制成,则其质量小而减小了工作中的离心力,故可用于较高转速,但传递转矩的能力则要比十字滑块联轴器小。这种联轴器的特点是结构简单,重量轻、离心惯性力小,适用于小功率、高转速而无剧烈冲击处。它允许的径向位移 $y \leqslant 0.01d + 0.25$(d 为轴的直径),允许的角位移 $\alpha \leqslant 40'$。

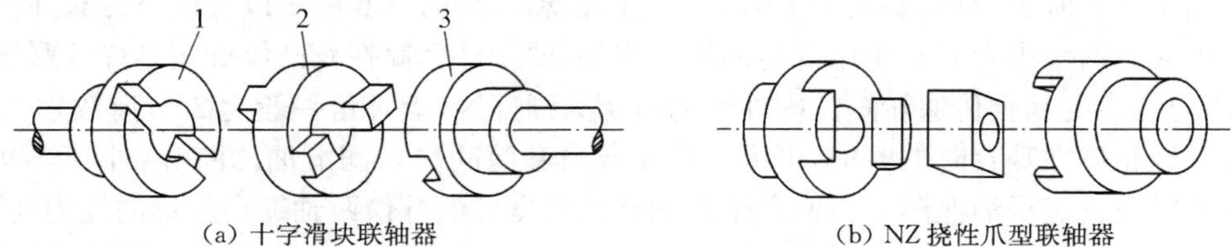

图 14-6 滑块联轴器

3. 万向联轴器

万向联轴器又称铰链联轴器。其结构如图 14-7 所示,由两个叉形零件 1、3 及十字形零件 2 和销轴等组成。这种联轴器主要用于两相交轴间的连接,允许的角位移可达 40°~45°。为了增加其灵活性,可在铰链处配置滚针轴承(如图 14-7 所示中未示出)。

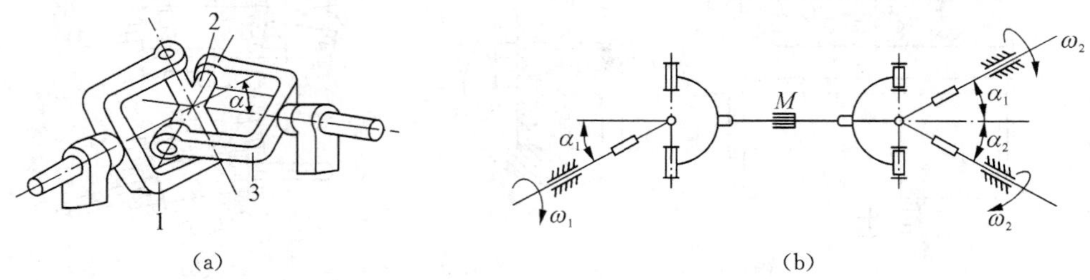

图 14-7 万向联轴器

万向联轴器的主要缺点是:当主动轴以恒定角速度 ω_1 转动时,从动轴的角速度 ω_2 将在

下述范围内作周期性变化，$\omega_1\cos\alpha\leqslant\omega_2\leqslant\omega_1/\cos\alpha$（$\alpha$ 为所联接的两轴线间的夹角）。这将在传动中引起附加动载荷，因此它很少在机器中单个使用。实用上，常采用双万向联轴器，即由两个单万向联轴器串接而成，如图 14－7(b)所示。这时只要在安装上满足下列两个条件，就能使主、从动轴的角速度相等：

（1）主动轴、从动轴与中间轴的夹角必须相等，即 $\alpha_1=\alpha_2$，且三轴线共面；

（2）中间轴两端的叉面必须位于同一平面内。

14.2.3 弹性联轴器

弹性联轴器的共同特点是其中含有起缓冲减振作用的弹性元件，对两轴线的位移有一定补偿作用。因弹性元件的材料与结构形式不同，弹性联轴器的种类很多。这里仅就其常用的四种予以介绍。

1. 弹性套柱销联轴器

这种联轴器的结构与刚性凸缘联轴器相似，如图 14－8 所示，只是用套有橡胶弹性套的柱销代替了连接螺栓。由图 14－8 可见，工作时靠弹性套的弹性变形来补偿两轴的径向位移和角位移（允许的径向位移 $y\leqslant0.014\sim0.2$ mm，角位移 $\alpha\leqslant40'$）；由于整个柱销能在其孔中作轴向运动，（安装时应注意使两半联轴器的端面间留出适当的间隙），故它也能在较大范围内适应两轴的轴向位移。

弹性套柱销联轴器的主要优点是：结构简单、制造容易、装拆方便、成本较低，并能缓冲减振。缺点是：弹性套易磨损，寿命较短。这种联轴器也已标准化（DB 4323—84），它适用于连接载荷变化不大，需正反转或起动频繁的传递中、小转矩的轴。弹性套柱销联轴器的半联轴器常用铸铁、铸钢或 35 号钢制造，柱销的材料常用 45 号钢。

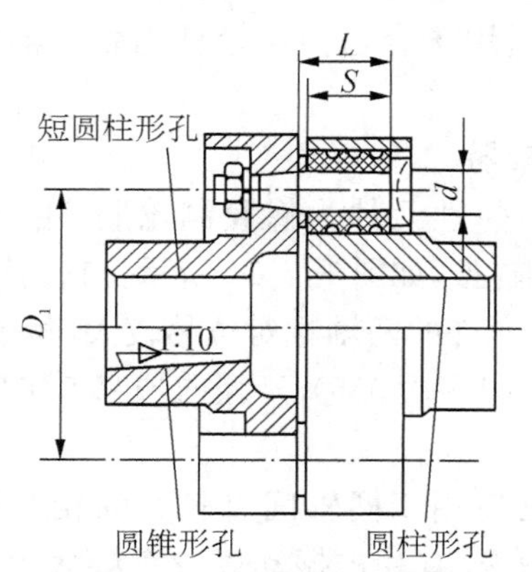

图 14－8 弹性套柱销联轴器

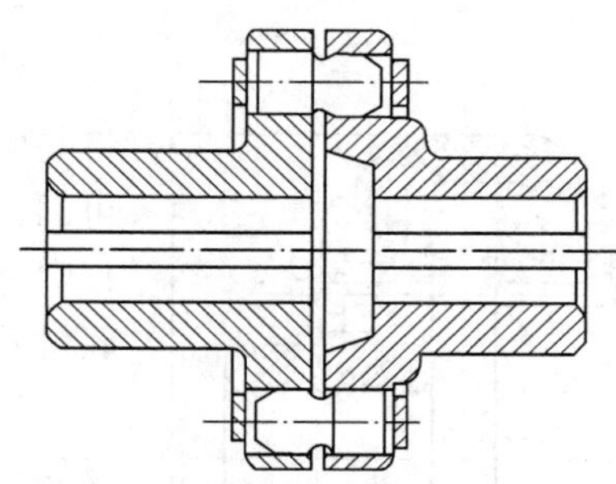

图 14－9 弹性柱销联轴器

2. 弹性柱销联轴器

如图 14－9 所示，这种联轴器的构造也与刚性凸缘联轴器相似，只是用若干个非金属材料（多用尼龙）制成的柱销代替了连接螺栓，将柱销置于两半联轴器凸缘的孔中，以实现两轴的连接。为了防止柱销脱出，在其两端配置有挡圈如同弹性套柱销联轴器一样，这种联轴器装配时也应注意在两半联轴器的端面间留出补偿两轴轴向位移的间隙。

弹性柱销联轴器的性能和应用与弹性套柱销联轴器相似，但传递转矩和补偿两轴轴向

位移的能力要大于后者，结构更为简单，制造、安装更为方便，耐久性也好。这种联轴器也具有缓冲减振作用，并允许两轴有较大的轴向位移以及少量的径向位移和角位移。弹性柱销联轴器适用于轴向窜动较大、正反转变化较多或起动频繁的场合，可传递较大的转矩；但因尼龙对温度敏感，故它的工作温度限于－20℃～70℃。它的结构和尺寸按 GB 5014—85 选用。

3. 梅花形弹性联轴器

这种联轴器由 2 个半联轴器和梅花形弹性元件 2 构成，如图 14－10 所示。两个半联轴器的端面上具有凸牙，梅花形弹性元件就嵌入两半联轴器凸牙上的圆弧槽中。工作时该弹性元件受挤压并传递转矩。

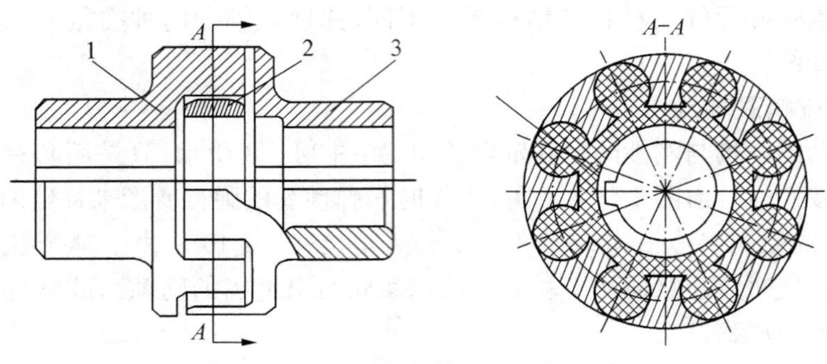

图 14－10　梅花形弹性联轴器

由于梅花形弹性元件通常用弹性较大的橡胶、聚氨脂或尼龙等制作，故这种联轴器具有缓冲减振的性能，并有着良好的位移补偿能力（允许径向位移 $y=0.1\sim0.3$ mm，轴向位移 $x=0.2$ mm，角位移 $\alpha=1^\circ$）；此外，它还具有结构简单、装拆方便、较弹性套柱销联轴器制造容易、径向尺寸较小、价格便宜等优点。这种联轴器的适用场合与弹性套柱销联轴器相近，其结构和尺寸可按 GB 5272—85 选用。

4. 轮胎式联轴器

这种联轴器的弹性元件为橡胶制轮胎，用压板和螺钉与两半联轴器相连接，如图 14－11 所示。它的结构简单可靠，易于变形，故允许的两轴相对位移较大，角位移 $1^\circ\sim1.5^\circ$，轴向位移 $(0.01\sim0.015)D$，径向位移 $0.01D$（D 为联轴器的外径）。

轮胎式联轴器适用于两轴间有较大的相对位移、正反转运转或起动频繁、有冲击振动以及潮湿多尘的场合。虽然它的径向尺寸较大，但其轴向尺寸较小，有利于缩短串接机组的总长度。轮胎式联轴器也已经标准化，见 GB 5844—86。

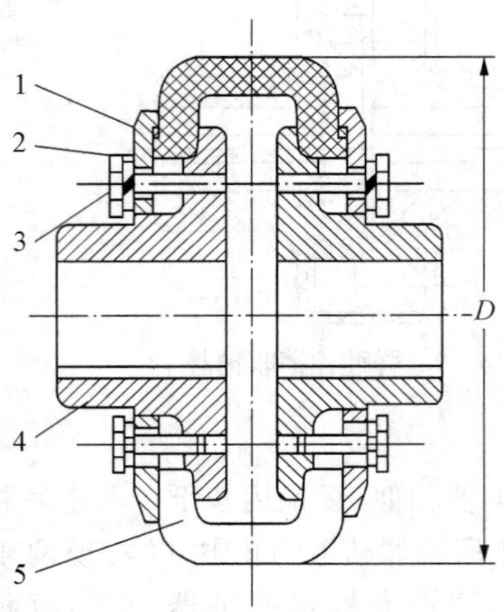

图 14－11　轮胎式联轴器

14.2.4　安全联轴器

机器中某些重要部分的过载可能造成严重事故或重大经济损失，这就需要对其施行过载安全保护措施。利

用安全联轴器(或安全离合器)在工作转矩一旦超过了所允许的极限转矩时即切断功率流传输线路,就可达此目的。最常见的安全联轴器是剪切销安全联轴器,它又分为单剪式和双剪式两种。这里仅就单剪式予以介绍。

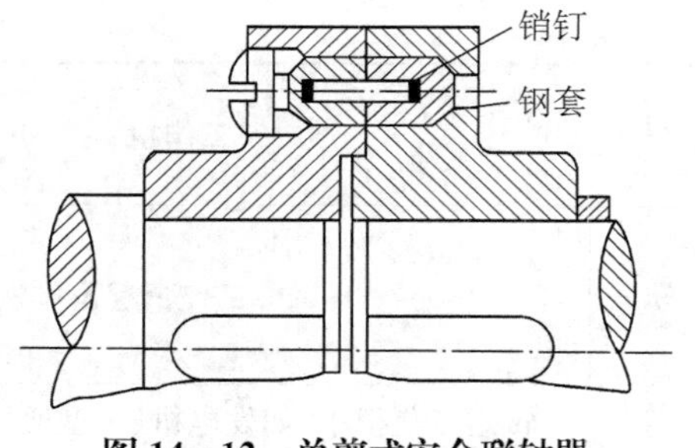

图 14-12 单剪式安全联轴器

单剪式安全联轴器的结构如图 14-12 所示,与凸缘联轴器相似,只是两半联轴器的连接不用螺栓,而是通过镶在两个套筒中的销钉相连。过载时销钉即被剪断。销钉直径按剪切强度计算,材料可采用 45 号钢淬火或高碳工具钢,预期剪断处应预先切槽。保护套筒要经过淬火处理。

剪切销安全联轴器的优点是结构简单,缺点是因销钉材料机械性能的不稳定及制造尺寸的误差,致使实际破坏转矩与设计转矩的误差较大,因而其工作精度不高;且销钉剪断后不能自动恢复工作能力,须停车更换销钉。但对于要求不高且很少过载的机器仍常使用。

14.2.5 联轴器的选择

因大多数联轴器已经标准化或规格化(参见机械设计手册),故一般来说设计者的任务就是选择类型、确定型号并在必要时对易损零件作强度计算;只有在手册中无适当型号联轴器可供选用时,才根据实际需要参照相应的标准或规格自行设计。

联轴器的类型应根据使用要求和工作条件,并比照各类联轴器的特性(适用场合)来选定。具体选择时要考虑的有以下几点:所传递转矩的大小、性质(是否平稳、正反转及频繁起动等)工作转速的高低和引起的离心力的大小,两轴的刚度及对中精度,联轴器的可靠性和工作环境,联轴器的制造、安装、维护和成本。

一般来说,对于低速、刚性大的短轴,可选用刚性固定式联轴器(如凸缘联轴器);对低速、刚性小的长轴以及环境温度较高的场合,宜选用刚性可移式联轴器(如滑块联轴器);对传递转矩较大的重型机械宜选用齿轮联轴器;对高速、有振动或冲击载荷以及对中性较差的轴可选用弹性联轴器(如弹性套柱销联轴器、尼龙柱销联轴器等);对于轴线交角较大的轴则应选用万向联轴器;对于有过载安全保护要求的轴选用安全联轴器。

选定类型后,再根据联轴器所传递的转矩、转速和被联接轴的直径,来确定其具体型号及结构尺寸;并作必要的强度校核。

考虑到机器启动或制动时的惯性力矩和工作过程中的过载因素,应将联轴器所传递的工作转矩 T 适当增大,即用计算转矩 T_{ca}(N·m)来进行联轴器的选择与计算。

$$T_{ca} = K_A T \tag{14-1}$$

式中,K_A 为工作情况系数,见表 14-1。

表 14-1　　工作情况系数 K_A

工作机		K_A			
		原动机			
分类	工作情况及举例	电动机、汽轮机	四缸和四缸以上内燃机	双缸内燃机	单缸内燃机
Ⅰ	转矩变化很小,如发电机、小型通风机、小型离心泵	1.3	1.5	1.8	2.2
Ⅱ	转矩变化小,如压缩机、木工机床、运输机	1.5	1.7	2.0	2.4
Ⅲ	转矩变化中等,如搅拌机、增压泵、有飞轮的压缩机、冲床	1.7	1.9	2.2	2.6
Ⅳ	转矩变化和冲击载荷中等,如织布机、水泥搅拌机、拖拉机	1.9	2.1	2.4	2.8
Ⅴ	转矩变化和冲击载荷大,如造纸机、挖掘机、起重机、碎石机	2.3	2.5	2.8	3.2
Ⅵ	转矩变化大并有极强烈冲击载荷,如压延机、无飞轮的活塞泵、重型初轧机	3.1	3.3	3.6	4.0

[例 14-1]　设刚性凸缘联轴器[图 14-3(a)]用 z 个均布于圆周 D_0(mm)上的普通螺栓联接。若已知螺栓的小径 d_1(mm),螺栓材料的许应力为$[\sigma]$(N/mm^2),两半联轴器结合面间的摩擦因数为 f,防滑系数为 K_S,工作情况系数为 K_A。求此联轴器所能传递的工作转矩 T(N·m)。

解　普通螺栓(传扭矩)强度条件 $\sigma = 1.3Q_p/(\pi d_1^2/4) \leqslant [\sigma]$;

单个螺栓可受的最大预紧力 $F' = [\sigma]\pi d_1^2/4 \times 1.3$;

z 个螺栓可提供的摩擦力矩 $T_f = zf\pi d_1^2 D_0/2/K_S = zf\pi d_1^2[\sigma]D_0/(10.4)K_S$;

则联轴器可传递的工作转矩 $T = T_f/K_A = zf\pi d_1^2[\sigma]D_0/(10.4)K_S K_A$ 。

[例 14-2]　某水泥搅拌机由电动机经齿轮减速器拖动参见图 14-1。已知电动机的功率 P=15 kW,转速 n=970 r/min,电动机轴的直径为 48 mm,减速器输入轴直径为42 mm。试选择电动机与减速器之间的联轴器。

解　(1) 选择类型。考虑到搅拌机载荷会有波动,为缓和冲击和减轻振动,选用弹性套柱销联轴器。

(2) 计算转矩。工作转矩为 $T = 9\,500p/n = 9\,500 \times 15/970$ N·m = 147.7 N·m。

查表 14-1,水泥搅拌机属于第Ⅳ类,得工作情况系数 K_A=3。

故计算转矩 $T_{ca} = K_A T = 1.9 \times 147.7$ N·m = 280.6 N·m。

(3) 确定型号。查设计手册(GB 4323—84)选取弹性套柱销联轴器,它的公称扭矩(亦即许用转矩)为 500 N·m(相近型号 TL 的公称扭矩为 250 N·m),允许的轴孔直径在 40～48 mm之间,半联轴器采用铸钢时的许用转速为 2 800 r/min,采用钢制时为 3 600 r/min。这些数据均符合本题要求,故合用。

14.3　离　合　器

离合器按其工作原理可分为嵌合式和摩擦式两类。若按控制方式可分为操纵式和自控

式两类；前者需要借助于人力或动力（如液压、气动、电磁等）进行操纵，后者不需要外来操纵即可在一定条件下自动分离或接合。对离合器的基本要求有：

（1）离、合迅速，平稳无冲击，分离彻底，动作准确可靠；

（2）结构简单，重量轻，惯性小，外形尺寸小，工作安全；

（3）接合元件耐磨性高、寿命长，散热条件好；

（4）操纵方便省力，易于制造，调整维修方便。

14.3.1 牙嵌式离合器

牙嵌式离合器由两个端面带牙的半离合器组成，如图 14 - 13 所示。半离合器用平键和主动轴相连接，另一个半离合器通过导向平键与从动轴连接（轴向可相对滑动），对中环固定在半离合器上的滑环上，使从动轴端能在环中自由转动。利用装在半离合器的左右移动来操纵离合器的接合和分离。

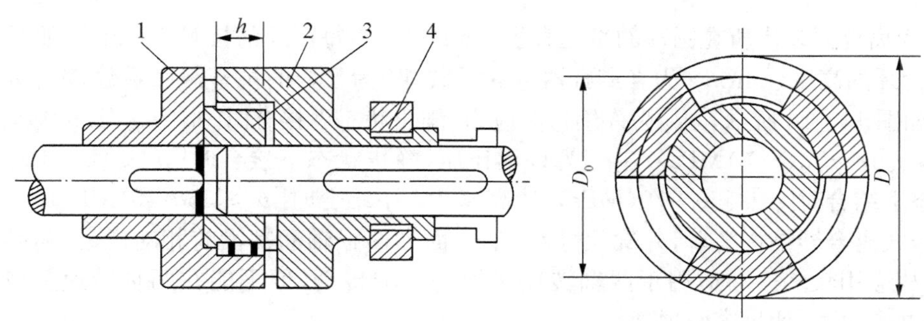

1，2—半离合器；3—对中环；4—滑环

图 14 - 13 牙嵌式离合器

牙嵌式离合器靠两个半离合器端面牙齿的嵌合来实现主、从动轴的接合，利用牙齿间的相互推压来传递运动和转矩。分离状态下，牙齿间应完全脱开。为防止牙齿因受冲击载荷而断裂，离合器的接合必须在两轴转速差很小或停车时进行。此外，这种离合器还可以借助于电磁线圈的吸力来操纵，称为电磁牙嵌式离合器，它依据信息而动作，故便于遥控和程序控制。

牙嵌式离合器的常用牙形如图 14 - 14 所示。三角形牙用于传递小转矩的低速离合器，牙数 15～60；矩形牙的优点是没有轴向分力，但不便于接合和分离，磨损后无法补偿，故很少使用；梯形牙的强度高，能传递较大的转矩，可以补偿磨损后的牙侧间隙，从而减少冲击，故应用较广，牙数 3～15；锯齿形牙强度高，但只能传递单向转矩，反转时由于有较大的轴向分力而迫使离合器自行分离，故只用于特定的场合。各牙应精确分度，以使载荷均布。

一般牙嵌式离合器的主要尺寸可从设计手册中选取。由于它的承载能力主要取决于牙根处的弯曲强度，故重要场合下应校核牙根的弯曲应力 σ_b；对于操作频繁的还需校核牙面的比压 P 以控制磨损。

$$\sigma_b = \frac{K_A Th}{zWD_0} \leqslant [\sigma_b] \tag{14-2}$$

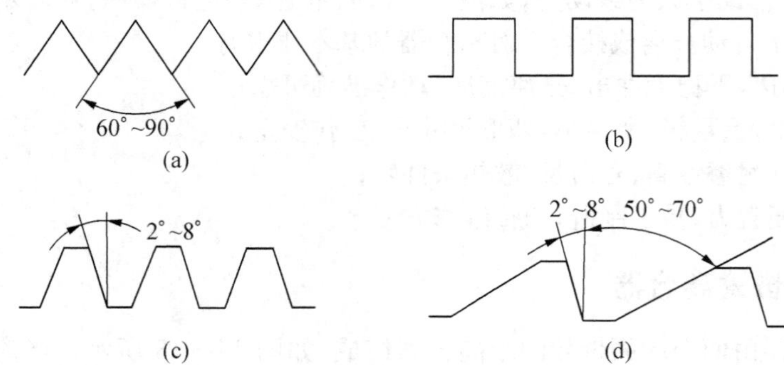

图 14-14　沿圆柱面展开的齿形(牙嵌离合器)

$$p = \frac{2K_A T}{zAD_0} \leqslant [p] \tag{14-3}$$

式中,A 为离合器牙齿所在圆环的平均直径(mm);D_0 为每个牙的接触面(mm^2)如图 14-14 所示;h 为牙的高度(mm);z 为半离合器上的牙数;W 为牙根的抗弯截面系数,$W=a^2b/6$,其中 a、b 如图 14-14 所示,$[\sigma_b]$为许用弯曲应力,静止状态下接合时$[\sigma_b]=\sigma_s/1.5$,运转状态下接合时($[\sigma_b]=\sigma_s/(5\sim6)$MPa),$[p]$为许用比压,静止状态下接合时$[p]\leqslant 90\sim120$(MPa),低速状态下结合时$[p]\leqslant 50\sim70$(MPa),较高速状态下结合时$[p]\leqslant 35\sim45$(MPa)。

牙嵌式离合器结构简单,外廓尺寸小,啮合面和两根轴间都没有相对滑动,可传递较大的转矩,故应用较多。它适用于两轴转速必须一致的传动,但不能在两轴转速差较大时接合,否则冲击过大,牙齿容易损坏。

14.3.2　摩擦离合器

摩擦离合器是靠接合面上的摩擦力矩来传递转矩的。按其接合面的形式可分成圆盘式、圆锥式等;圆盘式摩擦离合器又可分为单盘式和多盘式两种;按摩擦面的润滑状态又有干式和湿式(油式)摩擦离合器之分。摩擦离合器的操纵方法也有机械、电磁、液压、气动等多种。

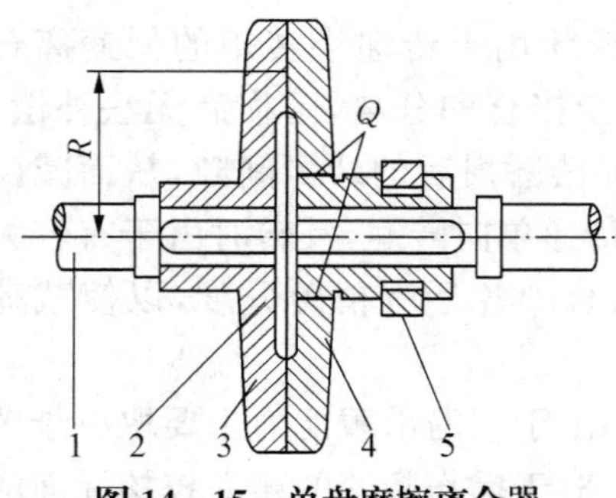

图 14-15　单盘摩擦离合器

1. 单盘摩擦离合器

如图 14-15 所示为单盘摩擦离合器的简图,圆盘 3 与主动轴 1 以平键相固接,圆盘 4 可以沿导键在从动轴圆盘上移动。操纵滑环左右移动时可使两圆盘接合或分离。接合时以轴向压 Q 将盘 4 压在盘 3 上,主动轴上的转矩即由两盘接触面间的摩擦力矩传到从动轴上。设摩擦力的合力作用在平均半径为 R 的圆周上,则可传递的最大转矩为

$$T_{max} = QfR \tag{14-4}$$

式中,f 为摩擦因数(表 14-2)。

表 14-2 摩擦离合器的材料及性能

摩擦副的材料及工作条件		摩擦因数	圆盘摩擦离合器 $[p_0]$[①]/MPa
在油中工作	淬火钢-淬火钢	0.06	0.6～0.8
	淬火钢-青铜	0.08	0.4～0.5
	铸铁-铸铁或淬火钢	0.08	0.6～0.8
	钢-夹布胶木	0.12	0.4～0.6
	淬火钢-陶质金属	0.1	0.8
不在油中工作	压制石棉-钢或铸铁	0.3	0.2～0.3
	淬火钢-陶质金属	0.4	0.3
	铸铁-铸铁或淬火钢	0.15	0.2～0.3

注：① 基本许用压力为标准情况下的许用压力。

与牙嵌式离合器相比，摩擦离合器有如下优点：①可在任何不同转速条件下使两轴接合；②过载时摩擦面间将发生打滑，可以防止损坏其他零件；③接合较平稳，冲击和振动较小。但摩擦离合器在正常的接合过程中，因从动轴转速是从零逐渐加速到主动轴的转速，故两摩擦面间不可避免地会发生相对滑动。这样，不仅难于保证主、从动轴始终能精确地同步转动，而且相对滑动要消耗掉一部分能量，引起摩擦盘的磨损和发热。

单盘摩擦离合器结构简单，散热性好，但因尺寸 R 和轴向力 Q 的限制，故传递的转矩不大，除了包装机械、纺织机械等轻型机械外很少使用。为提高摩擦离合器传递转矩的能力，可采用多盘式以增多摩擦接合面数。

2. 多盘摩擦离合器

如图 14-16 所示为多盘摩擦离合器。它有两组摩擦盘：一组外摩擦盘 3[图 14-17(a)]用花键与主动轴 1 上的外套筒 2 之内缘纵向槽相连接，盘 3 孔壁则不与任何零件接触，故盘 3 可与轴一起转动且可沿轴向移动；另一组内摩擦盘 4[图 14-17(b)]以内花键与从动轴 6 上的内套筒 5 相连接，盘 4 的外缘不与任何零件接触，故它与轴 6 一起转动的同时也可在轴向力的推动下沿轴向移动。当滑环 7 向左移动时，拨动曲臂压杆 8 逆时针转动，将内外摩擦盘压紧，从而使离合器接合。内摩擦盘可作成碟形[图 14-17(c)]，受压时它被压平而与外摩擦盘贴紧，从而产生摩擦力矩；松开时因弹力作用可迅速与外摩擦盘脱开。摩擦盘常用材料及其性能见表 14-2。

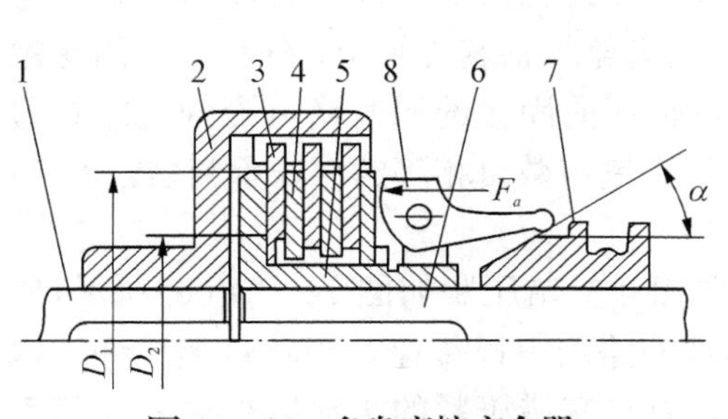

图 14-16 多盘摩擦离合器

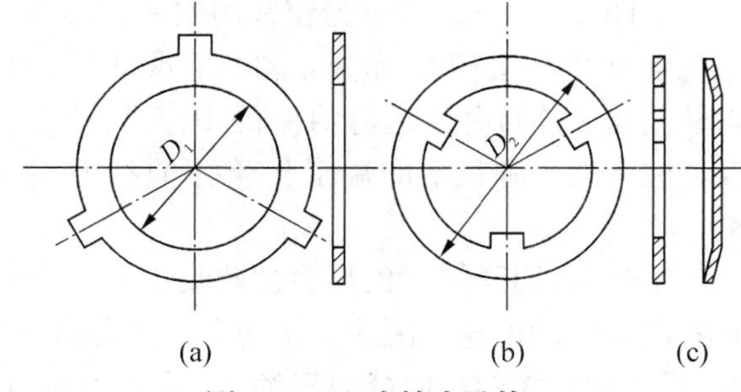

图 14-17 摩擦盘结构

多盘摩擦离合器所能传递的最大转矩 T_{max} 和作用在摩擦盘结合面上的比压 p 为

$$T_{\max} = zfQ(D_2 + D_1)/4 \geqslant K_A T \tag{14-5}$$

$$p = 4Q/[\pi(D_2^2 - D_1^2)] \leqslant [p] \tag{14-6}$$

式中，D_1，D_2 为摩擦盘接合面的内径和外径(mm)；z 为接合面的数目；Q 为操作轴向力(N)；f 为摩擦因数；$[p]$为许用比压，它等于基本许用比压$[p_0]$与修正系数 $\boldsymbol{k}_a$，$\boldsymbol{k}_b$，$\boldsymbol{k}_c$ 的乘积，即

$$[p] = [p_0]\boldsymbol{k}_a\boldsymbol{k}_b\boldsymbol{k}_c \tag{14-7}$$

式中，$[p_0]$见表 14－2；$\boldsymbol{k}_a$，$\boldsymbol{k}_b$，$\boldsymbol{k}_c$ 为分别考虑离合器的平均圆周速度、主动摩擦盘数目及每小时结合次数的影响而引入的，其值见表 14－3。

表 14－3　　修正系数 k_a，k_b，k_c 值

平均圆周速度/(m/s)	1	2	2.5	3	4	6	8	10	15
k_a	1.35	1.08	1	0.94	0.86	0.75	0.68	0.63	0.55
主动摩擦盘数目	3	4	5	6	7	8	9	10	11
k_b	1	0.97	0.94	0.91	0.88	0.85	0.82	0.79	0.76

每小时接合次数	90	120	180	240	300	≥360
k_c	1	0.95	0.8	0.7	0.6	0.5

设计时，可先选定摩擦面材料，再根据结构要求初步定出摩擦盘直径 D_1 和 D_2在油中工作的离合器，$D_1 = (1.5 \sim 2)d$(d 为轴的直径)，$D_2 = (1.5 \sim 2)D_1$；在干摩擦下工作的离合器，$D_1 = (2 \sim 3)d$，$D_2 = (1.5 \sim 2.5)D_1$。然后再由式(14－6)求出轴向压力 Q，用式(14－5)求出所需的摩擦接合面数 z。因 z 的增加过大时，所传递的转矩并不能成正比增加，故一般对油式取 $z = 5 \sim 15$，对干式取 $z = 1 \sim 6$，并限制内外摩擦盘总数不大于 $25 \sim 30$。

14.3.3 其他离合器

1. 安全离合器

安全离合器与安全联轴器的功用类似，用于在机器过载时自动脱开，使功率流切断，以保护重要部件不因过载而损坏。它与安全联轴器的主要区别是：当机器所受载荷恢复正常后，前者自动接合，继续进行动力的传递；而后者则无法自动接合，须重新更换剪切销。常用的安全离合器有牙嵌式、滚珠式等，这里仅以滚珠安全离合器为例予以介绍。

如图 14－18(a)所示为较常用的一种滚珠安全离合器结构形式。此离合器由主动齿轮 1、从动盘 2、外套筒 3、弹簧 4 和调节螺母 5 组成。主动齿轮 1 活套在轴上，外套筒 3 用花键与从动盘 2 连接并以键与轴相联，因而从动盘 2 在与轴周向固接的同时尚可沿轴向左右移动。在齿轮 1 和盘 2 的端面上，各沿直径为 D_m的圆周上制有数目相等的滚珠承窝(常为 4～8 个)。

工作时，因弹簧 4 的推力使两盘 1 和 2 上的滚珠相互交错压紧如图 14－18(b)所示，使转矩沿着主动齿轮—滚珠—从动盘—外套筒—从动轴的路线得以传递。当转矩超过许用值时，弹簧被过大的轴向分力压缩，使从动盘向右移动，原来交错压紧的滚珠因被放松而相互滑过，此时主动齿轮空转，从动轴即停止转动；当载荷恢复正常时，弹簧恢复力又使之重新接合传来调节。弹簧的压力大小可用螺母 5 来调节。这种离合器的滚珠表面会受到较严重的

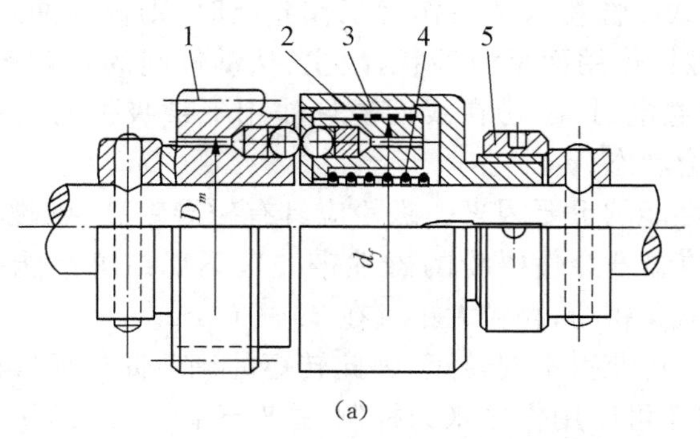

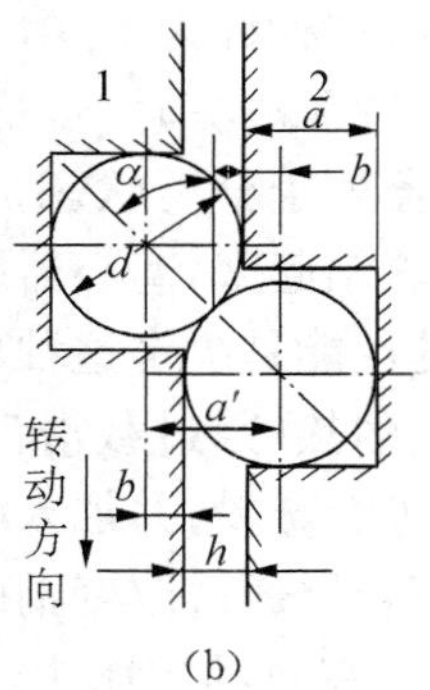

图 14－18　滚珠安全离合器

冲击和磨损，一般只用于传递较小转矩的场合。

2. 超越离合器

超越离合器又称定向离合器。其特点是能根据两轴角速度的相对关系自动地接合和分离。当主动轴转速大于从动轴时，离合器将使两轴接合，把动力由主动轴传给从动轴；而当从动轴转速大于主动轴时(从动轴可由其他传动路线获得更高转速)，离合器就使两轴脱开，即这时不能把从动轴上的动力反传给主动轴；并且这种离合器所能传递的转矩方向也是确定的。它的结构可以是滚动元件式或棘轮棘爪式，这里仅就前者予以介绍。

如图 14－19 所示为最常用的滚柱超越离合器。它由星轮 1、外壳 2、滚柱 3 和弹簧 4 组成。当星轮顺时针转动时，滚柱 3 被弹簧 4 压向 1 和 2 之间楔形槽的狭窄部分，滚柱在摩擦力的作用下被楔紧，星轮借摩擦力带动外壳一同转动，离合器处于接合状态；当星轮逆时针转动时，滚柱则被带到楔形槽的较宽部分，星轮无法带动外壳一同转动，离合器处于分离状态。若外壳 2 主动、星轮 1 从动，则当 2 逆时针转动时滚柱 3 被楔紧，从而 2 带动 1 同步转动，离合器接合；当外壳 2 顺时针转动时，离合器又会处于分离状态。滚柱超越离合器尺寸小、接合和分离平稳、无噪声，可在高速运转中接合，故被广泛应用于机床、汽车、摩托车和起重设备中。

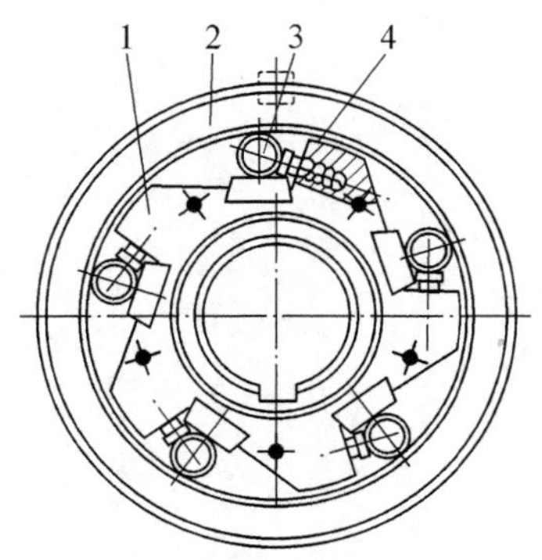

图 14－19　滚柱超越离合器

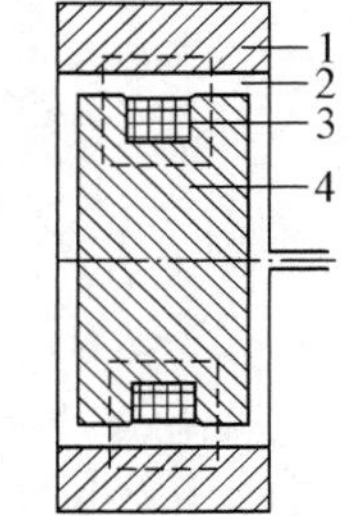

图 14－20　磁粉离合器

3. 磁粉离合器

磁粉离合器工作原理如图 14－20 所示。金属外筒 1 为从动件，嵌有环形励磁线圈 3 的电磁铁 4 与主动轴相联，1 与 4 间留有较大间隙(常为 1.5～2 mm)，间隙内装有磁粉(为铁和

石墨的粉末，这种称为干式；若采用铁磁性粉末加油作为工作介质时，则称为油式或湿式）。当励磁线圈中无电流时，磁粉末受磁场作用而呈散沙状，故主、从动件间的相对运动不受其阻碍，离合器处于分离状态；当线圈通电时，磁粉在线圈磁场作用下被吸引而聚集，从而将主、从动件联结起来，离心器即为接合状态。

磁粉的性能是决定这种离合器性能的重要因素。磁粉应具有磁导率高、剩磁小、流动性良好、耐磨、耐热（因过载滑动产生的温升会使磁粉的磁性丧失）、不烧结等性能；常用铁钴镍、铁钴钒等合金粉，并加入少量二氧化钼粉；颗粒大小宜在 20～70 μm。

磁粉离合器通过改变励磁电流即可获得不同转矩，因此转矩的调节简单而准确，调节范围也宽，适于在自动控制中使用；它还可以用作恒张力控制，这对于像造纸、纺织、印刷以及绕线机、绘图机等行业是极其可贵的，可以解决因采用恒转矩传动而产生的卷绕物中张力随卷绕半径的变化而改变的问题；此外，若将磁粉离合器的主动件固定时它还可以作为制动器使用。

第十五章 弹 簧

15.1 弹簧的类型与功用

15.1.1 弹簧的功用

弹簧是一种弹性元件，多数机械设备均离不开弹簧。弹簧利用自身材料的弹性，在受载后产生较大变形，卸载后，变形消失而弹簧将恢复原状。弹簧在产生变形和恢复原状时，能够把机械功或动能转变为变形能，或把变形能转变为机械功或动能。利用弹簧的这种特性，可以满足机械中的一些特殊要求，其主要功用是：

(1) 控制机构的运动，如制动器、离合器中的控制弹簧，内燃机汽缸的阀门弹簧等；

(2) 减振和缓冲，如汽车、火车车厢下的减振弹簧，以及各种缓冲器用的弹簧等；

(3) 储存及输出能量，如钟表弹簧、枪栓弹簧等；

(4) 测量力的大小，如测力器和弹簧秤中的弹簧等。

15.1.2 弹簧的类型

为了满足不同的工作要求，弹簧有各种不同的类型：①按载荷特性，弹簧可分为压缩弹簧、拉伸弹簧、扭转弹簧和弯曲弹簧；②按弹簧外形又可分为螺旋弹簧、碟形弹簧、环形弹簧、板弹簧等；③按材料的不同还可以分为金属弹簧和非金属弹簧等。表 15－1 列出了几种常用弹簧。

螺旋弹簧是用弹簧丝按螺旋线卷绕而成，由于制造简便，所以应用广泛。本章主要介绍圆柱螺旋压缩和拉伸弹簧的结构形式、基本参数和计算方法。

环形弹簧是由分别带有内、外锥形的钢制圆环交错叠合制成的。它比蝶形弹簧更能缓冲吸振，常用作机车车辆、锻压设备和起重机中的重型缓冲装置。

碟形弹簧是用钢板冲压成截锥形的弹簧。这种弹簧的刚性很大，能承受很大的冲击载荷，并具有良好的吸振能力，所以常用作缓冲弹簧。

涡卷弹簧是由钢带盘绕而成，常用作仪器、钟表的储能装置。

板弹簧是由若干长度不等的条状钢板叠合一起并用簧夹夹紧而成。这种弹簧变形大，吸振能力强，常用作车辆减振弹簧。

表 15-1　　几种常用的弹簧

按形状分 \ 按载荷分	拉伸	压缩	扭转	弯曲
螺旋形	圆柱螺旋拉伸弹簧	圆柱螺旋压缩弹簧 圆锥螺旋压缩弹簧	圆柱螺旋扭转弹簧	—
其他形状	—	环形弹簧	盘簧	板簧

15.2 弹簧的材料及许用应力

15.2.1 弹簧的制造

螺旋弹簧的制造过程包括：卷绕、两端加工、热处理和工艺性能试验等。为了提高承载能力，有时需要在弹簧制成后进行强压处理或喷丸处理。

螺旋弹簧的卷绕方法有冷卷法和热卷法两种。当弹簧丝直径 $d \leqslant 8$ mm 或弹簧直径较大易于卷绕时，直接使用经过预先热处理后的弹簧丝在常温下卷制，称为冷卷。经冷卷后，一般只需进行去应力处理以消除卷绕时产生的内应力。当弹簧丝直径 $d>8$ mm 或弹簧丝直径虽小于 8 mm 但弹簧直径较小时，则要在 800℃～1 000℃的温度下卷制，称为热卷。热卷后，必须进行淬火和中温回火等处理。

15.2.2 弹簧的材料和许用应力

弹簧在机械中常受冲击性的交变载荷，所以弹簧材料应具有高的弹性极限、疲劳极限、一定的冲击韧性、塑性和良好的热处理性能。工程上常用的弹簧材料有碳素弹簧钢、合金弹簧钢、不锈弹簧钢以及铜合金等。选择弹簧材料时，应充分考虑弹簧的工作条件、功用、重要性和经济性等因素。如碳素弹簧钢价格较低，常用于制造尺寸较小的一般用途的弹簧；合金弹簧钢主要用于制造承受较大的变载荷或冲击载荷；在潮湿或酸碱等化学腐蚀介质中工作的弹簧，选用不锈弹簧钢或铜合金。表 15-2 为常用的弹簧材料及性能。

表 15 - 2　　**弹簧常用的材料及性能**

类别	牌号		许用剪切应力 [τ]/MPa			许用弯曲应力 [σ]w/MPa		切变模量 G/MPa	弹性模量 E/MPa	推荐硬度 HRC	推荐使用温度 /℃	特性及用途
			Ⅰ类	Ⅱ类	Ⅲ类	Ⅰ类	Ⅱ类					
钢丝	碳素弹簧钢丝 B，C，D级		$0.3\sigma_b$	$0.4\sigma_b$	$0.5\sigma_b$	$0.5\sigma_b$	$0.625\sigma_b$	d=0.5～4 83 000～80 000 d>4 80 000	d=0.5～4 207 500～205 000 d>4 200 000	—	−40～120	强度高，加工性能好，适用于小尺寸弹簧
	合金弹簧钢丝	65Mn										
		60Si2Mn 60Si2MnA	480	640	800	800	1 000	80 000	200 000	45～50	−40～200	弹性好，回火稳定性好，用于大载荷
		50CrVA	450	600	750	750	940				−40～210	疲劳性能好，淬透性能好
不锈钢丝	1Cr 18Ni9 1Cr 18Ni9Ti		330	440	550	550	690	73 000	197 000		−250～290	耐腐蚀、耐高温，适于小弹簧
	4Cr 13		450	600	750	750	940	77 000	219 000	48～53	−40～300	耐腐蚀，适于大弹簧
铜合金	QSi3 - 1		270	360	450	450	560	41 000	95 000	90～100 HBS	−40～120	耐腐蚀、防磁性、弹性好
	QBe2		360	450	560	560	750	43 000	132 000	37～40 HBS	−40～120	耐腐蚀、防磁性、导电性、弹性好

弹簧材料的许用应力与材料的种类及弹簧类别有关。弹簧按载荷性质可分为三类：Ⅰ类弹簧，受变载荷循环次数 $N>10^6$ 或重要的弹簧；Ⅱ类弹簧，受变载荷循环次数 $N=10^3\sim10^5$ 或承受冲击载荷的弹簧，Ⅲ类弹簧，受变载荷循环次数 $N<10^3$ 或基本为静载荷的弹簧。碳素弹簧钢按其机械性能分 B，C 和 D 级。B 级用于低应力弹簧；C 级用于中应力弹簧；D 级用于高应力弹簧三级。碳素弹簧钢丝的许用应力与弹簧的类别、级别和弹簧钢丝的直径有关，不同级别的碳素弹簧钢丝的抗拉强度极限 σ_b 表 15 - 3。

表 15 - 3　　**碳素弹簧钢丝的抗拉强度 σ_b**

直径 d/mm	B 级	C 级	D 级	直径 d/mm	B 级	C 级	D 级
0.15～0.22	2 150～2 110	2 500～2 350	2 690	1	1 660	1 960	2 300
0.25～0.3	2 060～2 010	2 300	2 640	1.2	1 620	1 910	2 250
0.32～0.4	1 960～1 910	2 250	2 600	1.4	1 620	1 860	2 150
0.45～0.5	1 860	2 200	2 550	1.6	1 570	1 830	2 110
0.55	1 810	2 150	2 500	1.8	1 520	1 760	2 010
0.6～0.63	1 760	2 110	2 450	2.0	1 470	1 710	1 910
0.7～0.9	1 710	2 060～2 010	2 450～2 350	2.2	1 420	1 660	1 810

续 表

直径 d/mm	B级	C级	D级	直径 d/mm	B级	C级	D级
2.5	1 420	1 660	1 760	5	1 320	1 470	1 570
2.8	1 370	1 620	1 710	5.5	1 270	1 470	1 570
3.0	1 370	1 570	1 710	6	1 220	1 420	1 520
3.2～3.5	1 320	1 570	1 660	6.3	1 220	1 420	
4～4.5	1 320	1 520	1 620	7～8	1 170	1 370	

注：表中 σ_b 值均为下限值。

15.3 圆柱螺旋弹簧的设计计算

15.3.1 圆柱弹簧的端部结构

圆柱形螺旋弹簧的结构简单，分有拉伸弹簧和压缩弹簧，压缩弹簧如图 15－1 所示，各圈间留有一定间距，以满足受载后弹簧变形的需要。为保证弹簧工作时轴线垂直于支承面，使弹簧受压时不歪斜，弹簧两端各有 0.75～1.25 圈与邻圈并紧，称为死圈，它只起支承作用，工作时不参与变形。死圈常见的结构形式有磨平端[图 15－1(a)]和不磨平端[图 15－1(b)]。死圈的磨平长度应不小于一圈弹簧圆周长的 1/4，末端厚度约为 0.25 倍簧丝直径。

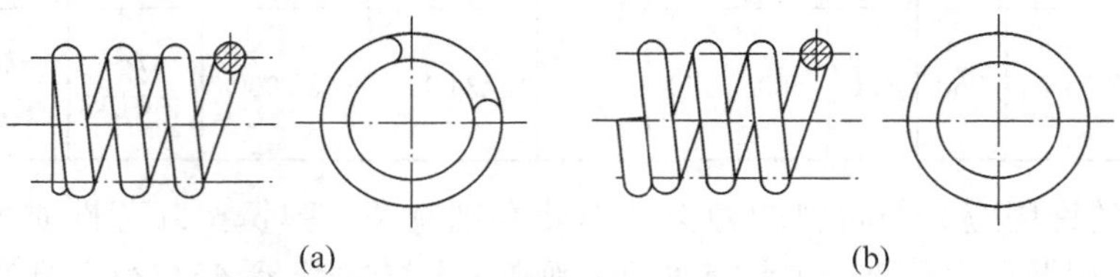

(a) (b)

图 15－1 圆柱螺旋压缩弹簧端部结构

圆柱螺旋拉伸弹簧的端部结构如图 15－2 所示，其两端部都制有挂钩，以便安装和加载。如图 15－2(a)和图 15－2(b)所示半圆钩型和圆钩型，这两种挂钩的过渡处有较大的弯曲应力，适用于中小载荷和不重要的场合，并且要求弹簧丝的直径不大于 10 mm，当载荷较大时，宜采用如图 15－2(c)和图 15－2(d)所示的可调式和可转钩环的挂钩型式，他们的弯曲应力小，而且挂钩可以转动，便于安装。

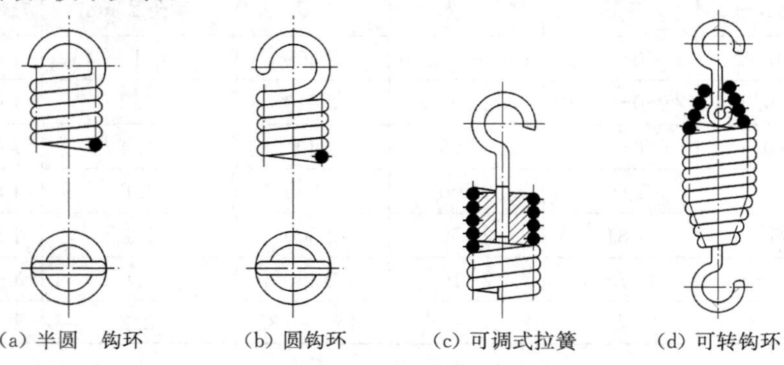

(a) 半圆　钩环　(b) 圆钩环　(c) 可调式拉簧　(d) 可转钩环

图 15－2 圆柱螺旋拉伸弹簧端部结构

15.3.2 圆柱螺旋弹簧的几何参数

设计弹簧时，常需要用到旋绕比(弹簧指数)C，其定义为 $C=D_2/d$，C 是弹簧的一个重要参数，它直接影响到弹簧的强度、材料的利用率及弹簧加工时的难易，设计时应合理选取。一般可取 $C=4\sim16$，表 15-4 为 C 值的荐用范围。圆柱螺旋弹簧有关参数及几何尺寸计算见表 15-5。

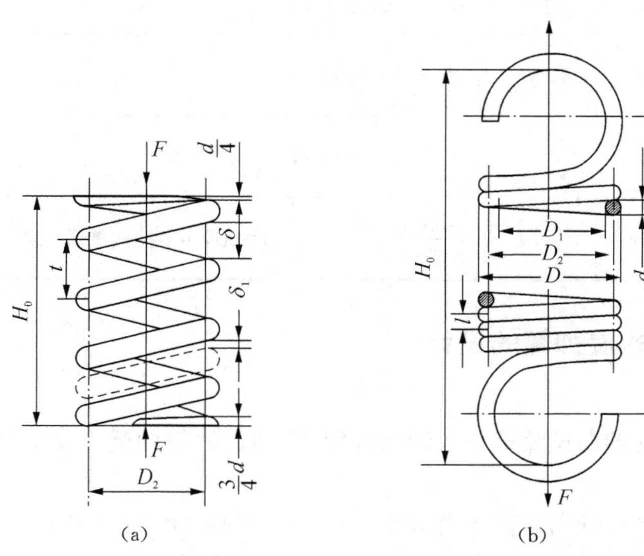

图 15-3 圆柱螺旋弹簧的几何尺寸

表 15-4 旋绕比 C 值的荐用范围

d/mm	0.2～0.4	0.45～1	1.1～2.2	2.5～6	7～16	18～42
C	7～14	5～12	5～10	4～9	4～8	4～6

表 15-5 圆柱螺旋弹簧的几何尺寸计算

参数名称及其代号	单位	计算公式		备注
		压缩弹簧	拉伸弹簧	
弹簧丝直径 d	mm	根据强度条件计算确定		
弹簧中径 D_2	mm	$D_2=Cd$		
弹簧外径 D	mm	$D=D_2+d$		
弹簧内径 D_1	mm	$D_1=D_2-d$		
节距 t	mm	$p=(0.28\sim0.5)D_2$	$p=d$	
有效圈数 n		根据工作条件确定		$n\geqslant2$
总圈数 n_1		$n_1=n+(1.5\sim2.5)$	$n_1=n$	

续 表

参数名称及其代号	单位	计算公式		备注
		压缩弹簧	拉伸弹簧	
自由高度 H_0	mm	两端磨平 $H_0=np+(n_1-n-0.5)d$ 两端不磨平 $H_0=np+(n_1-n+1)d$	$H_0=np+$挂钩轴向尺寸	
间距 δ	mm	$\delta=p-d$，$\delta \geqslant \frac{\lambda_{max}}{n}+0.1d$		λ_{max}——最大变形量
螺旋升角 α	(°)	$\alpha=\arctan\frac{p}{\pi D_2}$		对压缩弹簧推荐 $\alpha=5°\sim9°$
弹簧丝展开长度 L	mm	$L=\frac{\pi D_2 n_1}{\cos\alpha}$	$l=\pi D_2 n+$挂钩展开长度	

15.3.3 圆柱螺旋弹簧的设计

1. 强度计算

圆柱螺旋弹簧受轴向压缩载荷和轴向拉伸载荷时，弹簧的受力情况完全相同，现就压缩弹簧进行受力分析。

圆柱螺旋弹簧当有轴向载荷 F 作用时，在弹簧的轴剖面内[图 15-4(a)中 $A-A$ 剖面]作用有 F 和转矩 $T=FD_2/2$，而在垂直于弹簧丝轴线的剖面($B-B$)上将作用有转矩 $T'=T\cos\alpha$，弯矩 $M=T\sin\alpha$，切向力 $F_Q=F\cos\alpha$，法向力 $F_N=F\sin\alpha$。由于弹簧螺旋升角 α 一般较小，所以弯矩 M 和法向力 F_N 可忽略不计，故在弹簧丝剖面上，主要承受转矩 T' 和切向力 F_Q，为简化计算取 $\alpha\approx0°$，则剖面 $B-B$ 上的应力如图 15-4(b)所示可近似地取为

$$\tau_{\Sigma}=\tau_{F}+\tau_{T}=\frac{4F}{\pi d^2}+\frac{8FD_2}{\pi d^3}=\left(\frac{8FD_2}{\pi d^3}\right)\left[1+\frac{d}{2C}\right] \tag{15-1}$$

实际上弹簧丝相当于曲杆，考虑弹簧丝弯曲时对应力的影响，现引入曲度系数 K 对式

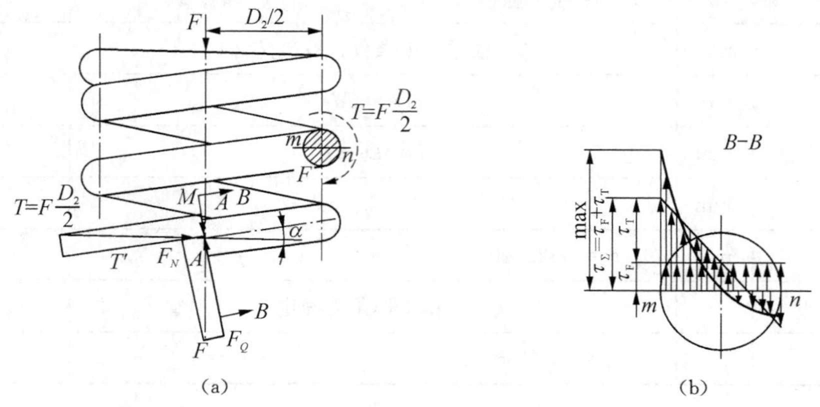

图 15-4 圆柱螺旋压缩弹簧的受力及应力分析

(15-1)进行修正,并考虑上式中1/2～1,可略去,故得其强度条件为

$$\tau_{\max} = K\frac{8FC}{\pi d^2} \leqslant [\tau] \tag{15-2}$$

$$d \geqslant \sqrt{\frac{8KFC}{\pi[\tau]}} \tag{15-3}$$

式中,$[\tau]$为许用切应力(MPa),由表15-2查取;

曲度系数K对于圆剖面弹簧丝可按下式计算

$$K = \frac{4C-1}{4C-4} + \frac{0.615}{C} \tag{15-4}$$

2. 刚度计算

刚度计算的目的在于确定弹簧的圈数n,弹簧轴向变形量的计算公式为

$$\lambda = \frac{8FD_2^3 n}{Gd^4} = \frac{8FC^3 n}{Gd} \tag{15-5}$$

利用上式可得弹簧有效圈数n的计算公式为

$$n = \frac{G\lambda d}{8FC^3} = \frac{G\lambda d^4}{8FD_2^3} \tag{15-6}$$

由式(15-5)可得弹簧的刚度为

$$k = \frac{F}{\lambda} = \frac{Gd}{8C^3 n} \tag{15-7}$$

弹簧刚度是弹簧性能的主要参数之一,它反映了弹簧产生单位变形时所需要的力,刚度越大,需要的力越大,弹簧的弹力就愈大。由式(15-5)可知,旋绕比C对弹簧刚度影响很大,当其他条件相同时,C值越小的弹簧,刚度越大,亦即弹簧越硬,反之,则越软。

15.3.4 圆柱螺旋弹簧的特性曲线

表示弹簧载荷F与变形λ之间关系的曲线(图15-5、图15-6)称为弹簧特性线。对于受压或受拉的弹簧,载荷指的是压力和拉力,变形指的是弹簧的压缩量或伸长量;对于受扭转的弹簧,载荷指的是转矩,变形指的是扭转角。对于等节距的圆柱螺旋弹簧(压缩或拉伸),由于载荷与变形成正比,故特性线为直线,亦即

$$\frac{F_1}{\lambda_1} = \frac{F_2}{\lambda_2} = \cdots = 常数 \tag{15-8}$$

如图15-5所示为圆柱螺旋压缩弹簧的特性线,图中H_0为未受载荷时弹簧的自由高度,弹簧在工作之前,通常使弹簧预受一压缩力F_1,以保证弹簧可靠地稳定在安装位置上。F_1称为弹簧的最小工作载荷(也即安装载荷),在它的作用下,弹簧的高度由H_0被压缩到H_1,相应的弹簧压缩变形量为λ_1。当弹簧受到最大工作载荷F_2时,弹簧被压缩到H_2,相应的弹簧压缩变形量为λ_2;弹簧的工作行程为$\lambda = H_1 - H_2 = \lambda_2 - \lambda_1$。$F_{\lim}$为弹簧的极限载荷,在它的作用下,弹簧丝应力将达到材料的弹性极限,这时,弹簧的高度被压缩到$H_{\lim}$,相应的

变形量为 $\lambda_{\lim}$。

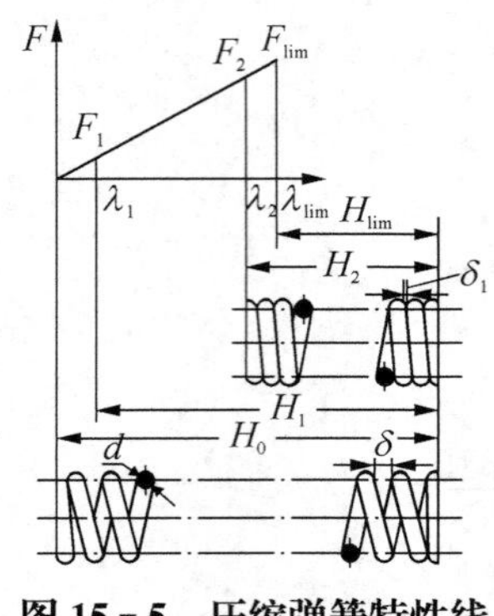

图 15－5　压缩弹簧特性线

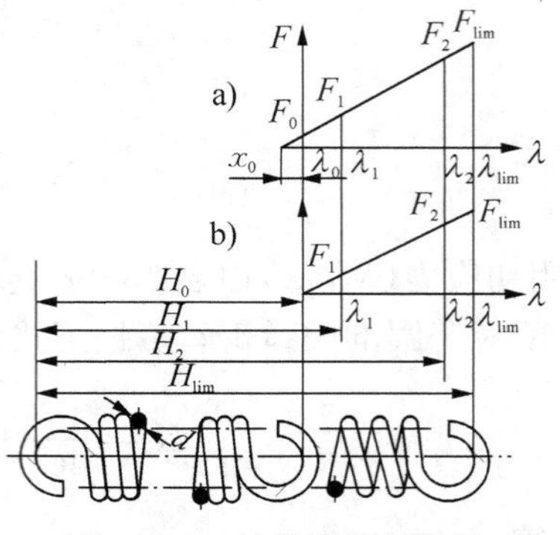

图 15－6　拉伸弹簧特性线

设计时，最大工作载荷 F_2 由工作要求确定，最小工作载荷通常取(0.1～0.5)F_2。在实际使用中，是弹簧在弹性范围内工作，最大工作载荷 F_2 应小于极限载荷，通常取 $F_2 \leqslant 0.8F_{\lim}$。弹簧的特性曲线是设计、制造和检验弹簧的重要依据，应绘在弹簧工作图上。

15.3.5　圆柱螺旋弹簧的稳定性计算

当圆柱螺旋压缩弹簧的圈数较多或自由高度 H_0 太大时，若轴向载荷达到一定值，弹簧可能产生侧向弯曲而失去稳定性，见图 15－7(a)所示，故要校核弹簧的稳定性指标，即对高径比 $b=\dfrac{H_0}{D_2}$ 应有限定值。对两端固定的弹簧，如图 15－8(b)所示，应使 $b\leqslant 5.3$；一端固定一端自由转动的弹簧，如图 15－8(a)所示，应使 $b\leqslant 3.7$；两端均为自由转动的弹簧，应使 $b\leqslant 2.6$。当 b 不能满足上述要求时，应重选弹簧参数，以减小值；如结构受限制，不能改变弹簧参数时，则应在弹簧内侧加设导向杆或在其外侧加设导向套，如图 15－7(b)和图 15－7(c)所示。

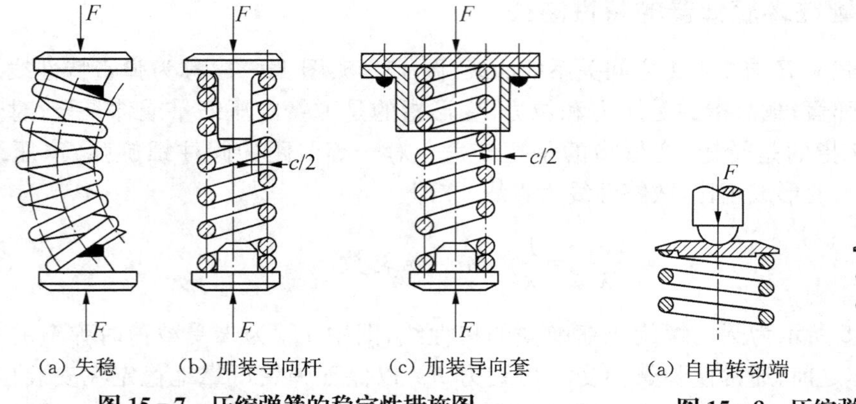

图 15－7　压缩弹簧的稳定性措施图

图 15－8　压缩弹簧的支承

［**例 15－1**］　已知一圆柱螺旋弹簧的弹簧指数 $C=8$，剪切弹性模量 $G=8\times10^4$ MPa，在 $F=225$ N 的载荷作用下引起的伸长量 $\lambda=127$ mm，产生的最大应力 $\tau_{\max}=603$ MPa。求：(1)弹簧的刚度 k；(2)弹簧丝的直径 d；(3)弹簧的中径 D_2；(4)有效圈数 n。

解 （1）弹簧的刚度 k

$$k = \frac{F}{\lambda} = \frac{225}{127} = 1.77$$

（2）弹簧丝的直径 d

查表 15 - 4，可知，曲度系数 $K=1.18$，取$[\tau]=\tau_{max}=603$ MPa，则

$$d \geqslant \sqrt{\frac{8KFC}{\pi[\tau]}} = \sqrt{\frac{8 \times 1.18 \times 225 \times 8}{\pi \times 603}} = 3\ \text{mm}$$

所以取 $d = 3$ mm。

（3）弹簧的中径 D_2

$$D_2 = Cd = 8 \times 3 = 24\ \text{mm}$$

（4）有效圈数 n

$$n = \frac{G\lambda d}{8FC^3} = \frac{8 \times 10^4 \times 3 \times 127}{8 \times 225 \times 8^3} = 33.07\ 圈$$

所以取 $n = 33$ 圈。

第十六章 机械的平衡与调速

16.1 转动构件的平衡

16.1.1 机械平衡的目的

机械在运转时，构件所产生的不平衡惯性力将在运动副中引起附加的动压力。这不仅会增大运动副中的摩擦和构件中的内应力，降低机械效率和使用寿命，而且由于这些惯性力的大小和方向一般都是周期性变化的，所以必将引起机械及其基础产生受迫振动。如果振幅较大，或者频率接近于机械的共振频率，则将引起不良的后果。不仅会影响机械本身的正常工作和使用寿命，而且还会使附近的工作机械及厂房建筑受到影响甚至破坏。

绕固定轴转动的构件称为转子。转子的平衡分为以下两种：

(1) 刚性转子的平衡。工作转速低于一阶临界转速，其旋转轴线挠曲变形可忽略不计，对其进行平衡时，可以不考虑其弹性变形。刚性转子的平衡可以用理论力学中力系平衡的原理来处理。本节主要介绍这类转子平衡的原理和方法。

(2) 挠性转子的平衡。工作转速高于一阶临界转速。其旋转轴线挠曲变形不可忽略，如航空发动机、汽轮机、发电机等大型高速转子。挠性转子的平衡问题比较复杂，必须考虑变形对平衡的影响，本节不作介绍。

16.1.2 机械平衡的原理与方法

达到平衡，还要求由惯性力引起的力偶矩也达到平衡，则称之为动平衡。

1. 静平衡计算

对于轴向尺寸较小的盘状转子，其径宽比(直径与宽度之比)$D/L>5$ 时，如飞轮、齿轮、带轮、盘形凸轮及叶轮等，它们的不平衡质量可以近似地认为分布在同一回转面内，可以假设为：①所有不平衡质量所产生的离心惯性力均在同一平面内，并通过回转中心，故可视为平面汇交力系；②离心惯性力矩为零。

对刚性转子进行静平衡时，首先应根据结构定出各偏心质量的大小及位置，然后计算出应加于该转子上平衡质量的大小及位置，并将该平衡质量加于转子上，使转子达到静平衡的目的。如图 16-1 所示盘状转子，已知偏心质量 m_1，m_2，m_3(kg)及其向径 r_1，r_2，r_3(m)，当

转子以等角速度 ω 回转时，不平衡质量所产生的离心惯性力为

$$F_i = m_i \omega^2 r_i \quad (i = 1, 2, 3)$$

为使其平衡，可在转子上加一平衡质量 m_b（其向径为 r_b），使它所产生的离心惯性力 F_b 与 $\sum F_i (i = 1, 2, 3)$ 相平衡，即

$$F_b + \sum F_i = 0 \tag{16-1}$$

$$m_b \omega^2 r_b + \sum m_i \omega^2 r_i = 0$$

即

$$m_b r_b + \sum m_i r_i = 0 \tag{16-2}$$

用矢量图求出 $m_b r_b$，如图 16-1 所示。待选定合适的 r_b 后，即可求出平衡质量 m_b。在 r_b 方向选一合适半径 r_b，加上一个质量为 m_b 的平衡质量，即可达到平衡，称为加重法；也可在 r_b 反方向选一合适半径 r_b，减去一个质量为 m_b 的平衡质量，称为减重法。一般选 r_b 尽可能大些，使 m_b 尽可能小些，以免使转子总质量过分增大。式(16-1)中质量与向径的乘积称为质径积，所以回转件静平衡的条件是：分布在回转件上各个质量的离心惯性力合力为零或质径积的矢量和为零。

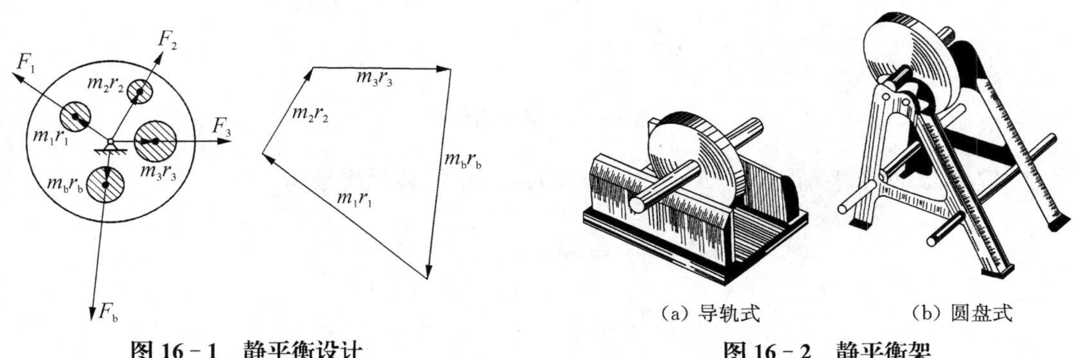

图 16-1 静平衡设计

图 16-2 静平衡架

由于制造或安装误差以及材质不均匀等非设计方面的原因造成的不平衡，只能通过试验的方法来消除，即利用静平衡架找出回转件不平衡质径积的大小和方向，并由此确定平衡质量的大小和位置，从而使其质心移到回转轴线上以达到静平衡。静平衡架有圆盘式静平衡架和导轨式静平衡架，如图 16-2 所示。

2. 动平衡计算

对于轴向尺寸较大的转子，其径宽比 $D/L<5$ 时，如多缸发动机的曲柄、电动机转子、机床主轴等，它们的不平衡质量不再分布于同一回转面内，而是分布在几个不同的回转面内。当回转件运动时，不平衡质量所产生的离心惯性力是一个空间力系。所以动平衡的条件是：平衡质量在转子转动时产生的平衡惯性力的主矢和主矩分别与转子的惯性力的主矢和主矩相平衡，即

$$F_b + \sum F = 0 \quad 且 \quad M_b + \sum M = 0 \tag{16-3}$$

动平衡原理是：预先选定两个平衡面，根据力系等效原理，分别向两平衡面分解，然后在

两平衡面内作平衡，则惯性力和惯性力矩都得到平衡。选平衡面原则是：①结构上允许加重或去重的端面；②两平衡面间距离越大，平衡效果越好。

如图 16－3 所示回转件上的不平衡质量 m_1，m_2，m_3(kg)分别分布在 1，2，3 三个回转面内，其向径为 r_1，r_2，r_3(m)。当转子以等角速度 ω 回转时，不平衡质量所产生的离心惯性力为

$$F_i = m_i \omega^2 r_i \quad (i = 1,\ 2,\ 3)$$

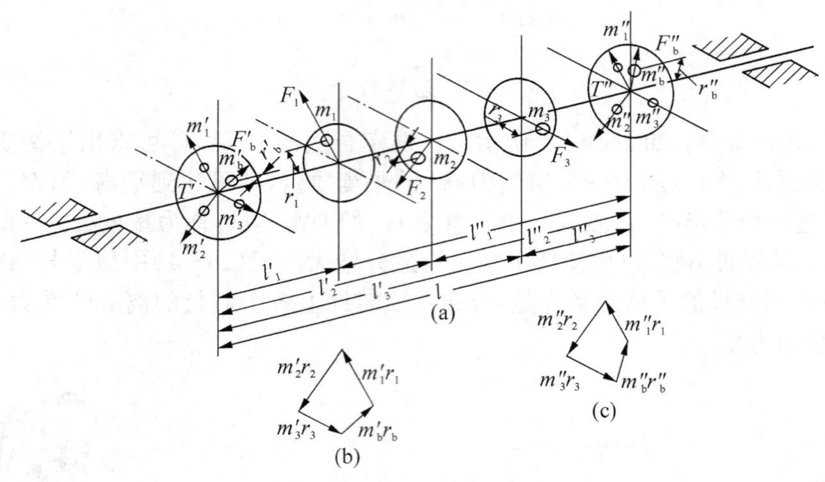

图 16－3　动平衡设计

选 T' 和 T'' 两个平衡面，在 T'、T'' 中，m_1，m_2，m_3 的替代质量为

$$\begin{cases} m'_i = \dfrac{l''_i}{l} = m_i \\ m''_i = \dfrac{l'_i}{l} m_i \end{cases} \quad (i = 1,\ 2,\ 3)$$

分别在 T' 和 T'' 中按照与静平衡计算相同的方法计算质径积 $m'_b r'_b$ 和 $m''_b r''_b$，即根据式(16－2)有

$$m'_b r'_b + m'_1 r_1 + m'_2 r_2 + m'_3 r_3 = 0$$

$$m''_b r''_b + m''_1 r_1 + m''_2 r_2 + m''_3 r_3 = 0$$

作质径积矢量封闭图，如图 16－3 所示，求得 $m'_b r'_b$ 和 $m''_b r''_b$。这样，惯性力分别在 T' 和 T'' 两个平衡面中得到平衡，同时惯性力矩也得到平衡。

另外也可用动平衡试验法：将回转件装在动平衡试验机上运转，然后在两个选定的平衡面内确定所需平衡质径积的大小和方位，从而使回转件达到动平衡。

动平衡试验机的形式很多，其原理都是利用转子不平衡时产生的振动来测定不平衡量的大小和方位，仅测量手段和显示方法有所不同。主要有机械式动平衡机、电子测量式平衡机。现代动平衡机采用了激光去重等先进技术，带有真空筒的大型高速动平衡试验机等。

16.2 机械运转速度波动的调节

由于作用在机器上的驱动力和阻力等因素的影响，机器的运动速度往往是波动的。这种速度波动将直接影响机器的工作，在运动副中产生附加动压力，引起振动和噪声，影响零件的强度和寿命，降低机械的效率和工作精度，使产品质量下降，所以必须对速度波动加以调节。

16.2.1 非周期性速度波动及其调节

非周期性速度波动多是由于工作阻力或驱动力在机械运转过程中发生突变，从而使输入能量与输出能量在一段较长时间内失衡所造成的，若不加以调节，它会使系统的转速持续上升或下降，严重时将导致“飞车”或停止运转。电网电压的波动、被加工零件的气孔和夹渣等都会引起非周期性速度波动。汽轮发电机是这方面的典型例子：当用电负荷增大时，必须开大汽阀更多地供汽，否则将导致“停车”；反之，当用电负荷减少时，必须关小汽阀，否则会导致“飞车”事故。

常见的非周期性速度波动的调节方法有两种：一是利用动力机的自调性；二是采用反馈控制方法进行调节。

当机械的动力机所发出的驱动力矩是速度的函数且具有下降的趋势时，机械具有自动调节非周期性速度波动的能力。选用电动机作为动力机的机械，一般都具有自调性。

对于没有自调性的机械系统，如采用蒸汽机、汽轮机或内燃机为动力机的机械系统就必须安装一种专门的调节装置——调速器，来调节非周期性速度波动。

调速器的种类很多。如图 16-4 所示为离心式调速器的工作原理图。方框 1 为动力机，方框 2 为工作机，框 5 内是由两个对称的摇杆滑块机构组成的调速器本体。当系统转速过高时，调速器本体也加速回转，由于离心惯性力的关系，两重球 K 将张开带动滑块 M 上升，通过连杆机构关小节流阀 6，使进入动力机的工作介质减少，从而降低速度。如果转速过低则工作过程反之，因此，调速器是一种反馈机构。

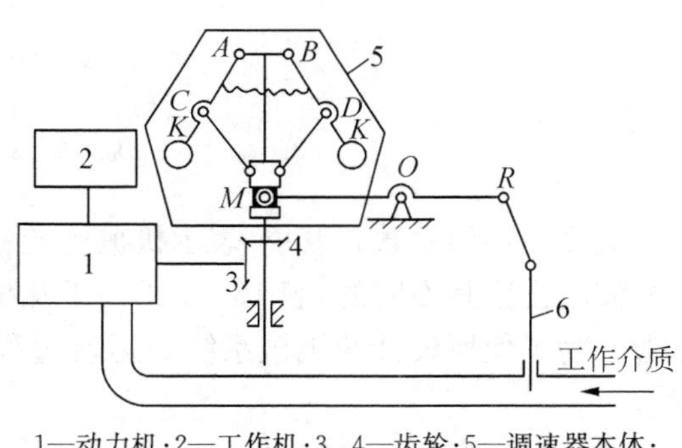

1—动力机；2—工作机；3、4—齿轮；5—调速器本体；6—节流阀

图 16-4 离心式调速器的工作原理

机械式调速器结构简单，工作可靠，在内燃机等机械上应用较广，但在近代很多机器上已采用电子器件实现其自动调节。

16.2.2 周期性速度波动及其调节

当机械动能的增减呈周期变化时，其主轴的角速度将产生周期性的波动，这种有规律的、连续的速度波动称为周期性速度波动。周期性速度波动的常用调节方法是安装飞轮，即在机械系统中安装一个具有较大转动惯量的盘状零件。由于飞轮转动惯量很大，当机

械出现盈功时，它可以以动能的形式将多余的能量储存起来，从而使主轴角速度上升的幅度减小；反之，当机械出现亏功时，飞轮又可释放出其储存的能量，以弥补能量的不足，从而使主轴角速度下降的幅度减小。从这个意义上讲，飞轮在机械中的作用，相当于一个能量储存器。

本节主要介绍飞轮设计的有关问题，不对调速器作进一步介绍。

1. 速度波动程度的衡量指标

如果一个周期内角速度的变化如图 16-5 所示，其最大和最小角速度分别为 ω_{max} 和 ω_{min}，则在周期 φ_T 内的平均角速度 ω_m 应为

$$\omega_m = \frac{\int_0^{\varphi_T} \omega \, d\varphi}{\varphi_T}$$

图 16-5　一个周期的角速度变化

在工程实际中，当 ω 变化不大时，常按最大和最小角速度的算术平均值来计算平均角速度，即

$$\omega_m = \frac{1}{2}(\omega_{max} + \omega_{min}) \tag{16-4}$$

机械运转速度波动的相对值用速度不均匀系数 δ 表示，即

$$\delta = \frac{\omega_{max} - \omega_{min}}{\omega_m} \tag{16-5}$$

若 δ 和 ω_m 已知，则由式(16-4)和式(16-5)可得

$$\left.\begin{aligned} \omega_{max} &= \omega_m\left(1 + \frac{\delta}{2}\right) \\ \omega_{min} &= \omega_m\left(1 - \frac{\delta}{2}\right) \end{aligned}\right\} \tag{16-6}$$

速度不均匀系数 δ 愈小，表示机械运转愈均匀，运转平稳性愈好。不同类型的机械，所允许的波动程度是不同的，表 16-1 给出了几种常用机械的许用速度不均匀系数$[\delta]$，供设计时参考。为了使所设计的机械系统在运转过程中速度波动在允许范围内，设计时应保证 $\delta \leqslant [\delta]$。

表 16-1　　常用机械速度不均匀系数许用值

机械名称	$[\delta]$	机械名称	$[\delta]$
碎石机	1/5～1/20	汽车、拖拉机	1/20～1/60
冲床、剪床	1/7～1/10	金属切削机床	1/30～1/50
水泵、鼓风机	1/30～1/50	纺纱机	1/60～1/100
造纸机、织布机	1/40～1/50	直流发电机	1/100～1/200
轧钢机	1/10～1/25	交流发电机	1/200～1/300

2. 飞轮设计的基本原理

飞轮设计的关键是根据机械的平均角速度和允许的速度不均匀系数$[\delta]$来确定飞轮的转动惯量。

如图 16-6(a)所示为某一机械在稳定运转过程中，主轴一个周期 φ_T 内所受驱动力矩 $M_d(\varphi)$与阻力矩 $M_r(\varphi)$的变化曲线。在主轴转过 φ 角时(设其起始位置为 φ_a)，其驱动力矩和阻力矩所做功之差值为

$$\Delta W = \int_{\varphi_a}^{\varphi} (M_d - M_r)\ d\varphi$$

由图中可以看出，在 bc 段，de 段，由于 $M_d > M_r$，因而驱动功大于阻抗功，多余的功在图中以"+"号标识，称为盈功；反之，在 ab 段，cd 段和 ea'段，由于此 $M_d < M_r$，因而驱动功小于阻抗功，不足的功在图中以"一"号标识，称为亏功。

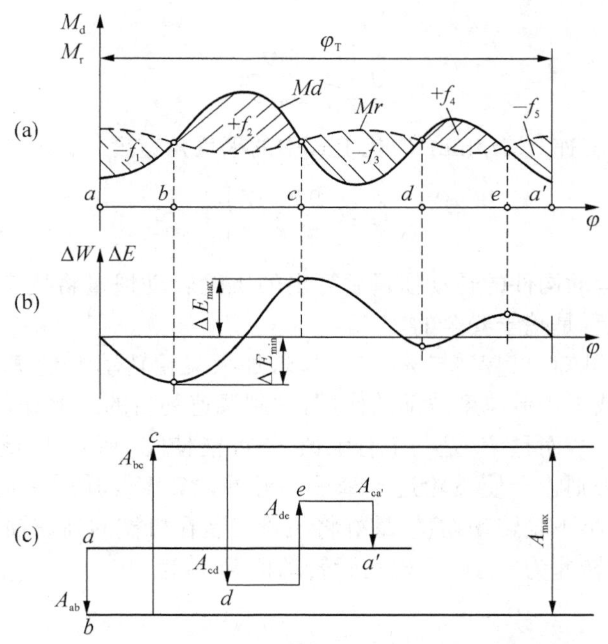

图 16-6 最大盈亏功的确定

由图 16-6(b)可以看出，该机械系统在 e 点处具有最小的动能增量 ΔE_{min}，它对应于最大的亏功 ΔW_{min}其值等于如图 16-6(a)所示中的阴影面积($-f_1$)；而在 c 点，机械具有最大的动能增量 ΔE_{max}，它对应于最大的盈功 ΔW_{max}，其值等于如图 16-6(a)所示中的阴影面积 f_2 与阴影面积$-f_1$ 之和。两者之差称为最大盈亏功，用$[W]$表示。对于如图 16-6 所示的系统 $[W] = \Delta W_{max} - \Delta W_{min} = \int_{\varphi_b}^{\varphi_c} (M_d - M_r)\ d\varphi$ 。

则当 $\varphi = \varphi_b$ 时，$\omega = \omega_{min}$；当 $\varphi = \varphi_c$ 时，$\omega = \omega_{max}$ 若设主轴上飞轮的转动惯量力 J_F，忽略系统中其他运动构件的转动惯量(因为其他构件所具有的动能与飞轮相比，其值很小)，则根据动能定理可得

$$
\begin{aligned}
[W] &= \Delta E_{\max} - \Delta E_{\min} \\
&= \frac{1}{2} J_{\mathrm{F}} (\omega_{\max}^2 - \omega_{\min}^2) \\
&= J_{\mathrm{F}} \omega_{\mathrm{m}}^2 \delta
\end{aligned}
$$

所以

$$
\delta = \frac{[W]}{J_{\mathrm{F}} \omega_{\mathrm{m}}^2} \tag{16-7}
$$

在设计机械时，为了保证安装飞轮后机械速度波动的程度在工作许可的范围内，应满足 $\delta \leqslant [\delta]$，即

$$
\delta = \frac{[W]}{J_{\mathrm{F}} \omega_{\mathrm{m}}^2} \leqslant [\delta] \tag{16-8}
$$

所以

$$
J_{\mathrm{F}} \geqslant \frac{[W]}{\omega_{\mathrm{m}}^2 [\delta]} \tag{16-9}
$$

工程上常用平均转速 n_{m}(r/min)取代上式中的平均角速度 ω_{m}，则有

$$
J_{\mathrm{F}} \geqslant \frac{900[W]}{\pi^2 n_{\mathrm{m}}^2 [\delta]} \tag{16-10}
$$

显然，忽略其他运动构件的转动惯量后算出的飞轮转动惯量将比实际需要的大，从满足运转平稳性的要求来看是趋于安全的。

分析式(16-10)可知，当$[W]$与 n 一定时，若加大飞轮转动惯量 J_{F}，则机械的速度不均匀系数将下降，起到减小机械速度波动的作用，达到调速的目的。但是，如果$[\delta]$值取得很小，飞轮转动惯量就会很大，而且 J_{F} 是一个有限值，不可能使$[\delta]=0$。因此，不能过分追求机械运转速度的均匀性，否则将会使飞轮过于笨重。另外，当$[W]$与$[\delta]$一定时，J_{F} 与 n_{m} 的平方值成反比。所以为减小飞轮转动惯量，最好将飞轮安装在机械的高速轴上。

若飞轮安装轴的转速为 n_{A}，则飞轮实际转动惯量 J'_{F} 为

$$
J'_{\mathrm{F}} = J_{\mathrm{F}} \left(\frac{n_{\mathrm{m}}}{n_{\mathrm{A}}} \right)^2 \tag{16-11}
$$

3. 最大盈亏功$[W]$的确定

在式(16-10)中，由于 n_{m} 和$[\delta]$均为已知量，因此，关键在于确定最大盈亏功$[W]$。

为了确定最大盈亏功$[W]$，需要先确定机械动能最大增量 $\Delta E_{\max}$和最小增量 $\Delta E_{\min}$出现的位置，因为在这两个位置，机械分别有最大转速 $n_{\max}$和最小转速 $n_{\min}$如图 16-6(a)和(b)所示，$\Delta E_{\max}$和 $\Delta E_{\min}$应出现在 M_{d} 与 M_{r} 两曲线的交点处。如果 M_{d} 和 M_{r} 分别以 φ 的函数表达式给出，则可由

$$
[W] = \int_0^{\varphi} (M_{\mathrm{d}} - M_{\mathrm{r}}) d\varphi = \Delta E
$$

直接积分求出各交点处的 ΔW，进而找出 $\Delta W_{\max}$和 $\Delta W_{\min}$及其所在位置。从而求出最大

盈亏功$[W]=\Delta W_{max}-\Delta W_{min}$。如果$M_d$和$M_r$以线图或表格给出，则可通过$M_d$和$M_r$之间包含的各块面积计算各交点处的$\Delta W$值，然后找出$\Delta W_{max}$和$\Delta W_{min}$及其所在位置，从而求得最大盈亏功$[W]$。此外，也可借助于能量指示图来确定$[W]$。如图 16－6(c)所示，取任意点$a$作起点，按一定比例用矢量线段依次标明相应位置$M_d$和$M_r$之间所包围的面积$A_{ab}$、$A_{bc}$、$A_{cd}$、$A_{de}$和$A_{ea'}$的大小和正负。盈功为正，其箭头向上；亏功为负，箭头向下。由于在一个循环的起始位置与终了位置处的动能相等，故能量指示图的首尾应在同一水平线上。由图中可以看出，b点处动能最小，c点处动能最大，而图中折线的最高点和最低点的距离A_{max}，就代表了最大盈亏功$[W]$的大小。

References
参考文献

[1] 濮良贵,纪名刚.机械设计[M].8版.北京:高等教育出版社,2007.
[2] 孔庆华.机械设计基础[M].上海:同济大学出版社,2007.
[3] 张策.机械原理与机械设计[M].北京:机械工业出版社,2011.
[4] 孙恒,陈作模,葛文杰.机械原理[M].7版.北京:高等教育出版社,2006.
[5] 李威,王小群.机械设计基础[M].北京:机械工业出版社,2009.
[6] 马履中.机械原理与设计[M].北京:机械工业出版社,2009.
[7] 吴宗泽.机械设计[M].北京:高等教育出版社,2001.
[8] 吴克坚,于晓红,钱瑞明.机械设计[M].北京:高等教育出版社,2003.
[9] 杨可桢,程光蕴,李仲生.机械设计基础[M].5版.北京:高等教育出版社,2006.
[10] 郭为忠,于红英.机械原理[M].北京:清华大学出版社,2010.
[11] 杨巍,何晓玲.机械原理[M].北京:机械工业出版社,2010.
[12] 王三民,诸文俊.机械原理与设计[M].北京:机械工业出版社,2001.
[13] 范顺成.机械设计基础[M].4版.北京:机械工业出版社,2013.
[14] 王为,汪建晓.机械设计[M].2版.武汉:华中科技大学出版社,2011.